城市历史文化资源保护与利用

李和平　肖　竞　著

科 学 出 版 社
北　京

内 容 简 介

本书是国家自然科学基金项目“市场导向的城市历史文化资源保护与利用”（编号 50578165）的部分研究成果，通过分析市场经济条件下城市历史遗产面临的机遇和挑战，采用市场经济学与历史保护学交叉学科研究、理论研究与保护实践结合研究的技术路线，探索城市历史遗产保护的新途径，研究市场导向的城市历史文化资源保护与利用方法。主要内容包括两大部分：第一部分探讨市场机制下如何协调各种社会关系和经济关系，从经营调控、旅游发展、公众参与和保护管理四方面提出市场导向的城市历史文化资源保护利用的适应性策略；第二部分针对城市历史遗产保护的重点内容，研究这些策略在历史街区、工业遗产、文化景观、非物质文化遗产四大类遗产保护实践中的具体应用方法。

本书可供城市规划、城市建设研究与管理人员阅读，也可供城乡规划学、建筑学及其相关专业教师、本科生、研究生学习参考。

图书在版编目(CIP)数据

城市历史文化资源保护与利用/李和平，肖竞著. —北京：科学出版社，2014. 2

ISBN 978-7-03-039629-7

Ⅰ. ①城… Ⅱ. ①李…②肖… Ⅲ. ①文化名城-文物保护-中国
Ⅳ. ①TU984. 2

中国版本图书馆 CIP 数据核字（2014）第 012442 号

责任编辑：杨帅英　朱海燕　沈睿媛 / 责任校对：刘小梅
责任印制：吴兆东 / 封面设计：耕者设计工作室

科学出版社 出版
北京东黄城根北街 16 号
邮政编码：100717
http://www.sciencep.com
北京凌奇印刷有限责任公司 印刷
科学出版社发行　各地新华书店经销
*
2014 年 2 月第　一　版　开本：787×1092　1/16
2022 年 4 月第八次印刷　印张：22 1/2
字数：516 000

定价：158. 00 元

（如有印装质量问题，我社负责调换）

前　　言

改革开放30多年来，我国历史遗产保护工作已有了很大发展，历史遗产保护已成为全社会关注的焦点和政府必要的政务工作。然而，随着工业化、现代化和城市化进程的加快，历史遗产保护与社会经济发展的矛盾也日益突出，“建设性破坏”与“破坏性建设”仍有增无减，有的学者称现在的形势是“空前重视，空前破坏”。因此，保护历史文化资源是当前城乡规划建设中必须考虑的主要问题之一，一旦处理不善，甚至有“根本灭绝之虞”。

尽管我国已建立起历史文物建筑、历史街区、历史城镇保护的多层次保护体系，但到目前为止，保护工作主要是在国家保护框架的基础上，由政府官员和专家等“少数精英”来推动的，保护对象的覆盖面窄、保护资金严重不足、缺乏广泛的社会基础。这种“自上而下”的保护方式在保护实践中已暴露出严重的缺陷，导致保护的理想和目标难以落实。重新审视现有的保护理论，探寻适宜的保护方法是历史遗产保护的必然要求。

20世纪90年代以来，随着世界范围内旅游业的蓬勃发展，以及经济全球化所带来的城市竞争日益激烈，历史遗产的社会经济价值及其在提高城市吸引力和经济活力方面的作用越来越受到广泛重视。利用市场机制引导历史遗产保护已成为当代西方国家历史遗产保护的重要手段和保护制度的重要内容。虽然政府在历史遗产保护中发挥着主导作用，但主要是利用市场经济规律，通过保护立法、保护管理、资金补助等建立起一个良性运行的保护机制，引导和控制历史遗产保护活动的开展，而众多民间组织、企业、个人都参与到保护工作中来，形成一股强大的社会力量。政府除负责一些公共性的、重要的保护项目外，大部分历史遗产的保护都是依靠社区、遗产所有者以及市场的力量，如美国历史遗产保护分为地方政府主导型（Government-oriented）、私有非营利型（Private Non-profitable）和市场营利型（Estate Market Profitable），联邦政府和州政府对保护项目分别有相应的经济和税收优惠政策。

当前，我国正处于经济转型期，社会主义市场经济体制的建立和完善为历史遗产的市场化和社会化保护带来了机遇。历史遗产是具有多元价值的社会文化资源，市场经济是有效的资源配置方式，市场的发育可以促进历史遗产的市场化利用，促进各种生产要素与历史遗产的结合，促使日益衰退的资源得到价值重现。黄山屯溪老街、上海“新天地”、杭州清河坊、北京南锣鼓巷、成都宽窄巷子、重庆“法国水师兵营”等保护经验证明，利用社会力量，引入市场机制，为历史遗产保护带来了生机、提供了广阔的发展空间。

但市场有其自发的投机倾向，市场经济的缺陷也必然给遗产保护带来负面影响。过度商业化、追求经济效益、忽视社会公平等市场行为，将对城市文脉和文化的整体性、真实性、多样性等造成极大冲击，带来不可估量的损失。因此，如何通过有效的政府控制和市场导向来保护历史文化资源就成为当前遗产保护研究的重要课题。

本书是国家自然科学基金项目“市场导向的城市历史文化资源保护与利用”（编号50578165）的部分研究成果，以我国经济体制转型的宏观背景为前提，有感于我国改革开放30年来城市遗产保护理论和实践的发展以及市场化商业开发行为引发的各种社会、文化现象，针对当前我国历史遗产保护面临的现实矛盾和困境，对我国计划经济时代下逐步形成的传统历史遗产保护理论和保护制度进行反思，分析以市场作为资源配置基本手段的经济体制中城市历史遗产资源所面临的各种机遇和挑战。在此基础上，吸收西方发达国家保护经验，探索市场经济条件下城市历史遗产保护的新途径，研究利用市场机制引导和控制历史文化资源的保护与利用的手段和方法。

历史遗产保护并非单纯的技术问题，将历史遗产纳入到一种合理的变化发展过程中，引导专业化与社会化的有机结合是保护实践的必然要求。本书首先从资源特征和价值构成方面系统分析转型期城市历史遗产保护的社会、经济与文化意义，并进一步探讨在市场机制下如何协调各种社会关系和经济关系，从经营调控、旅游发展、公众参与和保护管理四方面提出市场导向的城市历史文化资源保护利用的适应性策略。在此基础上，针对城市历史遗产保护的重点内容，研究这些策略在历史街区、工业遗产、文化景观和非物质文化遗产四大类遗产保护实践中的具体应用方法，意欲为之后相关领域的研究奠定理论基础。

历史遗产保护是一项复杂的社会工程，也涉及经济学、社会学、地理学、文化学、管理学与历史保护学等多学科理论。本书并不是试图建立一套完整的理论和方法，而是从保护策略和重点保护对象两个方面探讨当前历史遗产保护中的一些关键问题，难免挂一漏万，只祈望为我国历史遗产保护理论和方法的发展尽微薄之力。

李和平

2013年6月于山城重庆

目　　录

第1章　转型期我国历史遗产保护的思考

历史文化资源是人类世世代代劳动创造并继承下来的文化财富。自古以来，在东西方文明中历史遗物的价值均得到社会（尤其是权力阶层）普遍的认同，史书与传记中记载了大量前人对遗产资源进行保护和收藏的活动。公元前3世纪，亚历山大大帝在今埃及境内的亚历山大城的宫殿内建立了一座缪斯神庙（Mouseion）①，专门存放文物珍品；古罗马时代，欧洲也已开始采取对文物建筑和历史纪念物进行保护的措施，文艺复兴时期又有了进一步的发展。而在我国，历代宫室、陵园、守庙、府库等大都保存了大量珍贵文物，除改朝换代的特殊时期外，历代王朝和官府对宫殿、陵寝、寺观、山川树木和古迹园池等也都明令加以保护（罗哲文，1997）。

当然，历史上对文化遗产的破坏也是巨大的，特别是战争、改朝换代以及社会经济变革时期。20世纪80年代改革开放以来，我国开始步入从社会主义计划经济体制向社会主义市场经济体制的转变时期。在以市场为导向的快速城市化进程中，在功效价值观和裹卷着华丽表皮的外来文明的强势冲击下，本土文化传统和精神信仰流失严重，历史遗产显得尤为脆弱。不慎的开发已经造成、也将会造成不可估量的损失，唯有积极地利用才会带来经济、社会、文化的共同繁荣。因此，有必要建立适应市场经济体制的历史文化资源保护与利用的观念与方法，既使历史遗产得到妥善保存，又能有效地利用文化资源提高和改善地区生活与环境水平。

1.1　世界历史遗产保护历程回顾

遗产保护的历程可以从两条线索进行追溯。一条是西方各国历史遗产保护的实践，另一条是百余年来在遗产保护过程中发展起来的国际遗产保护组织的发展及其公布的相关文献。这两条线索可以让我们基本厘清世界历史文化资源保护的思想脉络。

1.1.1　西方历史遗产保护的起源

在西方尤其是欧洲，由于社会经济和文化较为发达，其历史文化保护思想起源较早，在历史遗产保护思想和实践方面走在了世界的前列。

---

①　如今英语的博物馆“Museum”一词源于希腊语的“Mouseion”。

1. 源于考古学的古迹修复

1764年，欧洲现代考古学的先驱德国人温克尔曼[①]（Johann Joacllim Winckelmann）在其著作《古代艺术史》（*History of Ancient Art*）中根据过去混乱、零散的资料建立起了一套对古代艺术品系统的研究方法，并在书中阐述了自己从希腊遗迹中体悟到的古典主义美学思想——“艺术是一种无所不在的理想”。同时，温克尔曼也提出了最早的古迹修复准则：“修复艺术品应受到严格的约束——事先研究风格，准确推定日期”（Moatti，1998）。

“17～18世纪是欧洲数学与物理学大盛的时期，文学则处于所谓的古典时期”（埃德蒙·威尔逊，2006）。而到了18世纪末，浪漫主义异军突起，掀起一场哲学的革命。温克尔曼对待历史遗产的立场，也暗含了当时的时代精神——追求客观，又不失浪漫，即在遗产价值认识方面，他以一种浪漫的理想主义态度进行研究；而在古迹修复的问题上，他仍然坚持以实证为主的科学方法。这反映了18世纪源于历史考古的遗产保护在观念上具有科学与艺术并重的特点。但由于当时遗产保护还没有发展成为一门严谨的学科，进入19世纪后随着浪漫主义风潮席卷欧洲，一种更注重艺术性的保护理论逐渐成为主流。

2. 文物古迹“修复运动”

欧洲现代意义的文物古迹保护修复工作兴起于18世纪末、19世纪初。当时的欧洲对文物建筑的保护主要来自于一种浪漫主义的对历史传统的崇拜，作为历史见证的建筑遗迹开始受到重视。19世纪初的英国社会对中世纪建筑，特别是哥特建筑具有浓厚兴趣（图1.1），修复了许多历史建筑，并兴建了各种哥特式复古建筑，因此也叫做“哥特复兴”（gothic revival）[②]。之后这个运动从英国扩展到欧洲大陆和其他地方。“哥特复兴”在很大程度上只是凭建筑师自己的想象，具有相当的随意性，因而遭到了社会的批评。

图1.1　哥特式风格代表建筑：威斯敏斯特教堂（Westminster Abbey）

19世纪上半叶，欧洲文物保护工作的中心移到了法国。法国政府1837年设置了专门的历史文物委员会，1840年公布了第一批文物保护名单，从而开始了对城市个体建筑的系统保护工作。两个主要人物——作家（同时也是历史学家

---

① 温克尔曼（1717—1768），德国考古学家与艺术学家，考古学奠基人。他提出的艺术评价方法，即对艺术作品的直观感觉，到分析批评，再上升至美学理论的方法，成为近代美学评价的基础。

② 哥特复兴：兴起于19世纪40年代英格兰的建筑运动，其与中世纪精神（Medievalism）的兴起有很大的关系。尽管当时建筑主流形式仍为新古典主义，但崇尚哥德式建筑风格的人们则试图复兴中世纪的建筑形式。于是形成了哥特式复兴的浪潮，该运动对英国以至欧洲大陆，甚至大洋洲和美洲当时的建设活动都产生了重大影响。

和考古学家）梅里美（Mérimée Prosper）[①]、建筑理论家维奥莱·勒·迪克（Viollet-le-Duc）[②] 对当时法国乃至欧洲的文物建筑保护起了重要作用。他们提出了忠实于原状的修复方针，强调风格统一，认为应把历史建筑恢复到原来的风格。这种理论和做法在以后被称为“风格复原”（restauration stylistique）[③]。然而，在实践中，维奥莱本人及其追随者并没有完全遵循这些原则，不仅有时改变了古建筑原来的风格，甚至有时把古建筑“修复”成理想的形式。当时，几乎所有的欧洲国家都接受了这种做法，几千座历史性建筑，特别是中世纪教堂，都被重建改造成所谓的“理想形式”。

3. “反修复”与意大利学派兴起

到19世纪中叶，为了遏制当时流行的建筑修复方式，兴起了“反修复”运动。其代表人物是英国作家和艺术评论家约翰·拉斯金（John Ruskin）[④]及诗人、美术和工艺设计家威廉·莫里斯（William Morris）[⑤]。他们认为，修复过去年代中由过去匠师们建造的文物建筑，最有效的方法是保持它们在物质上的真实性。

19世纪后半叶~20世纪初，在英、法等国理论的基础上，意大利学派兴起，把文物保护和修复工作无论从理论上，还是实践上都提到一个新的高度。其代表人物有卡米罗·波依多（Camillo Boito）[⑥] 和贝尔特拉密（Beltrami luca）[⑦]。他们强调文物建筑具有各方面的价值，强调保护文物建筑的现状（图1.2）。

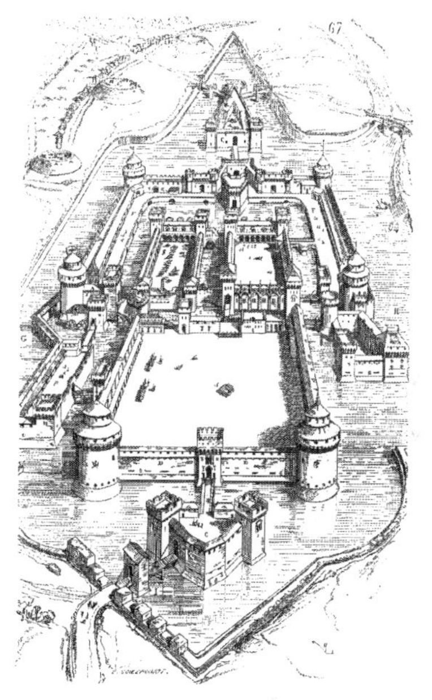

图1.2　16世纪的斯福尔扎城堡（Castello Sforzesco）想象复原图
资料来源：http：//en. wikipedia. org/

20世纪以后，意大利学派的思想更加成熟，其代表人物有乔瓦诺尼（Gustavo Giovannoni）和布朗迪

---

① 梅里美（1803—1870），法国现实主义作家、中短篇小说大师、剧作家和历史学家，小说《高龙巴》、《嘉尔曼》（又译作《卡门》）的作者。

② 维奥莱·勒·杜克（1814—1879），法国建筑师、理论家、作家、学者及考古学者等，也是现代技术及结构的倡导者，著有《11至16世纪法国建筑词典》、《建筑论述》、《俄罗斯艺术》、《建筑的装饰》等。

③ 风格复原，指1844年法国维奥莱·勒·杜克在为巴黎圣母院进行修复设计时，提出的关于“整体修复”的“风格性修复”理论。这种理论修复实践需竭力搜寻初始建筑师在古迹上留下的踪迹，将既往时期的形式力争整体、完全地恢复出来，以完美表现那个时代的风格。

④ 约翰·拉斯金（John Ruskin，1819—1900），英国社会思想家，是英国工艺美术运动的精神领袖。

⑤ 威廉·莫里斯（William Morris，1834—1896），画家和设计师，是拉斯金理论的实践者和工艺美术运动的奠基人及主将。

⑥ 卡米罗·波依多（Camillo Boito，1836—1914），意大利著名建筑师、工程师，著名的艺术评论家、历史学家以及小说家。

⑦ 卢卡·贝尔特拉密（Luca Beltrami，1854—1933），意大利著名建筑师及建筑史学家，以众多古代建筑修复项目而著称。贝尔特拉密曾是波依多（Camillo Boito）在布雷拉美术学院（Brera Academy）的学生。其代表作为米兰（Milan）的斯福尔扎城堡（Castello Sforzesco）复原项目。

(Cesare Brandi)[1]。意大利学派的许多观点，如对文物建筑进行全面的保护；尊重文物建筑的所有历史信息；强调调查研究，反对修复工作中的主观臆测；只对文物古迹进行确有必要的加固和修缮；强调环境的保护等，都对世界各国产生了深远的影响。其中许多原则在以后得到了各国的肯定，并体现在《威尼斯宪章》等文件的条款中（王瑞珠，1993）。

1.1.2 各国历史遗产保护立法进程

19 世纪末、20 世纪初，随着人们对文化遗产价值认识的逐步深入以及保护运动的普遍发展，世界各国开展了文化遗产保护的立法工作。这标志着文化遗产保护已成为社会发展的客观要求和国家的基本方略，从根本上促进了文化遗产保护的广泛开展。

1. 欧洲地区

对历史文化遗产资源立法最早的国家是希腊，1834 年在希腊诞生了世界上第一部保护古迹的法律[2]。

法国也是欧洲大陆遗产保护的先行者之一。1837 年成立了历史文物委员会；1840 法国公布了首批保护建筑 567 栋，并于 1887 年通过了第一部历史建筑保护法，首次规定了保护文物建筑是公共事业，政府应该干预；1913 年颁布了新的《保护历史古迹法》[3]，规定列入保护名录的建筑不得拆毁，维修要在“国家建筑师”（aerhitectuer et ubrnaiste de L'Etat，AUE）[4]的指导下进行，由政府资助一部分维修费用，此法一直影响至今；1930 年颁布《遗址法》[5]；1943 年立法规定在历史性建筑周围500m 半径范围划定保护区，区内建筑的拆除、维修、新建，都要经过“国家建筑师”的审查，要经过城市政府批准；1962 年制订了保护历史性街区的法令《马尔罗法》（*Amdre Malranx*）[6]，由此确立了保护历史街区的新概念，现有国家级历史保护区 92 处；1983 年又立法设立“风景、城市、建筑遗产保护区”（ZPPAUP）[7]，将保护范围扩大到文化遗产与自然景观相关的地区，现有此类保护

---

① 布朗迪（Cesare Brandi）：（1906—1988），意大利艺术评论家，历史学家，是现代保护修复理论（conservation-restoration theory）的领军人物。奠定了西方国家现代保护、修复的思想基础和理论基石。

② 希腊自 1832 年独立以来，就开始着手制定颁布保护古遗址的法令，并于 1834 年颁布了（1835 年实施）关于保护古建筑的法令。目前，希腊全国有国家登录的保护遗址、保护建筑约 40 万处。

③ 法国《保护历史古迹法》是世界上第一部保护文化遗产的现代法律，它规定文物建筑分为两种：国家保护名录和补充名录（前者约占总数的 1/3）。该法律还规定了文物建筑的保护范围、申请保护的行政程序、享受的税收优惠等，明确了历史性建筑保护的原则（参见台湾“文建会”《英美日法文化资产保存及制度》）。

④ 国家建筑师，法国为保护历史建筑与管理文化遗产设置的一项培育专业人才的特有制度。国家建筑师的专业领域包括整个城市遗产、规划、建筑。

⑤ 1930 年法国颁布《遗址法》，定义了保护天然纪念物和富有艺术、历史、科学、传奇及画境特色的地点（Sites de Caratere Artistique，Historique，Scientifique，Le gendaire ou Pittoresque），并制定出严格的保护政策。其中包括历史建筑群、古村落乃至整个城镇。这是历史上最早保护历史城镇和历史街区的国家立法。

⑥ 《马尔罗法》即《历史街区保护法》。该法提出了保护历史街区的要求：“对有价值的历史地区划定为历史保护区，制定保护、利用规划，纳入城市规划的严格管理。对区内建筑不得任意拆除，维修改建等也要经过国家建筑师的指导，符合规划要求的修整可以得到国家的资助，并享受减免税赋的优惠。”《马尔罗法》被认为是解决之前建筑与文化遗产管理职能混乱的一个重要桥梁。

⑦ ZPPAUP：Zone de protection du patrimoine architectural urbain et paysager。

区 300 处，另有 600 处正在调查准备之中（王景慧，2004）。

英国于 1877 年成立了古建筑保护协会（the Society for the Protection of Ancient Buildings，SPAB）[①]；1882 年颁布《古迹保护法》（*Ancient Monument Act*，1882）[②]（Larkham，1996），起初只确定 21 项，主要为古迹遗址；1900 年颁布《古迹保护法》修正案（*Ancient Monument and Amendment Act*，1900），保护范围从古遗址扩大到宅邸、农舍、桥梁等有历史意义的普通建（构）筑物；1913 年颁布《古建筑加固和改善法》（*The Ancient Monument Consolidation Act*，1913）[③]（Mynors，Charles，26）；1944 年颁布《城乡规划法》（Town and Country Planning Act，1944）[④]（Worsley and Giles，2002），制定保护名单称为“登录建筑”，当时确定了 20 万项。1953 年颁布《古建筑及古迹法》（*History Buildings and Ancient Monument Act*，1953）[⑤]，确定资金补助；1967 年颁布《城市文明法》（*Civic Amenities Act*，1967）[⑥]，确定保护历史街区，确定了保护区 3200 处；1974 年修正《城市文明法》，将保护区纳入城市规划的控制之下。

2. 北美地区

北美地区的美国和加拿大虽然建国时间不长，但是其历史保护运动却有很长的历史，足迹基本上与欧洲同步。在美国，1853 年安妮·康宁海姆（Ann Pamela Cunningham）女士[⑦]在南卡罗来纳（South Carolina）建立了美国第一个民间保护组织“保护沃农山住宅妇女联合会”（Mount Vernon ladies' association of the Union），致力于殖民时期美国历史的保护；1889 年联邦政府实施了第一个保护项目——亚利桑那州的历史遗址“Casa Grande”，并建立了国家公园（national park）[⑧]；1906 年颁布了《古物保护法》，保护具有

---

① 英国古建筑保护协会于 1877 年由威廉·莫里斯（William Morris）创立，该协会旨在抵制维多利亚时代的建筑师对中世纪建筑实行的极具破坏性的“重建”。目前，该协会已经成为英国规模最大、历史最悠久、专业性最强的国民压力集团（压力集团指为其特殊利益和权利，对立法机关制定的政策施加影响的组织）（http://www.spab.org.uk/）。

② 《古迹保护法》规定对建于 1700 年以前的历史建筑进行保护。第二次世界大战以后，年代标准调整为 1850 年以前。到 1963 年，划定的年代标准取消。英国根据《古迹保护法》指定了多处国家古迹，并设立“古迹巡访员”，在经土地所有者同意后进入其土地勘察遗迹，并规定国家可收购和监督闲置古迹。

③ 《古建筑加固和改善法》是世界上第一个以谨慎保存古迹为目标的法律。该法还将历史古迹明确定义为：“任何具有宗教意义的结构或建筑物。”

④ 《城乡规划法》是英国在第二次世界大战后为指导战后重建工作而制定的法律。该法案专门制定了一项条款，规定地方政府应将当地有重大历史意义的建筑物上报（包括部分私人住宅）。

⑤ 该法案授权环境大臣可对古迹维护拨款，并有权收购这些建筑。

⑥ 《城市文明法》规定了历史保护地区概念，并规定政府应发放补助和提供贷款给民间保护组织用于修缮及维护登录和非登录的历史建筑。

⑦ 安妮·康宁海姆（Ann Pamela Cunningham）（1816—1875），1853 年来自北卡罗来纳州安妮·康宁海姆女士开始关注并拯救处于破败状态的乔治·华盛顿沃农山旧居（Mount Vernon），并发起成立了“保护沃农山住宅妇女联合会”，筹集资金购买该建筑和总共 200 英亩的用地。最终在与政府的抗争和坚持之下，成功收购沃农山并使其成为弗吉尼亚州纪念美国历史的圣地。康宁海姆此举被认为是美国最早的草根（grassroots）保护尝试。

⑧ 国家公园的概念最早由美国艺术家乔治·卡特林（Geoge Catlin）首先提出。世界上最早的“国家公园”为 1872 年美国建立的位于怀俄明州（Wyoming）的“黄石国家公园”（Yellow Stone National Park），之后“国家公园”一词为世界很多国家使用，国际上一直公认属于自然保护区。1969 年世界自然保护联盟（International Union for the Conservation of Nature and Natural Resources，IUCN）在印度新德里第十届大会作出决议，明确了国家公园的基本特征。

历史和科学价值的历史标志物，史前遗址；1916 年，美国国家公园管理局（National Park Sevice）[①] 成立，成为美国政府历史保护的主管机构，重点保护私人和民间机构无力保护的大型历史场所；1966 年颁布了《国家历史保护法》[②]（NPS，1991）（The National Historic Preservation Act，NHPA，1966），是迄今为止美国历史遗产保护的主要法律依据，该法律（及其修正案）建立了历史场所国家登录制度，完善了历史遗产的保护体系，明确了联邦、州及地方政府的保护机构的相互关系及其各自的责任和权力[③]；随后，联邦政府又颁布了一系列历史保护法律。在国家立法逐步完善的同时，各州也制定了相关的历史保护法规。

3. 亚洲地区

在亚洲，日本明治维新后受西方思潮的影响，也对国家文化遗产保护投注了巨大关注，于 1897 年颁布《古社寺保存法》（*Temples and Shrines Preservation Law*，1897）[④]（Coaldrake and William Howard，1996）；1919 年又颁布《史迹、名胜、天然纪念物保存法》（*Historical Sites*，*Places of Scenic Beauty*，*and Natural Monuments Preservation Law*，1919）[⑤]（Robertson and Jennifer Ellen，2005），进一步将保护范围扩大到古墓葬、古城址、古园林及风景地；1929 年颁布《国宝保存法》（*National Treasures Preservation Law*，1929）[⑥]；1950 年综合以上三个法令颁布《文化财保护法》；1966 年颁布《古都保存法》（*Law for the Preservation of Ancient Capitals*，1966）[⑦]，将保护目标扩大到京都（Kyōto）、奈良（Nara）、镰仓（Kamakura）[⑧]等古都的历史风貌；1975 年修订《文化财保护法》，增加了保护“传统建筑群”的内容；1996 年又修订《文化财保护法》，导入文物登录制度，增强了地方政府的积极性（表 1.1）。

---

① 美国国家公园管理局（National Park Service），于 1916 年 8 月 25 日根据美国国会的相关法案成立，隶属于美国内政部，主要负责美国境内的国家公园、国家历史遗迹、历史公园等自然及历史遗产保护。

② 美国于 1966 年颁布的《国家历史保护法》，旨在加强联邦政府在遗产保护中的作用（如要求政府积极支持公、私各类保护组织等）。该法案还要求美国所有的 50 个州对州内的历史资源进行综合调查，成立州历史保护办公室（the State Historic Preservation Offices）。

③ National Park Service. Laws，Executive Orders & Regulations，http：//www. nps. gov/history/laws. htm。

④ 《古社寺保存法》：日本于明治三十年（1897）所制定的法律，旨在保护古代神社与寺庙的建筑及古物。与此同时，该法案还设立了有关指定对象的管理、公开、补助的规定，这可以被视为是日本现行文化遗产保护制度的原型。

⑤ 《史迹、名胜、天然纪念物保存法》：日本政府于 1919 年 4 月 10 日公布制定的中央法规，同年 6 月 1 日则开始施行。其立法精神与欧美 19 世纪末同期的保存文化财思想相一致。除了将稍早就明确规定保护的神社寺院外，遗产保护的内容被扩大到历史建筑、历史遗迹、旧址、纪念碑、古城址，并涵盖珍稀自然物种（如动物、植物或矿物等）。

⑥ 该法案取代了 1897 年的法律，将对文化财产的保护衍生到了所有的公共、私营机构和私人个体，以防止人们对文物的走私或拆迁。

⑦ 该法案主要针对拥有大量国家文化财产、宝物的古都，如京都、奈良、镰仓、大和等地。

⑧ 京都：于 794 年起被定为日本的首都，当时名为“平安京”，此后多次成为历朝历代日本政治及文化的中心。“首都”在日本当时称为“京之都”，因此“京都”后来成为了此城市的专有名词。

奈良：日本历史名城和国际观光城市，也是奈良县政府所在地和奈良县最大的城市。1898 年 2 月 1 日设市。1998 年联合国教科文组织将古都奈良登录为世界遗产。

镰仓：位于日本神奈川县三浦半岛西面，12 世纪末源赖朝创建幕府并开始武士政权的地方，现为人口 18 万人的小型城市。

表 1.1　世界各国历史遗产保护的主要法案及相关内容

法案及重大事件	国家	年份	主要内容
《古迹保护法》	希腊	1834	第一部保护古迹的法律
公布首批保护建筑	法国	1840	公布了首批保护建筑 567 栋
《历史建筑保护法》	法国	1887	第一部历史建筑保护法，首次规定了保护文物建筑是公共事业，政府应该干预
《历史建筑保护法》修正案	法国	1913	新的历史建筑保护法，规定列入保护名录的建筑不得拆毁，维修要在“国家建筑师”的指导下进行，由政府资助一部分维修费用
《遗址法》	法国	1930	定义了保护天然纪念物和富有艺术、历史、科学、传奇及画境特色的地点，并制定出严格的保护政策
划定历史建筑保护区	法国	1943	规定在历史性建筑周围 500m 半径范围划定保护区，区内建筑的拆除、维修、新建，都要经过“国家建筑师”的审查，要经过城市政府批准
《马尔罗法》	法国	1962	保护历史性街区的法令，由此确立了保护历史街区的新概念，现有国家级历史保护区 92 处
设立“风景、城市、建筑遗产保护区”	法国	1983	设立“风景、城市、建筑遗产保护区”，将保护范围扩大到文化遗产与自然景观相关的地区
《古迹保护法》	英国	1882	确定 21 项保护古迹，主要为历史遗址
《古迹保护法》修正案	英国	1900	保护范围从古遗址扩大到宅邸、农舍、桥梁等有历史意义的普通建（构）筑物
《城乡规划法》	英国	1944	制定保护名单（称“登录建筑”），当时确定了 20 万项
《古建筑及古迹法》	英国	1953	确定资金补助
《城市文明法》	英国	1967	确定保护历史街区，当时确定了保护区 3200 处
《城市文明法》修正案	英国	1974	将保护区纳入城市规划的控制之下
《古迹保护法》	美国	1906	指定保护具有历史和科学价值的历史标志物、史前遗址
《历史场所保护法》	美国	1935	制定具有重要价值的历史场所、建筑、构筑物及考古学遗址的保护政策，包括程序及方法
《国家历史保护法》	美国	1966	建立国家历史遗产保护体系，提出历史遗产的登录制度，保护的经济手段、技术手段、管理方式以及组织系统等
《古社寺保存法》	日本	1897	明确了对古代宫社、寺庙的保护
《史迹、名胜、天然纪念物保存法》	日本	1919	将保护范围扩大到古坟、古城址、古园林及风景地
《国宝保存法》	日本	1929	进一步扩大遗产保护范围，并制定相应的保护措施
《文化财保护法》	日本	1950	综合以前三个法令颁布《文化财保护法》；引进了无形文化财概念
《古都保存法》	日本	1966	保护目标扩大到京都、奈良、镰仓等古都的历史风貌
《文化财保护法》修正案	日本	1975	增加了保护“传统建筑群”的内容
《文化财保护法》修正案	日本	1996	导入文物登录制度，增强了地方政府的积极性

1.1.3 世界遗产保护组织的发展

20世纪上半叶开始，随着各国保护文物古迹工作的开展，人们逐步认识到，保护文化遗产不仅是每个国家的重要职责，也是整个国际社会的共同义务。一些相关的国际机构和国际组织相继成立，拟定并通过了一系列保护文化遗产的法律性文件，使这项工作逐步走向科学化和国际化。第二次世界大战后，在联合国教科文组织（UNSCO）① 的倡导下，先后成立了国际文物工作者理事会（International Council of Museums，ICOM）②、国际文化遗产保护与修复研究中心（International Centre for the Study of the Preservation and the Restoration of Cultural Property，Rome ICCROM）等国际组织，开展了卓有成效的工作③，极大地促进了国际社会对人类文化遗产的保护，特别对战后欧洲各国保护古建筑遗存和城市的古老街区起到了重要的指导作用。

而最早由相关国际机构和国际组织制定的保护历史遗产的国际宪章和国际公约可追溯到20世纪30年代。1931年，第一届历史纪念物建筑师及技师国际会议制定了《关于历史性纪念物修复的雅典宪章》（*The Athens Charter for the Restoration of Historic Monuments*，1931）（国家文物局，2007）；1933年8月，国际现代建筑协会第4次会议在雅典召开，在会上制定的《雅典宪章》（*Charter of Athens*，1933）中专门论述了“有历史价值的建筑和地区”的保护问题，从而促进了这一国际运动的广泛开展（Curtis and William，1996）。在此之后的80多年中，各种遗产保护组织相继成立，订立了对各种类型的遗产保护的重要公约和文件（表1.2）。特别在20世纪60～80年代，世界范围内形成了一个保护历史遗产的高潮，相关国际组织在此期间通过了一系列宪章和建议，确定了各类遗产对象的保护原则，推广了先行国家和地区的宝贵经验和先进方法，协调了各国的遗产保护工作。

表1.2 国际遗产保护组织相关保护文件

文件名称	主要内容及涉及方面	年份	颁布组织
《关于历史性纪念物修复的雅典宪章》	关于历史性纪念物修复	1931	历史古迹建筑师及技师国际协会
《威尼斯宪章》	国际古迹遗址保护及修复宪章	1964	国际古迹遗址理事会（ICOMOS）
《巴黎公约》	保护世界文化和自然遗产公约	1972	联合国教科文组织（UNSCO）
《内罗毕建议》	关于历史地区的保护及其当代作用的建议	1976	联合国教科文组织（UNSCO）

① 全名为：United Nations Educational，Scientific and Cultural Organization。

② 1964年ICOM在威尼斯召开的第二次会议上改名为国际古迹遗址理事会（International Counicl on Monuments and Sites，ICOMOS）。1965年，国际古迹遗址理事会在波兰华沙正式成立，为联合国教科文组织世界遗产委员会的专业咨询机构之一，是专注于历史文化纪念物保存的国际协会，总部设于法国巴黎，共9500名成员，其工作展开主要依据1964年颁布的威尼斯宪章。参见 http：//www. international. icomos. org/ about. htm。

③ 世界文化遗产保护领域中最重要的两个国际文件：《威尼斯宪章》与《华盛顿宪章》即由该组织拟定并通过。

续表

文件名称	主要内容及涉及方面	年份	颁布组织
《巴拉宪章》	关于具有文化意义的地点（文化遗产地）的保护和管理	1979	国际古迹遗址理事会澳大利亚国家委员会（ICOMOS）
《佛罗伦萨宪章》	历史园林保护宪章	1982	国际古迹遗址理事会（ICOMOS）
《华盛顿宪章》	保护历史城镇和地区的国际宪章	1987	国际古迹遗址理事会（ICOMOS）
《奈良真实性文件》	关于历史遗产真实性判别的文件	1994	国际古迹遗址理事会（ICOMOS）
《关于乡土建筑遗产的宪章》	关于乡土建筑遗产的保护	1999	国际古迹遗址理事会（ICOMOS）
《下塔吉尔宪章》	关于工业遗产保护宪章	2003	国际古迹遗址理事会/国际工业遗产保护协会（ICOMOS/TICCIH）
《保护非物质文化遗产公约》	关于非物质文化遗产保护	2003	联合国教科文组织（UNSCO）
《西安宣言》	关于历史环境的保护	2005	国际古迹遗址理事会（ICOMOS）

1.《关于历史性纪念物修复的雅典宪章》

1931 年，第一届历史纪念物建筑师及技师国际会议在雅典举行。会议讨论了七个议题：①一般性原则和定义；②历史古迹的立法和管理措施；③古迹美学价值的提升；④古迹修复；⑤古迹状况的恶化；⑥保护的技术；⑦古迹保护和国际合作。[①]并在此基础上形成了《关于历史性纪念物修复的雅典宪章》。宪章关注的是单个的古迹及其周边环境和小块孤立遗址的保护，其主要思想在于确保古迹的历史特征不受损害，并就此提出了一系列具体的手段和要求。宪章内容牵涉到三方面的工作：对单个古迹或考古遗址的保护策略、古迹保护的技术和方法及对其所在环境的关注（主要是视觉环境和美学上的关注）。

虽然简略，但这些内容提出了保护好代表一个历史时期的历史遗存对教育后代的重要作用，首次明确地提出了遗产的文化意义。《关于历史性纪念物修复的雅典宪章》的订立标志着对历史建筑的保护在国际范围内达成了共识，相关国际组织开始对这一问题进行持续的关注并为之努力。这也是 20 世纪 60 年代以后一系列关于历史遗产保护的国际文件的先导和源泉。

2.《雅典宪章》

1933 年 8 月国际现代建筑协会（International Congresses of Modern Architecture, CIAM）[②]第 4 次会议制定的《雅典宪章》（*Charter of Athens*，1933）是城市规划领域第一个国际公认的纲领性文件，也涉及保护有历史价值的建筑和地区问题。宪章指出，保护好代表一

① 《关于历史性纪念物修复的雅典宪章》的七个部分：Doctrine. General Principles；Adminstrative and Legislative Measures Regarding Historical Monuments；Aesthetic Enhancement of Ancient Monuments；Restoration of Monuments；The Deterioration of Ancient Monuments；The Technique of Conservation；The Conservation of Monuments and International Collaboration。

② 国际现代建筑协会，于 1928 年在瑞士成立，发起人包括勒·柯布西耶、W. 格罗皮乌斯、A. 阿尔托等。最初该协会只有会员 24 人，后来发展到 100 多人。其目的是反抗学院派的势力，讨论科学对建筑的影响、城市规划以及培训青年一代等问题，为现代建筑确定方向。

个历史时期的有价值的历史遗存在教育后代方面的重要意义，并且确定了一些基本原则和提出了一些具体的保护措施，促进了国际保护运动的开展。然而，随着第二次世界大战后世界经济的复兴，城市保护与发展的矛盾越来越突出，《雅典宪章》过于笼统简单的原则已不能适应国际文化遗产保护工作的需要。在这种历史背景下，20 世纪 60 年代国际古迹遗址理事会（ICOMOS）拟定并通过了《保护和修复文物建筑及历史地段的国际宪章》（*International Charter For the Conservation and Restoration of Monuments and Sites*，1964），即《威尼斯宪章》。

3.《威尼斯宪章》

1964 年 5 月，国际文物工作者理事会在意大利威尼斯召开的第二次会议上，讨论并通过了《保护和修复文物建筑及历史地段的国际宪章》，这就是著名的《威尼斯宪章》（Venice Charter）。《威尼斯宪章》回顾了 20 世纪 30 年代《雅典宪章》制定以来世界范围内文物保护工作的进展情况，指出："人们越来越注意到，问题已经变得很复杂，很多样，而且正在继续不断地变得更复杂，更多样；人们已经对问题作了深入的研究。于是，有必要重新检查宪章，彻底研究一下它所包含的原则，并且在一份新的文件里扩大它的范围"①。

《威尼斯宪章》扩大了历史文物建筑的概念，提出了文物古迹保护和修复的基本原则和基本方法。主要包括：①真实性（authenticity）——要保存历史遗留的原物，修复要以历史真实性和可靠文献为依据，对遗址要保护其完整性，用正确的方式清理开放，不应重建；②可识别性（identifiability）——不可以假乱真，修补要整体和谐又要有所区别；③连续性（continuity）——要保护文物古迹在各个时期的叠加物，它们都保存着历史的痕迹，保存了历史的信息；④整体性（integrity）——即整体环境保护，古迹的保护包含着它所处的环境，除非有特殊的情况，一般不得迁移。这些原则和方法已成为世界各国遗产保护的共识。

《威尼斯宪章》是国际历史遗产保护发展的里程碑。它所表达的科学思想是 18 世纪末以来，近一二百年各国理论和实践的总结，是世界上许多文物保护专家共同探索的结果。它所制定的基本概念、理论和原则为世界各国文化遗产保护实践提供了理论依据。它促成了 20 世纪 60 年代末、70 年代初以后世界范围内保护城市历史建筑和遗产的国际潮流的出现。

4.《世界遗产公约》②

《威尼斯宪章》制定之后，历史遗产的保护工作愈来愈受到世界各国的重视，并向国际化方向发展。1972 年 11 月，联合国教科文组织 17 届大会上通过了《保护世界文化和自

---

① ICOMS.《威尼斯宪章》，1964 年 5 月，原文为："Increasing awareness and critical study have been brought to bear on problems which have continually become more complex and varied; now the time has come to examine the Charter afresh in order to make a thorough study of the principles involved and to enlarge its scope in a new document."

② 1965 年美国倡议将文化和自然联合起来进行保护。世界自然保护联盟在 1968 年也提出了类似的建议，并于 1972 年在瑞典首都斯德哥尔摩提交联合国人类环境会议讨论。于是，联合国教科文组织大会于 1972 年 10 月 17 日 ~ 11 月 21 日在巴黎举行的第十七届会议上，通过了《保护世界文化和自然遗产公约》。

然遗产公约》（*Convention Concerning the Protection of the World Cultural and Natural Heritage*, 1972）（简称《世界遗产公约》），并于1976年成立了"世界遗产委员会"（World Heritage Committee）[①]和"世界遗产基金"（World Heritage Fund），把各国文化和自然遗产的保护工作进一步推向国际化。迄今为止，有187个国家参加了公约。截至2012年，有962处遗产列入了《世界遗产名录》，包括文化遗产745处、自然遗产188处以及自然与文化双遗产29处。《世界遗产公约》将世界范围内具有突出意义和普通价值的文物古迹和自然景观作为人类的共同财富。其宗旨是"为集体保护具有突出的普遍价值的文化和自然遗产建立一个根据现代科学方法制定的永久性的有效制度"[②]。

5.《内罗毕建议》

20世纪70年代以后，人们对历史遗产保护的认识又有了进一步的提高，保护范围从个别建筑物到建筑群，进而扩大到整个地段和环境。1976年11月，联合国教科文组织在内罗毕召开的第19届大会上正式提出了保护城市历史地段问题，通过了《关于保护历史地段及它们在现代生活中的地位的建议》（*Recommendation Concerning the Safeguarding and Contemporary Role of Historic Areas*）（简称《内罗毕建议》）。

《内罗毕建议》强调"历史地段和它们的环境应该被当做全人类的不可替代的珍贵遗产，保护它们并使它们成为我们时代社会生活的一部分是它们所在地方的国家公民和政府的责任"[③]。它指出："当存在建筑技术和建筑形式的日益普遍化所能造成整个世界的环境单一化的危险时，保护历史地区能对维护和发展每个国家和文化与社会价值作出突出贡献。这也有助于从建筑上丰富世界文化遗产"[④]。文件还进一步阐明了怎样维护、保存、修复和发展历史性城镇，使它们适应现代化生活的需要。

《内罗毕建议》是针对历史地段的保护而提出的，该文件明确指出了历史街区保护工作的立法及行政、技术、经济和社会等方面应采取的措施，包括历史街区保护制度的建立，街区包括历史、建筑在内的社会、经济、文化和技术数据与结构，以及与之相关的更广泛的城市或地区联系进行全面的研究。

---

① 世界遗产委员会是联合国教科文组织下属机构，成立于1976年11月，负责《保护世界文化和自然遗产公约》的实施。委员会每年召开一次会议，主要决定哪些遗产可以录入《世界遗产名录》，并对已列入名录的世界遗产的保护工作进行监督指导。

② 公约前言部分原文："Considering that it is essential for this purpose to adopt new provisions in the form of a convention establishing an effective system of collective protection of the cultural and natural heritage of outstanding universal value, organized on a permanent basis and in accordance with modern scientific methods, Having decided, at its sixteenth session, that this question should be made the subject of an international convention."

③ 《内罗毕建议》原文总则第二条，一般原则部分："Historic areas and their surroundings should be regarded as forming an irreplaceable universal heritage. The governments and the citizens of the States in whose territory they are situated should deem it their duty to safeguard this heritage and integrate it into the social life of our times."

④ 《内罗毕建议》总则第六条：the 6th, GENERAL PRINCIPLES："At a time when there is a danger that a growing universality of building techniques and architectural forms may create a uniform environment throughout the world, the preservation of historic areas can make an outstanding contribution to maintaining and developing the cultural and social values of each nation. This can contribute to the architectural enrichment of the cultural heritage of the world."

6. 《马丘比丘宪章》[①]

1977年12月，来自世界各国的建筑师和城市规划师在秘鲁召开国际会议，在马丘比丘山（Machu Picchu）的古文化遗址签署了著名的《马丘比丘宪章》（*Machu Picchu Charter*）。它重申了《雅典宪章》中的保护历史环境和遗产的原则，同时指出："不仅要保存和维护好城市的历史遗址和古迹，而且还要继承一般的文化传统"，"保护、恢复和重新使用现有历史遗址和古建筑必须同城市建设过程结合起来，以保证这些文物具有经济意义并继续具有生命力"。《马丘比丘宪章》进一步扩大了城市历史遗产保护的范围，并且强调了城市保护与城市发展的结合。

7. 《华盛顿宪章》

20世纪70～80年代，席卷世界的现代化浪潮对城市和村镇中的人工和自然环境的威胁日益增大，历史性城市的保护成为各国面临的紧迫问题。1987年10月，国际古迹遗址理事会在华盛顿举行的第八次会议上通过了《保护历史性城市和城市化地段的宪章》（*Charter for the Conservation of Historic Towns and Urban Areas*），简称《华盛顿宪章》。它总结了《威尼斯宪章》之后20多年来各国环境保护的理论与实践经验，面对历史性城市和地区"在城市化影响下，正面临着没落、颓败甚至破坏的危险"，确定了保护它们的原则、目标、方法和行动手段[②]。

《华盛顿宪章》主要论及了历史地段的保护，即"大小城镇和历史性的城市中心或地区，包括它们的自然的或人造的环境"[③]。它首先指出"历史性城市和城区的保护应该成为社会和经济发展的整体政策的组成部分，并在各个层次的城市规划和管理计划中考虑进去"。它同时强调："为了使保护取得成功，必须使全体居民都参加进来，因为保护历史性城市或城区首先关系到它们的居民。"它还提出"为使历史性城市适应现代生活，要谨慎地设置或改善公共服务设施"[④]。文件还提出了历史性城市保护的具体内容、贯彻措施及其与城市规划的相互关系。

《华盛顿宪章》是继《威尼斯宪章》之后，第二个有关文化遗产保护的专门性国际法规文件。它作为《威尼斯宪章》的补充而成为世界文化遗产保护的共同准则。它是针对20多年来各国实践中出现的实际情况进行的及时总结，因而具有较强的指导意义，为推

---

① 《马丘比丘宪章》：20世纪70年代后期，国际建协鉴于当时世界城市化趋势和城市规划过程中出现的新内容，于1977年在秘鲁的利马召开了国际性的学术会议。与会的建筑师、规划师和有关官员以《雅典宪章》为出发点，总结了近半个世纪以来尤其是第二次世界大战后的城市发展和城市规划思想、理论和方法的演变，展望了城市规划进一步发展的方向，在古文化遗址马丘比丘山上签署了《马丘比丘宪章》。

② 《华盛顿宪章》原文第三条："Faced with this dramatic situation, which often leads to irreversible cultural, social and even economic losses."

③ 《华盛顿宪章》原文第二条："This charter concerns historic urban areas, large and small, including cities, towns and historic centres or quarters, together with their natural and man-made environments."

④ 《华盛顿宪章》原文第三条、第四条："The participation and the involvement of the residents are essential for the success of the conservation programme and should be encouraged. The conservation of historic towns and urban areas concerns their residents first of all."

动各国历史城市的保护起到了重要作用。

《华盛顿宪章》是专门针对历史城镇保护而通过的国际性文件，它提到要保持历史城市的地区活力，适应现代生活之需求，解决保护与现代生活方面等问题，并明确指出城市的保护必须纳入城市发展政策与规划之中。该文件是迄今为止关于历史城市保护方面最为经典和广泛影响力的国际准则。

自此，在经历了长期的发展与演进之后，世界历史遗产保护的理论及方法日益完善和成熟。保护的对象逐步扩大，从文物建筑到历史地段到城市；保护的领域更加丰富，从人工环境到自然环境到城市文化；保护的措施也更加具体，从文化遗产自身的保护到与城市发展和城市规划的紧密结合。

除此以外，ICOMOS 还于 1982 年通过了旨在保护历史园林与景观的《佛罗伦萨宪章》（*Charter on the Preservation of Historic Gardens*，1982）①，ICOMS 澳大利亚国家委员会 1979 年颁布了关于具有文化意义的地点（文化遗产地）的保护和管理的《巴拉宪章》（*Burra Charter*，*The Australia ICOMOS Charter for Places of Cultural Significance*），ICOMS 与国际工业遗产保护协会（TICCIH）2003 年通过了保护工业遗产的《下塔吉尔宪章》（*The Nizhny Tagil Charter For the Industrial Heritage*），联合国教科文组织 2003 年通过了《保护非物质文化遗产公约》（*Convention for the Safeguarding of the Intangible Cultural Heritage*）等。

1.1.4　遗产保护观念的演变

就本质而言，遗产保护思想仍然是一种现代意识，至今不过短短的一百多年时间。在此期间，关于遗产保护的思想和方法却经历了从简单到复杂的发展过程，保护观念也随着认识的深入而不断地转变。以下以时间为序，以历史上重要的法规、文件为证，对世界遗产保护观念的转变过程进行回顾，以厘清世界遗产保护思想的演变。

1. 从注重艺术性到遵循科学原则

尽管源于考古学的近代遗产保护在观念上具有科学与艺术并重的特点，但尚未发展成为一门严谨的学科。18 世纪末～19 世纪上半叶，注重艺术性的“哥特复兴”和“风格复原”造成了对历史遗产真实性的破坏，以艺术法则为标准的遗产保护开始受到质疑。

19 世纪中期开始，实证主义哲学和现代科学与技术的发展使人们对历史的复杂性和客观性的认识进一步加深。随着历史研究从文学转向科学，一种辨别真伪的科学历史研究方法开始成为主流。这就出现了一个新的、评价性的时代，历史保护领域中的“原真性”概念因此得到定义。过去建立在超越价值判断的理想化美学逻辑基础上的修复法则遭到了不断增加的批评，形成了所谓的“反修复运动”，并逐渐成为现代西方保护理论中所强调的“真实性”（authenticity）思想的起源。英国人威廉·莫里斯（William Morris）强调，

① 《佛罗伦萨宪章》（*The Florence Charter*）：国际古迹遗址理事会与国际历史园林委员会于 1981 年 5 月 21 日在佛罗伦萨召开会议，决定起草一份将以该城市命名的历史园林保护宪章。本宪章即由该委员会起草，并由国际古迹遗址理事会于 1982 年 12 月 15 日登记作为涉及有关具体领域的《威尼斯宪章》的附件。

对古迹“我们没有权力哪怕只是触动它们”（张钦哲，1984）。

1931年，《关于历史性纪念物修复的雅典宪章》指出，应确保古迹的历史特征不受损害，并就此提出了一系列具体的手段和要求。1933年的《雅典宪章》也提出了保护好代表一个时期的有价值的历史遗存在教育后代方面的重要意义，并确定了历史遗存保护的科学性原则。1964年制定的历史遗产保护领域的权威性文件《威尼斯宪章》强调了这一思想，提出对历史古迹“我们必须一点不走样地把它们的全部信息传下去”，在使用时“决不可以变动它的平面布局或装饰”，修复时“目的不是追求风格的统一”，“补足缺失的部分，必须保持整体的和谐一致，但在同时，又必须使补足的部分跟原来部分明显地区别，防止补足部分使原有的艺术和历史见证失去真实性”①。此后这个概念扩展到文化遗产保护的所有领域，成为遗产保护领域中最核心的概念。

1994年11月，来自28个国家的45位与会者在日本古都奈良专门探讨了如何定义和评估原真性的问题。会议最后形成了与世界遗产公约相关的《关于原真性的奈良文件》。《奈良文件》首先强调了“文化多样性与遗产多样性”（cultural diversity and heritage diversity），然后将“信息源的可靠性与真实性”作为评判“原真性”的重要基础（张松，2001）。

2. 从单体文物古迹保护到整体历史环境保护

西方早期的历史保护体现了社会精英的历史观，是带有较多理想主义色彩的工作，对历史遗产的关注也主要集中在美学的视角，主要关注的是单体文物古迹的保护问题。历史环境整体保护的思想萌芽于1931年的《关于历史性纪念物修复的雅典宪章》，宪章提出要注意保护历史遗址周围的环境：“历史建筑的结构、特征及它所属的城市外部空间都应当得到尊重，尤其是古迹周围的环境应当特别重视。某些特殊的组群和特别美丽的远景处理也应当得到保护。”

此后，在20世纪60年代各个国家和国际古迹遗址理事会（ICOMOS）相继出台相关法案（宪章）构建了今天遗产保护中整体保护的思想。1962年，法国制订了第一部保护历史性街区的法令《马尔罗法》，使得明确界定一个保护区的边界成为可能。1964年，在ICOMOS第二届会议上颁布的《威尼斯宪章》中提出了对文物建筑、遗址所在地及其周围一定规模环境进行保护的古迹修复和保护原则。1966年，日本制定的《古都保存法》，将遗产保护目标扩大到京都、奈良、镰仓等古都的历史风貌，进一步扩大了遗产保护的范围。

1981年，ICOMOS澳大利亚国家委员会颁布的《保护具有文化特征的场所的巴拉宪章》② 中，从一个全新的角度阐述了对历史环境的认识，即“场所”的概念。这个宪章提出了三个新的保护对象——“场所”（Place）、“文化意义”（Cultural Significance）、“结

---

① 《威尼斯宪章》原文前言部分：“It is our duty to hand them on in the full richness of their authenticity.”第5条：“Such use is therefore desirable but it must not change the lay-out or decoration of the building.”第11条：“unity of style is not the aim of a restoration.”第12条：“Replacements of missing parts must integrate harmoniously with the whole, but at the same time must be distinguishable from the original so that restoration does not falsify the artistic or historic evidence.”

② 1979年ICOMOS澳大利亚国家委员会（澳大利亚国际古迹遗址理事会）在《威尼斯宪章》的基础上，根据澳大利亚的国情制订出《保护具有文化意义地方的宪章》（因该宪章在巴拉制订，故又名《巴拉宪章》），并分别在1981年、1988年、1999年通过了修正案。《巴拉宪章》在遗产保护理论上具有一定创新性，同时在实践上也具有可操作性。

构”（Fabric），以此来代替以前的保护对象“古迹遗址”。场所和文化意义都是对一个环境的描述，而“结构意味着场所所有的物质材料”，这些都表明保护超越了单个具体的实物，保护的对象就是环境本身。之后，1987年《华盛顿宪章》针对历史城镇保护都出台了相应的原则和措施，遗产对象在空间范畴上得到了进一步拓展。至此，世界遗产保护的视野拓展到更为宏观的层面，整体保护的思想逐步形成。

3. 从历史环境的关怀到现实生活的关照

20世纪以来人们的世界观与历史观悄悄地发生着变化，新的历史观认为“历史”是对社会集体经验的解释，不同阶段和地域的文化都有它自身的价值。遗产保护由此从文化精英个人的兴趣爱好转化成为一项全人类共同的责任与义务。

20世纪70年代，在遗产保护领域中专家们将目光投向遗产地的原住居民，开始关注社会持续发展问题，逐渐形成了保护遗产地“生活持续性”的概念。1976年UNESCO发布的《内罗毕建议》，第一次在遗产保护的国际文件中提出了历史保护过程中要注意保护生活的连续性的重要思想。《建议》① 指出：“在保护和修缮的同时，要采取恢复生命力的行动。因此，要保持已有的合适的功能，尤其是商业和手工业，并建立新的发展模式。为了使它们能长期存在下去，必须使它们与原有的、经济的、社会的、城市的、区域的、国家的物质和文化环境相适应……必须制定一项政策来复苏历史建筑群的文化生活，要建设文化活动中心，要使它起促进社区和周围地区的文化发展的作用。”

之后，在1977年CIAM制定的《马丘比丘宪章》中进一步提出了历史遗产保护必须与城市发展和居民生活有机结合起来，“在我们的时代，近代建筑的主要问题已不再是纯体积的视觉表演而是创造人们能生活的空间。要强调的……是城市组织结构的连续性”。宪章所提出的城市有机发展的思想，使古迹遗址不再仅仅被看做静态的保护对象。ICOMOS特别为保护历史城镇与城区制定的《华盛顿宪章》中更加强调了遗产保护与日常生活相结合的问题，提出“历史城镇和城区的保护首先涉及它们周围的居民”②。“所有城市社区，不论是长期逐渐发展起来的，还是有意创建的，都是历史上各种各样的社会的表现”③。这标志着人们对历史遗产保护的理解和认识已经从过去的针对历史环境的静态的、被动的保存行为上升到了一个动态长期的、主动的保护过程。遗产保护已经不单单是为了过去的记忆而保护，还是为了现在的生活而保护。

4. 从简单对象保护到文化多样性的拓展

从20世纪50年代开始，人们对历史遗产的认识更为全面，从过去物质遗存拓展到生

---

① 《内罗毕建议》原文第33条：Technical，economic and social measures：“Protection and restoration should be accompanied by revitalization activities. It would thus be essential to maintain appropriate existing functions，in particular trades and crafts，and establish new ones，which，if they are to be viable，in the long term，should be compatible with the economic and social context of the town，region or country where they are introduced.”

② 原文为：“The conservation of historic towns and urban areas concerns their residents first of all.”

③ 原文为：“All urban communities，whether they have developed gradually over time or have been created deliberately，are an expression of the diversity of societies throughout history.”

活中各种传统的行为、习俗和技艺。1950 年日本颁布的《文化财保护法》将文化遗产的保护内容，在过去的有形文化财、古迹名胜和天然纪念物的基础上，增加了无形文化财、民俗资料及地下文物等三项。之后，UNSCO 在 1977 年制定《联合国教科文组织第一个中期计划》（1977—1983）中，提到了人类文化遗产是“由‘有形文化遗产’与‘无形文化遗产’两部分组成的”；并在 1984 年制定的《联合国教科文组织第二个中期计划》（1984—1989）中，进一步明确地将文化遗产分为“有形文化遗产”与“无形文化遗产”两大部分。文化遗产的内涵在世界范围内获得了巨大拓展。

20 世纪 80 年代后期，受生物学“物种多样性”概念的启发，文化多样性的保护方法逐渐形成。发达国家遗产保护工作的重点逐渐转移到了遗产地生态文化系统的保护及合理化的工作上，并在实践中采取从对单一文化、产业类型的保护转变为对地域特色文化、濒危文化以及文化系统关键物种分布的区域协作保护和文化多样性的聚集地区的保护。理论界一致认为遗产地的环境、发展、人口和资源之间存在紧密而复杂的相互关系，只有通过综合的保护方式，保护区域内各种有意义的传统人地关系，才能使环境无害，遗产得到有效保护，当地社会经济才能够持续发展。

20 世纪 90 年代以后，ICOMOS 发布的各类保护宪章也反映了人们对遗产的文化多样性及其不同的保护方式的认识。例如，1990 年发布的《考古遗产的保护和管理宪章》（*Charter for the Protection and Management of the Archaeological Heritage*，1990）①、1996 年发布的《水下文化遗产保护和管理宪章》、1999 年发布的《关于乡土建筑遗产的宪章》（*Charter on Vernacular Built Heritage*，1999）②，以及 1992 年世界遗产委员会正式提出的文化景观（cultural landscapes）的概念等，使得历史遗产的对象和范畴得到了极大拓展。

1.2 我国遗产保护理论与方法的反思

1.2.1 现代遗产保护的起源

1908 年，在清政府颁布的《城镇乡地方自治章程》中，将“保存古迹”作为“城乡之善举”列为城乡的“自治事宜”③，由此拉开了我国现代遗产保护的序幕。但是，我国现代意义上的文物古迹保护活动实际上始于 20 世纪 20 年代。1922 年北京大学成立考古研究所④，后又设立考古学会（图 1.3），这是我国历史上最早的文物保护学术研究机构。

---

① 国际古迹遗址理事会于 1990 年 10 月在洛桑举行的第九届全体大会会议上通过。宪章规定了有关考古遗产管理不同方面的原则，其中包括公共当局和立法者的责任，有关遗产的勘察、勘测、发掘、档案记录、研究、维护、保护、保存、重建、信息资料、展览以及对外开放与公众利用等的专业操作程序规则以及考古遗产保护所涉及的专家之资格等。

② 于 1999 年 10 月在国际古迹遗址理事会第十二届全体大会上通过。针对乡土建筑作为传统的幸存物，而制定的管理和保护乡土建筑遗产的原则，并作为《威尼斯宪章》的补充。

③ 参见《城镇乡地方自治章程》第一章，第三节。

④ 北京大学考古研究所为北京大学考古系前身。20 世纪 20 年代，以田野考古为标志的近代考古学传入我国。勇开风气之先的北京大学，于 1922 年即在国学门（后改名文科研究所）成立了以马衡先生为主任的考古学研究室，外聘罗振玉、伯希和等为考古学通信导师。

1929年由朱启钤等人发起成立了民间学术研究机构“中国营造学社”[①]（林洙，2008），朱启钤[②]任社长，梁思成、刘敦桢分别担任法式、文献组的主任（杨永生，2005）。学社从事古代建筑实例的调查、研究和测绘，以及文献资料搜集、整理和研究，系统地运用现代科学方法研究古代建筑，编辑出版了《中国营造学社汇刊》，为中国古代建筑史研究作出了重大贡献。

图1.3　1924年9月，北大考古学会同仁在三院译学馆原址合影

资料来源：http：//archaeology. pku. edu. cn/

1928年中央政府成立古物保存委员会。古物保存委员会是中国历史上由中央政府设立的第一个国家级文物保护管理机构，蔡元培任主任委员。这一机构的设立与随后1930年国民政府颁布的《中国古物保存法》[③]（张松，2009）及1931颁布的《施行细则》[④]，开启了国家对文物实施保护与管理的历史。《古物保存法》共17条，对文物的含义、保存要求、文物的发掘等做了规定；《施行细则》共19条，增加了保护古建筑的具体内容。

1948年清华大学梁思成先生主持编写了《全国重要文物建筑简目》[⑤]，它是中国现代最早记载全国重要古建筑目录的专书，成为以后公布全国第一批文物保护单位的基础。编此简目的主要目的，是为1948年中国人民解放军作战及接管城市时，保护文物建筑之用。《全国重要文物建筑简目》共收入了我国22个省、市的重要古建筑和石窟、雕塑等文物465处（梁思成，2001）。

1.2.2　遗产保护基础的奠定

新中国成立后，我国的历史遗产保护体系的建立经历了形成、发展与完善三个历史阶段，即：以文物保护为中心内容的单一体系的形成阶段、增添历史文化名城保护为重要内容的双层次保护体系的发展阶段，以及重心转向历史文化保护区的多层次保护体系完善阶段。

---

①　中国营造学社发轫于中国建筑学者于1929年开始的关于《营造法式》的系列主题讲座。营造学社成立之后，以天安门内旧朝房为办公地点，抗日战争期间南迁至四川宜宾的李庄。除朱启钤、梁思成夫妇与刘敦桢外，李四光、范文照、王世襄、费慰梅、任鸿隽、陶湘、叶公超、朱家骅、张学良等皆为营造学社成员。

②　朱启钤：（1871—1964），字桂辛，晚年号蠖公。中国政治家、实业家、古建筑学家。1930年创办研究中国古代建筑的学术机构——中国营造学社；主要著作包括《中国营造学缘起》、《中国营造学开会演讲词》、《元大都宫苑图考》等。

③　《中国古物保存法》由国民政府于1930年（“民国”十九年）6月2日颁布。该法案明确要求将在考古学、历史学、古生物学等方面有价值的古物作为遗产保护对象。

④　《古物保存法施行细则》由国民政府于1931年7月3日颁布，于1933年6月15日起正式施行。参见中国文博网，http：//www. wenbo. cc/html/。

⑤　《全国重要文物建筑简目》为中国现代最早记载全国重要古建筑目录的专项书籍。由清华大学与私立中国营造学社合设的中国建筑研究所受中国人民解放军有关部门委托编辑，梁思成任主编，自1948年12月开始编写，1949年3月成书。编此简目的主要目的是供中国人民解放军作战及接管时保护文物建筑之用。

1950 年新中国成立之初，中央人民政府（政务院）发布了保护文物古迹的系列政令，包括《禁止珍贵图书出口暂行办法》①、《古文化遗址及古墓葬之调查发掘暂行办法》②、《关于地方文物名胜古迹保护管理办法》③、《关于征集革命文物的命令》④、《中央人民政府政务院关于保护古文物建筑的指示》⑤等。

1956 年国务院组织开展第一次全国文物普查，此后 1981 年进行了第二次全国文物普查，登记不可移动文物近 40 万处，为发展我国文物事业奠定了基础。2004 年 4 月，国务院又启动了第三次全国文物普查。

1954 年，《中华人民共和国宪法》中规定："国家保护名胜古迹、珍贵文物和其他重要历史文化遗产"⑥。

1961 年 3 月，国务院颁布了《文物保护管理暂行条例》⑦，奠定了我国文物保护法律体系的基础。同时，公布了首批全国重点文物保护单位 180 处，实施了以命名"文物保护单位"来保护文物古迹的制度。

1977 年 10 月，国家文物局颁发《对外国人、华侨、港澳同胞携带邮寄文物出口鉴定、管理办法》，我国开始实施文物出境鉴定制度。1989 年 2 月，文化部发布了《文物出境鉴定管理办法》，2007 年文化部又发布了《文物进出境审核管理办法》和《文物出境审核标准》。

1.2.3 遗产保护体系的完善

改革开放后，我国遗产保护事业得到了长足的发展，保护观念、保护理论、保护方法不断拓展和深化，并逐渐与国际遗产保护观念和内容接轨。

1982 年 2 月国务院公布首批 24 个历史文化名城，标志着历史古城保护制度的创立。随后又于 1986 年、1994 年颁布了第二批及第三批历史文化名城名单，之后又增补了若干，截至 2012 年，国家历史文化名城已达 117 座⑧。

1982 年 11 月国家颁布了《文物保护法》，是我国第一部关于文物保护的法律。该部

---

① 《禁止珍贵图书出口暂行办法》由国家文物局于 1951 年 6 月 6 日颁布，专为保护我国文化遗产，防止有关革命的、历史的、文化的、艺术的珍贵文物及图书流出国外而制定。

② 《古文化遗址及古墓葬之调查发掘暂行办法》由中央人民政府政务院于 1950 年 5 月 24 日颁布，为保护、研究我国文化遗产，对古文化遗址及古墓葬作有计划之调查及发掘而制定。

③ 《关于地方文物名胜古迹保护管理办法》由文化部于 1951 年 5 月 7 日颁布，该文件提出在文物古迹较多的省、市设立"文物管理委员会"，直属该省市人民政府。文物管理委员会以调查、保护并管理该地区的古建筑、古文化遗址、革命遗迹为主要任务。

④ 《关于征集革命文物的命令》由中央人民政府于 1950 年 6 月 16 日颁布。文件明确指出："革命文物之征集，以五四以来新民主主义革命为中心，远溯鸦片战争、太平天国、辛亥革命及同时期的其他革命运动史料。"

⑤ 《中央人民政府政务院关于保护古文物建筑的指示》由中央人民政府政务院于 1950 年 7 月 6 日颁布，针对各地对具有历史文化价值之文物建筑的弃置、拆毁、破坏等事件而制定。

⑥ 1954 年《中华人民共和国宪法》第二十二条。

⑦ 《文物保护管理暂行条例》：1960 年 11 月 17 日国务院第 105 五次全体会议通过，1961 年 3 月 4 日发布，共 18 条条例。

⑧ 中国国家历史文化名城保护网 http：//www. mingcheng. org/。

法律分别于1992年、1997年进行了部分条款的修改。2002年10月国家对《文物保护法》进行了再次修订。

1984年1月国务院颁布《城市规划条例》，规定城市规划应当切实保护文物古迹，保护和发扬民族风格和地方特色①。此后我国一些相关法规中也都相应规定了文物保护的内容。

1985年1月中国政府加入《保护世界文化和自然遗产公约》。文化遗产保护工作开始与国际接轨。2006年11月，文化部公布了《世界文化遗产保护管理办法》，开始对世界遗产实施监测巡视制度。

1986年国务院确定将文物古迹比较集中，或较完整地保存某一历史时期的传统风貌与民族地方特色的街区、建筑群、小镇、村落，根据它们的历史科学艺术价值划定为历史文化保护区加以保护②。现北京市已公布历史文化保护区40处③，浙江省历史文化保护区43处，上海市历史文化风貌区12处④，重庆市拟公布历史保护街区22处⑤。

1987年中国有了首批“世界文化遗产”长城、故宫等；1987年和1990年泰山、黄山先后列入世界文化和自然遗产；1992年九寨沟、黄龙和武陵源首批列入“世界自然遗产”；1997年我国首次有平遥和丽江古城列入“世界文化遗产”；2000年首次有村落（“皖南古村落”）列入世界文化遗产。截至2012年中国共有“世界遗产”43处，总数居世界第三位。

1989年10月，国务院公布实施《中华人民共和国水下文物保护管理条例》，明确了水下文物的内涵和外延，对水下文物考古和文物保护做出了规定。

1989年12月国家颁布了《城市规划法》。其中规定编制城市规划应当保护历史文化遗产、城市传统风貌、地方特色和自然景观，城市新区开发应当避开地下文物古迹⑥。

1997年3月，国务院下发了《关于加强和改善文物工作的通知》，要求各地方政府、各有关部门将文物保护“纳入当地经济和社会发展规划、纳入城乡建设规划、纳入财政预算、纳入体制改革，纳入各级领导责任制”，即文物保护“五纳入”⑦。

1997年3月，全国人民代表大会公布的新《刑法》，专门章节规定了妨害文物管理罪。新刑法规定了走私文物罪、盗窃文物罪、故意损毁文物罪、故意损毁名胜古迹罪、过

---

① 《城市规划条例》原文第八条：“城市规划应当切实保护文物古迹，保持与发扬民族风格和地方特色。”第二十八条：“旧城区的改建，必须采取有效措施，切实保护具有重要历史意义、革命纪念意义、文化艺术和科学价值的文物古迹和风景名胜。要有计划、有选择地保护一定数量的代表城市传统风貌的街区和建筑物、构筑物。”

② 参见1986年“国务院批转建设部、文化部《关于请公布第二批国家历史文化名城名单的报告》的通知”。

③ 数据来源：首都之窗北京市政务网，http：//www. beijing. gov. cn/rwbj/lsmc/wwyc/bjlswhjq/t363831. htm。

④ 数据来源：上海市规划局，2004年。

⑤ 数据来源：重庆市规划局．重庆市历史文化风貌区规划研究．扈万泰，李和平，郭璇，等，2008年。

⑥ 《城市规划法》第十四条：“编制城市规划应当注意保护和改善城市生态环境，防止污染和其他公害，加强城市绿化建设和市容环境卫生建设，保护历史文化遗产、城市传统风貌、地方特色和自然景观。编制民族自治地方的城市规划，应当注意保持民族传统和地方特色。”第二十五条：“城市新区开发应当具备水资源、能源、交通、防灾等建设条件，并应当避开地下矿藏、地下文物古迹。”

⑦ 《国务院关于加强和改善文物工作的通知》第一条：“各地方、各有关部门应把文物保护纳入当地经济和社会发展计划，纳入城乡建设规划，纳入财政预算，纳入体制改革，纳入各级领导责任制。”

失损毁文物罪、倒卖文物罪、国有博物馆、图书馆私售或者私赠文物藏品罪、盗掘古文化遗址、古墓葬罪、失职造成珍贵文物损毁流失罪等①。

2002年10月全国人民代表大会常务委员会颁布修订后的《文物保护法》，针对新时期文物保护存在的问题，对文物保护管理做了全面规定，是我国文物法制建设的重要里程碑。2003年5月，国务院公布实施了《中华人民共和国文物保护法实施条例》。2007年12月全国人民代表大会常务委员会对文物保护法部分条款进行了修改。

建设部、国家文物局共同于2003年、2005年、2007年、2009年和2010年，分别评选了五批中国历史文化名镇（村），目前全国已有350个镇（村）获得中国历史文化名镇（村）命名②。

2005年，国务院办公厅下发了《关于加强我国非物质文化遗产保护工作的意见》；12月，国务院又下发了《关于加强文化遗产保护的通知》，通知确定自2006年起每年6月份的第二个星期六为“全国文化遗产日”。

2006年9月国务院公布《长城保护条例》，2006年12月1日起施行，这是我国世界文化遗产保护的第一个单项行政法规。

2008年4月国务院第三次常务会议通过了《历史文化名城名镇名村保护条例》，国务院总理温家宝于4月22日签署第524号国务院令，公布《历史文化名城名镇名村保护条例》，成为我国第一部涉及历史文化村镇保护的行政法规。

2011年2月全国人民代表大会通过了《中华人民共和国非物质文化遗产法》③，从国家法律层面为非物质文化遗产保护工作提供了有力保障。

从涉及“保存古迹”的《城镇乡地方自治章程》颁布至今，百年以来我国的遗产保护工作已有了长足的进步，颁布了一系列的法规、政策（表1.3），并开展了广泛的保护实践，逐步形成了自身的遗产保护体系。

表1.3　中国文化遗产保护相关法规文件

年份	名称	颁布机构	文件性质
	民国时期		
1930	《古物保存法》	国民政府行政院	国家法律
1931	《古物保存法施行细则》	国民政府行政院	行政法规
1934	《中央古物保管委员会办事规则》	中央古物保管委员会	部门规章
1935	《采掘古物规则》	国民政府行政院	行政法规
1935	《外国学术团体或私人参加掘采古物规则》	国民政府行政院	行政法规

① 参见《中华人民共和国刑法》第二编，第六章，第四节（妨害文物管理罪）：“故意损毁国家保护的珍贵文物或者被确定为全国重点文物保护单位、省级文物保护单位的文物的，处三年以下有期徒刑或者拘役，并处或者单处罚金；情节严重的，处三年以上十年以下有期徒刑，并处罚金……违反档案法的规定，擅自出卖、转让国家所有的档案，情节严重的，处三年以下有期徒刑或者拘役。”

② 数据来源：中华人民共和国文物局关方网站，http://www.sach.gov.cn/。

③ 《中华人民共和国非物质文化遗产法》由中华人民共和国第十一届全国人民代表大会常务委员会第十九次会议于2011年2月25日通过，自2011年6月1日起施行。

续表

年份	名称	颁布机构	文件性质
民国时期			
1935	《古物出国护照规则》	国民政府行政院	行政法规
1935	《中央古物保管委员会组织条例》	中央古物保管委员会	部门规章
1948	《全国重要文物建筑简目》	解放军总部请梁思成先生主持编写	咨询
新中国成立后			
1950	《中央人民政府政务院关于保护古文物、建筑的指示》	中央人民政府政务院	行政法规
1950	《关于地方文物名胜古迹保护管理办法》	政务院	行政法规
1950	《关于保护古建筑的批示》	政务院	行政法规
1951	《关于名胜古迹管理的职责、权力分担的规定》	文化部与政务院办公厅	部门规章
1951	《关于地方文物名胜古迹的保护管理办法》	文化部	部门规章
1953	《在基本建设工程中关于保护历史及革命文物的指示》	中央人民政府政务院	行政法规
1956	《在农业生产建设过程中关于文物保护的通知》	国务院	规范性文件
1961	《文物保护管理暂行条例》	国务院	行政法规
1963	《文物保护单位保护管理暂行办法》	文化部	部门规章
1963	《关于革命纪念建筑、历史纪念建筑、古建筑石窟寺修缮暂行管理办法》	文化部	部门规章
1979	《中华人民共和国刑法》第一七三、一七四条	全国人大	国家法律
改革开放后			
1982	《中华人民共和国宪法》第二十二条	全国人大	国家法律
1982	《文物保护法》	全国人大	国家法律
1984	《城市规划条例》	国务院	行政法规
1989	《城市规划法》	全国人大	国家法律
1989	《中华人民共和国水下文物保护管理条例》	国务院	行政法规
1997	《关于加强和改善文物工作的通知》	国务院	行政法规
1997	《中华人民共和国刑法》修订，第二篇，第六章，第四节	全国人大	国家法律
2002	《文物保护法》修订	全国人大	国家法律
2003	《中华人民共和国文物保护法实施条例》	国务院	行政法规
2005	《关于加强文化遗产保护的通知》	国务院	行政法规
2005	《关于加强我国非物质文化遗产保护工作的意见》	国务院	行政法规
2006	《世界文化遗产保护管理办法》	文化部	部门规章
2006	《长城保护条例》	国务院	部门规章

续表

年份	名称	颁布机构	文件性质
2008	《历史文化名城名镇名村保护条例》	国务院	行政法规
2011	《中华人民共和国非物质文化遗产法》	全国人大	国家法律

1.2.4 保护理念与实践的反思

尽管我国遗产保护工作取得了巨大成就，但其保护指导思想和保护实践中还存在着一系列问题，一些保护理念、保护措施、保护技术等尚不适应当前经济社会发展的要求和遗产保护的需要。

1. 保护内容：注重物质保存、轻视观念塑造

在相当长的一段时间内，我国遗产保护的视野一直拘泥于客观的物质遗存。非物质遗产概念出现后，保护视野有所拓展，然而许多人对非物质遗产的理解只是局限在形式上，如民间艺术、民俗活动等，没有将注意力转移到这些形式所蕴含的思想内容。同时，在对保护对象历史意义的认知上，人们也长期局限在原始意义的泥潭之中，忽略了对过往历史的价值探寻，直到真实性概念的引入。这一概念早在1994年的《奈良文件》（The Nara Document on Authenticity）中就在世界范围内提出，但直到2000年之后，我们的思想才逐步转变过来。

2. 保护主体：依赖政府机构、忽略民间力量

虽然“公众参与”理论在专家们不懈的努力下渐渐走向实践，但在我国的成效甚微。同时，我们不得不承认，目前的遗产保护主要还是依赖于政府的决策和自上而下的推动。虽然许多保护实践由社会资本和民间机构直接施行，但保护、开发、利用的“度”实际上取决于政府的把控。尤其是在地方，遗产的存亡，很大程度上取决于领导的“金科玉律”和政府的一纸公文，民间的力量微乎甚微，根本无法担当起其本应承担的砥柱中流作用。“个人不作为”、“一切靠政府”的想法成了时下这种观念的真实写照，依赖政府行为、忽略民间力量，实际上已经成为了制约遗产保护工作全面深入开展的观念障碍。

3. 分类标准：标准多样、逻辑关系不清

关于遗产的分类问题，早就引起了学术界的广泛讨论。当前各国或地区遗产分类标准不一（表1.4），在此背景下我国因缺乏具有操作性和指导意义的遗产分类标准，导致在实施过程中存在许多逻辑问题，从而产生了一些局限性，使遗产相关课题的研究工作难以深入系统开展。另一方面，泾渭分明的遗产二分原则，将遗产意义的内核封存在了形式的外壳中，使遗产中那种天然的精神与物质合一的整体结构随着概念的拆分而消解，从而削弱了遗产中精神与物质的对应关系。

表 1.4　各国或地区文化遗产分类 ①

国家/地区名称	遗产分类
日本	有形文化财、无形文化财、民俗文化财、埋藏文化财、史迹名胜天然纪念物、重要文化景观、传统建筑群落及地区②
中国	物质文化遗产（不可移动文物，历史文化名城、街区、村镇，可移动文物）、非物质文化遗产③
中国台湾	古物、历史建筑、民族艺术、遗址、自然文化景观、民俗及有关文物
法国	地下文物、历史建筑、纪念物（古迹）、自然景观、历史街区
意大利	地下文物、艺术品、历史建筑、自然景观
美国	历史建筑（buildings）、历史街区（districts）、遗物（objects）、古迹遗址（sites）、历史构筑物（structures）④
英国	地下文物、工艺美术、历史建筑、历史纪念物（古迹）、历史街区
联合国教科文组织	地下文物、历史建筑、无形文化遗产（民俗）、文化遗产、自然遗产

4. 保护策略：商业法则主导、技术方法异化

从纯技术的角度看，我国的遗产保护理论和方法是相对成熟的。然而，现有的社会客观环境，却使得这些由专家们煞费苦心研究出来的成果难以真正地实施。许多理论在实践的过程中，在经济法则的作用下，很快被异化。例如，20 世纪 80 年代末理论界提出“以文物养文物”的保护管理思路⑤，意在解决其时全国各地普遍存在的因保护资金不足，文物古迹缺乏修缮，文物保存岌岌可危的现实问题。然而，这一思路却被曲解，在文化、法律、道德机制都还未健全而市场意识已经泛滥的时代背景下，很快被异化，历史遗产成为了敛财的工具。

综上所述，目前我国遗产保护实践中比较突出的问题主要体现于：保护内容的认识、保护主体的责权界定、遗产分类标准的确立以及保护实践的策略选择四个方面，这也成为了市场经济体制下制约我国遗产保护活动有效开展的瓶颈所在（图 1.4）。

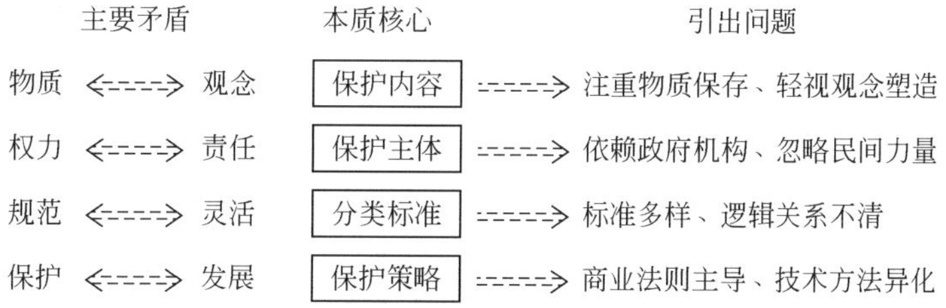

主要矛盾	本质核心	引出问题
物质 <-----> 观念	保护内容	-----> 注重物质保存、轻视观念塑造
权力 <-----> 责任	保护主体	-----> 依赖政府机构、忽略民间力量
规范 <-----> 灵活	分类标准	-----> 标准多样、逻辑关系不清
保护 <-----> 发展	保护策略	-----> 商业法则主导、技术方法异化

图 1.4　我国遗产保护工作的核心问题及主要矛盾

① 根据各国遗产保护相关法律文献整理。

② 根据日本《文化财保护法》（1950 年）。

③ 根据中国《国务院关于加强文化遗产保护的通知》（2005 年）。

④ 根据美国《国家历史保护法》（1966 年）及其修正案。

⑤ 20 世纪 80 年代末，学界一直对文物管理工作存在着两种不同的认识，一种观点强调要开发利用，“以文物养文物”，另一部分人坚持认为文物不是摇钱树，保护第一。

1.3 市场经济条件下的机遇与挑战

改革开放30多年来，我国历史遗产保护工作有了很大的发展，历史保护已成为全社会关注的焦点和政府必要的政务工作。然而，随着工业化、现代化和城市化进程的加快，历史遗产保护与社会经济发展的矛盾也日益突出。当前我国正处于经济社会的转型时期，已初步确立了社会主义市场经济体制。市场经济已成为影响历史遗产保护与发展的一个非常重要的因素，它深刻地影响着我们这个时代及社会的变革，既给历史遗产保护工作带来了机遇，同时也带来巨大的挑战。

1.3.1 历史遗产保护的机遇

改革开放后，在市场经济的背景下，我国历史遗产保护的机遇主要体现在以下三方面。

1. 遗产资源得到妥善保存

近些年来，随着经济发展带来的社会观念转变，政府官员和公众对历史遗产文化价值的认识逐步深化，对文化遗产资源的保护也越来越重视，加大了对文物保护单位、历史街区、历史建筑和优秀近代建筑保护的力度。在我国多数历史城市，特别是在北京、上海、南京、杭州等经济发达和历史文化悠久的大城市中，现存的重要历史文化遗产资源基本得到妥善保存，如北京故宫、颐和园；上海外滩、豫园；南京夫子庙、中山陵；杭州南宋御街、中山中路历史街区、清河坊等，在政策层面、技术层面、资金层面乃至观念层面都获得了强大的保护支撑。在保护城市遗产资源的观念上，目前社会各界基本达成了一致的共识。

2. 伴随经济发展的文化复兴

与此同时，在经济大潮的拍打下，国人的文化意识逐渐开始苏醒。在物质生活条件有了一定的保障后，人们对精神生活有了新的需求。为了与之相适应，近年来各种大型的艺术馆、博物馆、影剧院等文化建筑如雨后春笋般在全国许多城市的中心地段拔地而起，成为城市文明的新标志，如中国国家大剧院、重庆大剧院等。各种文化休闲场所逐渐开始聚集大量的人气。同时，各类地方文艺演出和传统民俗节庆活动在城市中同样方兴未艾，各类媒体的文化节目和宣传也与日俱增。在城市中，伴随经济的发展，文化已经开始逐渐走上复兴之路。在文化升温的氛围下，从普通市民到地方政府，全国上下进一步认识到遗产的文化价值及其经济价值，从而推动了历史遗产的保护工作。

3. 遗产保护理论基本成熟

目前，我国在城市历史遗产保护，特别是物质空间的保护和实践层面的理论已经较为成熟。在对不可移动的有形遗产的保护上，从过去只注重单体文物建筑的保护，到20世纪 80 年代历史文化名城体系的建立，至 90 年代后期“历史文化街区”保护制度的出台，我国目前已构建出一套适合国情的多层次的完善的城市历史遗产保护体系。吴良镛、罗哲文、王瑞珠、单霁翔、阮仪三、王景慧、张松等众多学者从历史文化名城、历史街区、历史建筑等不同层面，在理论方法和实践等方面，进行了综合的研究和探索，形成了一整套较为完善的保护理论和方法。

1.3.2　历史遗产保护的挑战

在新的市场环境和时代背景下，历史遗产保护工作也面临着一系列的挑战。

1. 快速经济发展对遗产保护观念的挑战

随着经济的迅猛发展，城市发展的动力机制呈多元化趋势，促进了城市的飞速扩张，加快了旧城改建速度，城市面貌迅速改观。许多历史文化名城像其他城市一样，已经或正面临着大规模的“旧城改造”、城市基础设施建设、房地产开发和环境改造。

经济发展在给历史城市保护带来资金、人才、思路的同时，也带来很大的冲击。市场经济的本质是经济主体对于利益最大化的追求，它的积极意义就是解放了生产力，能充分发挥人的主动性与创造性，从而促进财富的增值；而其消极一面，正是利用人们原始的利己心以及对物质享受永不满足的贪欲。从这个意义上说，人们往往会注重于具有市场价值、能够给自身带来可观利润的东西，而忽视那些无市场价值或缺乏利润的事物。在这种情况下，由于认识的偏颇，许多人会片面地把“发展”理解为“经济指标增长”，忽视社会的统筹发展；片面地追求经济层面的短期利益，缺乏对文化财产的真正重视，造成历史遗产保护与追求经济效益之间的矛盾凸显。当眼前的经济效益与历史文化的保护难以兼顾时，人们往往会被短期利益所左右，舍弃后者而追逐前者，导致历史文化资源的破坏。

图 1.5　黄埔军校同学会旧址
（现作为夜总会酒吧使用）
资料来源：广州日报，2010-02-25

例如，2010 年 2 月经媒体调查发现，广州市文物保护单位——黄埔军校同学会旧址早已被私人擅自改造成夜总会经营（图 1.5）。这幢两层的楼房被违章扩建为三层，二楼室内被严重改变，原有格局不复存在，一楼地面被挖出一个深逾 1m 的消防水池，地基裸露。正门右侧“广州市文物保护单位”的牌子不知所终。广东革命历史博物馆原馆长、著名文物专家黎显衡说：“这是迄今为止广州最严重的破坏文物建筑事件。”①

① 事情曝光后，广州市文化广电新闻出版局通知工商部门责令该酒吧停业，将已破坏部分恢复原状，并召开新闻发布会，称酒吧经营方在未获批准的前提下擅自改造，将立案调查。而后者则大呼冤枉，称“房屋改造是经过文物部门允许的”。

2. 快速城市化对传统城市肌理、格局的冲击

《内罗毕建议》早在20世纪70年代便注意到了“整个世界在扩展和现代化的借口之下，拆毁和不合理、不适当的重建工程正给历史遗产（历史街区）带来严重的损害”① 这一不可忽视的现实。改革开放后，随着市场经济的快速发展，我国的城市化水平已经有了大幅提升，进入城市化加速发展时期（图1.6）。

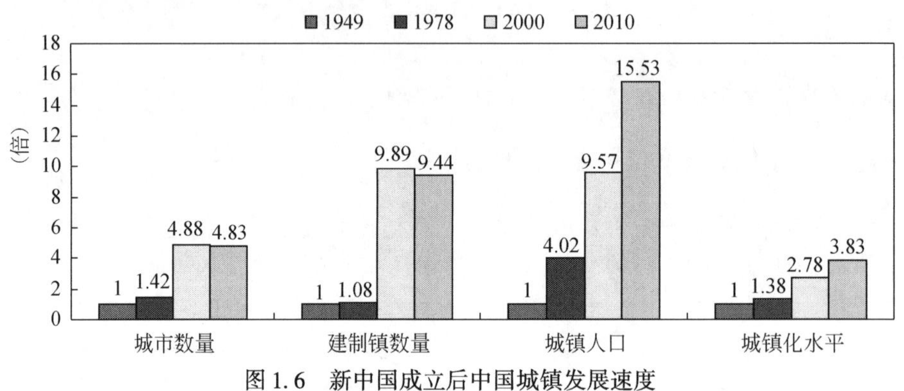

图1.6　新中国成立后中国城镇发展速度

数据来源：国家统计局官网

城市的大规模建设活动日益加快，建设用地日趋紧张，不少城市提出了大规模旧城改造思路，并且为了体现现代化，盲目追求大体量的建筑、大尺度的广场，特别是在许多历史悠久的城市中心区，为了满足现代城市中高速、便捷的机动交通的需要，随意改变历史城市的格局、肌理和风貌，甚至直接拆除或迁移文物古迹，造成了不可挽回的损失。这在近年来全国各地的旧城改造过程中屡见不鲜。

另一方面，随着城市化向城市周边的乡村地区推进以及大规模的区域基础设施建设，身处郊野的历史聚落和文物古迹也逐渐遭到侵蚀、破坏。淹没于水库之下的历史村镇；消失在高速道路下的旧街道；被现代制造业冲击和肢解得七零八落的传统手工业场镇；城市化热潮中逐渐沦为贫民窟的历史街区……一切“旧物”皆在开发和进步的名义下，一个一个地被消灭了。

3. 全球化对城市历史风貌与地域文化的影响

随着全球经济一体化进程的推进，世界文化的融合和冲突进一步加剧，地域文化面临新的冲击，更多国家的、地区的、种族的、宗教的、文化的界限被打破，文化的同一性越来越强。并且，由于电视与网络的普及，北京、上海等大城市发生的事，可以立即传播到过去交通和信息闭塞的乡镇。信息的交流、对时尚的追求以及旧貌换新颜思想观念，造成了盲目跟风的“现代性建设”。

① 《关于历史地区的保护及其当代作用的建议〈内罗毕建议〉》第一部分，第五条：“Noting that throughout the world, under the pretext of expansion or modernization, demolition ignorant of what it is demolishing and irrational and inappropriate reconstruction work is causing serious damage to this historic heritage.”

在全球化的影响下，现代建筑在功能、结构与材料运用上的趋同，使新建筑已经失去了传统的地域特色，许多城镇原有的风貌逐渐消失，“千城一面”的现象十分普遍。全国各地城市几乎都是相同的住宅、相同的工厂、相同的街道和商铺。以历史格局、历史街区、历史建筑为标志的城市特色和民族文化特色已经而且正在被吞噬。此外，在历史物质环境遭受全面冲击的同时，众多历史文化传统及其他非物质遗产也逐渐消失没落。

4. 保护制度落后在实施层面的隐患

除了外在的冲击，内在的挑战也不可避免，这其中包括保护观念、理论及方法的落后。尽管我国已经建立起历史文物建筑、历史街区、历史城镇保护的多层次保护体系，但由于制度、管理、资金、方法等方面的原因，保护目标难以落实，“建设性破坏”与“破坏性建设”仍有增无减。北京市前门鲜鱼口地区呈鱼骨状排列的胡同，因古河道走势形成，是北京旧城内罕见的景观。该地区在2002年由北京市政府批准的《北京旧城二十五片历史文化保护区保护规划》中被划定为重点保护区，明确指出要采取“微循环式”的改造模式，“循序渐进、逐步改善”，“积极鼓励公众参与”。但在2006年2月8日贴出的《崇文区前门东片地区解危排险工程公告》中，却以拆迁管理的办法将整片地区内居民全部迁出，政府再进行全新的土地一级开发建设。中国文联副主席冯骥才在2005年“两会”上就曾提出北京历史文化名城保护存在“规划性破坏”，并指出这种破坏在国内城市均有表现，“是最残酷的、最大的破坏”（王军，2008）。

另外，历史文化保护的资金及人才短缺、相应法律法规不健全也是当前历史遗产保护中的突出矛盾，明显地阻碍了保护工作的推进。进一步完善我国的历史遗产保护制度是当务之急。

1.4　市场导向的历史遗产保护与利用的思考

我国正处于社会转型的关键时期，随着社会主义市场经济体制不断深化和完善，城市历史遗产保护在面临保护观念转变、经济发展支持、基础理论和保护体系完善等机遇的同时，也面临着城市化、市场化、全球化等带来的严峻挑战，计划经济体制下形成的保护理论、保护方法及保护制度难以协调当前城市保护与发展的矛盾，以行政管理为核心的保护体制由于缺乏广泛的社会参与，已严重影响了城市历史遗产保护的实效，需要从宏观决策、技术方法、文化传播、法规制度等方面去探寻相应的对策。

本书运用经济学、社会学、地理学、文化学、管理学与历史保护学等多学科理论，采用理论研究与实证分析相结合的研究方法，探索城市历史遗产保护的新途径，研究市场导向的城市历史文化资源保护与利用方法，主要从保护策略和保护对象两个层面展开。

1.4.1　研究内容

1. 保护策略研究

（1）经营调控

历史遗产是具有多元价值的社会文化资源，市场经济是有效的资源配置方式，市场的发育可以促进历史遗产的市场化利用，促进各种生产要素与历史遗产的结合。我国许多城市通过城市经营的方式来进行城市更新和历史文化资源保护并取得一定实效。本书从城市保护与城市经营的关系、历史文化资源的有效经营途径以及基于经营理念的保护策略三个方面探讨如何将城市经营的理念科学地引入城市历史遗产保护之中，提出在确立保护优先权和规范运作的前提下，城市经营和历史文化资源保护相结合的路径。

（2）旅游开发

市场经济为历史城市的旅游发展带来了机遇和挑战。一方面，历史城市需要通过旅游开发获得生存和发展；另一方面，商业性的旅游开发不可避免地在各个层面上对历史城市造成负面影响。本书从历史遗产保护与旅游业的互动、遗产地文化旅游发展潜力、历史遗产保护与旅游开发的契合等方面，从我国的现实状况出发寻求历史城市旅游开发与保护的平衡策略和方法。

（3）公众参与

随着保护技术和保护手段的发展和成熟，国内外的专家学者们逐渐认识到，遗产保护不仅是一种技术手段，更是一门社会科学。本书结合中外公众参与历史遗产保护的实践分析，从参与的主体构成、参与方式以及保障制度等方面探讨我国公众参与历史遗产保护的现实策略。

（4）保护管理

“无以规矩，不成方圆”。在市场经济运行过程中，如何建立一套规范成熟的遗产保护管理体制是确保历史遗产有效保护的关键。本书从经济转型期历史遗产管理的特点、历史遗产保护法规体系的完善、保护管理体系改革、保护制度的发展等方面，探索我国历史遗产保护管理的发展方向。

2. 保护对象研究

（1）历史街区

历史街区不仅是城市历史文化的物质载体，同时也是城市生产生活、居民日常活动的重要场所空间与城市职能的构成单元，这决定了历史街区保护是一项复杂的系统工程。本书从历史街区保护与利用的相互关系、历史街区保护性利用观、历史街区保护性利用策略、基于职能发挥的保护性利用方法等方面深入探索我国城市历史街区的保护与利用有机结合的途径。

（2）工业遗产

我国许多大中城市已经进入“退二优三”的发展阶段，老工业区的更新改造迫在眉睫，工业搬迁后所留下的土地以及废弃的建筑、设备等如何处置是城市发展必然面临的一个问题。本书分析我国工业遗产保护的困境与潜力，从工业遗产的界定与构成、工业遗产保护和再利用策略、工业遗产保护与城市整体发展相融合等方面探讨工业区更新和工业遗产的保护与再利用的有效方法。

（3）文化景观

随着1992年联合国教科文组织关于“文化景观”概念的提出，一种强调人地关系，致力于文化遗产地物质遗产保护利用并注重遗产地综合的经济、社会、文化可持续发展的保护模式逐渐形成。本书从文化景观概念的形成、我国文化景观的类型和构成、文化景观的保护方法等方面，结合我国文化遗产特点对这一新兴遗产类型深入分析并探索其保护方法。

(4) 非物质文化遗产

随着遗产保护过程中对遗产概念认识的不断拓展，人们除了热衷于技术上对可视、具象的物质形态遗产进行保存和维护外，还逐渐关注到那些看不到、摸不着的人文因素。本书从非物质文化遗产保护的对象和意义、非物质文化遗产的保护方法、非物质文化遗产的发展三个方面探讨这类遗产的保护问题，以期从城市整体性保护和城市发展的视角充实我国非物质文化遗产保护理论和方法。

1.4.2 研究框架

本书首先对世界历史遗产保护运动进行了回顾与梳理，并对当前城市历史文化遗产资源保护所面临的机遇与挑战进行客观分析。第 2 章，从资源特征和价值构成方面系统分析了转型期城市历史遗产保护的社会、经济与文化意义。之后，第 3、4、5、6 章节进一步探讨在市场机制下如何协调各种社会关系和经济关系，从经营调控、旅游发展、公众参与和保护管理四方面提出市场导向的城市历史文化资源保护利用的适应性策略。在此基础上，第 7、8、9、10 章节针对城市历史遗产保护的重点内容：历史街区、工业遗产、文化景观、非物质文化遗产，分别研究上述策略在此四大类遗产保护实践中的具体应用方法(图 1.7)。

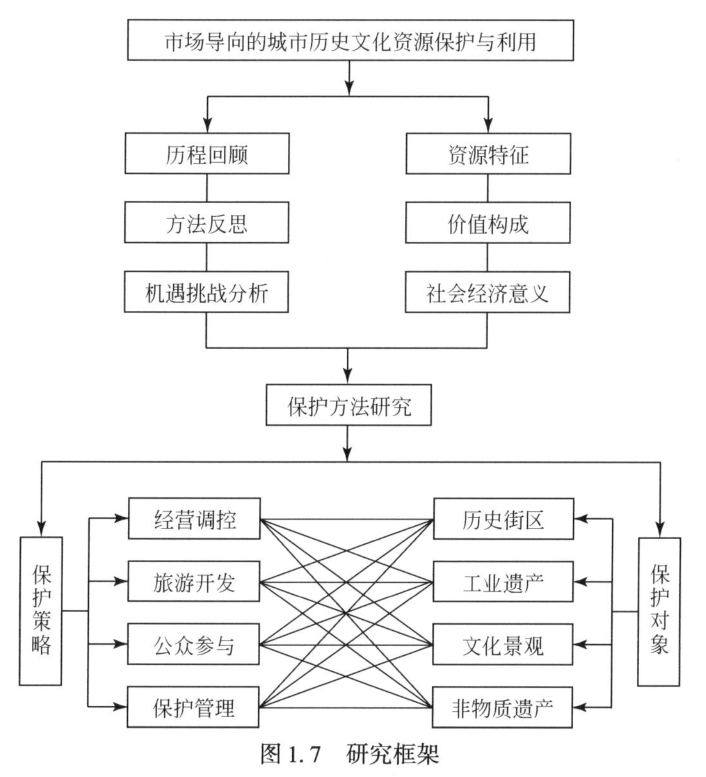

图 1.7　研究框架

第2章　历史遗产的资源价值

历史建筑、历史街区、传统聚落、历史城镇、文化景观等历史文化遗产资源是先辈留下的财富，也是吾辈要传递给后代的礼物。它们既见证了过去文明的汇聚和交流，又体现了一座城市、一个地区的文化底蕴；是未来记忆与希望的表述，也是城市发展的重要资源。唯有对这些资源的特征和价值进行深入发掘，才能对其做出准确的评价，并在保护的过程中发展出积极而灵活的方法。因此，分析历史遗产的资源特征和价值，并辨析各种价值间的相互关系，不仅是认识历史文化遗产资源的基础，也是处理好历史文化资源保护与利用关系的前提。

2.1　历史遗产的资源特征

历史遗产具有稀缺性、脆弱性、不可再生性等特征，这些特征决定了保护它们是我们的首要任务。从利用的角度来审视，历史遗产也具有整体性与多样性的特征，这些特征使得我们可以在保护的基础上对其善加利用，显现和发挥其价值作用。

2.1.1　稀　缺　性

稀缺性（scarcity），又称稀少性、缺乏，在经济学中特指相对于人类欲望的无限性而言，经济物品或者生产这些物品所需要的资源等的相对有限性，即“人类拥有无穷的欲望，但只拥有有限的资源”（Pindyck and Rubinfeld，2009）。有限的资源永远无法满足或实现人类无限的欲望。于是，对资源的占有使社会产生了竞争与选择，有时甚至还涉及上层的权力（一种社会资源）。历史上传承下来的文化信息和资源是有限的，经过长久的沧桑演变，这些资源越来越少，这决定了历史遗产的稀缺性特征。尤其在现代社会中，历史遗产越发显现出它的珍贵，成为一种稀缺资源。

例如，江南地区历史上曾水网纵横，水乡古镇星罗棋布。但在改革开放初期，商业化观念较强的江南地区迫切谋求发展，利用体制优势、廉价土地与劳动力资源，大力发展乡镇企业，形成所谓“苏南模式”。在此过程中，大多数乡镇只注重推动经济发展，而忽略了历史保护，填河开路，拆屋建厂，使大量古迹不复存在，古镇风貌遭到严重破坏。而以周庄为代表的少数城镇，面对江南乡镇工业大发展的浪潮，特立独行，逆流而动，并不盲目发展工业，而以古镇保护为基础，走出了一条保护与开发并重的古镇旅游发展之路。30年后的今天，当“苏南模式”风光不再，之前不惜代价发展工业的众多城镇由于丧失特色竞争力而江河日下的时候，周庄的自然和人文资源反而成为给养城市持续发展的稀缺旅游资源（图2.1）。

始终致力于古镇风貌环境保护的周庄　　由于发展工业导致河道被污染的三河古镇

图 2.1　周庄与其他江南古镇现状对比

人类对于历史文化保护的最初目的便来自于它的稀缺性。另外，历史文化资源的稀缺性也能极大地提升其综合价值。例如，古城平遥，作为中国目前为数不多的整体风貌保存完好、保存有完整城墙的历史古城，已经成为了吸引大量中外游客的旅游胜地，验证了“物以稀为贵”的古谚（图 2.2）。

图 2.2　保留完整历史格局的平遥古城

图片来源：http：//www. gettyimages. cn/

2.1.2　脆　弱　性[①]

由于自然的（气候、地质、生物等）干扰和人为的（战争、城市建设、社会发展等）破坏，历史文化资源显得无比脆弱。特别是在当今经济社会快速发展的浪潮下受到的冲击越来越大。

一方面，物质遗产由于年久失修而损坏或因城市建设而被拆毁的事件频频发生。例如，我国多个历史名城历尽沧桑的古城墙，由于常年的自然侵蚀和大量游人的踩踏，夯土

---

① 历史文化遗产具有脆弱性（fragility）。在世界上，尤其是亚洲地区城市化进程加速发展的今天，如何处理城市发展对遗产环境的冲击已经成为一个亟待解决的问题。在西安召开的国际古迹遗址理事会第 15 届大会就古遗址脆弱性做过重要讨论。

松垮，多次发生局部地段坍塌事故；在湖北襄樊，由于当地居民向古城墙倾倒垃圾，为了采光、通风在城墙上开凿孔洞，以及树木杂草的生长，使古城墙出现多处裂缝。

另一方面，地方传统文化、手工技艺等非物质遗产，由于受到时代背景、区域经济等大环境的影响，加之尚未受到足够的重视，没有得到应有的发掘与扶植，在迅猛的全球化浪潮席卷之下面临着同化、湮没、失传、消亡的困境。地处武陵山脉腹地的湖南桑植县，随着近年城镇化进程的加快，自然环境逐渐被人工建筑侵蚀，青山水秀、广袤田园的环境受到破坏，加之商业化的民俗旅游开发，使得当地的土家族民俗——桑植民歌所附着的天然舞台逐渐消失，歌唱者的情绪和兴致随之降低，致使这一民间艺术形式失去了土壤而日渐受到冷落。

2.1.3 不可再生性

历史文化遗迹中承载了历史发展过程的信息，一旦毁损就无法再次生成。虽然物质遗产可以复制，但是其所包含的历史信息却是无法复制的。《佛罗伦萨宪章》明确指出：重建物不能被认定为历史遗物。中国文物保护的法律也明确规定：全部毁坏的不可移动文物，原则上不得重建[①]。

在我国古代，受“革故鼎新”封建思想的影响，几乎历朝历代（除唐代和清代外）在推翻前朝的同时均毁掉或遗弃了前朝故城而另立新都，这种传统观念使我国历史文化资源遭受了不可估量的损失。直至当代，“破旧立新”思想仍然主导着一些城市、一些地方的发展，许多人热衷于拆除真文物，新建假古董，以新形象作为城市文明和进步的标准。殊不知，历史遗产是不可再生的，一旦破坏，将无法挽回。只有保护、保存这些历史遗产才能张扬城市的个性，延展历史文明，并在此基础上发展新的文明，使文化得以持续生长。

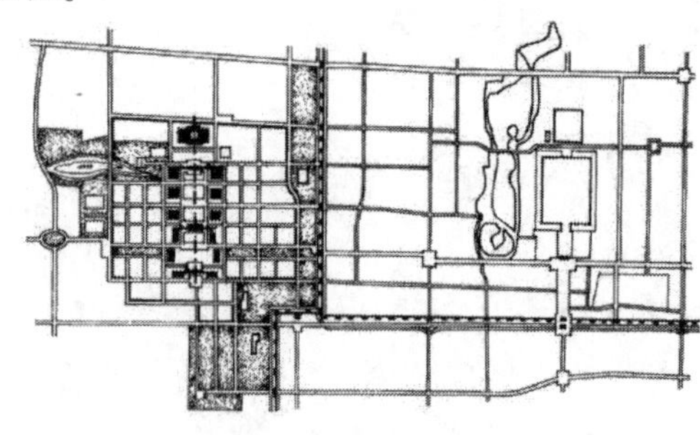

图 2.3 “梁陈方案”
资料来源：董光器，2006. 古都北京五十年演变录. 南京：东南大学出版社

在古都北京保护的问题上，梁思成、陈占祥两位先生曾经在新中国成立初期提出过著名的“梁陈方案”，建议北京未来发展应“全面保留古城、另建新城”。但当时中央政府出于节约开支的考量而未予采纳（图 2.3）。今天，当中国已经繁荣富强之时，古城的风貌已不复存在，只能成为定格在老照片和旧时影像当中的永恒遗憾。

作为一种文明的结晶，每个时代的城市都会留下自己的印迹。保持历史的连续性，

① 《中华人民共和国文物保护法》第二十二条：不可移动文物已经全部毁坏的，应当实施遗址保护，不得在原址重建。但是，因特殊情况需要在原址重建的，由省、自治区、直辖市人民政府文物行政部门征得国务院文物行政部门同意后，报省、自治区、直辖市人民政府批准；全国重点文物保护单位需要在原址重建的，由省、自治区、直辖市人民政府报国务院批准。

保存城市的记忆，是人类文明发展的需要。城市中的历史遗迹是在特定的时期和条件下形成的，经过时间的洗礼，积淀了厚重的文化，构成了城市的环境风貌和人文特征，是无法再生和取代的宝贵资源。虽然今日之技术与经济实力，使我们可以轻而易举的复建一些仿古建筑，也可以用三维模型、虚拟影像等方式再现古都风貌；但这些技术与手段毕竟是亡羊补牢之举，无法全面而真实地呈现历史建成环境的生动风采，反而徒留给后人一种追逝的惋伤，仿如宋代词人许左之《失调名·忆你当初》①中所描绘的那种错过一段感情后的无限惆怅："忆你当初，惜我不去。伤我如今，留你不住。"

2.1.4　整　体　性

历史遗产具有整体性（integrity）特征。1968年，联合国教科文组织（UNESCO）在第十五次全会上制定的《公共性工程或私人工程危及文物保护的国际动议》（Recommendation concerning the preservation of cultural property endangered by public or private works）中提到："文物不是可以孤立存在之物，所有的文物几乎是群体存在的，或是和中心文物具有密切关系，显示周围环境中许多东西的集合体。因此，不单要依据法律保护被确定为文物的部分，甚至必须包括未被确定为文物但与之有密切关系的部分。"《威尼斯宪章》也指出："保护一座文物建筑，意味着要适当地保护一个环境"（第6条）；"必须把文物建筑所在的地段当做专门注意的对象，要保护它们的整体性，要保证用恰当的方式清理和展示它们"（第14条）。

历史遗产的整体性还体现在其与所在地区的自然和人文背景之间千丝万缕的联系。建筑形态、街巷空间、聚落（城市）结构等人工环境是在气候、地理等自然环境与政治、经济等人文环境的作用和影响下，经过长期发展而逐渐形成的，呈现出历史要素、自然要素和人文要素融为一体的特征；由此方才孕育了生长于斯的居民们的文化性格，进而形成了各地城市和聚落的独特精神气质。

在我国古代社会，从城市到村落，乃至个人宅邸，在规划和建设的过程中，大都有按照堪舆之术进行选址布局的传统。正是这种在天人合一的思想指引下，运用奇思与匠意，在自然和历史背景中，使社会、经济、文化的各种元素与聚落空间紧密结合的传统聚落空间，经过岁月沧海桑田的沉淀之后，才形成了今天为世人所赞叹的这一处处富有生机的有机整体。

2.1.5　多　样　性

由于历史遗产是物质文明与精神文明的结晶，因此它不仅包括城镇整体风貌、历史街区、历史建筑等物质形态，还包括价值观念、文化传统等精神层面的内容，从类型和内涵

① 许左之：宋朝绍兴天台人，存世主要作品有《失调名·谁知花有主》、《失调名·忆你当初》。《失调名·忆你当初》本为词人表达其与心仪艺妓之间相思之情所作，本书借此表达在遗产保护问题上，若对原有的文物不懂得珍惜，在失去的时候人们也必将经历如此惆怅的惋惜。

上都体现出多样性（diversity）与丰富性。联合国《保护非物质文化遗产公约》就表明遗产保护的主旨应是“维护文化遗产的多样性和普遍性”。

此外，由于历史遗产生成的地理环境、社会环境、经济环境、时代背景不同，它们也呈现出丰富而多样化的地域特征，代表着其形成时期环境的生动见证，提供了社会多样化与生活多样化的背景。不仅各个国家各个民族有表现自己民族特点的文化遗产，而且同一国家、同一地区内部，由于文化发展过程的差异，即使是相同类型的文化遗产，也会表现出不同的特色和风格。

我国幅员辽阔，又由多民族构成，因此各地的风土条件有很大差别，形成了燕赵、吴越、荆楚、齐鲁、岭南、巴蜀、西域、关外等多种文化类型（Skinner，1985）。此外，从先秦时代至今，在几千年的历史进程中，中华大地又历经无数次的战乱与繁荣，形成了秦、汉、唐、宋、元、明、清等不同历史时期的文明。在风土特点和历史进程的共同作用下，促使了地区性文化的多样性发展，也形成我国历史遗产资源的多样性特征。以富有特色的地域建筑群落为例，我国拥有西塘、乌镇等代表江南水乡文化的古镇，西递、宏村等代表仕商文化的徽派建筑聚落群，田螺坑村等代表客家文化的土楼，肇兴侗寨、西江千户苗寨等代表少数民族文化的原生态聚落，以及开平等地代表侨乡文化、中西结合的碉楼等多种建筑聚落形式。

2.2　历史遗产的价值构成

历史遗产的价值体现在多个方面，也可以从多个角度来划分。既有的研究大多从功能角度出发，将遗产价值划分为历史价值（历史、考古、人类文化学等方面的价值）、科学价值（科学、技术、材料等方面的价值）、艺术价值（艺术、审美等方面的价值）、情感价值（精神、情感、信仰等方面的价值）及社会价值（社会认同）等。而根据遗产价值的表现范畴及其对现代社会物质和精神生活的影响来划分，遗产的价值可分为本体文化价值和衍生实用价值。本书拟采取这种分类方式对历史遗产的价值构成进行综合分析。

2.2.1　本体文化价值

作为各时期人类文明流传至今的重要载体，历史遗产资源对人类社会最为重要的意义在于其自身所承载的各时期、各地域文明的文化信息。历史遗产资源的本体价值就是遗产所映射出的这些不同类型的文化信息，包括历史价值、人文价值、艺术价值、科学价值等。它们是人类物质文化、制度文化、行为文化和精神文化的综合反映，构成了历史遗产价值最为核心的部分。而且，这些价值客观地存在于历史遗产本身，不会因为社会观念的变化而改变。

1. 历史价值

历史价值是指遗产对象在反映与历史上各种政治、经济、军事、人文因素相关史料方面的价值。由于遗产对象是不同历史时期的遗存，即文明进程中的载体，因此，它们记录着其形成之初以及建成之后各时期相关的历史背景、历史事件、历史人物等各种历史信息。经过岁月的荡涤，这些记录着各种历史信息的遗迹逐渐超越了物质的范畴，而具备了人类文化学[①]的意义。一些著名的建筑遗迹，往往在建造之初并不那么重要，但在经历了某些特殊的历史事件、见证了某些重要的历史时刻之后，便拥有了不可磨灭的历史价值。因为这些文明的遗迹为后世提供了研究建筑、地区、社会、文化等方面的重要历史信息，反映了城市或地区的兴衰与变迁。

我国位列三大书院之首的岳麓书院，正是得益于它传承千年的悠久历史。1167 年朱熹与张栻曾在此进行了中国文化史上极为著名的“朱、张会讲”[②]；300 年后王阳明又贬谪至此，在书院进行了系列的讲学活动；至清代，一大批知名人物如王夫之、魏源、左宗棠、曾国藩等又都与此地结缘。正是由于上述历史渊源，岳麓书院由一座普通的书院，上升为一处儒学圣地，成为具有重要历史意义的遗产地。

2. 人文价值

人文价值是指遗产对象在反映不同时期社会普遍或个人人文关怀方面的价值。一方面，历史文化资源中真实的物质实体（包括历史街区、建筑遗址、地域特征建筑群、古树名木等）构成了“有形文化”遗产；另一方面，诸如口头传统、表演艺术、社会实践、仪式节庆活动、传统手工艺等，又形成了“无形文化”遗产（或称非物质文化遗产）。它们从多种角度阐释了人们的生活方式和价值观念，揭示了社会发展与历史建造过程中的各种文化现象，表达了人们追求美好生活的愿望，共同反映了地域人文关怀的多样性，从而具有了人文价值。

世界遗产安徽宏村，整体格局呈“牛”型结构布局。村西北绕屋过户、九曲十弯的水渠和村中天然泉水汇合蓄成一口斗月形的池塘，形如牛肠和牛胃；水渠最后注入村南的湖泊，俗称牛肚。这种别出心裁的科学的水系设计，不仅为村民解决了消防用水，而且调节了气温，为居民生产、生活用水提供了方便，创造了一种“浣汲未防溪路远，家家门前有清泉”的良好环境。山峦相拥、水系曲流、蜿蜒的街巷以及白墙素瓦，最集中地反映了古人“天人合一、巧于因借”的人文理念。这种人文理念随着聚落的延续在历史中传承，那些巧思与匠意构成了我们日常生活中所谓“情趣”的那些东西。而这些“情趣”，经过岁月的磨洗，最终升华为现代人眼中的人文元素（图 2. 4）。

---

① 人类学研究领域两大分科之一。1901 年，美国考古学家 W. H. 霍姆斯创用这一专称，旨在研究人类的文化史，以区别于研究人类自然史的体质人类学（physical anthropology）。在英国称为社会人类学（social anthropology）。

② “朱、张会讲”：指在当时在岳麓书院进行的中国文化史上极为有名的朱熹和张栻的学术联合讲座（朱熹和张栻均为当时的理学大师）。

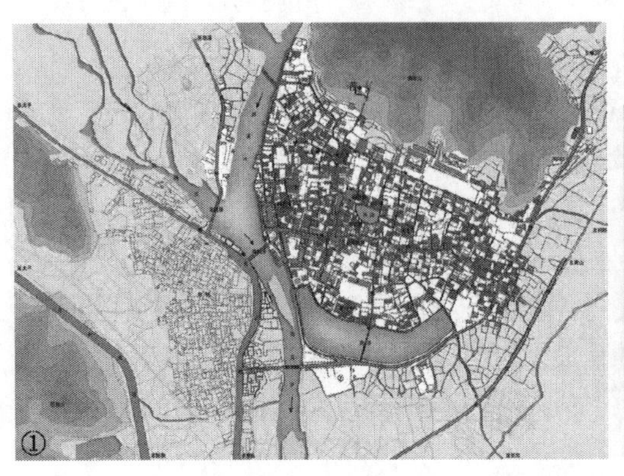

图 2.4　①宏村“牛”型结构布局　②“家家门前有清泉”的环境

图片①来源：黄山市规划设计院．宏村保护规划

3. 艺术价值

历史遗产的艺术价值是指遗产对象在反映文明进程中各种能工巧艺与主观审美观念方面的价值。许多历史文化遗产本身就是艺术杰作，具有内在的艺术和美学价值。例如，那些由著名工匠设计建造的伟大建筑作品如宫廷、宗教建筑群等，从布局、设计、构造、装饰、风格中所展示出的高水准的艺术与技艺能够带给人们精神上的震撼和审美享受。北京故宫，从建筑群体的布局到单体建筑的方位、形制、色彩，甚至建筑细部雕梁画栋的处理……从宏观结构到每一细节，无论在空间氛围营造，还是建筑图案象征上，通过建筑语言对中国古代封建礼制文化完成了一次创造性的总结，具有极高的艺术价值。

另外，一些依据本土气候、地理环境、文化特征、地方工艺，在历史发展进程中日积月累建造起来的古代聚落和历史街区，也深刻地体现了各地居民生活的智慧，具有各自独特的迷人魅力。从单体建筑的风格、细部雕饰、建筑色彩，到群体建筑的空间布局、与环境的关系、街道景观的对景、沿街建筑立面富有韵律的变化等等，都显示出了极高的艺术价值，给人带来美的感受（图 2.5）。

西方文明自古以来就将这些“环境”综合作用下形成的人居环境要素视为有特殊价值的东西而加以珍视，建立了环境美观适宜的理论概念——amenity，并以此作为环境建设的根本指导思想。Amenity 不是指单一的哪一种特性，而是综合性价值的集合，它包含从历史上产生出来的舒适轻快而又令人亲切的风景，又包括实际的效用，是指在整体上的舒适状态。可见，人居环境中那种整体上的舒适状态也具有美学与艺术价值。

4. 科学价值

历史遗产的科学价值是指遗产对象在反映文明进程中创造性工程发明与建造技术等方面的价值。历史遗产的整体形态、建筑风格、环境关系、技术特征等都注入了古代工匠的智慧，是能工巧匠用心设计和建造的，反映了人类文明史中的科学技术成就，具备极高的科学研究价值，为聚居学、建筑学、人类学、社会学等各个学科提供了实物研究素材。许多历史遗产本身还是科学研究与工程实践完美结合的成果，具有很高的科学价值。

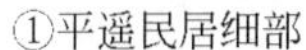
①平遥民居细部

②西递古村落建筑群

③苏州园林绿化园艺布置

④培田古镇建筑群体布局

图2.5　古代聚落、民居的艺术特征

战国时期水利专家蜀郡守李冰主持修建、被誉为“世界水利文化的鼻祖”的都江堰水利工程，是全世界迄今为止，年代最久、唯一留存、以无坝引水为特征的宏大水利工程。由于其科学地处理了鱼嘴分水堤、飞沙堰泄洪道、宝瓶口引水口等主体工程的关系，使其巧妙配合，浑然一体，科学地解决了江水自动分流、自动排沙、控制进水流量等问题，从此成都平原水旱从人，开创天府之国。该工程也因其卓越的科学价值于2000年被评为世界文化遗产[①]（图2.6）。

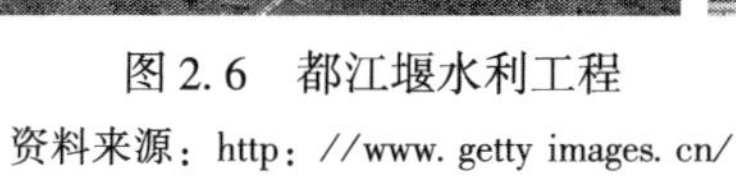
图2.6　都江堰水利工程

资料来源：http：//www. getty images. cn/

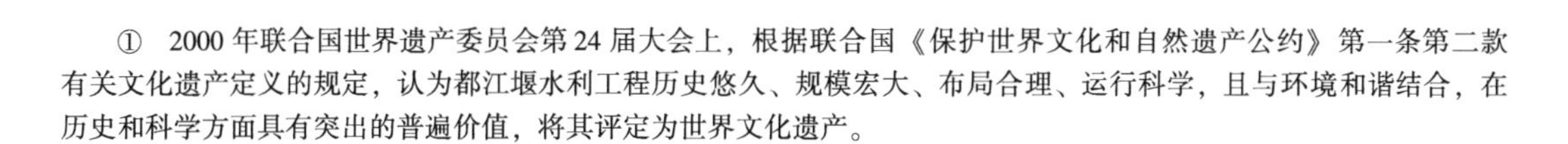
① 2000年联合国世界遗产委员会第24届大会上，根据联合国《保护世界文化和自然遗产公约》第一条第二款有关文化遗产定义的规定，认为都江堰水利工程历史悠久、规模宏大、布局合理、运行科学，且与环境和谐结合，在历史和科学方面具有突出的普遍价值，将其评定为世界文化遗产。

在国外，古埃及拉美西斯二世统治时期修建的阿布辛贝神庙，在每年2月和10月间，阳光可以直接投射到神庙内室，照亮后墙上的神像（图2.7）。反映了古代埃及先进的天文学和几何学技术以及在建造过程中的应用水平。古代这种精确的测量和计算阳光在一年中投影变化的方法及其对后世的影响，具有极大的科学研究价值。

图2.7　阿布辛贝神庙

资料来源：http：//www.gettyimages.cn/

2.2.2　衍生实用价值

除遗产自身承载的文化信息所构成的本体文化价值外，在市场经济环境中，大多数历史遗产因其具有一定的实用功能，能够作用、服务于现代社会，从而具备了实用价值。这些价值是随着社会发展以及人类经济社会活动能力的提高，依托于遗产本体价值基础上所衍生出来的，可以称其为衍生实用价值，具体包括功能价值、社会价值和经济价值三方面。

1. 功能价值

历史遗产的功能价值是指遗产对象（主要是有形遗产对象）因其所具有的容纳各种社会活动的空间载体功能而具有的使用价值。历史遗产不仅承载着历史文化信息，从实用层面来看，历史建筑、街区、地段还是居民日常活动、交往的场所空间，是城市功能的重要组成部分。它们还担负着城市商业、游憩、交通等各种具体职能，是现代社会生活的重要空间载体。

在城市现代化建设进程中，政府为提升城市人文环境、改变城市文化面貌，需要通过城市历史场所空间这条无形的文化桥梁和纽带，使市民能潜移默化地融入城市的发展与文化品位的提升之中。作为地方文化与公共活动空间的双重载体，历史文化资源独特的功能价值是其他任何现代消费空间所无法比拟也是不可取代的。因此，发挥文化遗产在现实生活中的引导作用，将保护、开发与地区公共事业的发展有效结合，对于提高城市综合实力具有重要作用和特殊意义。

2. 社会价值

历史遗产的社会价值是指遗产对象因其蕴涵的本体文化价值而产生对现代社会与文明的警示、借鉴和怀想等各种精神作用与影响的价值。特别突出的是，历史遗产真切地记载了人类自身发展的历史足迹，是形成个人、民族或国家认同性的有力物证，具有精神上的巨大作用。“社会价值包括一个地区（place）之所以成为一个多数或少数群体的精神、政治、民族或其他文化思想感情中心的那些特征”①。

首先，文化遗产的社会价值表现在它们所具有的永恒的纪念意义，是人们引以为豪或激发思念之情的资源，具有重大的情感价值。例如，在我国分布于全国各地的众多革命遗址和革命纪念地，就真实地展现了中华儿女为争取人民解放、民族独立和国家富强而进行的艰苦卓绝、前赴后继的斗争历程，记录了革命先烈和仁人志士大无畏的崇高精神，是进行爱国主义和革命传统教育的活教材。当人们凭仰这些遗迹时无不激发起对先烈的崇敬之情和强烈的爱国热情。在西方，雅典卫城这个纪念雅典守护神雅典娜的地方，最集中地反映了古希腊的建筑成就，尽管它目前只留下断柱残垣，当人们沿着古代祭祀仪典的路径绕卫城拾级而上登上卫城的时候，将全面地欣赏到卫城的建筑珍品，无不被古希腊人高超的建筑才能所感染。此外，历史聚落、建筑反映了先民的生活方式与社会形态，是有着丰富生活内涵的人文资源，同时也是寄托地方文化、地方文脉、居民情感的重要组成部分。即使是一些看起来并不那么重要的古迹，也会在人们心中引发一种强烈的感情，如故乡的石桥、老井、村口的古树等都常常是人们家乡情感的精神依托。

其次，某些重要的历史古迹反映了一个社会的共同历史、经历过的重大历史事件，因而成为国家和民族的象征。天安门广场自近代以来一直是我国国家政治活动的重要舞台，它是五四运动的发源地，又见证了新中国的成立，而且还是国家重要庆典活动的场所，已经成为中华人民共和国的象征。埃及的金字塔和狮身人面像、希腊的古代神殿及剧场、罗马的大角斗场和万神庙等，也都已成为国家和民族的象征。甚至一些一般的文物古迹，也能在不同的程度上起到同样的作用，如土楼是福建客家人的象征，外滩的近代建筑群是上海的形象表征。

3. 经济价值

历史遗产的经济价值主要指遗产对象因其蕴涵的本体文化价值而具备成为有吸引力的消费场所空间的潜力，从而在市场经济条件中能够激发与带动各种经济行为、产生经济效益的价值。历史遗产作为历史上创造的物质财富和精神财富，是当今文化背景和人类环境的组成部分，是社会发展的资源之一。采用恰当的方式利用文化遗产，以满足当代社会物质和文化生活的需要，可以赋予它们经济上的意义。历史文化资源的经济价值可分为直接经济价值和间接经济价值两方面。

直接经济价值：许多文化遗产能够服务于今天的物质需要，因而具有物质使用的价值。大部分文物建筑、历史街区、古典园林与风景名胜仍处于被使用的状态。对文物建筑来说，有的是继续其原有的用途和功能，如世界各地绝大多数留存下来的宗教建筑——教堂、清真寺、佛教庙宇、道教观宫等大都按原功能继续使用；也有些历史建筑失去了原有的功能而赋予其新的用途，最为普遍的是作为博物馆或陈列馆使用，如建于1933年的旧上海跑马场办公楼，1956被人民政府改作中国美术家协会上海分会的上海美术展览馆，1986年又改用作上海美术馆，至今仍保护完好并充分发挥了它的作用。对历史街区来说，几乎所有城市中的传统街区仍延续着居住和商业的职务，它们作为城市肌体的重要组成部

① 《巴拉宪章》第2章第5条。

分而发挥着重要作用。

一方面，由于利用已有的资产和现有道路等基本设施，免除了拆迁和新建费用并节省了能源，从经济上可以获得相当的效益；另一方面，城市中的物质文化遗产（如历史建筑、历史街区等）所占有的土地属于城市用地，具有与一般城市土地等同的土地价值。而且，通过对历史文化资源的保护与开发，不仅能强化原有职能作用，还能利用其资源禀赋发展旅游、休闲、文化等产业，这些都是历史文化资源直接经济价值的体现。

间接经济价值：历史文化资源的间接经济价值表现为资源价值的实现所带来的市场正效应。历史遗产的内在价值能够提升城市、街区的竞争力，使得周边地区的土地增值，增强周边地区的经济活力。利用历史遗产发展文化旅游还能带动周边相关配套产业的兴起，同时使所在地段的知名度和影响力增大，从而带动地价上涨。上海“新天地”项目的开发案例中，虽然开发商瑞安集团称在“新天地”地块开发中从地产运作上是亏本的①。但是由于“新天地”地块只是瑞安集团所获太平桥地区土地转让的一小部分，而“新天地”的成功开发，却吸引了大量人流前来旅游、购物、休闲，带动了周边土地的全面涨价，从而保证了开发商的高回报率。

2.2.3　各种价值间的关系

本体文化价值与衍生实用价值是历史文化资源的两大价值构成（图2.8）。

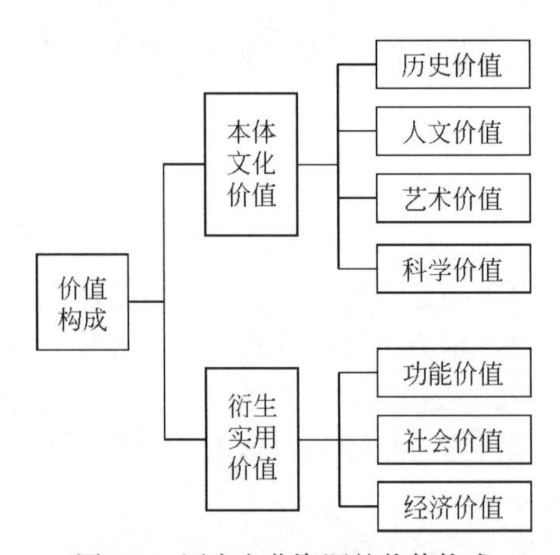

图2.8　历史文化资源的价值构成

本体文化价值是历史文化资源价值体系的根本和基础。它相对稳定，但会随着时间流逝、社会发展而不断积累。衍生实用价值是依托于本体价值而产生的。其中，功能价值反映了遗产的空间属性，而且需要适应现代城市发展的需求对其原有功能做适当的调整；社会价值是历史文化资源价值体系的核心，它会随着社会的发展、人们认识的提高而逐步增强；而经济价值是历史文化资源本体价值在经济上的反映，市场经济条件下它会受到资源

① 瑞安集团称：地段内建筑投资达2.5万元/平方米，其中土地的成本达1.5万~1.8万元/平方米。从这些房子的出售和出租中，也并没有收回投入的资金。

保护成效以及市场波动、城市发展等因素的影响，是动态变化的。一般说来，经济价值不能完全反映遗产资源的本体价值，它所反映出来的仅仅是一部分，或者说是现时的实用价值。

历史文化资源的本体文化价值与其衍生实用价值之间形成相互联系的价值关系：第一，本体文化价值是历史文化资源价值的根本，其衍生价值的发挥必须以本体价值的存在为基础；第二，社会价值是历史文化资源价值的核心，本体价值的显现能够促进社会价值的发挥；第三，经济价值是历史文化资源价值的关键，合理发挥遗产的经济价值，有利于彰显历史文化资源的本体价值和社会价值。“新天地”的总设计师本雅明·伍德(Benjamin Wood)先生认为“任何一座建筑或者一个区域的历史文化遗迹，有经济开发的可能性，那它就更容易会被保护下来，并获得重生而散发活力；如果没有可能性，有时就会死掉”(黄婧，2007)。所以，经济价值的发挥在一定程度上是能否更好保护历史文化资源的重要因素之一。当然，经济价值的发挥不能以损害本体价值来实现。

正确认识和处理历史文化资源价值体系的关系，建立科学的历史文化资源价值观，是指导历史文化资源保护工作，处理好保护与利用关系的前提。

2.3 市场经济条件下衍生价值的意义

历史文化资源的衍生实用价值，特别是社会价值和经济价值，是其与社会经济各个领域相互作用而产生的，在市场经济条件下具有特殊的意义。

2.3.1 社会价值的意义

历史文化资源社会价值包括其对人的个体和对社会整体两方面的作用，通过遗产体验与保护的社会实践，可以实现其社会价值。社会价值的意义包括：满足个体精神需求、孕育多样的社会生活、引导正确的价值观、建立良好的社会秩序、塑造民族精神气质五个方面的内容。

1. 满足个体精神需求

人作为有意识的生命体，在生活的世界中除了物质上的基本需求外，还有精神方面的需求。在文化体验与遗产保护的过程中，人们能够从不同的遗产对象以及与其相关的生活气息中感觉到不同的情趣，完成审美体验，并从中得到审美层面的满足；并进一步对遗产对象的认知逐渐升华，上升到将主体与客体联立思辨的状态，完成自我发现的过程；另外，通过遗产保护实践，可以充分发挥自身文化技能，实现价值证明的需求，从而完成个体精神需求满足的全过程。

2. 孕育多样的社会生活

1972年联合国教科文组织制定的《关于在国家一级保护文化和自然遗产的建议》中提到：“在生活条件迅速变化的社会中，能保持与自然和祖辈遗留下来的历史遗迹密切接触，才是适合于人类生活的环境，对这种环境的保护，是人类生活均衡发展不可缺少的因素”①。可见，能“与历史遗迹密切接触”的生活环境，才是“适合于人类生活的环境”，它确保了人类生活健康、均衡地发展。

1976年10月联合国教科文组织召开的内罗毕会议提出《关于历史地区的保护及其当代作用的建议》中提到“多样性的社会生活必须有相应的多样性生活背景”②。因此，历史遗产给地区和城市带来的文化氛围形成了孕育多样化社会生活的土壤，对人们新生活的产生和文化的形成具有重要意义。

3. 引导正确的价值观

一方面，由于历史遗产有其深厚的历史、文化、艺术以及科学价值，必然能对游览、观摩和生活于其中的人产生积极的影响，给人们以教育和启发。利用遗产资源进行文化建设、丰富人们生活内涵的最终目的，也在于通过遗产资源的保护与利用唤起公众对历史文化的广泛兴趣和尊重，让广大市民能够深刻体验城市或地区历史演绎中沉淀下来的文化传统，提升自己的文化品位和精神境界。从而，扭转市场经济快速发展时期用数字衡量财富、金钱通行无阻的错误价值观；在文化生活的潜移默化中，使人们关注的焦点转向一些用货币无法测算、却真正成为生活支柱的东西；增强大众对历史遗产的保护意识，自觉地维护身边的历史遗存。

另一方面，面对外来文化、克隆文化的渗透，地域文化、传统风俗被逐渐同化，我国城市社会的思想意识、价值体系与信仰正受到西方文化的强烈冲击（图2.9），集中体现地域文化的历史文化资源，理所当然地应承担起维护地域文化的责任——弘扬传统文化精华、作用地方居民心理、促进历史文化与时代文化的整合、引领城市文化价值观的正确走向。

图2.9　地域文化观正遭受来自外来文化的冲击

资料来源：孙大江，2007

4. 建立良好的社会秩序

历史遗产作为人类伟大思想的结晶，不仅在内涵上拥有某种具体的价值和意义，就社会整体而言，它也充当着一种价值标准，即人类对“真”与“美”的追求，而这一标准正是文明的社会秩序建立的基石。

---

① 上下文为：“在生活条件迅速变化的社会中，能保持与自然和祖辈遗留下来的历史遗迹密切接触，才是适合于人类生活的环境，对这种环境的保护，是人类生活均衡发展不可缺少的因素，因此，在各个地区的社会中，充分发挥文化及自然遗产的积极作用，同时把具有历史价值和自然景风的现代东西都包括在统一的综合政策之中，才是最合适的。这种对社会生活及经济生活的综合，在地区开发、国家计划的所有阶段上都是基本的因素之一。”

② 上下文为：“所谓历史性地区，在任何情况下都是人们日常生活的一部分，它反映了历史的客观存在。为适应多样性的社会生活必须有相应的多样性生活背景。据此，提高历史性地区的价值，将对人们新生活产生重要意义。”

在一些传统社区中，被当地人引以为豪的历史遗产充当着地方居民精神秩序的象征。例如，西藏地区的大小寺庙与经塔，作为藏民转经的仪典性场所维系着其日常生活的节奏和秩序。破坏这些地方历史文化遗存，无疑将打乱其社会生活秩序，给人们的生活带来严重的后果。

保存、重建历史的过程所形成的文化氛围，则培育出了一种当地居民热爱自然和历史环境、追求美好生活的共同的意愿，成为社会面向未来生活秩序重建的基础。例如，第二次世界大战以后欧洲华沙、纽伦堡等城市正是通过战后的旧城重建，才逐渐恢复了社会经济的正常秩序。

5. 塑造民族精神气质

由于历史文化资源还包含了集体“心理结构”的范畴，因而对其保护有利于培养民族的精神气质。在对历史遗产的认知与审美过程中，塑造民族共同的价值观与审美心理，进而塑造了民族的精神气质。

例如，位于圣城耶路撒冷的“哭墙”作为犹太教的圣地，举世闻名。由于其承载的特殊历史①，“哭墙”已成为犹太人千年流亡苦难史的纪念碑，由一处具体的物质空间范畴，上升为一种文化概念，使相关群体的记忆指针在其意象的作用下移向特定的历史事件，遗产资源客体作用在了感知主体对象的记忆中，创建了与之相关的历史事件的链接（图 2. 10）。遗产资源的这一属性使其因为和特定的人群建立了精神上的联系，而引起集体社会意识的共鸣，从而形成了一种塑造民族精神气质的凝聚力。与之类似的遗产还包括我国各地的人民英雄纪念碑等。

图 2. 10　犹太教圣地哭墙，犹太人在此缅怀其民族千年流亡的苦难史

资料来源：http：//www. gettyimages. cn/

① 哭墙原名“西墙”，犹太人的先祖所罗门王曾在此建造了犹太教的第一圣殿。公元 586 年，第一圣殿在战争中被巴比伦军队所毁灭，犹太人曾两次重修，但都被毁，最终他们用圣殿废墟上的石块砌成如今 19m 高，52m 长的哭墙。由于承载了犹太人悲苦的记忆，“西墙”成为犹太教最神圣的场所，每当犹太教徒来此面壁祈祷，都会追忆起圣殿被毁，圣地被侵占，犹太人千年流亡的苦难史，不禁号啕大哭，因而有了“哭墙”的名字。

2.3.2 经济价值的意义

随着市场经济的发展，人们发现历史文化遗产能够产生可观的经济收益，历史文化遗产的经济价值也逐渐成为人们关注的焦点。安徽宏村的经营权转让、上海新天地的开发模式都在社会上引起了极大争论。

历史遗产的经济功能是巨大的和多方面的，但我们常常仅注意到作为旅游资源的价值而对其他方面重视不够。西方国家从20世纪初便开始把历史遗产看做一种“文化资源”（cultural resources），甚至更有甚者，看做是“文化资金”（cultural capital），充分意识到遗产的经济价值，进而在实践中采取一种倾向于政府与市场相结合的保护利用方式（阮仪三和张艳华，2005）。

在当前我国社会主义市场经济体制下，市场原则已经成为一种普遍性的社会准则和运行机制，历史遗产的价值判断与管理运作不可能、也不必回避市场这只看不见的调节之手。因此，我们必须关注历史文化资源所蕴含的经济价值的各种意义，一方面是为了更准确地判断其综合价值，另一方面也为有效保护和利用提供经济效益的考量。

1. 促进城市经济发展

文化与经济是一种相互促进的关系。城市形成之初，是以经济为基础，经济推动着文化的发展；随着文化日益昌盛，它反过来成为经济的基础，成为经济发展的动力。文化对经济的推动力称为文化力，文化作用于人，不管有形还是无形，都影响着居民的文化素质，从而影响着经济的发展（白仲尧，2002）。历史遗产的文化优势也必然转化为巨大的经济发展动力。

例如，在全国旅游业蓬勃发展的宏观背景下，苏州利用其丰厚的历史文化资源全面推进文化产业发展，并带动了城市经济的快速增长。至2009年，苏州文化产业法人企业8700多个，从业人员28万人，完成营业总收入1118.3亿元，文化产业增加值279.6亿元，规模和增速居江苏省第一，约占全省文化产业增加值的30%，占全市GDP的比重为3.6%[①]（图2.11）。

2. 铸造特色文化产品

各个地方的历史与文化是在特定的自然环境与社会条件下形成的，各具特色，因而其出产的商品（尤其手工制品）都或多或少地带有地方文化的气息。例如，曲阜的孔府家酒、苏州的宋锦刺绣等，都包藏着特有的历史文化内涵。进入21世纪后，知识经济的重要性日趋凸显，产品的文化内涵是否丰富对其市场地位具有决定意义。地方历史文化资源对经济的贡献还体现在将地域独特的历史文化信息注入生产的商品中，铸造特色文化产品，这不仅会大大提高产品的质量及其知名度、美誉度，也反过来成为城市的文化名片。

---

① 来源：姑苏晚报，2010-9-4。

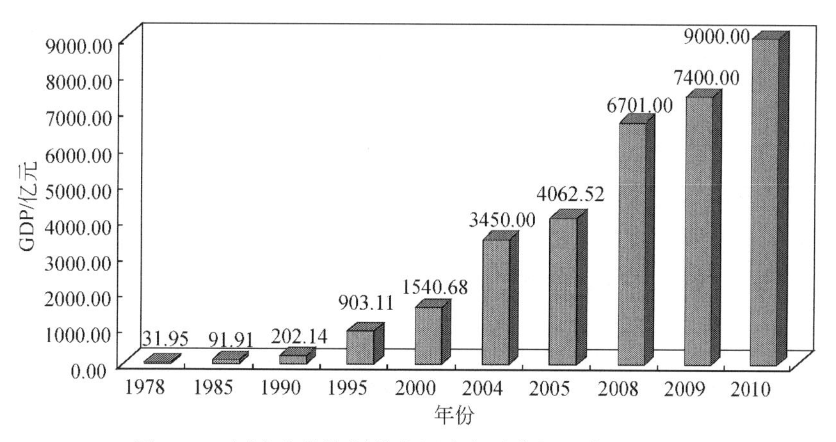

图 2.11　历史文化资源带来历史名城苏州经济迅猛发展

资料来源：苏州市统计年鉴

3. 吸引资金企业聚集

文化是企业发展的灵魂，现代企业发展多以悠久的企业文化为依托。在拥有丰富历史文化资源的城市中从事生产和经营，可利用城市的文化底蕴为其生存和发展营造良好的环境。从这点上看，历史文化名城给企业提供的经济与文化环境更具潜力，因而企业的发展前景更加广阔。正因如此，丰厚的历史文化资源成为一座城市吸引资金、企业聚集的特殊资本。

例如，素有“紫塞明珠”美誉的承德，是首批国家历史文化名城（1982 年）和世界文化遗产地（1994 年），文化资源禀赋独特。承德依托城市的文化品牌，招商引资，加速打造了河北北厢经济增长极，迅速做大做强钒钛制品和清洁能源两大战略支撑产业，培育壮大绿色食品、旅游、部件及仪器仪表等 3 个后备产业，形成“2+3”五大主导产业加速发展的格局①。

4. 带动文化产业发展

文化从人们的日常生活进入产业活动，是专门的文化服务劳动者出现之后开始的。专门的文化劳动部门分为两部分，一部分根据国家或社会的需求提供公共文化服务产品，其劳动耗费由国家或社会补偿，称为文化事业；另一部分，文化劳动者根据消费者个人的需要提供服务，其劳动耗费由消费者补偿，在市场法则中通过商品交换实现，称为文化产业。历史文化名城拥有丰富的历史文化资源，具有发展文化产业的优良条件。进入市场经济后，我国一些文化事业也逐步产业化，发挥出了巨大的社会和经济效益。历史文化资源合理保护与利用的关键在于找准文化事业与文化产业之间的结合点，使之既能满足市民基本的文化需求，也能带动文化产业欣欣向荣地发展。

---

① 据承德市统计局发布的 2009 年统计数字显示，承德市工业生产与往年相比也显著提高，规模以上工业增加值突破 305.8 亿元，全年工业增加值比上一年度提高 13.4%，增速居河北第五。

5. 提升旅游产业成熟度

旅游业为消费者提供的核心产品是作为消费旅游目的的自然景观和人文景观，而寻求文化享受已越来越成为现代旅游的一种风尚追求，因此文化旅游的发展在各地便逐渐升温。文化旅游泛指以鉴赏异地传统文化、追寻名人遗踪或参加地方民俗文化活动为目的的旅游方式。在我国，文化旅游大致可分为以下四个层面，即以文物、史记、遗址、古建筑等为代表的历史文化层；以现代文化、艺术、技术成果为代表的现代文化层；以居民日常生活习俗、节日庆典、祭祀、婚丧、体育活动和衣着服饰等为代表的民俗文化层；以人际交流为表象的道德伦理文化层。[①]在上述涉及的内容中，历史文化资源本身是承载着历史文化意义的人文景观，同时，它们的存在使周边的自然景观更具体验价值和文化意味，因而大大提升了依托历史资源、打文化牌的文化旅游产业的成熟度，成为旅游产业走向成熟阶段的基石和原动力。

例如，作为中国著名四大古都之一的南京，依托丰富的历史文化资源发展旅游业取得明显成效。2009 年，南京市实现旅游总收入 822. 16 亿元，此外，南京还借助各类大型活动对城市进行宣传营销，据携程网 2009 年公布的国庆黄金周“十大全国综合人气最旺城市”排名，南京位居全国第六[②]。

---

① 萧宇嘉，严明航，康建华. 2011 ~ 2015 年中国文化旅游业投资分析及前景预测报告. 中投顾问，2008 年 9 月。
② 南京市旅游园林局、南京市统计局. 2009 年南京市旅游经济发展统计公报. 2010 年 4 月。

第3章　历史文化资源的经营与保护利用

城市化、工业化、现代化的浪潮，似乎使城市中的历史遗产离我们越来越遥远，现代城市与传统社会的显著差异使历史遗产日益成为“古董”。然而，也正是在这一过程中，历史文化资源也越来越如陈年老酒，逐渐显现出难以抵挡的魅力和不可替代的经济价值。这种价值，不仅表现为资源自身所具备的经济属性在市场中的交换价值（直接经济价值），还体现在遗产资源如触媒般触发周边地段经济复苏，甚至给整座城市带来活力与魅力所释放出巨大的经济价值（间接经济价值）。因此，城市历史文化资源不仅是城市文明的承载物，也成为社会经济价值的创造者。文化遗产资源的合理经营与保护利用，在传承城市文化的同时，也可以为我们社会创造巨大的物质财富。

3.1　历史文化资源经营的理念与内涵

3.1.1　经营理念及其思想基础

1. 基本概念

城市历史文化资源的经营，就是从政府角度运用市场经济手段，对历史文化资源进行优化整合和市场化运作，充分实现资源的经济价值和社会价值，促进文化遗产的可持续保护和发展。在我国由传统计划经济体制向社会主义市场经济体制转变的时代背景下，这种经营理念具有重要的现实意义。基于经营理念的历史遗产保护是以发展的思想规划、以经营的方式管理历史文化资源，是一种适应社会转型的新思路，其实践性强，并随着社会的发展进步而不断变化。它没有固定的模式，内容、方法和手段可以随着经济社会的发展变化而不断革新和发展。

2. 理论基础①

历史文化资源的经营理念来源于21世纪初盛行于国内的城市经营理念。城市经营（urban management），又名经营城市，就是从政府角度出发，运用市场经济手段，对城市的自然资源、基础设施资源、人文资源等进行优化整合和市场化运营，实现资源的合理配置和高效使用，提高城市素质，促进城市功能的完善及城市经济与社会事业的持续发展（涂文涛，2005）。国外关于城市经营的理论是一个动态发展逐步成熟的演变过程，对城市

① 本小节内容引自或参考以下文献：涂文涛和方行明，2005；袁本芳和邓宏乾，2005；阿瑟·奥利沙，2003；赵燕菁，2002。

发展影响深远的主要理论包括亚当·斯密（Adam Smith）的自由市场理论（free market theory）、蒂伯特（Charles Tiebout）的城市竞争理论（urban competition theory）和公共管理学中的政府再造理论（government reengineering theory）（袁本芳和邓宏乾，2005）。

（1）亚当·斯密自由市场理论

在经济学领域，政府在经济运行中的角色一直是各学派争论的焦点。1776 年亚当·斯密（Adam Smith）在著名的《国富论》（*The Wealth of Nations*）中提出了自由制度的三要素，即“自私的动机、私有的企业、竞争的市场”，奠定了自由市场理论的基础。亚当·斯密认为，完全自由的经济活动方式是社会财富不断增加的保证，整个社会的经济活动应该完全由市场中那支“看不见的手”支配，政府只作为这一过程的“守夜人”。如今，西方现代城市在发展过程中所强调的经营理念便有其理论的影子。

（2）蒂伯特城市竞争理论

在蒂伯特 1956 年发表的经典论文《地方支出的纯理论》（*A Pure Theory of Local Expenditures*）中重新提出了政府在市场经济中的角色和定位。他认为，只要资金、人口等经济要素与生产资料在这些组织覆盖的不同区域内能够自由流动，政府之间就会产生竞争，这就迫使政府像其他经济组织一样改进其管理效率。因此，城市政府不仅能够干预经济，而且必须干预经济。只有那些善于调配、组织和利用城市资源进行运作、经营的城市政府，才能使自己的城市在经济竞争中保持优势。从这一点来看，城市政府的行为也应当更接近于公司行为，城市的市长更像是一位企业家，而不是“守夜人”。

（3）政府再造理论

政府再造理论是 20 世纪 80 年代后在日趋激烈的国际竞争环境中产生的，其核心理念在于建立“企业型政府”。企业型政府是指由一群富有企业家精神的公职人员组成的政府部门，员工们运用各种创新思维，将企业经营注重成本、效率、品质、顾客满意等思想引入政府管理活动，从而将政府改造成为“具有企业精神的政府”，使原本僵化的官僚体制恢复活力，使绩效不佳的政府更有效的运作，推动了深刻的政治改革。建立企业型政府，并不是要将政府再造为企业，而是要树立政府的市场经济观念，引入竞争机制，使其能够勇于创新，能够与民间协同发展公共服务，达到降低运行成本，提高服务效率的目的。

3. 思想源流①

城市经营的理念最早起源于 1978 年，当时城市经理人作为一种职业被研究者从众多经纪业务中发掘出来。作为一种特殊形式的经纪人业务，“城市经营”实质上是通过对政府权力的操纵达到城市资源合理分配的目的。从这一意义上来看，城市经营是政府机构与社会之间连接、沟通的桥梁和渠道。一方面，政府机构拥有待分配资源；另一方面，社会又需要这些资源带动基础设施建设和提供公共服务。

此后，城市经营的理论和实践得到不断充实和拓展。威廉姆认为，城市经营的本质是辨清城市的性质与其社会、经济结构以及城市内部的权力关系，城市经营的重点在于协调一系列政府与经济行为的关系；伦纳德主张，城市经营论题其根本源于对权力的关注，权

---

① 本小节内容主要引自：张蔚文和徐建春，2002。

力即指政府官员所拥有的分配资源和设施的权力；丘吉尔也认为，通过城市经营，城市居民的种种行为之间以及与城市的各种管理行为之间都会互相影响；莎玛认为，城市经营是为了保证基本服务的必要供应而采取的干预方式，以促进经济的发展和福利的提高。

综合上述学者观点，从一个实践工作者的角度，麦克·吉尔提出了城市经营的基本含义，他认为城市经营应建立在两个极为简单但又十分重要的基础目标之上。首先是规划，即经营者应首先考虑与规划如何供应、维护一个城市的基础设施与公共服务；其次是城市地方政府的合理定位，即地方政府的职责应该是从组织上和财政上确保基础设施和公共服务的供给和维护。在此基础上，麦克·吉尔进一步强调在城市经营的过程中地方政府应该加强宏观调控，整合所有要素，并进行必要的制度安排，使城市所有的企业、机构、市民群体形成一个互相补充的良性循环。

由此可见，“城市经营”的概念并非是在市场机制作用下简单地将城市作为一个企业，将城市中的各种资源作为生产资料，仅从利润追逐和城际竞争的角度去看待城市的发展，而是一种基于社会综合利益的宏观平衡调控的机制，其关键在于如何平衡经济发展与社会平等、文化繁荣之间的关系。只有深入认识城市经营的本质和基础理论，才能恰当地将其应用到历史文化资源的经营中，掌控保护、利用与发展的平衡，通过经营为遗产保护创造条件并提高其声誉，通过调控确保其物质保存与文化传承的良好环境。

3.1.2　历史文化资源经营的时代背景

在我国，历史文化资源的经营是在市场经济体制建立和完善的过程中逐渐产生的，改革开放和经济全球化推动了历史文化资源经营的发展。经济体制改革和城市化的持续推进不仅使政府经营历史文化资源成为可能，也为其保护提供了新的途径。

1. 内部动因——社会主义市场经济体制的建立

市场经济是动态、开放、扩张性的经济体制，市场竞争是市场机制最直接的外在表现形式，城市的基础资源都要通过市场来进行优化配置。我国从计划经济体制转向市场经济体制后，城市的人口、土地、技术、资金等基本要素都投入到市场之中。相应地，城市的历史文化资源也需要通过市场来进行优化配置，使之通过市场运作规则和政府的宏观调控措施，有序地流动、经营、重组、合并，发挥出最佳的经济效益、社会效益和生态效益。

2. 外部推力——改革开放与经济全球化

十一届三中全会确立了改革开放的基本国策，为经济全球化过程中的资金、技术、管理、人才等要素的整体性跨国界流动和配置敞开了国门。由于我国正处于城市化的初级阶段和中级阶段，城市经济处于迅速集聚发展时期，因此在经济全球化的进程中，各城市政府竭尽全力想通过吸引资金、技术、管理等城市发展的短缺资源来推动经济的快速发展。同时，由于现代交通的便捷和全球化生活方式的普及，城市人口（劳动力和技术人才）具有极大的流动性，居民随时可以用自己的双脚对不同的城市进行“投票”① （图 3.1）。地方政府必须通过竞争才能将自己的城市推销给他们，这同传统计划经济体制下通过政治力量和关系分配资源的规则完全不同。因此，地方政府必须充分挖掘城市发展的优势和潜力。历史传统与文化遗产无疑是城市的稀缺资源，它们逐渐成为吸引资金和人口的重要磁体。只有通过合理的经营，充分保护和利用这些文化资源，才能提升城市的形象，增强城市的吸引力，促进城市经济的发展。

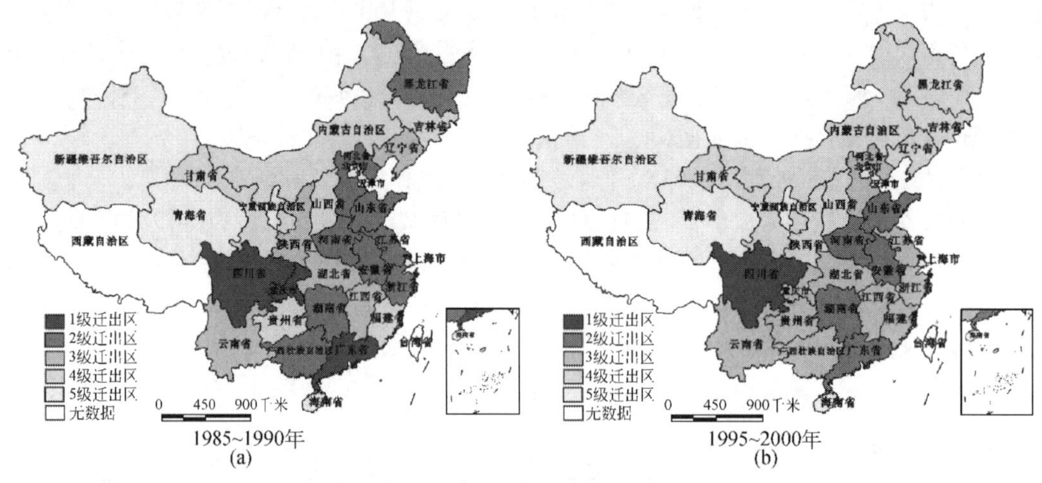

图 3.1　我国农村人口总迁出量

资料来源：王国霞和鲁奇，2007

3. 制度基础——经济体制改革

房地产制度的改革——1990 年和 1998 年先后进行的城市土地制度和房地产制度的改革，使城市的固定财产成为市场上可以定价和交易的产品，城市土地为地方政府带来了巨大的经济收益，为城市发展提供了持续稳定的资金来源。根据财政部公布的数据，2010 年全国土地出让金收入总额高达 2. 7 万亿元，同比增加 70. 4%，占地方财政收入的比重达 66. 5%，创下自 2004 年土地市场实行“招拍挂”制度以来的新高，如果再加上土地相关的税收，毫无疑问国有土地出让所产生的相关收入是地方政府财政最主要的收入来源（叶锋，2011）。另一方面，随着市场化的进程，历史文化资源衍生出的经济价值逐渐显现，许多历史遗迹不仅自身的价值不断提升，还带动周边土地升值。这为政府利用各种政策手段，保护和利用历史文化遗产资源、提升城市土地价值创造了有利的条件。

中央和地方的财税分离——1994 年中央和地方实行财政分税制后，地方政府第一次取得了剩余权。这使得中央和地方政府之间，地方政府和地方政府之间具有了明确的财务权利边界（图 3.2）。地方政府可以自由地在这个边界之内经营城市各种资源。在这一背景

① 改革开放以来，我国流动人口持续增长，至 2011 年中国流动人口已接近 2. 3 亿，占全国总人口的 18%，平均年龄约为 28 岁，由于分布、结构、素质复杂，其利益诉求在发生深刻变化，对国家战略规划、政府社会管理和公共服务提出了严峻挑战。数据来源：国家人口计生委．《中国流动人口发展报告 2012》. 2012 年 8 月。

下，一方面，对本地历史文化熟悉的地方政府获得了更多独立的决策权，在处理地方文化资源利用与保护的问题上有了更多的灵活性，这对于遗产保护工作更加有利；另一方面，由于地方政府必须承担每个决策的责任，这也使得其在制定方针、政策时更加慎重。

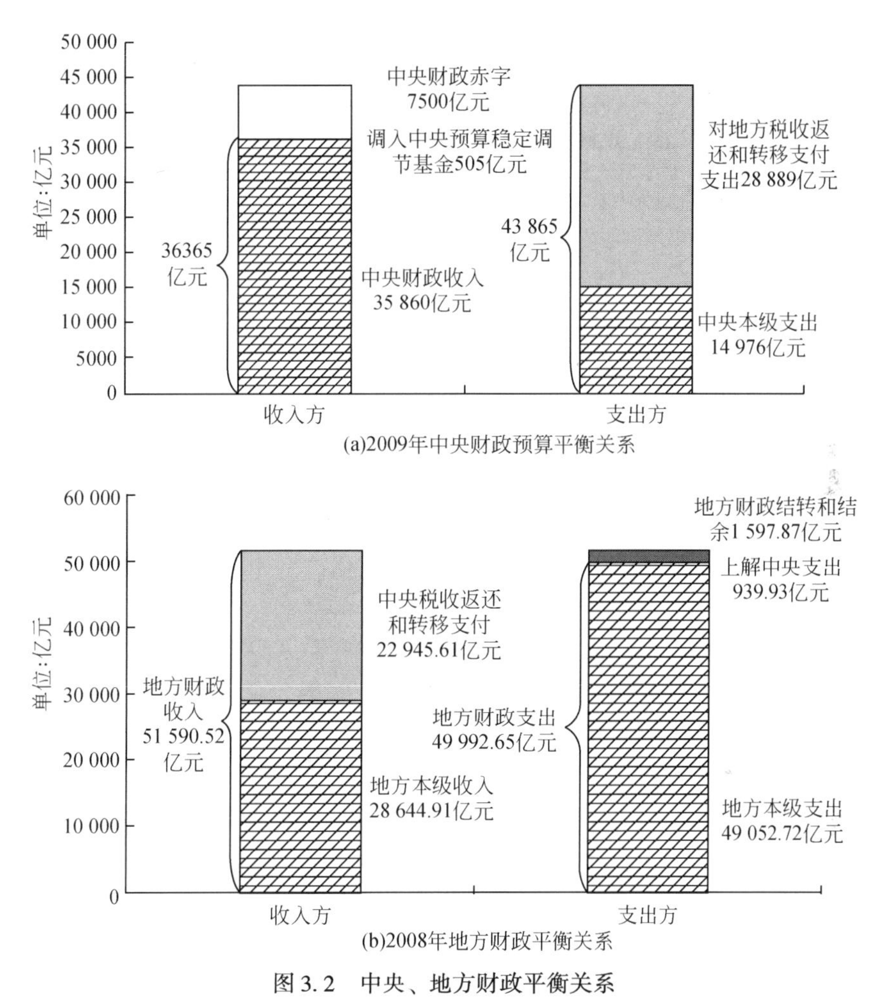

图3.2　中央、地方财政平衡关系

资料来源：财政部《关于2008年中央和地方预算执行情况与2009年中央和地方预算草案的报告》，2009

城乡二元结构被打破——改革开放后，城市化的快速发展增强了城乡间的流动性，从而打破了旧有的城乡二元结构，使大量农村人口涌入城市，为城市的发展提供了充足的劳动力。在这些新兴的市民阶层中，不乏一些技艺精湛的乡村工匠，他们对城市历史遗产的维护提供了技术和人力上的支撑。

3.1.3　历史文化资源经营的关键问题

获得经济收益、获取保护资金却并不是经营历史文化资源的最终目的或唯一目的。事实上，“以经济为导向”的历史遗产经营和开发只是在当前遗产保护资金匮乏、土地经济对遗产地造成巨大拆迁压力情况下的一种应急之举。历史文化资源经营的根本目的是充分发挥其价值和作用，更有效地保护历史遗产，传承地方文化和地域文明。其最终目标是将文化经营与文化发展的思想贯穿于遗产保护的全过程，从单纯客体对象的保存转向遗产精神的交流与传播，广泛吸引相关资源要素集聚，优化历史遗产的资源配置，提高城市的人文环境质量，创造城市和遗产地的文化品牌，带动城市经济、社会、文化的全面发展，进而提高城市自身的综合价值和竞争力。因此，城市政府应以保护为前提，根据城市自身的资源特征和文化传统，运用市场经济手段，对构成城市文脉的各种历史文化资源进行市场集聚、重组和营运，以实现这些资源在容量、结构、秩序和功能上的最优化，促进其可持续保护和发展。

1. 认识遗产的“资源”特征

市场经济体制下，人们逐渐认识到文化、人文环境、自然景观等本身也是一种资源，可以通过合理经营的方式，挖掘其综合价值潜力，以合理经营带来的经济收益支持其长久持续的保护和发展。这种观念的转变使得原来只能作为被动保护对象的历史遗产在市场经济中逐渐能够转变成为一种产生综合效益的文化资源，从而凸显了其隐含的经济价值。同时，将城市历史文化、人文遗产、自然景观等可经营的资源推向市场，不但能有效解决遗产本身的保护问题，还能带动城市相关产业的发展，提供就业岗位，促进文化进步，并最大限度地实现了城市文化形象、人文品牌的保值与增值。

当然，历史文化资源是一种特殊的城市资源，具有稀缺性、脆弱性、不可再生性等共性特征，对它们的经营必须以保护为基础和前提，才能保证经营的效率和可持续性。

2. 突出政府的主导地位

麦基尔提出城市经营应该建立在两个基础的目标之上，即规划和政府的角色定位。从这一角度看，城市政府是文化遗产资源经营的主体，它从规划上、组织上和财政上保障遗产经营的目标、过程和方向。尽管在实践中，遗产经营主体远非政府一家，政府、政府主导的企业、私营企业、非营利性组织以及个体遗产所有者都可作为某一具体遗产对象的经营者。但总体来看，政府在对遗产资源功能定位进行规划、保护利用方式的选择及其与城市发展的结合、相关政策调控配合、财政支持等方面都起着一般经营主体无可比拟的主导作用，在历史遗产的经营中理所当然地扮演着公众利益监护人的角色。

同时，政府还承担着对市场实效与遗产领域过度商业化的监管，在遗产地承载超负荷或遭受商业化破坏的情况下，政府可通过相应的政策手段即时控制容量，导正发展方向，协调城市、企业、机构、市民之间的关系，使不可再生的遗产资源得到有力保护，维护城市的整体利益、公众利益和长远利益。

3. 结合遗产资源的客体特征

显然，作为保护、经营、配置的对象——历史遗产资源是经营的客体，包括城市的有形文化遗产和无形文化遗产。无论何种遗产资源，其自身的文化特性是客观存在的，不同类型的遗产资源其价值作用和潜力也各不相同，各自具有不同的个性特征。因此，只有抓住遗产资源的个性特征有的放矢地加以保护和利用，通过价值挖掘和有效经营，才能最大限度地发挥其价值作用，带动城市经济社会文化的综合发展。

3.2　历史文化资源经营与保护利用的结合

历史遗产保护是一个长期的不断完善的动态过程，作为一种文化资源，历史遗产利用必须以保护为前提，以积极的态度实现保护的理想，使遗产保护融入城市经济社会和文化的发展之中，协调好保护工作与城市开发建设的关系，实现两者“你中有我，我中有你”的互动。

3.2.1　经营与保护、利用的关系

城市政府可经营的历史文化资源既包括历史街区、历史建筑、文物古迹等有形文化遗产，也包括表演艺术、民俗节庆、传统工艺以及依附于上述有形遗产的无形文化遗产，它们都是城市发展过程中积淀的稀缺资源。在市场经济条件下，政府可以通过市场化的运作方式来彰显历史文化资源的经济价值和社会价值，同时为其保护发展提供支撑与动力。因此，经营城市历史遗产资源与其保护、利用有着必然的内在联系（图3.3）。

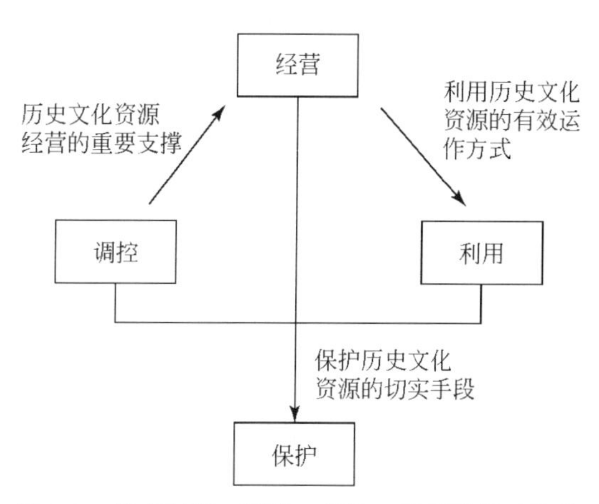

图3.3　遗产经营、调控、保护、利用的相互关系

1. “经营”是利用历史文化资源的有效运作方式

我国正处在社会主义计划经济向市场经济的转型期，尤其在加入WTO以后，在外资大量涌入、非公有经济不断增长的条件下，城市土地等资源被赋予商品属性是不可避免的，历史文化资源也不例外（李建平，2003）。“经营”历史文化资源就是按照市场经济规律发掘并利用其商品属性，通过商业化运作实现其商品价值。例如，我国一些经济较发达的历史文化名城中，对历史建筑采用“房屋置换”的方式对其进行运作以实现保护的目的：即历史建筑的所有人可以以高于本市房屋拆迁补偿安置标准一定比例的资金或房屋面积进行房屋异地置换，通过置换使历史建筑用途更加符合其区位、结构、空间、形态等特征，并为其保护创造条件。

1995年7月1日，上海市委、市政府迁出外滩，带头实施“外滩房屋置换计划”，并专门成立了针对外滩优秀近代建筑的“外滩房屋置换有限公司”。到今天，最负盛名的上海外滩金融商务区，已有80%的大楼得到了置换（图3.4）。2004年《上海市人民政府办公厅关于同意本市历史文化风貌区内街区和建筑保护整治试行意见的通知》中，明确规定历史文化风貌区内拆迁补偿安置的标准比一般房屋拆迁安置标准高出5%～15%。此外，上海市政府鼓励有经济实力且重视文物保护的中外法人通过房屋置换的方式对上海近代优秀建筑进行保护。

图3.4　被置换的外滩16号①

在房屋置换过程中建筑的历史文化价值对市场交易价格或多或少地产生影响，显示了合理运用市场机制可以使历史建筑的无形文化资产转化为一定的资产价值，不但使建筑物的历史文化价值为使用者所重视从而有利于它们的保护，而且也为对这些无形资产的投资与经营提供了可能性，为保护提供了持续稳定的财力保证。可见，通过引入经营理念，可以解决城市历史遗产保护、更新中建设资金的紧缺问题，促进其有效保护和持续发展。

2. “调控”是历史文化资源经营的重要支撑

“调控”是城市政府以产权人、投资者及社会公众等历史遗产产权主体的利益为前提，鼓励私人、非政府组织及社会资本参与到遗产投资和保护计划，制定相关与遗产保护和发展相适应且具操作性的法律、管理、税收、金融等政策协调机制，以保障遗产资源经营利用的有效开展和公益性方向的行为。

在遗产资源经营的庞杂体系中，一方面，政府的力量是有限的，只有利用市场经济规律，发挥经济杠杆的调控作用，才能调动一切可以利用的社会资源广泛参与；另一方面，相关主体对遗产资源的“经营”必然是以谋利为前提的市场行为，如果脱离相关法律和规则的约束与机构的监督，完全按照市场经济规律运行，必然导致只注重经济效益而忽视社会效益的倾向。因此，随着社会主义市场经济体制的不断完善，在历史文化资源利用与保护领域引入经营理念的同时，作为协调经济发展与文化建设的关系、平衡各社会阶层或集团的利益、调节公共政策和社会福利分布的手段，遗产保护中的调控手段必不可少。当然，历史遗产保护中的“调控”也需要结合地方、社会发展的现实情况进行，如果调控措施和政策不能与市场运作机制、土地经济规律有机结合，“市场失效”将难以避免。

① 1911年4月，日商台湾银行上海分行购进外滩16号大楼后正式营业。早期的外滩16号，是一幢假4层砖木结构建筑，由玛利逊洋行设计兴建。因不符合银行的安全性，1924年被台湾银行拆除重建。新建的大楼是一座日本近代西洋式风格的建筑，占地面积为904平方米。1945年，台湾银行撤离大陆，这幢大楼被中国政府接管，划归旧中国农业银行上海分行使用。新中国成立后，这幢大楼由房管部门接管，曾被上海市工艺品进出口挂牌公司使用。20世纪90年代后期，招商银行借“外滩房屋置换计划”通过置换，在这里挂牌营业。参见：钱宗灏等，2005。

3. “利用”是经营历史文化资源的切实手段

历史文化资源作为城市的特色优势资源，为城市经济增长提供了触媒和新的渠道，充分利用这些资源可以直接或间接地使城市土地增值、城市品质提升。例如，2010 年 12 月杭州市平均楼价 17 851 元/平方米，而西湖东部上城区的平均房价则是这个价格的一倍以上（图 3.5），历史文化资源对于城市土地价值的带动作用十分明显。此外，历史文化遗迹集中的街区，也多是城市的黄金地段，依托历史文化环境进行开发建设，除可使周围的地价提升，为城市建设积累资金外，还能塑造城市的特色空间，展示城市文化形象、提升城市知名度。另一方面，依托和充分利用历史文化资源还可以发展旅游业，带动餐饮、商贸等相关产业的发展，有利于吸引和拉动投资，优化城市产业结构，形成新的经济增长点，是经营历史文化遗产资源切实有效的手段。

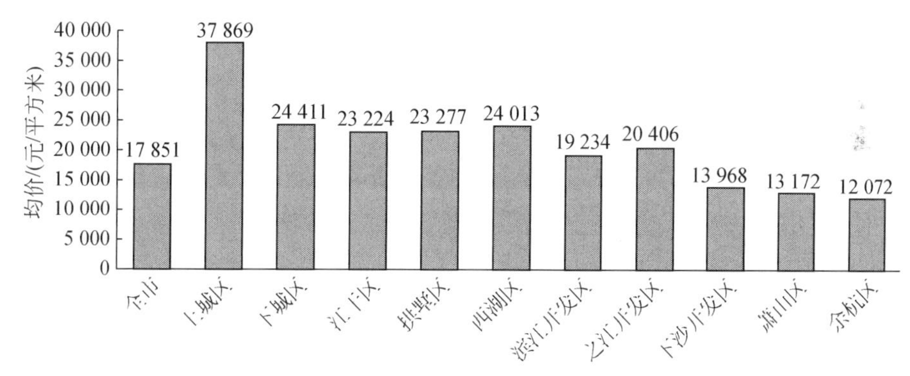

图 3.5　2010 年 12 月杭州各城区住宅均价比较（不含经济适用房）

数据来源：杭州市房地产信息相关网站

4. “保护”是经营历史文化资源的根本目标

历史遗产的历史、人文、艺术、科学等本体价值是其经营的资本，通过经营将遗产本体价值转换为经济价值和社会价值，从而最大限度地显现和发挥它们在社会经济发展中的价值作用。这表明，一方面历史文化资源经营的根本目标是更好地保护它们并充分发挥它们的作用；另一方面，只有在经营的过程中切实保护好遗产资源，才能保证经营的效果，也才能实现遗产资源的可持续经营和发展。无视遗产保护的经营方式必然导致遗产资源经营成为“无源之水”、“无根之木”，注定难以持久（单霁翔和吴良镛，2009）。国内有些城市对历史街区进行过度商业化改造，拆旧建新，导致历史文化环境的破坏，早已忘记了经营遗产资源的最终目标，本末倒置。

3.2.2　经营与保护相结合的意义

将经营理念引入历史文化遗产资源的保护，并贯穿于决策、规划、实施、管理全过程，是一条有益并能有效解决保护中各种矛盾的途径——依托城市的历史文化背景，挖掘城市的文化内涵，并根据历史文化的特点，通过对历史文化资源的经营对其进行整体包

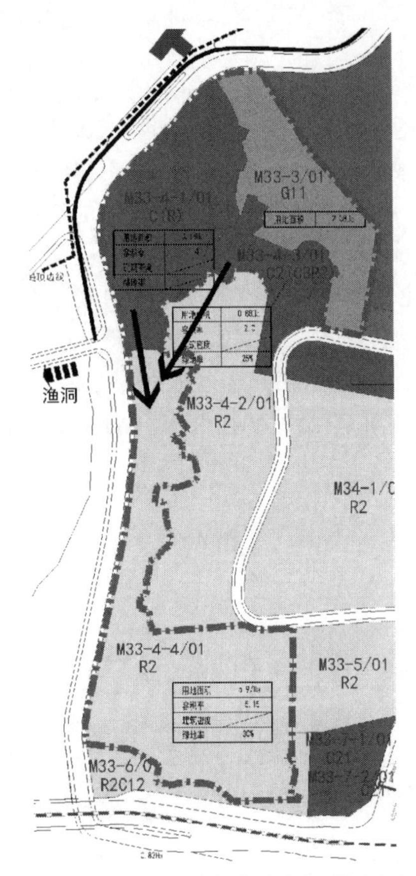

图 3.6　重庆鱼洞老街容积率转移示意图

装、提升和推广，以提升城市形象、树立城市品牌，经由无形资产的增值带动有形资产的增值，从而提高城市的整体价值，实现城市可持续发展。经营与保护相结合的意义体现在以下几个方面。

1. 平衡各方利益

协调政府（代表公共利益）、开发商、原住民三个利益群体之间的利益关系，已成为历史遗产妥善保护、健康发展的核心问题之一。在遗产保护规划中，若只注重保护，片面强调建筑高度、容积率、环境风貌等控制指标和保护原则，虽然可以严格保护历史遗产，但或多或少地会对建设主体（开发商）以及旧城区内居民的利益形成一定冲击，并进一步影响到它们对历史建筑实体施行保护更新的积极性，最终造成保护规划难以落实，旧城改造举步维艰。一个合理的经营策略能在反映经济规律的同时，较好地协调和平衡各方面的利益关系。例如，近年来许多城市在历史街区保护更新中，借用国外开发权转移（TDR）的经验，通过地块容积率转移的方式维护历史街区保护与更新发展的平衡，取得了较好成效。在重庆市巴南区鱼洞老街的保护与更新中，规划严格控制了老街风貌保护范围内的容积率与建筑限高，禁止在该区内大拆大建，以保控街区传统风貌、塑造历史文化亮点；同时，对于由此带来的开发建设量损失，通过异地补偿的方式补偿到临近地块，以综合平衡用地开发建设的经济效益（图 3.6）。

2. 优化资源配置

历史遗产是具有多元价值的社会文化资源，市场经济是有效的资源配置方式，市场的发育可以促进历史遗产的市场化利用，促进各种生产要素与历史遗产的结合，促使日益衰退的资源得到价值重现。例如，杭州清河坊、重庆磁器口、成都宽窄巷子等历史街区，在街区保护改造利用之前，建筑破损、基础设施条件落后、缺乏活力、原住民大量迁出、街区逐渐衰退。城市政府采用经营方式实施历史街区保护，调动和整合各种社会资源（包括资金、技术、管理、人才等）对街区进行整治和修复，不仅有效保护了街区历史风貌，而且使街区恢复了活力，成为市民休闲活动和外来游客旅游参观的重要场所，并为地方带来了可观的经济收益。在这一过程中，不仅实现了历史街区的保护，而且有力地提升了城市的文化品质，提高了市民的文化素质。

3. 创造综合效益

引入“经营”理念，通过市场行为和政府行为的有机结合，不但能够充分挖掘、发挥历史文化资源的经济价值，还能激发城市活力，提供就业岗位，实现社会、文化、经济的综合复兴。在国外，有大量成功经营历史建筑、历史地区的案例。20 世纪 70 年代巴尔的摩内港区（inner harbor）的都市复兴计划，成立由市政府所有的经营公司——查尔斯中心-内港管理有限公司，采取公共部门与私人部门合作开发的模式，将滨水地区原有的工业、仓储、居住业主迁出，引进商业和娱乐休闲产业，“腾笼换鸟”，对城市滨水区进行彻底改造。该项目用 5500 万启动资金，创造了年均 700 万游客的吸引量与 8 亿美元消费额，同时为社会提供了 3 万个就业岗位，同时使内港成为马里兰州的标志性区域（图 3.7）。

改造前的巴尔的摩内港区

改造后的巴尔的摩内港区

图 3.7　巴尔的摩的内港区改造前后对比图

左图来源：http：//baltimorearchitecture. org/

在我国，以南北两大旅游重镇丽江、平遥为例，通过成功经营历史名城，不仅为城市创造了蜚声海内外的知名度，同时也带来了可观的综合收益。丽江老城 2008 年旅游业创造收入 69.5 亿元，旅游业直接提供就业岗位 4 万个，间接从业人员超过 10 万人。而平遥 2008 年全县旅游业收入 6.7 亿元，为社会提供就业岗位达 3 万余个，直接或间接从事旅游服务的人员达到 6 万余人（和自兴，2009）。

4. 防范规划失效

在当前我国现有的规划设计体系下，城市历史保护规划主要关注技术层面，缺乏对市场开发及经济因素层面的深入研究，常常造成可操作性和实施性不强。随着市场经济体制改革的推进，规划的角色已不仅仅是行政和计划指令的空间体现，更多的是作为协调各社会阶层或利益集团的工具，成为公共政策和社会福利调节的手段之一。在城市历史保护中引入“经营”理念，结合市场运作模式、土地经济调控等方面的政策，建立面向实施的开放性、参与式规划设计体系，可有效防范“规划失效”的问题。

5. 拓宽投资渠道

保护资金不足是当前城市历史保护中的突出问题，在遗产保护中引入“经营”思想，借助市场灵活的融资模式，通过对历史资源的合理经营，拓宽保护资金筹措渠道，可以有效解决保护建设资金严重不足的问题。

例如，丽江 1997 年申遗成功后至 2009 年，古城保护管理局投入环境整治，拆除不协

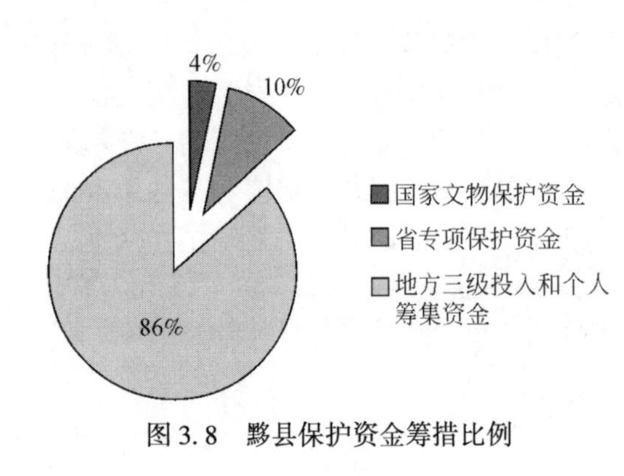

图 3.8　黟县保护资金筹措比例

调建筑物，修缮道路、水系、照明等基础设施累计达到 13 亿元。丽江市政府通过银行贷款、古城维护费征收（相当于景点门票）、企业融资等多种手段消化了巨额的建设维护资金。其中，借助旅游经济，2001 ~ 2008 年仅古城维护费就累计征收了 7 亿余元（李映青，2009）。

又如，世界遗产西递、宏村所在的黟县，大胆创新保护管理投入机制，多渠道筹措资金。2003 ~ 2007 年黟县一方面积极争取国家文物保护资金 460 万元、省专项保护资金 1338 万元，另一方面县里每年从旅游业门票收入中征收 20% 的文物保护资金，加上县、镇、村三级投入和个人自筹 11 410 万元，共筹措资金 16 378 万元[①]（图 3.8）。

3.2.3　经营理念引入遗产保护的原则

市场经济是一把双刃剑，我们在充分利用其机制优势的同时也必须对其负面作用有清醒的认识。采用经营的途径来实现历史文化资源的保护、利用、更新，必须坚持一些基本原则。

1. 突出保护的优先权

遗产保护优先的原则，是指在任何情况下遗产资源的经营与利用都必须以保护为前提，不能以破坏历史文化遗存为代价来吸引投资、实现经济发展或满足其他社会目的。在开发和经营条件不具备时，或者经营目标与历史文化保护相冲突时，必须确保遗产保护的优先权，这一点需要在政策、管理和立法上加以保证（徐琴，2002）。城市更新本质上是一个多目标的社会工程，而历史文化资源保护只是其中的一个方面。城市经营往往更多地着眼于经济效益，在中国现实的认识水平、经济发展水平和城市化发展阶段，城市经营与历史文化保护不可避免地具有内在的矛盾和冲突。由于城市发展中许多现实的经济、社会问题往往表现出更具有迫切性，难免对历史文化保护造成挤压和排斥。因此，必须从制度上给予历史文化环境和资源保护优先权，通过调控对城市经营活动进行严格规范，避免建设性破坏和经营性破坏。

2. 契合城市发展主题

历史遗产保护不能脱离城市发展的主题，应与城市的社会文化生活有机结合起来，整体谋划，实现城市经济社会综合发展目标。面对现代城市人口规模逐渐扩大和建设用地日益紧张所带来的压力，城市历史遗产资源所占有的土地空间资源必须得到高效合理的利

---

① 让世界文化遗产魅力永存——皖南古村落西递、宏村保护管理工作记略．黄山市人民政府门户网站，2007-6-6。

用，才能避免被旧城拆迁的浪潮所吞噬。因此，历史遗产的保护、更新应以城市功能定位为基础，其经营方式和目标取向必须契合城市或地区的功能定位和发展目标，对遗产资源的经营和利用既要使历史遗产得以保护，又要促进城市经济社会的发展，改善居民生活环境，促进遗产保护与城市发展的协调统一。

例如，上海新天地、南京1912、成都宽窄巷等历史街区由于位于闹市中心，这些城市自身也具备时尚、休闲之都的特质，因此其经营定位为休闲娱乐场所。在街区业态选择上多偏向于酒吧、会所、餐厅、迪厅等符合现代都市休闲娱乐的经验模式；在规划布局和建筑修复设计上，在保护传统风貌的同时提取传统元素，大胆运用现代设计手法，使得历史文化与场所特征、现代都市生活需求以及城市发展目标紧密契合，取得了良好效果。相比之下，南京夫子庙、杭州清河坊、西安大雁塔等历史地段则由于临近秦淮河、西湖、大雁塔等厚重的历史文化景观，因此这些历史地段的开发与利用则以凸显古都历史风貌为主题，注重传统文化保存和展示。

3. 采用多元经营模式

不同历史时期、类型特征、区位环境、形态结构的文物古迹、历史建筑、历史街区、工业遗产、非物质遗产等历史文化资源，具有不同的资源特征，对其经营利用应针对性地采取不同的经营方式，使之既能适应城市经济社会发展的需求，又能服务于城市规划建设和城市开发。在实际操作环节，可将城市郊区的大遗址保护与城市绿地系统建设相协调，建设遗址公园；对于工业遗产，应抓住城市产业结构调整机遇，将其纳入城市文化系统和公共设施系统建设，实现工业遗产的保护性再利用；而对位于城市中心地段的传统街区、历史街区则可与城市文化旅游发展相结合，推进城市历史文化的“价值再现”；对重要的文保单位、历史建筑，可将保护工作与城市博物馆系统建设相结合，在保护的同时加以有效利用。例如，处于西北的晋中大院建筑群和处于西南的重庆湖广会馆建筑群，其经营模式就有较大差别。以乔家大院为代表的晋中大院建筑群由于多位于县城或一般村镇，距地区中心城镇较远，交通不十分便利，加之地域气候干燥且植被稀疏、自身建筑空间结构封闭等因素，难以成为都市人群经常聚集活动的场所，因此常采取露天建筑博物馆的形式加以利用和经营，通过建筑展示的方式传递地域历史文化信息，针对流动观光人群进行相关业态策划（图3.9）。而重庆湖广会馆建筑群位于城市中心区，濒临长江，周边尚有东水门、芭蕉巷等古迹与生活街区，至今仍保持着生命活力，因此其经营定位为市民游览和休闲活动的场所，除建筑群展示外，结合民俗文化、码头文化，以及滨江区位优势，经营方布局了餐饮、娱乐等服务设施，并策划了一系列民俗、展演及文娱活动，取得良好的综合效益（图3.10）。

另外，历史文化资源的多元化经营还可体现在经营主体的选择上（可以是政府、企业、非政府组织、遗产所有者等）；经营资金来源的筹措上（可以政府投资、引进外资、企业投资、社会筹集、民间捐资等）；甚至在经营权的组织构成上（官方可以在充分论证的基础上向社会开放、出让部分文物古迹经营权）。

图3.9 祁县民俗博物馆——晋中乔家大院

图3.10 重庆湖广会馆戏剧表演戏台

4. 避免市场机制的弊端

在遗产保护中引入经营思路，并不是简单地将历史文化资源的保护和利用推向市场，完全由市场来主宰，而是引入一种新的保护思路和保护策略，是市场经济体制下遗产保护机制的发展和完善。因此，在市场化运作过程中，特别要规避市场机制自身的弊端。市场投机行为、开发商对暴利的追逐、政府对政绩的渴望都可能导致遗产资源的过度开发，对遗产资源造成严重的破坏。例如，美国的苏荷（SOHO）历史街区就由于过度的地产炒作，破坏了塑造街区灵魂的社会关系结构，使其丧失了原有的艺术魅力。苏荷历史街区位于纽约市曼哈顿岛西南端，占地0.17平方英里①，居民人口约为6541人②。该街区历史上曾为工厂区，建筑具有独特的铸铁风格③（iron cast architecture）。第二次世界大战之后，制造业不再是纽约经济的支柱产业，许多工厂开始搬出苏荷区，由此产生大量闲置房屋。由于空间大、租金便宜，在租金昂贵的曼哈顿，这些空闲房屋很快便成为艺术家们钟爱的居所和工作室，从而产生了所谓的loft公寓。由于艺术家的聚集，苏荷街区的人文环境大为改观，逐渐成为纽约市的一处重要景点和文化符号之一（Lindsay and Mayor，1973）。在此背景下地产商开始觊觎这片区域。在房地产炒作下，苏荷区房屋租金迅速攀升，使给这片曾经沉寂的街区带来生机与文化活力的艺术家承受不起高额的房租，被迫迁出街区。近十年，大批艺术家工作室与画廊向翠贝卡区（Tribeca）、百老汇街下城段（Lower Broadway）、东格林威治村（East Greenwich）等地租相对便宜的地段迁移，使苏荷街区蜕变为一处单调的旅游景点，丧失了当年的活力。

为此，在遗产资源经营利用的具体实践过程中，政府必须发挥主导作用，严格限制与

---

① 1平方英里=2.589 988km^2。

② Greenwich Village Society for Historic Preservation. GVSHP. http：//www. gvshp. org/_ gvshp/index. htm. Retrieved 2010-06-01。

③ 当时美国步入工业化时代，纽约成为全美制造业中心。铸铁制品由于成本低又可以大规模生产，迅速替代了大理石建材与花岗岩。这种新型建筑材料承重力强，又可以根据客户需要生产出千变万化的造型，用作工厂仓库、厂房的建筑材料是最合适的。一时间工厂主、商人们要求建筑师按照法国第二王朝的建筑风格，将铸铁 弯曲、油漆，模仿成大理石圆柱和拱形窗户。到了19世纪末，几乎整个苏荷区都是这种铸铁工艺的建筑。

防止市场机制的弊端，平衡开发商、公众、产权所有人之间的利益关系，树立“保护优先”的原则，严格控制不符合保护要求的经营和建设行为。

3.3　历史文化资源的有效经营途径

历史文化资源的经营是一项复杂的系统工程，涉及城市发展战略、政策制定、管理措施、经营方式等，其核心在于将历史文化资源的妥善保护和持续利用与城市经济社会发展有机地结合起来。本节基于前述理论分析，进一步探讨历史文化资源经营的具体实施途径。

3.3.1　以战略定位和政策制定为先导

城市发展定位是城市总体发展战略的关键和前提。准确把握城市发展的目标、性质与发展方向，是城市宏观决策首先关注的问题。面对历史保护所涉及问题的复杂性，起主导作用的城市政府逐渐扮演着“裁判员”的角色，它需要按照市场经济规律来制定规则，以便“运动员”合理有序地经营和利用历史文化资源。

1. 准确把握城市发展定位

从城市竞争的角度来看，城市定位是指城市为了实现最大化收益，根据自身条件、竞争环境、消费需求等动态因素，而确定自身各方面发展的目标、占据的空间、扮演的角色、竞争的位置。准确的城市定位能给城市带来战略发展高度的优势和先机。在日趋激烈的全球化竞争中，历史与文化因素由于其地域独特性而逐渐成为各个城市、甚至各个国家在城市发展定位中着重考虑的要素。

就我国的历史城市而言，目前普遍存在着城市产业同构、重复建设盛行、区域城市之间恶性竞争、城市建设面貌雷同等问题。为此，需要准确把握城市发展定位，在寻求区域整体效益的基础上开展区域性的分工合作，各个城市在整体分工下应该扮演不同的角色，突出不同的功能，努力挖掘自身不可替代的资源和特色，寻求文化的复兴与地域差异化发展，避免城市化、工业化过程中同质化的城市经营和发展模式。

在城市的整体定位上，苏州市依托其丰厚的历史文化资源，坚持以文化为核心，找准城市的发展方向[①]。尽管近年来苏州经济社会的发展取得了令人瞩目的成就[②]，但其始终以“文化苏州”作为城市发展定位的基础，不求最大，只求最佳，强调旅游商贸的城市发

---

① 在“十一五”期间，苏州为进一步繁荣社会主义先进文化，建设和谐文化，打造“文化苏州”品牌，制定了《苏州市“十一五”文化发展规划》，规划从总体指导原则、思想理论和道德建设、公共文化服务、新闻事业、文化创新、文化产业、文化传承保护、对外文化交流、人才队伍、保障措施十个方面提出了“文化苏州”的发展重点。并且提出了重点推出十大文化工程、八大公共文化设施、八大文化产业项目。

② 2010年全市实现地区生产总值9168.90亿元，中国大陆排名第5位，居全国地级市第一。按户籍人口计算的人均GDP则达到了11.72万元，已经成为全国人均产出最高的城市之一。全市实现地方一般预算收入900.6亿元（超过广州市）。

展方向，将城市历史文化资源的保护作为所有发展的第一工序，使得“平江古城”、“苏州园林”等文化遗产保护逐渐转化为助推城市发展的文化软实力，让“文化苏州”熠熠生辉，重绘现代“姑苏繁华图”（汪长根和蒋忠友，2005）。

在城市历史文化资源的利用方式上，宁波市针对自身城市规模、在长江三角洲地区的辐射能力，以及其遗产资源现状，重点将遗产资源利用于提高城市的公共文化服务力上，不追求如“苏州园林”般世界遗产的品牌吸引力，而侧重于让市民共享文化遗产保护的成果。宁波全市有51家博物馆、纪念馆、陈列馆实行免费开放[①]，另辟蹊径地形成了“博物馆之城”的品牌效力（徐建成，2008）（图3.11）。

图3.11　宁波妙春堂中医馆

SWOT(strength-weakness-opportunity-threat)分析方法是一种用于战略性管理的有效分析方法。SWOT理论框架认为，在开发环境机会、抵御外界威胁时，运用其内部优势同时又避开内部弱点的企业或主体比其他主体更有可能获取竞争优势（朱珊和刘艳，2004）。由于SWOT分析法自身独具的思考性质和方法的特点，它迅速成为一个新的包括城市规划在内的许多学科领域高效的分析工具。在城市规划研究中，O和T通常是指区位资源，包括全球、区域和城市三个层面的政治经济格局变动的大背景；S和W则通常包括自然、历史、人力资本、产业、制度、空间形象等方面。历史城市发展中可充分运用SWOT等现代战略分析方法，认真思考面临的挑战和压力，与周边城市的竞争和合作关系，明确城市自身的优势定位，突出自身历史文化特征。

2. 完善遗产保护与利用的公共政策

近年来对于城市规划的公共政策属性越来越受到关注。面对日益复杂的城市历史保护工作，政府除了加强编制包括历史文化名城保护规划在内的各项规划外，还需要努力完善包括政治、社会、经济调控机制在内的各项公共政策，界定好历史文化资源经营中各利益群体的权、责、利及其相互关系。

从一般意义上说，“公共政策是政府、非政府公共组织和民众为实现特定时期的目标，在对社会公共事务实施共同管理过程中所制定的行为准则，公共政策的本质是对全社会的利益做出权威的分配”（陈庆云，2006）。公共政策既有不同的层次，其范畴也非常广，其中法律法规是公共政策的核心。对历史遗产保护与利用来说，既有国家层面的法律法规，如《文物保护法》、《城乡规划法》等，这些法律法规在宏观上为历史文化遗产资源的保护和利用提供了依据，明确了方向；还包括地方的行政规章与管理条例，如《浙江省

① 宁波市政府为促进社会、部门形成正确的文化遗产保护价值观，以及良好的处理与城市建设的关系，而采取一系列创新保护的途径。其中通过对博物馆陈列馆实行免费开放，塑造博物馆品牌，延伸博物馆的教育、公益服务功能，以建立起博物馆与城市、社会的互动发展关系。

历史文化名城保护条例》、《上海市历史文化风貌区和优秀历史建筑保护条例》等，这些规章条例结合地方遗产资源自身的特点与现存情况，将保护措施具体化，为遗产的保护与发展提供规范准则（表3.1）。各个层次和类型的城市规划作为引导与调控城市建设行为的法律文件，为历史遗产保护、利用与经营提供了针对性、具体化的政策导向。

表3.1 法律法规中关于历史文化资源保护与利用部分内容一览表

法律（政策）名称		主要内容
国家层面	文物保护法（2002年）	·保护为主，抢救第一，合理利用，加强管理的方针 ·基本建设、旅游发展必须遵守文物保护工作的方针，其活动不得对文物造成损害 ·县级以上人民政府应当将文物保护事业纳入本级国民经济和社会发展规划，所需经费列入本级财政预算
	城乡规划法（2008年）	·制定和实施城乡规划，应当保护历史文化遗产，保持地方特色、民族特色和传统风貌 ·旧城区的改建，应当保护历史文化遗产和传统风貌，合理确定拆迁和建设规模，有计划地对危房集中、基础设施落后等地段进行改建
	历史文化名城名镇名村保护条例（2008年）	·保持和延续其传统格局和历史风貌，维护历史文化遗产的真实性和完整性 ·继承和弘扬中华民族优秀传统文化，正确处理经济社会发展和历史文化遗产保护的关系 ·国家鼓励企业、事业单位、社会团体和个人参与历史文化名城、名镇、名村的保护
地方层面	浙江省历史文化名城保护条例（1999年）	·历史文化名城、历史文化保护区的保护应当坚持有效保护、合理利用、科学管理的原则，正确处理好保护与建设的关系 ·鼓励和支持社会捐助，开辟多种资金来源，保护历史文化名城、历史文化保护区
	上海市历史文化风貌区和优秀历史建筑保护条例（2002年）	·历史文化风貌区和优秀历史建筑的保护，应当遵循统一规划、分类管理、有效保护、合理利用、利用服从保护的原则 ·历史文化风貌区和优秀历史建筑的保护资金，应当多渠道筹集 ·在历史文化风貌区建设控制范围内新建、扩建建筑，其建筑容积率受到限制的，可以按照城市规划实行异地补偿
	北京市历史文化名城保护条例（2005年）	·应当统筹协调国民经济和社会发展与北京历史文化名城保护工作，将北京历史文化名城保护纳入国民经济和社会发展规划和年度计划 ·本市鼓励单位和个人以捐赠、资助、提供技术服务或者提出建议等方式参与北京历史文化名城的保护工作 ·市和有关区人民政府应当根据保护规划的要求，制定调整旧城城市功能和疏解旧城居住人口的政策和措施，降低旧城人口密度，逐步改善旧城居民的居住条件 ·具有保护价值的建筑的所有人、管理人、使用人，应当按照有关保护规划的要求和保护修缮标准履行管理、维护、修缮的义务

续表

法律（政策）名称		主要内容
地方层面	南京市历史文化名城保护条例（2010年）	· 市、区、县人民政府应当加强对历史文化名城的保护，将历史文化名城保护纳入国民经济社会发展规划和城建年度计划，保障经费投入，建立保护机制，有效保护和合理利用资源 · 市人民政府应当制定老城改造方案，严格控制老城开发总量，保护老城历史风貌、改善人居环境，整合历史文化街区、历史风貌区周边历史文化资源要素，构建文化旅游格局，提升城市品质内涵 · 鼓励企业、事业单位、社会团体和个人以捐赠等形式参与历史文化名城的保护

资料来源：人民网法律法规库，http：//www. people. com. cn/

随着城市经济社会的发展、外部环境的变化、对遗产资源认识的深入，历史遗产保护与利用的公共政策也会发生相应变化。政府通过总结既往的案例与经验，可以根据客观需求进行适当的灵活调整。例如，伯明翰政府针对其城市内历史街区的保护与开发，在几十年内分别做了多次的规划和政策调整，包括《伯明翰发展规划》（1960年）、《伯明翰城市结构规划》（1973年）、《城市中心区规划》（1984年）、《伯明翰整体发展规划》（1991年），但其城市历史保护的核心始终未变（蒂耶斯德尔和希恩，2006）。

3. 突出保护项目的经济分析

城市历史保护规划的编制过程需要加强策划方面的内容，以便与市场经济的运行规律相衔接，保障规划的可实施性和可操作性。城市的任何发展都无法回避经济范畴内的抉择，历史文化遗产资源的保护也同样需要从经济学角度加以理性地对待。就公共决策目标而言，开发与保护并不是对立的，规划设计师就是要在这种根本利益一致的前提下为作出相对最优的选择而提供依据。在市场经济体制背景下，随着保护主体及保护方式的多元化，运用市场机制开展保护工作已经成为必然。因此对于任何一个保护开发项目，只有加强项目策划内容，突出经济可行性分析，做好市场前期调研和成本评估，才能取得实践的成功。参照一般项目开发的经验，历史保护开发项目的经济分析可以采取以下三种方法。

成本法。以价格各构成部分的累加为基础作为估测价格的方法。在估算保护区内土地成本和新建、维护、保留房屋的成本时，均可以成本法进行测算。成本指标主要包括土地费用、拆迁补偿费用、项目开发直接成本、项目开发间接成本等。

比较法。将估价对象与在估价时其他近期有过交易的类似房地产进行比较，对这些类似房地产的成交价格做适当的修正，以此估算估价对象的客观合理价格或价值的方法。在具体分析中，对区域内新建、保留房屋的出租、出售价格，可用比较法进行估算。

假设开发法。采取估价对象未来开发完成后的价值，减去未来的正常开发成本、税费和利润等，以此估算估价对象的客观合理价格或价值的方法。一般用此方法计算新建和保留房屋的预期成本和收益，并由此对保护开发项目进行经济评价。

3.3.2　以资源整合和保护利用为手段

历史文化资源由于数量有限而具有稀缺性特点，所以对其利用的根本前提是保护。同时，由于历史文化资源具有整体性和多样性的特点，只有对其进行有效整合才能最大限度地发挥它的功能和价值。

1. 有效整合历史文化资源

从经济学分析，有学者将历史文化名城认知为“向市场提供特殊精神产品的生产基地”（阮仪三和吴承照，2001），那么城市中的历史文化资源就像生产所需的原材料。“保护”第一个层面的含义就是要避免“生产资料”的缺失或继续流失，而导致文化产业发展成为“无米之炊”；第二个层面的含义则是要加强对“生产资料”的管理、调配、加工，使其最大限度地转化为生产能力。前者保证的是“量”的维持，后者保证的是“质”的提高。历史文化资源在“量”上可以提升的空间是有限的，但是对“质”的精益求精将会在城市保护的目标体系中占据越来越大的比重，而实现这一目标的重要途径在于“整合”。

在一般历史城市中，历史街区、历史建筑及文物古迹分布零散，这些历史要素是孤立的、彼此间缺乏联系和呼应，就如一个个斑块镶嵌在整个城市的复杂肌理之中。由于有限的历史资源被隔离，它们的价值不仅没有得到体现，而且大大削弱了历史城市的整体历史文化氛围。按照系统论的观点，整体功能大于局部之和。因此，在积极保护历史文化资源的同时应该强调它们的整合，使之形成系统合力。历史文化资源的整合主要可通过区域资源整合、空间形态整合、城市功能整合等来实现。

（1）区域资源整合

美国遗产保护中导入了“国家遗产区域”（national heritage area）的概念[①]，这个概念建立在遗产廊道和生态网络概念的基础上。从1984年美国建立了第一个国家遗产区域——伊利诺伊州和密歇根州运河国家遗产廊道开始，到2007年美国共有37个国家遗产区域[②]，其中包括8条遗产廊道（heritage corridor）、24个遗产区域（heritage area）、2个遗产合作伙伴（heritage partnership）、1个国家历史区域（national historic district）、1个工业遗产线路（industrial heritage route）和1条河流廊道（river corridor）。遗产区域已经发展成为美国文化遗产保护体系的重要组成部分（奚雪松等，2009）。这种看待遗产的方法受到环境考古学的影响，较之传统对文化遗产概念认识的局部性，这一概念包含了文化、经济、生态的内容，将呈破碎状的地域文化斑块以山体、湿地、河流和其他重要的生态同

---

① 此概念是美国针对本国大尺度文化景观保护的一种新的方法。该方法强调对地区历史文化价值的综合认识，并利用遗产复兴经济，同时解决本国所面临的景观趋同、社区认同感消失、经济衰退等问题。按美国国家公园管理局（NPS）的定义，国家遗产区域是一个由国家议会所指定的，具有多样的自然、文化、历史及风景资源，反映出自然地理条件下人类行为特征的一个整体的、可以代表国家某种独具特色景观特征的区域（NPS，2003）。

② NPS. 2003. Executive Order No. 13287 Preserve America. http：//www. nps. gov/history/laws. htm.

质区域以历史和地理分布为依据连接、整合，形成系统，力求在一个更大尺度的地域环境中保护遗产的完整性。

在我国，由于过去计划经济体制下的行政区划以及各地间相对封闭的地域关系，导致许多历史上曾有着紧密联系的文化区域被人为分割。例如，位于今安徽、浙江、江西三省交界处的古代徽州地区，从唐代大历四年起，歙县、黟县、婺源、绩溪、休宁、祁门六县辖归歙州的格局基本上没有变动，这些地区在历史上长期属于一个共同的地理文化范畴，从而酝酿出中华文化中具有代表性的一种文化类型——徽文化[①]。位于丘陵盆地的古代徽州，地处我国东南丘陵和长江中下游平原之间的过渡地带，“东有大鄣之固，西有浙岭之塞，北有黄山之轭”，整体上呈现高台式特征，四周山岭环峙，是一个相对封闭的地理单元。境内江河呈放射状，构成古代徽州境内联系以及与域外交通的水上通道。由于自然环境的因素（外围群山的阻隔和内部水系的贯穿），使得这一地区以一种有机分散的组团式组织关系维系了800多年的文化，地理结构一直具有稳定性和完整性，形成了今天徽文化的内核。然而，在目前的行政区划下，婺源被划入江西省，而歙县、黟县、休宁、祁门等县则属于安徽省黄山市，绩溪县属于安徽省宣城市。由于跨省级以及市级行政区域，各地间居民的联系不再像历史中那样紧密，使得这一文化纽带被生硬地割裂开来。

在广袤无垠的中华大地上，许多古商道、古防御体系都跨行政区而存在，如西汉张骞和东汉班超出使西域开辟的丝绸之路，以河南省南阳市方城县为起点，经甘肃、新疆，到中亚、西亚，并联结地中海各国。这条道路也被称为“陆路丝绸之路”，其基本走向定于两汉时期，包括南道、中道、北道三条路线。又如历史上中国西南地区的茶马古道，以马帮为主要交通工具的民间国际商贸通道，是中国西南民族经济文化交流的走廊，如今也是一条世界上自然风光最壮观、文化最为神秘的旅游线路，蕴藏着极其丰富的遗产资源。

当前我国历史文化资源保护、利用与经营的一个重要的途径是突破行政界限，加强区域整合，在重视区域经济融合的进程中同时加强文化一体化的建设。众多历史名城、名镇应开展形式多样的合作方式，保护和利用好地区共同的历史文化遗产资源，这对增强地区间各城市的文化认同感具有重要而深远的意义。例如，江南水乡六大古镇周庄、同里、甪直、西塘、乌镇、南浔，在文化传统与风貌气韵上均具有一致性，六个古镇现有的河网体系与街巷格局均是宋代建镇时的产物。现存建筑则多以清代末年、民国初年为主，共同反映了吴越地区水乡城镇“小桥、流水、人家”的风貌，形成了人与自然和谐的居住环境，具备文化上的关联性。2004年6月，分属浙江、江苏两大行政区域的六大古镇联合申报世界文化遗产的行动便成为了我国遗产保护的一大创举。虽然，申遗计划后因各古镇行政领导的迁调、经济利益的冲突等现实问题而搁置，但这一行动为我国区域遗产资源的整合开创了先例，促成了两年之后由北京、天津、沧州、聊城、济宁、徐州、淮阴、扬州、镇江、苏州、杭州等城市共同筹备的“京杭大运河地区”（图3.12）联合申遗行动。

（2）空间形态整合

历史要素的空间存在对城市具有最明显和最重要的意义，其历史文化价值在很大程度上也是通过其空间表现力来体现的。历史文化资源在空间形态上的有机整合可以凸显其表

① 近年来徽学更成为与藏学、敦煌学并峙我国的三大地方显学之一。

现力。这需要借助空间分析手段，综合运用城市规划、城市设计、建筑设计以及景观设计的理论和方法。在具体操作过程中应该利用、强化历史要素在城市空间中的关联性，使之相互呼应，形成“合力”，从而获得要素个体影响力的扩大和城市历史文化整体意象的强化。历史城市的空间系统，一般由点（即节点，如古建筑和标志性构筑物牌楼、桥、塔等人们感知和识别城市空间的主要参照物）、线（传统街道、河流、城墙等人们体验城市的主要通道或主要观赏轴线）、面（如古建筑群、古典园林、传统民居群落、具有某种共同特征的城市地段和街区）等构成，它们相互结合形成历史城市的整体空间意向。一般来说，空间形态整合的方法主要包括历史要素的耦合——连点成线；历史要素的集中——聚点成片；历史要素的辐射——以点带面等。例如，名城南京在保护其历史文化资源时，通过明城墙、历史轴线、城市景观路、内外秦淮河、特色旅游线路，串联、整合现有分布相对零散的历史文化资源，放大历史文化的社会影响力，取得良好成效。

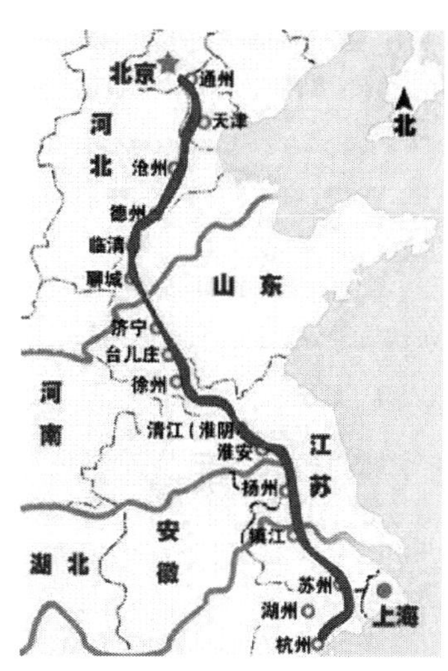

图 3.12 京杭大运河地区

在空间形态整合中，不仅要处理好零散的历史遗存之间的关系，也要注重历史空间形态要素与现代空间形态要素的共生关系。城市的整体空间形态应符合城市发展的要求，同时延续历史文脉，因此应将历史要素融入到新的城市空间形态中去，以体现城市空间形态的“历时性”特点。

例如，位于重庆渝中区曾家岩至上清寺转盘一线的中山四路历史街区临街房屋多为20世纪50～60年代修建的住房，外立面破损严重，不少房屋还成了危房，不仅严重影响居住安全，也对该街区风貌带来消极影响。为此，渝中区政府于2009年开展了街区综合整治，拆除危房，改造街景。对于结构完好、尚能正常使用的楼房，采取整治外立面的方式进行改造，外贴青砖和石材，使整个街道立面整治风格与桂园、戴公馆、周公馆等近代历史建筑相一致；对于危房，结合正在进行的危旧房改造工程进行拆除；新建建筑也与整个中山四路的民国风格相统一，其高度控制在六层以下（图3.13）。经过空间形态的整合后，中山四路历史街区被打造成具有统一民国风格韵味的文化风貌区。

（3）城市功能整合

延续历史遗产原有功能或激发新的活力，在城市或街区范围内进行功能整合，对历史保护具有更深层次的意义，是利用和经营历史文化资源的重要途径。历史文化的意义是在人们的体验中获得的，在形态整合的同时必须加强功能的整合。对历史要素进行功能整合，其最终目的是在更大的空间范围内将城市遗产资源与各项公共设施的建设相结合，满足城市功能的发展需求，保障遗产资源价值最大限度地发挥，让历史要素保持其在城市机体中的活力，同时也成为城市活力的有机成分，实现历史遗产的可持续保护和利用。

上海市根据不同历史街区、地段自身历史文化特点的差异以及其所处区位的城市功能需求，针对性地对各个历史遗产资源与城市空间和功能进行整合，取得了良好的效益。例如，淮海路曾为美国、法国、日本等驻沪总领事馆所在地，有大量砖石结构、大空间的近

图 3.13　位于重庆中山四路的中国民主党派陈列馆

资料来源：重庆市设计院

代建筑，易于改造为商业空间；同时，淮海路与南京路一样，大部分地段地处繁华闹市，有大量的商业金融服务业的需求。为此，在功能定位与保护分区上，结合城市功能的需求，将东段（西藏南路—重庆南路）定位为高级商务圈，集中了规模较大的商厦与广场；中段（重庆南路—陕西南路）定位为高档商业圈，满足商务人群及外来游客的消费需求；西段（陕西南路—常熟路）则在保留国家级文物保护单位“中共一大会址”“共青团中央旧址”“孙中山故居”“宋庆龄故居”的基础上，结合此区段的人文自然环境，开发一些高档花园洋房、高档住宅区，一方面控制区域的整体风貌，另一方面也体现和发挥了遗产资源的经济价值。而对泰康路的改造利用则结合了该历史地段的一些工业遗产和里弄建筑的改造，打造了以“田子坊”为主体的泰康路上海艺术街，满足文化、艺术从业者创作场所空间的需求。目前，泰康路上入驻的艺术品、工艺品商店已有40余家，工作室、设计室有20余家（图3.14）。

图 3.14　上海田子坊工艺作坊

2. 积极合理的资源利用

《华盛顿宪章》明确提出“与周围环境和谐的现代因素的引入不应受到打击，因为，这些特征能为这一地区增添光彩”。这表明历史文化资源的保护与利用并不矛盾，关键在于如何辩证地认识两者的关系。

随着人们生活水平的不断提高，社会对休闲、文化旅游等精神生活需求越来越大，这为历史文化资源的经营提供了广阔的市场前景。充分挖掘、有效保护和利用历史文化资源，有利于塑造城市的形象和品牌，促进文化产业、旅游业及相关产业的发展，不仅会为城市带来巨大的社会价值，还能够带来可观的经济收益。因此，对历史文化环境、历史文化遗存仅仅施以静态的保护是不够的，还必须与时俱进，在保护的基础上进行合理的开发利用，根据社会需要对其进行积极合理的资源整合、空间整合和功能整合，以充分发挥这些宝贵资源的社会价值和经济价值。例如，对于文物古迹及历史建筑，可以延续它的原有用途和功能，或作为旅游参观的对象，也可以将其作为博物馆、学校、图书馆或其他文化、行政机构设施；对于保护等级较低的历史建筑，还可以作为旅馆、餐馆，或结合城市公园及城市小品建设。

目前，随着人们对历史遗产价值认识的深入，历史文化资源的合理开发和利用已经成为历史文化保护、延续和发扬的必要手段之一，并被广泛运用。巴黎、伦敦等世界历史名城以及国内的丽江、平遥等地的实践经验充分证明了这一点。

丽江利用古城的文化吸引力大力开发和利用历史文化资源，极大地促进旅游业发展。1995～2008年，游客接待量和旅游综合收入分别由84.5万人次和3.3亿元，增加到625.5万人次和69.5亿元，分别增长了7.4倍和21.1倍。旅游总收入占全市GDP的比重，从1995年的18.3%增加到了2008年的68.7%。来自旅游业的财税收入占全市财政收入的70%以上（图3.15）（李映青和Angelia，2009）。与此同时，古城也通过旅游收入的资金完成了古城民居修复、木府重建、东河古镇建设等遗产保护项目；完成了泸沽湖环境整治工程，提高了周边地区的森林覆盖率；资助了丽江文化研究会、纳西文化研究会、彝学学会、傈僳族文化研究会、东方摩梭文化研究中心、普米族文化研究会等文化研究机构，取得了良好的综合效益。

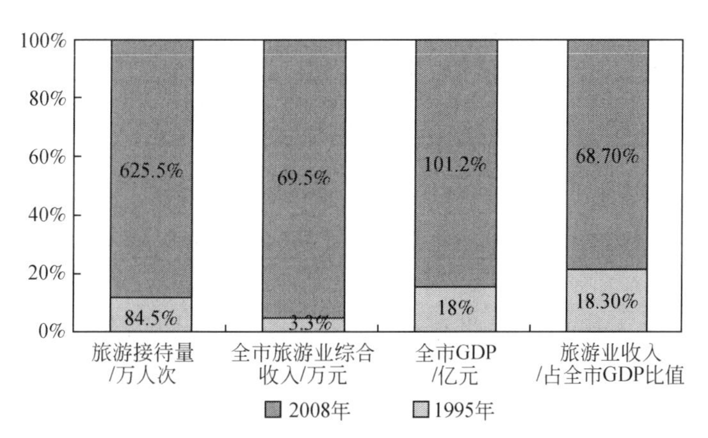

图3.15　1995年、2008年丽江旅游业发展相关数据比较

3.3.3　以旅游发展和文化产业为依托

随着文化消费的持续升温，旅游业和文化产业正日益成为城市和地区新的经济增长点，成为最有发展前途的朝阳产业。因此，历史文化资源的经营利用，不能仅仅发挥其商业消费功能，应从更高的层次来挖掘其文化价值及其衍生出的社会价值和经济价值，结合当前旅游业和文化产业发展趋势和需求，推动城市经济、社会和文化的全面发展。

1. 实施多样化的旅游开发模式

旅游发展是历史城市保护的重要策略，它为历史文化资源经营与城市经济社会发展的结合提供了有效途径。国内外历史城市在这方面已有诸多成功经验，主要的旅游开发模式包括以下几个类型。

开辟新区，旧城整体发展旅游。对于历史文化资源集中且保存较为完好的城市可以采取此类模式，即将古城整体保护发展旅游，逐步疏散老城区人口密度，提升老城的历史文化环境品质，提高旧城旅游吸引力。城市发展则另辟新区，在空间布局上与老城相互隔离，使保护与发展各得其所，分别获得空间和机会，不至于相互制约。巴黎①、伦敦、威尼斯、锡耶纳等世界历史名城，以及我国苏州、平遥、丽江、周庄等历史名城采用新旧分离模式，旅游业发展取得良好实效。

延续强化原有功能，发展商业文化旅游。原始商业性质的历史街区大多数采取这种方式，即通过保护维修历史建筑、改善交通条件、完善基础设施，延续或恢复原有的商业功能并加以强化，积极发展商业文化旅游，如哈尔滨中央大街、重庆磁器口历史街区、苏州山塘老街历史街区等。

转换原有街区功能，发展休闲文化旅游。在当前快速城市化过程中，老城的历史街区大都面临着两难境地，既要保护历史，取得文化与社会效应，又要在城市化中推动经济发展，取得良好的经济效益。适应城市化过程中城市功能调整的新需求，适时地把握街区功能的转换是有效保护历史街区明智选择。上海新天地、成都宽窄巷子等实践，将原有以居住功能为主的街区改造为时尚的休闲娱乐文化商业区，通过改造内部结构和功能，使之适应办公、商业、展示、餐饮、娱乐等现代生活形态，获得了巨大的成功，虽然引起了不少争议，但却是对“保护性利用”最好的诠释。

综合整治修复，发展历史文化主题旅游。每座城市都有自己独特的历史文化，保存下来的历史街区、历史地段、历史建筑等是这些独特文化的真实载体，具有强大的旅游吸引力，是发展历史文化旅游的宝贵资源。保护、修复、整治这些历史遗存，发展历史文化主题旅游能够取得良好的经济和社会效益。清河坊是杭州历史上最著名的街区，也是杭州悠久历史的一个缩影，通过整体保护和综合整治，维系了原有历史文化环境特征，发展以传统文化为主的旅游功能，重点突出药文化、茶文化、饮食文化、古玩艺术及民间手工艺等民俗文化；天津市近代历史文化厚重，通过以海河为轴心，以租界区为重点的历史环境整治和修复，凸显了近代历史文化氛围，有力带动了旅游业发展；重庆市通过对歌乐山革命烈士陵园、桂园、中共南方局旧址（曾家岩50号）、八路军办事处（红岩村）等的保护整治，开辟了独具特色的红色旅游路线。

对于在城市发展过程中特别重要的历史场所，如历史建筑、历史街区等，在经过详细

① 巴黎为保护老城，缓解老城压力，于20世纪50年代末开始策划建设德方斯新区，为城市人口和经济增长开辟了新的发展空间，也有效地保护了老城。1994年“巴黎大区总体规划”是对1965年和1976年管理纲要的修订，在大区内划分建成空间（即城市空间）、农业空间和自然空间，进一步将环境保护（自然环境和人文环境）提到首要地位，同时，明确了完善外围新城建设的战略措施，为巴黎大区进入新千年做出了积极准备。

论证的基础上，也可以恢复重建，依托这些历史场所的影响力拉动历史文化旅游的发展。如武汉的黄鹤楼、南京的夫子庙街区等都是采取的这种方式①，并成为城市最具吸引力的游览景点之一。

2. 走出“文化搭台，经济唱戏”的旧思路

经济发展和文化发展是城市发展的两个方面，在城市发展的初级阶段，经济发展显得比较重要；但当城市的经济发展到一定繁荣的程度，城市便将进入高级阶段，文化的地位将越来越突出，因为文化决定着城市的精神和品质，即城市的根与魂。在改革开放的30多年中，我国尚处于市场经济发展初期，城市发展以经济发展为中心，人们的思维方式受到经济法则的影响，“文化搭台，经济唱戏”的观念十分普遍。文化遗产资源常常只被看做是拉动经济增长的媒介，其开发和利用都需服从追逐利润的需要，造成许多历史建筑和历史街区更新项目完全被开发商和相关利益团体所左右。而文化遗产自身的保护要求、文脉传承、文化在社会发展中的特殊地位和作用，特别是文化遗产在满足人的精神需要和体现文化价值方面的意义却被削弱和掩盖了。在这种背景下，自然会滋生出一些诸如“文化遗产是赚钱的工具、花钱的摆设、供人随意使唤的奴婢……”（何一民等，2006）等轻视甚至鄙视遗产文化价值的观念。

为此，在经营文化产业、利用遗产资源的过程中，必须改变旧有的观念，以“文化挂帅”，或至少将文化和经济置于同等地位，做到经济发展与文化发展及遗产保护的平衡，从遗产的本体价值中挖掘文化意义并使之产生经济和社会价值，而不能仅仅将其作为一种文化符号的噱头，使文化产业的发展成为城市经济发展和文化发展相结合的重要途径。

3. 树立文化资源向文化资本转化的新理念

在市场经济机制下，对遗产资源进行合理的利用与经营，便能充分地将本体文化价值转化为经济价值。通过历史文化资源的重组以及与相关产业的结合，并通过市场营销等手段，就可以形成文化产业和文化品牌，使其向所谓的“文化资本”转化，在市场经济的合理导向下，使其成为一种文化生产力。

上海苏州河沿岸、北京“798”近现代工业建筑群等，通过对工业遗产的积极保护和利用，将厂房改造为艺术家工作室、艺术展览馆与陈列室、咖啡厅……形成城市的创意文化中心，通过组织和整合文化艺术创意、建筑设计创意、时尚消费创意、咨询策划创意等产业，给城市的文化经济发展带来了巨大的推动。这种遗产保护更新的方式具体表现为：在物质层面，对废弃工业建筑加以利用，使之从过去钢铁、机床生产的空间转化为现代文化生产的空间；在观念层面，将工业遗产独特的空间效果与历史意涵通过使用者的重新塑造与利用，结晶到新的文化作品中。而从整个运作模式来看，就是经济学中社会生产过程——历史的场

---

①　1984年南京市人民政府决定开发建设以夫子庙古建筑群为中心景区的“十里秦淮”风光带，将夫子庙等重要历史建筑恢复重建，再现传统风貌，发展旅游经济。经过十多年建设，街区竣工的各类项目240多个，建成了以明清风格为主的仿古建筑景观，形成了总面积近1km^{2}的历史文化商贸旅游区。建成后的夫子庙街区集建筑、民俗、饮食、商业文化于一体，成为了南京最为重要的历史人文景观。

地、建筑、设备等有形物质元素即是生产设备，而遗产地独特的人文历史和空间意向等无形文化元素即是生产资料，改造更新的投入即资本的投入。经过成功的运营，使其合而为一，创造出新的更大的经济、社会价值，从而将历史文化资源转化为一种文化资本。

3.3.4　以经济振兴和城市复兴为目标

历史保护和经济发展是当前历史城市面临的两大主题：一方面要保护好弥足珍贵的历史遗产，另一方面又要努力实现城市现代化。城市的历史文化与现代文明是相辅相成的统一体，历史遗产保护与利用的最终目标是在保护中发展、发展中保护，以实现历史城市的经济振兴和全面复兴。

1. 保护利用促进城市复兴

城市复兴（urban regeneration）包括经济复兴、文化复兴、社会复兴，是全球化背景下历史城市普遍面临的问题。只有将历史环境的保护与城市社会经济结构的调整和发展有机结合，才能真正保证历史环境在现代城市肌理中长期存在的可能。这就需要对历史文化资源中经济与社会价值的重视和挖掘，通过内在功能的重建和再生，激发地区的竞争力，实现经济、社会和文化的全面复兴。

西方国家如英国较早意识到工业化进程与人们生活和经济持续发展之间的矛盾，并开始在拥有历史传统的工业化城市伦敦、曼彻斯特等开展“城市复兴”的实践。1999 年，在布莱尔工党政府上台的两年后，以国际建筑大师理查德·罗杰斯（Richard George Rogers）为首组成的“城市工作专题组”（urban task force）完成了具有指导方针意义的《迈向城市的文艺复兴》①（*Towards an Urban Renaissance*）报告②，将城市复兴的意义首次提高到与文艺复兴（Renaissance）相同的历史高度，它一经出台就产生了广泛影响，并被称之为世纪之交有关城市问题最重要的纲领性文件之一③。

国内近些年来也逐渐开始关注城市复兴的探索，例如上海市在城市发展中不断开拓历史文化资源保护和利用的新途径，其中历史街区的保护和复兴取得明显成效。上海曾于 2003 年确定了中心城内 12 个历史文化风貌区，总面积 $27km^2$，约占上海市新中国成立初期建成区面积的 1/3。这 12 个历史文化风貌区从各自不同的侧面展现了上海不同时期、不同特点、不同风格的城市与建筑风貌，共同构建起上海城市建设历史多姿的整体画面。由于这些街区建筑形式独特，装饰考究，结构稳固，保存状态较好，维修保养后大都可以继续利用；同时由于街区都地处城市的中心地段，土地价值较高，地租昂贵，使用代价高，促使历史街区的利用都以商业化发展为主（包括传统商业和新兴商业），通过不同的保护性利用模式使

---

① 这一研究报告也被称为城市黄皮书。

② Great Britain Urban Task Force，1999。

③ 这一评价源于英国皇家建筑师学会（RIBA）《建筑学报》（*The Journal of Architecture*）主编 Prof. Allan Cunningham 于 1999 年底在伦敦的一次谈话，当时康宁汉教授将《迈向城市的文艺复兴》同《北京宪章》并称为 21 世纪之交有关城市问题最重要的两份纲领性文件。

得它们获得生命的延续和再生，实现了街区的复兴和经济的振兴（表3.2）。

表3.2 三类历史街区保护和利用的方式比较

街区名称		新天地	衡山路	多伦路
保护	方式	保留外表面，内部结构重组	建筑形态和使用功能基本保留	建筑形态和文化内涵的保护和继承
	强度	小，原生文化基本被替代	大，原生文化得到继承和发扬	大，原生文化与新生文化结合
利用	方式	市场导向，以迎合消费者的口味为标准	市场和资源相结合，原有功能结构调整和优化	资源导向，突出开发主要优势资源
	强度	大，完全商业化操作	中，传统与现代游憩的糅合	小，没有脱离古、文的基本特征

资料来源：吴志强，吴承照. 2005. 城市旅游规划原理. 中国建筑工业出版社

2. 公司运作助推经济振兴

计划经济时代，政府是历史遗产保护的唯一推动者和参与者，由于政府的力量有限以及体制局限，很多历史资源并没有得到有效的保护。市场经济环境下，历史文化保护主体多元化，其他利益集团及公众都可以参与到保护实践中来。通过采用市场经济体制下的现代企业制度来运作保护改造项目，是实现历史城市的经济振兴的有效方法。

西方发达国家在这方面有很多成功的先例，比如爱尔兰都柏林的坦普尔（Temple Bar）街区的复兴就相应成立了两家专业公司：坦普尔街区资产管理有限公司（TBPL）和坦普尔街区振兴管理有限公司（TBRL），两家公司担负起街区经济振兴和落实政策、实施方案的工作，两家公司的成员来自坦普尔开发委员会、政府机构、旅游局和地方文化团体，相当于是一个现代股份制公司来负责具体的运营实施（蒂耶斯德尔和希恩，2006）。

苏州市于2002年由市城投公司和平江区国资公司共同组建了平江历史街区保护整治有限责任公司，资金上该公司由市区两级政府投资三分之一，银行贷款三分之二，作为独立法人单位按照市场化运作专门负责平江历史街区的保护和开发，由于资金充裕，产权界定清晰，传统风貌的古城街巷得到了原汁原味的延续，同时也给历史城市保护操作模式提供了一个范本。

在历史文化旅游方面也可以借鉴以“政府为主导，企业为主体，市场为导向”的开发模式。具体操作方法就是政府为主导，通过向社会公开招标，让投资商或企业来参股，共同组成旅游开发公司，以旅游公司为主体，实现公司化经营、建设和管理，有条件的甚至可以实现上市经营，实现旅游开发和管理真正的市场化运作。古镇周庄便是典型的例子，他们不仅自己成立股份制旅游公司（图3.16），同时还进行资本运作，同千里之外的历史名城阆中共同合作开发古城旅游。2003年12月，周庄旅游公司同阆中市政府结下“城下之盟”，以12亿元“彩礼”将阆中揽入怀中，同阆中市政府共同开发阆中古城[①]。

---

① 阆中市政府网站：http：//www. langzhong. gov. cn/。

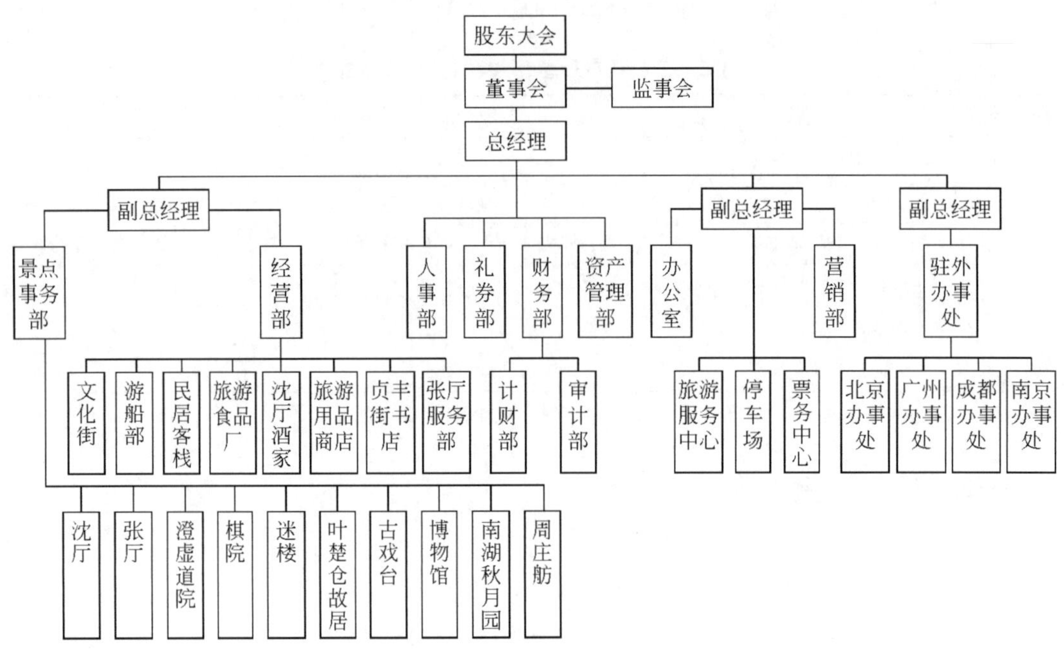

图 3.16　江苏水乡周庄旅游股份有限公司组织架构图

3. 公众参与激发社区复兴

城市居民也是历史保护和城市复兴重要力量。公众参与历史遗产保护最早起源于美国①，目前全美国已有3000多个民间遗产保护组织，对美国历史遗产保护起到了巨大的推动作用。我国历史遗产保护长期在国家保护体系基础上，是由政府官员和专家等“少数精英”来推动的“自上而下”的保护方式，由于缺乏广泛的社会基础而影响到保护的实效。公众参与历史遗产保护能够实现“自下而上”的推动力量和决策过程。

社区是集中在固定地域内的家庭间相互作用所形成的社会网络，有一定的地理区域和一定数量的人口，居民之间有共同的意识和利益，并有着较密切的社会交往。由于每个特定街区与社区居民生活和利益密切相关，社区居民在街区历史保护和社区复兴中往往能够起到非常关键的作用。日本历史保护专家西村幸夫曾用“社区营造”来解释社区中的历史保护公众参与，他认为社区营造的价值核心在于“思考我们要留给下一代一个什么样的环境，并为此付出行动”（西村幸夫和张松，2000）。可见，传承历史、保护老城区风貌和文化特色，可以充分调动社区力量，发挥居民参与的积极性。可以说，“社区营造”既是城市遗产保护的主要内容，又是民间保护力量的“孵化器”：社区居民被赋权并得到参与的机会，弱势群体被引导透过集体力量争取个人权益，城市其他居民在这里找到发挥和实践的舞台。

近年来，随着民主意识的不断加强，公众参与历史遗产保护的热情也逐渐增长。在历

① 最早是1853年，安妮·康宁海姆就发起了名为“保护沃农山住宅妇女联合会”（Mount Vernon Ladies' Association of the Union）的妇女志愿团体。

史街区的保护实践中，政府、开发商、社区居民都是一种平等合作的共同参与的主体，通过多方位的公众参与式保护开发框架（图3.17），保护规划才能更具有可操作性和科学性，才能最终激发历史街区的活力，实现街区经济社会的全面复兴。

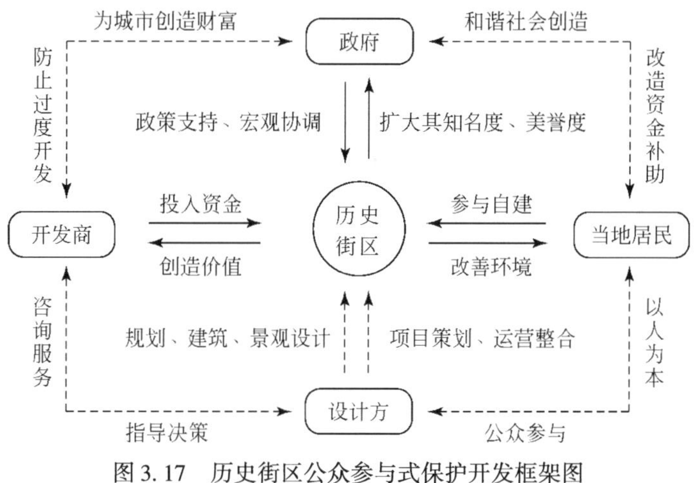

图3.17　历史街区公众参与式保护开发框架图

3.3.5　以经济调控和法律保障为支撑

历史文化资源的经营作为一种市场行为，城市政府一方面应运用市场机制的积极因素，调动和优化配置社会资源引导历史遗产的保护、利用和发展；另一方面应制定相关法律法规，加强管理和调控，保障遗产资源经营利用的公益性方向，避免“市场失效”。

1. 发挥经济杠杆的调控作用

由于政府投入的保护资金是十分有限的，历史文化资源的经营应该积极运用经济、税收等各种优惠政策促进和协调历史遗产的保护和利用。国外这方面已有许多成熟的经验可资借鉴，美国的这些经济激励措施主要包括（Tyler，1999；Stipe，2003；沈海虹，2006b；张松，2001）：

财产税减免（tax assessment for historic properties）：历史建筑特别是城市中心地段历史建筑及其用地的价值是不断增长的，为了鼓励历史建筑的登录、保护历史街区，对登录和待登录历史建筑及其土地的物业税评估大大少于新建筑。同时，登录历史建筑的所有者如果有意对历史建筑进行修缮，政府还将提供优惠贷款。

税收抵扣（tax credit）：通过各种类型、面向不同阶层和群体的遗产保护税优惠，带动各社会力量投入遗产保护，兼顾公正与公平，适当保护弱势群体。例如，美国联邦政府1976年的《税收改革法》、1978年的《新税收法》明确了历史保护投资税抵扣RITC（the rehabilitation investment tax credit），即如果业主修复更新历史建筑并用于商业或生产性用途，建设投资的10%将从其收入税抵扣返还。1981年《经济复兴税收法》将登录历史建筑的建设投资税抵扣提高到25%，40年以上的建筑为20%，30年以上建筑为15%。这一政策导致大量资金投入到历史建筑和历史街区保护中。仅1985年全美国因此而投入的资金就达82亿美元，1976～1986年共有17 000个保护项目实施。

地役权转让（easements）：地役权是一块土地（建筑物）的业主赋予他地（建筑物）或他人某项权益。保护地役权（preservation easement）是指登录历史建筑（构筑物）或处于历史街区内的一般历史建筑的业主，将建筑特征变动的权益转让给政府管理机构或有关保护组织，即业主放弃改变历史建筑特征的权益。作为补偿，业主将获得与其所放弃权益相当的收入税减免。例如，一座历史建筑及其土地的市场价值20万元，但开发商拟以100万美元购买该物业并重新开发，若业主同意转让地役权，可以获得总计80万美元的所得税减免，以弥补保留该历史建筑所带来的经济损失。

开发权转移TDR（transfer development right）：受区划法对历史建筑或标志性景观保护的要求，土地所有者可以将应获得的容积率转移到另一个地块上，从而不减少其经济收益。TDR一方面适用于历史建筑本身的保护，业主在保留历史建筑的前提下可以将容积率出让给其他地块（图3.18）；另一方面也适用于为保护相邻的历史建筑或标志性景观，业主降低其地块的开发容积率或建筑高度，而将容积率出让给城市其他地区。1984年费城区划法导则要求市中心所有建筑的高度不得超过市政厅大楼的威廉·佩恩（William Penn）塑像，对所有遵循这一导则的200余个土地所有者提供了开发权转移的补偿（图3.19）。

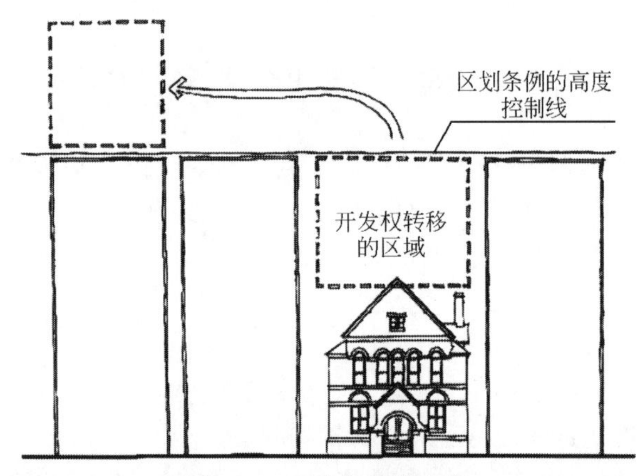

图3.18　开发权转移示意

图3.19　费城市政厅

2. 建立多渠道的融资方式

缺乏保护资金是历史文化保护中最为突出的问题之一，仅仅依靠国家及地方政府财力是远远不够的，随着市场经济体制的不断完善，保护主体的日益多元化，历史文化保护资金的筹集渠道也呈现出多元化的趋势。例如，苏州在2003年颁布的《苏州市历史文化名城名镇保护办法》中便明确提出，各级人民政府应当设立历史文化名城名镇的专项保护经费，经费可通过财政资金、银行贷款、民间资金、经营收入、捐赠、其他合法来源等渠道筹集①。基于我国目前经济体制发展状况，历史城市保护资金筹集可以着重借鉴以下几种方式。

设立保护周转基金制度：周转基金（revolving fund）是为了历史环境保护活动而筹集的专项资金。在美国，周转基金由负责历史环境保护的非盈利性组织（NPO）管理，而不由联邦、州和地方政府管理。这种基金必须按时返还，然后用于同样目的再次使用，所以称为周转基金。有了周转基金的支助，许多历史建筑可以避免被拆毁的厄运。以美国佐治亚州（Georgia）的萨凡纳市（Savanah）保护实践为例。萨凡纳市建于1733年，位于萨凡纳河入海口，是美国最早规划建设的城市之一，是美国著名的“花园城市”，许多19世纪的建筑一直保留至今（图3.20）。20世纪50年代，萨凡纳面临其他历史城市同样的问题——大规模郊区化、人口流动性增加、停车空间不足、工业转移等。这些问题的解决既依赖于历史保护项目的实施，但又与城市再开发产生矛盾。1954年由一批志愿者创立“萨凡纳历史基金会”（Historic Savannah Foundation，HSF），致力于阻止大规模拆除历史建筑，并利用捐赠资金对其加以保护和修复。HSF成功地运作了循环基金系统，即利用捐赠和银行贷款购买历史建筑并出售给愿意修复的购买者（图3.21）。财政和经济上的成功增强了HSF保护历史的信心，它逐渐扩大规模并利用其他项目资金（如城市更新项目资金等）来实施保护计划，到1968年已实施保护了130栋历史建筑。除转换房产外，基金会还致力于改进公共设施、停车和绿化。1966年，城市政府通过法律确立了萨凡纳历史街区，并成功进行了国家登录，1100栋历史建筑被指定为保护建筑。1970年以后，萨凡纳历史保护得到了公众和政府的广泛认同，许多保护机构建立起来，地方和

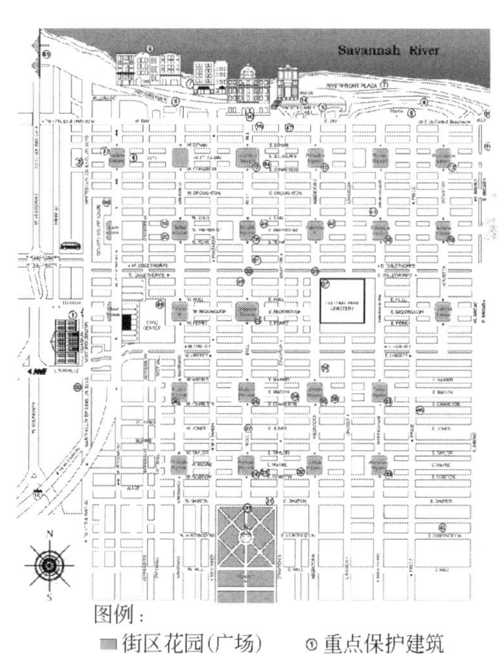

图3.20　萨凡纳历史街区平面图

① 第十二条，各级人民政府应当设立历史文化名城名镇的专项保护经费。经费可通过下列渠道筹集：（一）财政资金；（二）银行贷款；（三）民间资金；（四）经营收入；（五）捐赠；（六）其他合法来源。

联邦政府从此发挥着越来越大的作用。

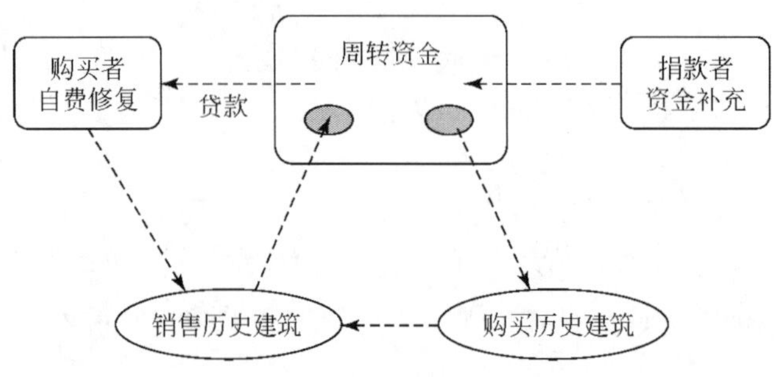

图 3.21　美国佐治亚州 Savannah 市周转基金运行模式

资料来源：张松 . 2001

合理利用旅游经营收入：对于提供旅游观光的历史文化遗产资源，地方政府从其旅游收入中提取相应的经费进行遗产保护，如江南古镇周庄，2007 年开始每年吸引超过 300 万人次的游人前来观光、休闲、度假，全社会旅游收入达 8 亿元以上。政府决定将这一收入的三分之一用来维修老房子，三分之一用来改善生活，三分之一用来再经营，从而为古镇保护规划的实施奠定了良好的经济基础。丽江古城从 2001 年起向游客征收每人 80 元的丽江古城维护费，截至 2008 年年底累计征收 7 亿余元，为丽江古城迄今为止已投入的 13 亿元资金进行环境整治提供了强有力的资金支持。

采用土地招标拍卖方式筹资：政府可将国有土地使用权批租、拍卖的一部分收益用于补贴名城保护项目的建设投资。如在苏州的环古城风貌保护建设工程中，第一期工程需拆迁企事业单位 22 家，建筑面积 26.9 万平方米，动迁居民 2000 余户，同时建设滨河道路、绿化带和配套景点，所需资金 40 多亿元。其中，征地拆迁所需的 10 多亿元资金，主要通过对周边土地的收购储备和招标拍卖平衡解决。

利用国际金融机构贷款：国际金融机构借款主要是指向世界银行、国际开发协会、国际金融公司、亚洲开发银行等国际金融机构借入的款项。国际金融机构借款一般利率较低，期限较长，没有附加条件，是利用外资中一种较为实惠的中长期借款方式。除此之外，国际上许多历史文化保护基金会也是重要的申请资助来源，如英国的 Richmix、美国盖蒂基金会（Getty）便是国际化的公共遗产信托基金，每年向全球资助需求对象。我国对于外资进入基础设施领域已有鼓励政策①，在对城市遗产保护上可以借鉴相应的经验，利用国际金融机构贷款进行历史城市的基础设施的建设，为历史遗产保护提供更好的保护平台和资金支持。

采用“BOT”方式融资：BOT（built-operate-transfer）即建设—经营—转让，是 20 世纪 80 年代国际上出现的一种比较新颖的基础设施建设投融资方式。该方式改变过去基础设施建设项目完全由政府负责的做法，采用政府授权、民间经济组织（项目公司）融资建

① 如 1997 年颁布的《中华人民共和国公路法》，就规定可将公路收费权转让给国内外经济组织。1999 年，国家发出了《关于扩大外商投资企业从事能源交通基础设施项目的税收优惠规定适用范围的通知》，将过去在沿海地区使用的政策扩大到全国范围。

设并运营，待特许期满后项目再无偿转让给政府的形式。利用 BOT 方式吸引外资参与，对于弥补我国建设资金的不足，分散基础设施投资风险，提高项目建设和运营效率，引进国外先进技术和管理方法等方面均有益处。由于 BOT 投融资方式为私人资本参与基础设施建设开辟了渠道，已被许多国家付诸实践，如澳大利亚悉尼港湾隧道、英国 Dartfold 大桥、泰国曼谷第二期高速公路等都是当今世界上颇具代表性的交通基础设施 BOT 项目。在我国，重庆地铁、深圳地铁、北京京通高速公路、杭州湾大桥等项目也是采用 BOT 方式的基础设施项目。BOT 可以借鉴应用到古城保护改造中的基础设施建设。

发行股票债券融资：股票是股份制企业为筹集资金而发行的一种有价证券，是投资入股并在将来取得股息红利的凭证，股票代表了股票持有者对股票发行企业的所有权。通过发行股票可以把个人手中的大量游资，集中到可能带来较高效益的项目上来。历史城市可以尝试将一些符合上市规定的成熟的历史文化旅游经营项目整体包装上市，获得保护资金。

债券是国家政府、金融机构、企业等机构直接向社会借债筹措资金时，向投资者发行，并且承诺按规定利率支付利息并按约定条件偿还本金的债权债务凭证。据中央国债登记结算有限责任公司的统计，至 2009 年 11 月，国债市场的发债总量达到了 8989.75 亿元，逼近 9000 亿元大关，为国家经济建设提供了强大的资金支持。

发行保护类彩票奖券：彩票，是指国家为筹集社会公益资金，促进社会公益事业发展而特许发行、依法销售，自然人自愿购买，并按照特定规则获得中奖机会的凭证。历史保护属公益事业，因此可以像福利彩票和体育彩票为社会福利事业和体育事业提供资金那样，尝试发行保护类彩票及奖券。此举既为历史保护募集到急需的资金，又没有发行股票、银行贷款等融资方面的支付股利或还本付息的压力，因此，对于历史遗产保护，发行保护类彩票、奖券不失为一种良好的筹资方式。日本就曾通过发行“历史文化城镇保护奖券”的方式将所得收益用于保护事业。

3. 健全法律法规保障体系

为了引导、规范和调控历史文化资源保护和利用的行为，必须建立和健全相关法律法规体系，以保障历史文化资源的有效经营和公益性方向。我国目前的保护立法体系采用国家立法与地方立法相结合方式，国家制定全国性保护法律及法规性文件，地方在立法权限范围内制定地方性法规、法规性文件。但与国外先进的法律制度相比，我国历史遗产保护的法律制度仍显得很不健全（王林，2000）。首先，与我国历史遗产保护体系相对的全国性法律、法规不完善，许多保护领域的法律、法规（如历史文化保护区的立法）几乎是空白；其次，“以文代法”，有关保护的法规文件多以国务院及其部委或地方政府及其所属部门颁布，制定的“指示”、“办法”、“规定”、“通知”等文件形式出现，反映出我国的历史保护仍过多依赖于行政管理；最后，法规文件涉及内容的广度与深度不足，可操作性不强。特别是针对市场经济条件下，历史遗产利用、保护资金来源、保护运行机制等方面的法律十分薄弱，难以适应日益多样化和复杂化的遗产保护行为。

近年来，许多发达地区的城市针对历史遗产保护利用中出现的新情况，尝试制定了一些地方性的法律法规，在实践中起到了积极的保障作用。例如，2002 年 10 月，苏州市出台了第一部文物保护地方性法规《苏州市古建筑保护条例》，主要适用于控制保护古建筑的保护管理，针对性强，而且具有较强的可操作性，主要有以下四个特点：一是正式确立了古建筑保护的法律地位；二是加强了古建筑保护措施；三是加大了古建筑保护管理的奖励力度；四是对古建筑的有效保护、合理利用，予以积极的政策扶持。2003 年 12 月苏州又出台了《苏州市城市紫线管理办法（试行）》，这也是全国第一个实施城市紫线管理的城市，主要是通过对各类文物遗存划定城市紫线，并将其纳入城市规划强制性内容，强化文物保护的权威地位。此外还先后出台了《苏州市城市规划条例》、《苏州市古村落保护办法》、《苏州市实施〈中华人民共和国文物保护法〉办法》等一系列法律法规，初步形成了与国家法律体系相配套的、而且符合苏州发展实际的较为完善的历史遗产地方性法规体系。与此同时，苏州市专门成立了历史文化名城名镇保护管理委员会，由一把手市长担任主任，分管副市长等任副主任，下设办公室，负责日常管理工作，监督和保障法律法规的施行。

3.4 基于经营理念的历史遗产保护策略

新中国成立以来特别是改革开放三十余年来，我国所建立起来的历史文化遗产保护体系虽然在保护实践中发挥了巨大作用，但是与实际的遗产保护和城市文化的发展需求尚不适应。在当前计划经济体制向市场经济体制全面转型的时代巨变中，已有的保护制度和保护方法面临着全新的挑战和变革。积极利用市场机制，引入遗产资源的经营理念，创新遗产保护理论和方法，将有利于完善我国的历史遗产保护体系，促进城市经济社会和文化的全面发展。

3.4.1 转变遗产保护主体角色

在计划经济体制下，政府是历史遗产保护的唯一主体。市场经济体制下，历史遗产保护由单一性、封闭性的系统转变为多元化、开放性的系统，政府、企业、公众等都参与到保护工作中来，并以不同方式发挥着主体作用。这些保护主体应该转变角色定位，积极地发挥相应职能。

1. 政府角色的转变

政府代表了社会和公众利益，以促进城市的健康、协调和有序发展为目标，是历史遗产保护的主导力量和第一责任人。“文化财产是过去不同的传统和精神成就的产物和见证，是全世界人类的基本的组成部分。政府有责任像促进社会和经济的发展一样保证人类文化遗产的保存和保护”[①]。历史遗产保护作为一项社会公益事业，无论社会制度和经济制度的变化，政府作为“守夜人”的角色不会改变。

然而，随着计划经济向市场经济过渡，政府职能也在发生转变，从直接干预经济社会

① 《关于保护受到公共或私人工程危害的文化财产的建议》，1968 年 11 月 19 日于巴黎召开的联合国教育、科学及文化组织大会第十五届会议上通过。

事务转向间接调控管理。就历史遗产保护而言，由于保护主体的多元化，政府除了担当“守夜人”外，还承担着“裁判员”的职责。市场经济体制虽然可以激发社会力量保护遗产的积极性，但是由于存在市场缺陷和市场失灵，无法保证遗产保护与利用的公益化方向。只有通过政府的调控和管理，制定相关法规和政策，规范市场行为，加强管理，才能保障历史文化资源的合理保护和有效利用。因此，市场经济条件下政府的“裁判员”角色非常重要。

另外，在经济全球化背景下，城市间资金、人才和其他资源的竞争日益激烈，城市为了在竞争中获得优势，原来以政府为主的城市管理模式（urban managerialism）正让位于所谓的“城市企业化”（urban entrepreneurialism）模式（Harvey，1989）。在这样一种转变中，城市中各种利益集团，如政府、商业机构和民间团体等，为了城市经济增长的共同目标，趋向于结成各种各样的合作伙伴关系，进行“城市管治”（urban governance）。由此，政府从原来简单的管制者（“裁判员”角色）进一步转变为“协调人”。通过政府与社会各阶层的互动，调动各方面的积极性参与历史遗产的保护与利用；通过政府和非政府组织、企业的共同合作，共同经营，获得各自的目的，实现保护成效的最大化和成本的最小化，追求历史文化资源经营的最大效益。

2. 企业的作用

随着市场经济体制的建立和完善，越来越多的企业参与到历史遗产的保护工作中来，由于企业具备资金及市场运作的优势，成为遗产保护的重要力量。然而，由于追求利润最大化是企业的生存天性，因此一方面政府应当好“裁判员”，对企业的开发行为进行引导和控制；另一方面从企业自身来说，应该更多地考虑遗产项目经营的长远效益和社会效益，并最终获得更大的商业利润。

在历史遗产保护项目中，企业应在考虑自身经济利益的同时，协助城市政府管理和经营城市。与一般城市开发项目相比，遗产保护项目的商业利润较小甚至有投资风险，但是一旦项目经营成功，由于其历史文化品质提升所带来的附加价值（社会价值、品牌价值等）往往非常大，从长远来看企业往往能够获得更大的经济利益。例如，在上海太平桥地区的保护和开发中，香港瑞安集团便成功扮演了“城市运营商”的角色，在新天地项目获得成功之后，有力提升了周边地价，在后期开发中获得了巨大的商业利润，同时集团得到了政府的高度认可和充分信任，因而得到了更多的城市建设项目机会。

3. 公众参与的职责

公众参与（public participation）是指社会群众、社会组织、单位或个人作为主体，在其权利义务范围内有目的的社会行动。随着第三部门[①]和市民社会的发展，社会中介组

---

① 第三部门（the third sector），介于国家和市场之间的非营利组织、非政府组织，如俱乐部、慈善组织、科研机构、工会等。这是相对于公共部门（被国家授予公共权力，并以社会的公共利益为组织目标，管理各项社会公共事务，向全体社会成员提供法定服务的政府组织）和私人部门（为私人所拥有，并以利润最大化为组织目标，通过在市场上出售其产品或提供服务以求得利润的各类工商企业组织）而提出的概念。来源：百度百科，http：//baike. baidu. com/。

织、非营利部门、社团组织、社区组织等将都成为积极的城市管理者，这是市场经济下的必然趋势（马彦琳和刘建平，2003）。

其实，近现代历史遗产保护运动正是在公众参与的基础上发展起来的。至今，公众参与仍然是欧美发达国家历史遗产保护的重要推动力量。然而目前我国历史遗产保护领域公众参与的层面太低、方式单一，主要局限在历史文化保护规划编制的前期资料搜集、规划方案编制、公示、审批四个阶段进行公众咨询，只是象征性参与，公众并没有发挥实质性作用。由于个人的力量十分有限，有组织的公众参与才能发挥积极作用，这有赖于第三部门的发育和成长。“第三部门的主要功能是自治，主要目的是为了联合起来，争取和实现自己的权利。一个人的权利不能仅仅依靠自己一个人能去实现，必须通过组织实现。在计划经济时期，个人或者某社会阶层的权利是依靠计划来实现，计划又是通过调研来制定的，而第三部门是由内部直接表达权利，行业的从业人员自己组织起来，用自己的经历来表达诉求，比上面派人来调研后替行业说话声音要强得多，也要准确得多”①。通过非营利组织、非政府组织的参与，将形成遗产保护领域强大的社会力量，不仅可以反映公众对遗产保护和城市文化发展的共同诉求，而且可以多方位监督保护法规、保护政策和具体保护项目的施行，切实维护公共利益，与第一部门（public sector，政府）和第二部门（private sector，商业机构、企业）相互协调，共同推动遗产保护事业的发展。

3.4.2 创新保护规划编制办法

在历史遗产保护实践中，保护规划是非常重要的一个环节，它发挥着技术指导和法律保障作用。但受计划经济的影响，我国目前的保护规划还存在着机械化、模式化的倾向，针对性、实践性和可操作性不够强，造成许多保护规划难以落实。改革和创新历史遗产保护规划编制的程序和方法，适应市场经济的发展需求，是当前历史遗产保护实践的关键问题之一。

1. 建立开放动态的规划体系

历史遗产保护工作是一项复杂的社会系统工程，涉及多元的利益群体，要加强规划的针对性和可操作性，必须扩大规划决策的开放性和参与面。为此，应建立开放动态的规划体系：一是向公众开放的参与式规划，二是动态互补的反馈机制。

参与式规划源于1965年美国律师达维多夫（Paul Davidoff）提出的“倡导性规划”理论，他认为：任何人都无法代表整个社会的需求，包括专家和规划师，理性规划并没有考虑到公共利益分化的问题，理性规划只代表了一部分人的价值取向，这种自上而下的规划为“贵族式”的规划，这种价值观在设计中得不到社会的认同，与社会发展不符。因此，规划应该具有民主性、公正性和平等性，应是一个自下而上的过程，鼓励市民在规划过程中积极参与，规划者应该代表社会不同的利益集体，尤其是弱势群体（陈方全，2007）。

倡导性规划倡导多元主义和倡导性，这就需要在观念上改变传统的规划方式，加大公

---

① 百度百科，http：//baike. baidu. com/view/134281. htm。

众参与城市历史保护规划的力度，并使之制度化。在方法上，第一，应提高公众参与保护规划的意识，调动他们的主动性，为了保证公众参与的效率，应以社会组织、社会群体、非营利组织（NGO）等方式而不是以个体方式参与；第二，从规划初期开始就增加保护规划的透明性，保证从总体保护政策、保护规划各个阶段、详细保护整治设计方案、保护规划决策实施等各个环节向公众开放；第三，健全的法律法规作为保障，保证公民参与规划的权利。规划师在整个规划过程中不再是实现自身技术理想的建筑师、设计师，而是规划的参与者、组织者和协调人，规划成果反映的是多元的价值观和社会诉求。

动态互补的反馈机制是针对历史文化资源保护的长期性、动态性特征所建立的循环反馈和修正调节机制，以保障规划的科学性、合理性和可操作性。历史文化资源保护是一个长期、渐进的动态过程，随着经济发展、社会意识、现实需求等的变化而变化，保护过程中会不断出现新情况、新问题，因此，保护规划不是静态的理性的终极蓝图，不能一蹴而就，客观上要求对保护规划进行不断的反馈和修正。同时，历史保护规划从一定程度上来说，在阶段性目标实现的同时，又会激发产生出新的目标，这要求保护规划体系有能力重新组织和拟定新的目标并贯彻到规划过程之中（图3.22）。

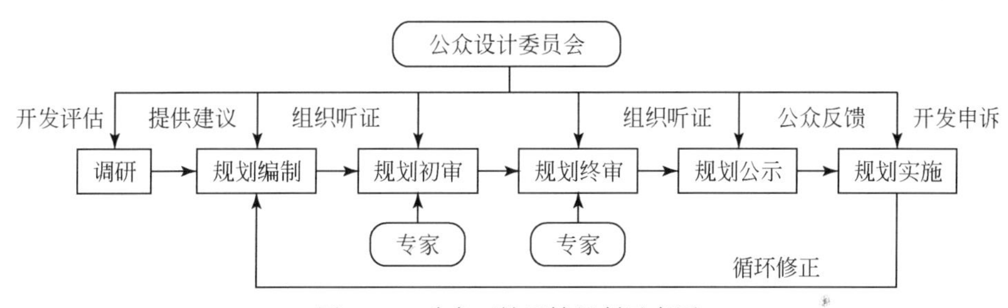

图3.22 动态互补反馈机制示意图

参与式规划和动态互补的反馈机制将改变现有规划的一元性（体现业主或规划师的价值观）、封闭性（决策上缺乏多元主体参与）、静态性（理性的终极蓝图）的局限，有益于表达多元利益群体的意愿并与城市经济社会发展密切结合，从而提高规划的针对性和可操作性。

2. 注重与市场运作的衔接

目前的历史遗产保护规划中，对实施策略方面的考虑相对薄弱。由于规划编制过程与市场衔接不够，较少考虑项目建设的投入和产出关系以及实施运营，往往只是一厢情愿地体现了延续历史文脉的良好愿望，难以全面反映多元化的利益需求，因此常常难以实现。为此，应加强保护项目策划和建立面向实施的综合性规划体系。

对于历史建筑、历史街区、历史地段等保护项目的规划设计，尽管它们与一般的房地产开发项目不同，但在项目实施之前的市场分析和评估同样是必不可少的。这就需要摈弃单纯的保护技术思维，在保护规划中引入市场营销理论，通过项目管理、经济分析、策划、行为分析等系统分析和评价，使保护技术与项目策划结合起来，增强项目的可操作性（马文军，2005）（图3.23）。一般来说，保护项目的策划包括保护对象的综合价值分析、区位条件分析、项目定位、规划设计、旅游需求分析、开发时序、成本估算、收益预测等。

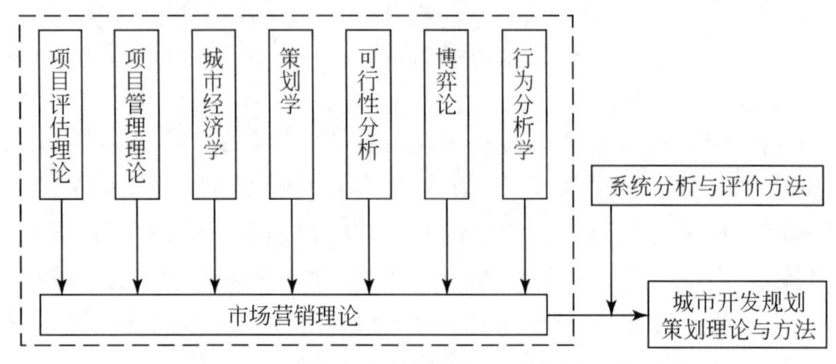

图 3.23　城市开发规划策划理论架构示意图

为了加强保护规划的可操作性，可采用“综合性规划”的思路，即由规划部门牵头，联合文化、商业、旅游、财政等部门参加，并综合组织规划设计单位、策划公司、开发公司、旅游公司等社会和市场力量，全面研究项目的保护和更新方案（图 3.24）。当然，这一规划过程是建立在动态开放的基础之上。由于在规划编制过程中体现了不同价值观之间的多重博弈，最终形成的综合性规划可以实现短期利益与长远利益、局部利益与整体利益的有机结合。

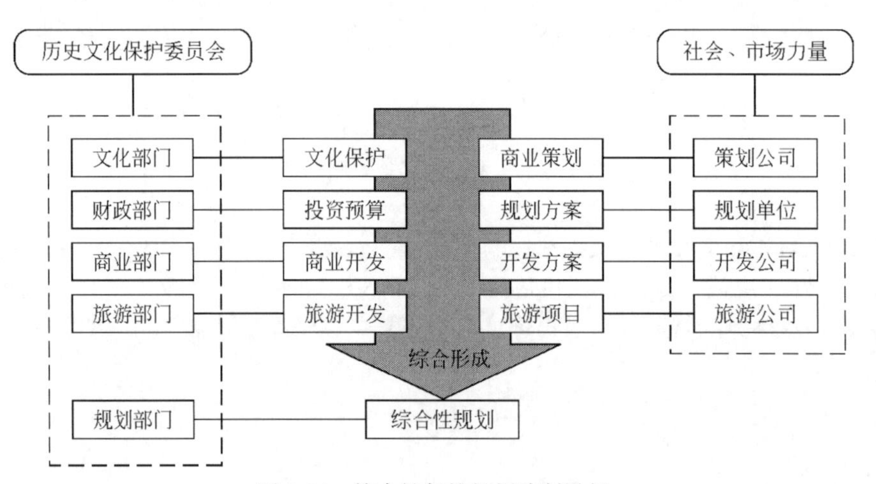

图 3.24　综合性保护规划编制设想

3.4.3　培育城市历史文化要素

城市竞争力是指一个城市在竞争和发展过程中与其他城市相比较所具有的吸引、争夺、拥有、控制和转化资源，争夺、占领和控制市场，以创造价值，为其居民提供福利的能力（倪鹏飞，2002）。文化力是城市竞争力中非常重要的一个要素[①]，而历史文化资源作为城市的文化力之一，其有价值、稀缺且难以模仿和替代的资源特征可以带来竞争优势，成为了城市竞争力中不可或缺的重要载体。因此，着力挖掘、保护和利用历史文化资源、培育其衍生出的文化力是提高城市竞争力的重要战略，这也正是历史文化遗产资源经营的最终目的所在。

1. 历史文化特色的提炼

城市的历史文化孕育在城市遗产资源的物质空间、环境以及城市人文生活中，是历史积淀的成果，是地域文化、经济水平、自然条件等的综合反映，并体现出一个城市的个性特征。例如以地理环境为特色的江南“水乡城市”（苏州、绍兴等）、西南“山地城市”（重庆、攀枝花等）；以地域文化为特色的“昆曲之乡”（昆山）、“风筝之乡”（潍坊）等（图3.25）。然而，随着经济发展速度的加快和全球化浪潮的侵袭，我国许多城市的个性特征逐渐泯灭，传统文化受到强烈冲击，城市的文化力逐渐丧失。挖掘和提炼城市历史文化，彰显城市的地域风貌特色，对于激发城市活力，提升城市竞争优势，促进城市经济社会的发展具有重要的价值作用。

水乡城市绍兴

山地城市攀枝花

图3.25　以地理环境为特色的城市

城市的历史文化具有多样性、丰富性的特征，对城市历史文化的挖掘和提炼需要抓住重点、突出主题。只有将最有价值和独特的文化要素提炼并展示出来，才能形成相对优势和比较优势。例如，广州在历史文化名城保护中，提炼出最核心的八个历史文化特色主题：历史悠久古都城、岭南中心文化城、丝绸海路港口城、革命策源英雄城、田园风光山水城、千年发展商业城、改革开放前沿城、全国著名华侨城（表3.3），抓住了历史文化的内核和保护的重点。重庆在保护城市历史文化，凸显地方特色方面，以最具代表性的巴渝文化、码头文化、开埠文化、陪都文化、红色文化、移民文化为线索，分别将相关历史遗迹与文化资源系统组织起来，有针对性地实现了对城市历史文化的保护和文化形象的塑造。

---

① 按照倪鹏飞的观点，对城市综合竞争力贡献较大的前五个分力依次为资本力、文化力、设施力、聚集力和管理力。

表 3.3　广州历史文化特色提炼及保护对策

特色提炼	保护对策
历史悠久古都城	保护体现岭南古城风貌的历史遗址、文物建筑和传统风貌，重点保护历史旧城区
岭南中心文化城	保护各种体现岭南传统文化特色的文化形式及非物质遗产，推出“岭南文化中心”的城市品牌
丝绸海路港口城	广州城市发展历程的重要主题，保护反映以海上丝绸之路发祥地为特征的文物古迹、港口码头等，推出“海上丝绸之路发祥地”的城市品牌
革命策源英雄城	广州近现代历史的主题，重点保护好革命史迹，重点保护长洲岛、农讲所和先烈路沿线的革命史迹
田园风光山水城	保护广州历史文化名城的山水环境，重点保护白云山、莲花山等山体山脉，重点保护以珠江为主体的江湖水系和水乡田园，重点保护以山水为依托的城市格局和山水有密切关系的传统村镇
千年发展商业城	保护广州各式各样的商业历史街区
改革开放前沿城	发挥广州作为我国改革开放前沿城市的示范作用，保护改革开放以来的广州具有重要意义的城市建设风貌
全国著名华侨城	发挥广州华侨优势，保护近代华侨投资建设的工厂和住宅等工业遗产

资料来源：根据广州市规划局相关资料整理

2. 城市历史文脉的延续

现代化城市不仅要有完善的基础设施、良好的生态和高质量的生产生活环境，还要有深厚的历史文化内涵。城市历史文化的传承和保护本身就是城市现代化建设的重要内容，也是城市文明进步的重要标志，它为提升城市功能和品质、增强城市文化力及竞争力具有重要意义。城市历史文脉的延续包括以下三方面内容。

第一，保护。保护好现存历史文化的物质载体（包括文物、历史遗址、历史建筑和历史街区等），同时注意收集、研究、整理和恢复艺术传统、民俗文化等非物质文化遗产。因为作为空间艺术的建筑与城市环境，离开了相关的人文活动，就缺乏文化活力。只有在体现传统文化的艺术活动和与之相适应的城市空间有机融合的前提下，才能形成充满独特魅力的城市特质（仇保兴，2002）。

第二，恢复。对已毁的重要历史古迹在充分论证、精心设计的基础上，可以在原址进行复建①。历史古迹的重建重在恢复“文化意境”，如果只注意建筑结构的合理或外表的壮观，而缺乏与周边文化环境共同构成的整体历史环境，就违背了重建的目的。这方面比较成功的案例包括武汉黄鹤楼及南京阅江楼的重建，它们都是体现城市历史文化的标志性建筑。其中南京阅江楼是依照明朝开国皇帝朱元璋《阅江楼记》等史料复建的一组传统建

① 需要说明的是，《文物保护法》第二十二条规定：不可移动文物已经全部毁坏的，应当实施遗址保护，不得在原址重建。但是，因特殊情况需要在原址重建的，由省、自治区、直辖市人民政府文物行政部门报省、自治区、直辖市人民政府批准。

筑，其历史意境和大江东去的自然风光有机融合，成为城市历史风貌和空间特色的重要组成部分，同时也改写了南京600多年来“有记无楼”的历史。

第三，传承。在加大现存历史遗产保护的同时，在新的开发建设还需传承城市历史文化“基因”并不断创新。北京菊儿胡同、苏州的观前街改造、上海“新天地”传统石库门里弄改造等之所以获得成功，就是深入研究城市“乡土建筑”的本质和内在逻辑以及旧城区“有机”成长的规律，将传统文化特色与现代生活的舒适性完美地统一起来。这是城市在现代化和全球化进程中，保持地域文化特色和自身魅力的重要途径。

位于重庆市渝中半岛的洪崖洞街区的建设也是一个比较成功的案例。该项目利用用地狭长、高差大（60m）、临江的地理环境特点，承袭了重庆传统建筑形式和符号，采用依山就势、高低错落的整体布局，运用分层筑台、吊脚、错叠、临崖等山地建筑的处理手法，充分发挥了原生态建筑形式在现代城市建设中的文化和景观价值。在功能上，注重对重庆传统民俗文化的继承和再现，建设“民俗风情”商业综合体，并通过街景雕塑、建筑浮雕、巴渝特色剧目表演、中华火锅第一鼎、民俗业态展示等各个环节将重庆独特的巴渝文化、山地文化、码头文化整合于一个空间平台上，充分展现并释放了本土蓄积的人文力量，让市民和外来游客拥有了一处品质优良的文化体验和消费场所。

3.4.4　营销城市历史文化资源

所谓城市营销，是运用市场营销的方法论，将城市的政策、文化、旅游、基础设施等各种资源进行合理策划和整合以形成核心竞争力，并以特定的方式为载体，对城市进行全方位的包装和宣传，以提升城市的知名度与美誉度，增加城市财富，提高城市人民物质文化生活水平的活动过程（谭昆智，2004）。城市营销是城市经营的重要组成部分，其实质就是把现代营销的原理运用到城市管理和建设中去。从短期效用来说，成功的城市营销对刺激整个城市的旅游业与相关服务行业的增长有重要作用；从长远来看，更是大大提升了城市的品牌影响力，对其未来的发展有不可估量的作用。

2004年6月，第28届世界遗产大会在我国苏州召开，这不仅进一步升温了我国许多地区“申遗”的热潮，更创造了全社会关注遗产保护、普及遗产知识的大好契机。各地政府从以前对历史遗产的漠不关心到现在的争先恐后挖掘地方历史和文化，转变的关键在于人们意识到历史遗产的价值。一旦争取到“世界遗产”的荣誉，可以给当地带来巨大的旅游市场和跨越式的发展机遇，这正体现了一种营销的理念。以前的观念是“酒香不怕巷子深”，而现在人们认识到不仅要有“酒”，同时也得让它“香”出去。

历史文化资源是城市营销的重要对象，其营销方式一般采用整合的方式，即通过公关、媒体宣传、活动等把历史城市的文化资源推销出去，不断扩大城市品牌的理念、风格和形象，提升历史城市的竞争力。

1. 广告宣传

广告是在大众媒体上发布创意作品，向公众描述城市形象、城市产品或服务的形式。近年来，越来越多的城市形象宣传片在电视屏幕上出现，用华美的镜头和语言对城市的历史文化进行精炼的描绘和再现。这种广告宣传一般由城市政府、行业组织投资，以建立城市品牌文化形象或推销城市为目的，向公众介绍城市的历史传统、人文资源和自然景观。

广告宣传应是多方位的，既包括平面的户内外广告，也包括电视广告及网络广告等。如今众多历史名城和旅游景点都制作了精美详尽的门户网站，配有丰富的图文介绍和视频信息，有效地宣传推广了其文化品牌，提升了资源的知名度。媒体广告通常配以城市的宣传口号，精炼生动、涵义丰富的口号能够极大地提升“传播”效率和营销效果，如“周庄：中国第一水乡”的口号对城市形象的主题进行了生动概括，已深入人心。

2. 媒体促销

历史文化资源的营销还可以充分利用大众媒体的作用，积极参与到各项形象推介活动中去。例如，中央电视台的“CCTV 中国魅力城市展示”活动就是一个很好的平台。该活动以展现城市发展成就为宗旨，推动中国城市化进程健康发展为目标。展示活动每两年举办一次，在各城市中引起强烈反响，每届评出的“年度中国魅力城市”更是大大提升了该城市的知名度和文化影响力。之前不太知名的历史名城雅安曾于 2006 年积极参加该活动，并最终获得了“CCTV 2006 年度中国魅力城市”称号，由于竞评的过程就是展示，通过展示，达到了扩大城市知名度和影响力的目的。

3. 节庆、事件营销

历史城市还可以通过节庆营销、事件促销来推广城市形象、经营城市品牌。例如通过举办与城市形象、特色或品牌相配合的文化活动，作为对公众“消费城市产品”的“赠品”，达到促销的目的。

节庆营销、事件促销逐渐成为现代城市推广其形象和品牌的重要经营手段。例如，2006 年南京市通过举办“世界历史文化名城博览会”取得良好的综合效益。在短短一周时间里，近百项活动轮番登台，不仅让广大市民和游客在激情与喜悦中，品味了从未有过的一场文化盛宴，而且奏响了一曲古都文化华章，极大地辐射了南京的历史文化魅力，提升了城市美誉度，对提升南京的核心竞争力产生了深远的影响。

4. 历史城市的 CI 战略

CI（corporate identity）主要含义是指将企业文化与经营理念统一设计，利用整体表现体系（尤其是视觉表达系统），传达企业营销概念于公众，使其对企业产生一致的认同，以形成良好的企业形象，最终促进企业产品或服务的销售。狭义的 CI 即指 VI（视觉识别，visual identity），它以各种视觉传播为媒体将企业活动的规范等抽象的语意转换为标志、标准字、标准色等视觉符号，塑造企业独特的视觉形象。

为了更好地建立起城市遗产的文化品牌，历史名城可以引入“城市 CI”概念。城市 CI（city identity）是将 CI 的一整套方法与理论嫁接于城市宣传中，全称为城市形象识别系统，即“城市特征”或“城市身份”。理论上可理解为将城市的历史文化特色、发展理念和精神文化，运用行为活动、视觉设计等整体识别系统，传达给与城市有关的团体与个人，使其对城市产生一致性认同感和价值观。

5. 视觉形象设计

可感知的视觉形象是城市形象的直接体现，道路景观、街道设施、建筑小品、城市雕塑和户外广告等，都体现出城市的个性特色，也是展现和宣传城市形象和历史文化的有力手段。例如，苏州古城内所有的公共车站候车亭、路灯、标牌等都采用与城市文脉相契合的古色古香设计，恰如其分地传达了历史古城的文化韵味（图3.26）。

图3.26　苏州古城传统风格公交车站

第4章　基于旅游发展的历史遗产保护

随着人们物质生活水平的提高和精神文化需求的增长，旅游逐渐成为当今社会普遍提倡的一种休闲生活方式。旅游业也成为世界上发展最快的新兴产业之一，被誉为“朝阳产业”。据世界旅游组织预测，到2020年，中国将成为世界第一大入境旅游目的地国和第四大出境旅游客源地国。而旅游的发展离不开旅游资源，旅游资源作为旅游业发展的三大要素①之一，是旅游业发展的基础支撑。作为旅游资源的各类遗产地因其独特的自然环境、历史环境和人文环境而具备吸引游客的巨大潜力。因此，旅游开发成为遗产地文化资源利用的必然趋势。

历史遗产的保护和维护需要持续大量的资金投入。计划经济时期，我国遗产保护资金主要来自政府财政划拨，高额的维护成本一直以来都是各级政府沉重的财政负担。面对这样的困境，唯有引入市场机制，通过历史文化资源的保护性利用来增强历史城市、遗产地自身的造血功能，解决保护资金短缺的问题。而合理利用遗产资源发展旅游产业，便是最为重要的途径之一。因此，旅游开发也是历史文化资源保护的客观需求。

4.1　遗产保护与旅游发展的相互关系

对历史遗产进行旅游开发，不仅能获得保护的资金来源，也能传播地域文化，提高公众的遗产保护意识，并促进当地经济社会发展。同时，在旅游业发展过程中保护好历史遗产也就是保护好了旅游资源，是推动旅游业持续发展的必要前提。然而，遗产地的旅游开发也不可避免的会对历史遗存造成破坏，对地区生态环境产生负面影响，甚至影响到原生态文化形成与传承机制。遗产保护与旅游发展既相互支撑、互为促进，又在既有的实践中产生对立与矛盾，体现出一种辩证关系。

4.1.1　旅游发展对遗产保护的促进

1. 促进历史遗产的保护和利用

历史遗产的保护和维护需要持续、大量的资金投入，若单单依靠政府的财政拨款必然难以为继，如西递、宏村所在地黟县2000年政府财政可用资金为2900万元，但从资金需求来看，改善基础设施、提高居民生活水平所需的资金尚且不论，仅两村古民居急需修缮

① 旅游业三大要素是旅游资源、旅游设施和旅游服务。

及白蚁防治的费用测算当时就需2620万元①。在此情况下，通过对历史遗产的旅游开发，增强其自身造血功能来解决保护资金的短缺问题，不仅可行而且必要，如此形成“保护—旅游发展—更好的保护”的良性循环。

由于旅游发展实现了历史遗产的有效利用，产生的经济价值成为遗产保护的推动力，使重要历史遗存和古迹遗址得到修复、重建和复原，如黟县通过近年来的旅游开发，每年将旅游收入的20%投入文物保护，加上其他方式的资金筹措，保护资金短缺的情况有明显改善，仅2003～2007年共投入保护资金16 378万元②，极大地推动了西递、宏村民居及其他文物古迹的维护和修缮工作。另外，丽江木府复原以及南京明城墙的维护整治（图4.1）等，这些历史遗存都是伴随着旅游活动的兴起而逐渐获得了新的生机。

图4.1　修复整治后对外开放的南京明代城墙遗迹

文化遗产的不可再生性要求我们必须对其进行妥善有效的保护，而历史赋予它们的价值内涵又要求我们积极合理地加以开发利用，而发展旅游正是促进保护与利用相互结合的有效途径。

2. 促进地方文化的传播和延续

旅游是一种求知审美的活动，将今天的生活与历史、未来联系在一起。体验和了解不同的文化是旅游者主要的出游动机之一，以人文资源为主要内容的旅游活动，实现了人们感知、了解、体察人类文化具体内容的行为过程，达到了使人在探索中认识、理解优秀地方文化的目的。地方文化包括城镇形态、建筑形式等借助物质对象反映的有形文化，也包括表演艺术、民俗节庆、传统工艺等以人为载体的无形文化，还包括人文与自然相融合的以空间场所为载体的文化景观，甚至还包括遗产地居民的价值观念、思维方式、道德情操、审美趣味、宗教情感等精神文化，具有极强的地域特性和多样性。在发展旅游业的过程中，那些一度被人们忽视的历史遗迹才会重新焕发生机，传统习俗、民间技艺会被重新挖掘并弘扬。于是，一个开放的文化生态系统得以形成，并使本土文化与外界文化进行信息交换，丰富和提升本土文化的内涵与生命力。例如，重庆市在修复后的湖广会馆中③，陈列了大量明清时期大移民的历史实物，并通过相关历史地图以及历史场景主题雕塑，向旅游者再现古代移民的历程与地方传统、行为方式，对弘扬地域文化起到了积极的作用（图4.2）。

此外，旅游也是一种很好的文化传播平台。旅游者通过游览活动不仅能对遗产的文化

① 黄山黟县2000万元巨资打造古村落防护网．安徽黄山市消防支队简报，2011-5-18。

② 凝心聚力　保护优先　促进遗产地和谐发展——黟县规划局．黟县规划局简报，2008-3-14。

③ 会馆建筑又称公所，作为商业贸易和文化交流的产物，会馆是中国旧时旅居异乡的同乡人或同业商人进行聚会、交易、借宿等公共活动的重要场所，自然成为一种乡土观念的载体。

图 4.2　湖广会馆中体现巴渝市井生活场景的主题雕塑

内涵有所认识，还可以通过旅游者之间以及旅游者与其社会关系之间的相互交流，起到传播文化与文明的作用。与其他文化传播方式相比，旅游活动传播的范围广、速度快、成本低，优势十分明显。同时，旅游也体现着各种社会文化现象的交叉和渗透。不同文化主体间的沟通内容涉及甚广，几乎无所不包。例如，我国元朝时期，马可波罗把在中国游历的所见所闻写成《马可波罗游记》，将中国文化传播到西方，改变了西方世界对东方的看法，引起无数世代西方人对东方文明的兴趣。

3. 促进遗产地经济社会发展

利用文化遗产发展旅游业，一方面促使当地政府自觉地保护历史遗产以发挥资源优势；另一方面，产生的经济效益也为文化遗产的保护提供了物质基础，从经济方面给予保护工作以支持和保障。以历史街区和古镇的保护利用为例，在许多历史城市中，历史街区经济发展缺乏动力，基础设施落后、环境质量差、一些街区的居住条件甚至无法满足现代生活的基本需求。依托文化资源发展旅游业成为这些街区与古镇改善当前状况、促进地方经济发展的重要途径。旅游活动是依赖多部门多行业配合支持的劳动密集型服务行业，不仅可以吸收大量劳动力，带动多个相关行业的共同发展，还可以促进当地人民生活水平得到切实提高、社会经济安定繁荣。例如，自 1999 年西递、宏村被列入《世界遗产名录》以来，逐渐形成了以文化观光旅游为龙头的支柱产业，促进了农村经济向旅游服务业的转换，西递景区农民收入 75% 以上来自于旅游业，宏村景区农民收入 67% 来自于旅游业。2011 年，西递、宏村所在的黟县景区接待游客 767. 13 万人次，全年旅游总收入 56. 81 亿元，旅游相关产业从业人数近万人，占全县劳动力就业人口的 1/5 ①。类似的情况也出现在山西平遥、云南丽江等历史城镇中。

4. 1. 2　遗产保护对旅游发展的推动

1. 遗产资源促成旅游城镇的形成

悠久的人类文明史给我们留下了丰富而多样的文化遗产，这些代表不同文明特征和文化内涵的历史遗产成为当今各地旅游业发展的动力源泉和重要基础。依托周边优良的遗产资源和便利的交通条件，许多地方以原有城镇或村落为基础逐渐成长为游客的主要集散地、食宿地、购物地、信息交汇地，而发展成为特色旅游城镇，并进一步引发旅游业的快

---

① 数据来源：黄山市黟县人民政府. 黄山市黟县 2011 年国民经济和社会发展统计公报、黟县 2011 年“十一”黄金周假日旅游工作总结、黟县“十二五”旅游发展规划（2011—2015）。

速发展。这表明遗产资源对旅游业、旅游城镇发展具有强大的带动力。例如，柬埔寨暹粒省府暹粒市，这座原本不起眼的小城得益于市郊的世界文化遗产吴哥古迹群并成为知名的旅游城市，每年吸引大量游客，2010年境外游客量接近300万人①，带动了城市服务业的发展，也推动了城市基础设施和形象建设（图4.3）。同样，我国许多城镇也都是依托遗产资源发展起来的特色旅游城镇，如重庆奉节县白帝镇依托白帝城遗迹、北京怀柔区渤海镇依托慕田峪长城景区资源、福建华安县仙都镇依托世界文化遗产福建土楼群等。

2. 遗产保护推动旅游经济发展

图4.3　暹粒街景

遗产地旅游强调的是旅游者对旅游目的地文化内涵的体验和感受。历史遗产的差异性、稀缺性和不可再生性是吸引游客、促成旅游活动的原动力。因此，历史遗产的保护是旅游活动得以开展的基础，历史文化资源是推动旅游业规模不断扩大和质量不断提高的核心要素和重要保障。据统计，我国入境旅游收入名列前茅的旅游城市中有七成是国家级历史文化名城。而我国首批公布的4A级旅游区中以文化遗产或仿古建筑作为吸引物的旅游景区占到六成之多。随着经济的持续发展与社会文明程度的不断提高，人们对文化旅游的需求将继续增长，文化遗产在旅游资源开发中的基础性作用也将得到进一步地发挥和提升。例如，丽江古城的有效保护为旅游业的发展奠定了坚实基础，特别是2001年以来，古城区固定资产投资已占丽江市固定资产总投资的50%以上。因旅游业直接和间接的关联，带动了近60多个部门的投入和产出，旅游业成为支撑城市经济发展的支柱产业（熊正益，2007）。2011年全市旅游业的综合收入146亿元，与当年GDP的比值达到81.7%，而在1995年这个比值是18.2%②。

可见，历史文化资源的保护利用对地方经济的发展、投资环境的改善都起着极其重要的作用，只有对其进行科学合理的保护才能保持对旅游者的持久吸引力，旅游的可持续发展才有依托和保障。

4.2　遗产地发展旅游产业的潜力分析

随着我国经济的快速发展和国民收入水平的不断提高，人们的消费对象逐渐从过去的物质类产品转向与文化相关的精神类产品。文化旅游与休闲体验逐渐成为适应社会转型的重要消费方式以及地方经济新兴的增长点。平遥、丽江、西递、宏村等地申遗成功后，给地方旅游业注入了强劲动力，并带动了相关产业的快速发展。可见，遗产地的旅游开发在我国有着巨大的潜力。

---

① 根据《2010暹粒省旅游部发展报告》数据。

② 数据来源：丽江市政府信息公开门户网站

4.2.1 新形势下的产业发展态势

1. 经济发展模式的转变

经过三十多年的改革开放，我国完成了由计划经济向社会主义市场经济的转变。这种以市场作为资源配置基础的经济形态（或者说经济运行方式），带动了产业结构变化和第三产业的飞速发展，三大产业的比例构成由1978年的28.2：47.9：23.9调整至2011年的10：46.6：43.4（图4.4）。第三产业的就业人数由1978年的4890万人增加至2008年的27 282万人[①]，增加了近5倍，是整个经济转型期间就业人数增加最多的部门。

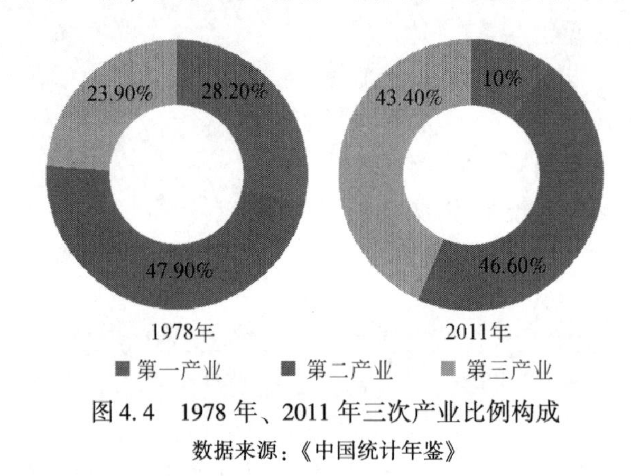

图4.4 1978年、2011年三次产业比例构成

数据来源：《中国统计年鉴》

另外，20世纪中叶以来，随着生产力的发展，第三产业在世界经济和社会发展进程中迅速崛起，其繁荣和发展程度的高低，逐渐成为衡量现代社会经济发达程度的主要标志之一。横向比较，目前世界平均水平是50%左右，发达国家是60%～70%，发展中国家平均水平在40%以上。经济越发达，居民越富裕的国家和地区，第三产业的比重就越高。纵向比较，随着经济发展和社会进步，各个国家的第三产业比重都在增大。我国于1992年底首次开展了第三产业普查。从1992年到2004年年底第一次全国经济普查的12年间，第三产业增加值从9357亿元增加到64 561亿元，增加了6.9倍；占国内生产总值的比重则由1992年的34.8%增加到2004年的40.4%；2004年之后第三产业收入持续增长，至2011年第三产业增加值已突破204 982亿元（图4.5）[②]。可见，第三产业的兴旺已成为一个全球性的经济发展趋势。

2. 旅游消费市场增长

尽管世界经济兴衰起落，但是近十多年来全球旅游业仍以每年13%左右的速度增长，表现出“朝阳产业”的活力。我国在改革开放中发展起来的旅游业，也已形成了相当大的

① 国家统计局．历年《中国统计年鉴》．http：//www.stats.gov.cn/tjsj/ndsj/。

② 国家统计局．历年《中国统计年鉴》．http：//www.stats.gov.cn/tjsj/ndsj/。

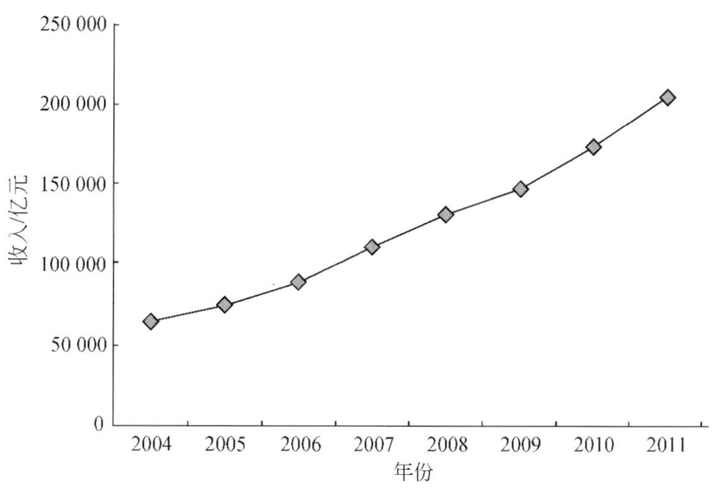

图 4.5　我国第三产业收入增长趋势分析
（中国历年第三产业增加值）
数据来源：《中国统计年鉴》

产业规模和比较健全的产业体系，成为我国第三产业的支柱。1980 年中国入境旅游人数只有 570 万人次，国际旅游外汇收入也只有 6.17 亿美元。到 2011 年，中国接待入境旅游者 13 542 万人次，国际旅游外汇收入 484.6 亿美元，分别是 1980 年的 23 倍和 78 倍，中国已成为全球第四大入境旅游接待国和第五大旅游创汇国。2011 年国内旅游人数达 26.41 亿人次，实现中国居民人均出游 2 次，国内旅游总收入为 19 305 亿元人民币①（图 4.6）。

当前在世界各地旅游发展进程中，随着旅游者专业化程度的增加，人们更多的试图寻找冒险、文化、历史、建筑体验及与当地人交流的机会，文化旅游逐渐成为旅游产业中增长最为迅速的部分。世界旅游组织（WTO）② 预测文化旅游占所有旅游类型的 37%，且这个需求正以每年 10% ~20% 的速度增长③。

3. 文化产业的兴起

文化产业（culture industry）指按照工业标准生产、再生产、储存以及分配文化产品和文化服务的一系列活动④。这一新兴产业属于第三产业的范畴，是国民经济中生产具有文化特性的服务产品和实物产品的单位集合体。近年来，世界各国都将文化资源的产业化确立为促进国家经济发展的重点，大部分发达国家都变成文化的“出口大国”，美国、英国和意大利文化产业的产值占 GDP 的比重分别达到 12%、10% 和 25%（刘志华，2008）。在世界经济结构大调整中，文化产业将与汽车工业、航空业和信息产业一样成为最具竞争力的

① 国家统计局．历年《中国统计年鉴》，http：//www.stats.gov.cn/tjsj/ndsj/。

② 世界旅游组织（World Tourism Organization，WTO）是联合国系统的政府间国际组织，最早由国际官方旅游宣传组织联盟（IUOTPO）发展而来。

③ 参见 World Tourism Organization 官网相关信息，http：//unwto.org/。

④ 联合国教科文组织的定义。

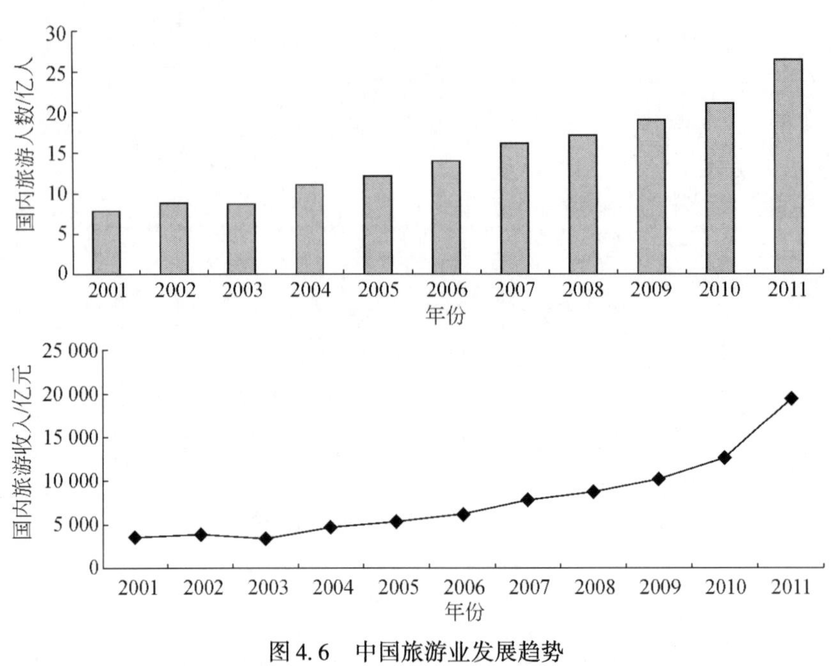

图 4.6　中国旅游业发展趋势

数据来源：2002～2012《中国统计年鉴》

产业门类，成为 21 世纪世界经济的支柱产业。

随着国家一系列鼓励发展文化产业的政策措施相继出台，我国文化产业正进入高速发展期。中国社会科学院《文化蓝皮书：2010 年中国文化产业发展报告》显示，我国文化产业国内外市场规模大约为 8000 亿元，而在 2008 年为近 7600 亿元。在地方上，大多数大中城市，也都将文化产业列入“十二五”期间的重点产业和支柱产业，文化产业发展也将进入一个新的阶段，面临着极好的机遇。文化产业在提供就业机会、优化经济结构等方面的作用日益突现。

从实践方面来看，各遗产地利用资源优势积极培植文化产业，也取得了显著的成效。丽江、杭州、阳朔等地分别推出了印象丽江、印象西湖、印象刘三姐等印象系列的旅游文化产品（图 4.7）。以印象刘三姐为例，2008 年观众量 100 万～105 万人次，仅门票收入就达 1.8 亿元[①]。此外，在西递、宏村、乌镇、周庄等遗产地，分别形成了以楹联文化、饮食文化、

图 4.7　“印象”系列——印象丽江、印象西湖、印象刘三姐

---

① 《山水做舞台，文化入大戏》. 中国经济网，2010-05-19。

民俗文化、建筑文化、园林文化、宗族文化、祠堂文化等为主要内容的皖南古村落与江南古镇文化遗产地产业链，发展出了一批精品文化体验项目与纪念品产业。以周庄为例，古镇对传统的万三糕、万三蹄、莼菜、阿婆茶等传统饮食进行开发（图4.8）；依托地方风俗传统，发展出摇快船、打田财等文化活动形式；又结合水乡风情，编排《四季周庄》大型原生态实景演出……将旅游需求与多元文化产业的发展有机结合，每年为周庄带来旅游收入都超过亿元。可以看出，未来我国遗产地文化产业仍有巨大的发展空间与前景。

图4.8　周庄传统饮食开发：阿婆茶、万三蹄

资料来源：http：//baike. baidu. com/

4.2.2　转型期旅游产业发展的机遇

1. 国民思维方式的改变

思维方式是人们大脑活动的内在程式，它对人们的言行起决定性作用，是文化心理诸特征的集中体现。思维方式的转变是人们价值取向和生活方式的根本转变。在市场经济条件下，物质生产逐渐满足了人们的生存需求。根据马斯洛（Abraham Harold Maslow）的“需求层次理论”（Maslow′s hierarchy of needs）[①]，随着国家经济实力与人民生活水平的提高，人们在追求物质财富的同时，会越来越多的将目光投注到精神领域，这也逐渐引发了国民思维方式的转变。

经济学家认为，人均GDP达到1000美元的时候，生活水准将会从过去的温饱型转向精神消费型。2003年中国的GDP人均达到了1000美元，2011年超过5000美元。中国国民的消费结构进一步升级，城镇和农村居民家庭的恩格尔系数分别由1978年的57.5%和67.7%分别下降到2011年的36.3%和40.4%[②]（图4.9）。

随着经济的快速发展和国民收入以及生活水平的提高，人们用于购买食物、解决基本温饱问题的支出比例将逐渐减小，而在精神消费方面的支出则会相应增长，甚至出现爆发

---

① 需求层次理论（Maslow′s hierarchy of needs），也称“基本需求层次理论”，是行为科学的理论之一，由美国心理学家亚伯拉罕·马斯洛于1943年在《人类激励理论》论文中所提出。该理论将需求分为五种，像阶梯一样从低到高，按层次逐级递升，分别为：生理上的需求、安全上的需求、情感和归属的需求、尊重的需求和自我实现的需求。

② 国家统计局．历年《中国统计年鉴》．http：//www. stats. gov. cn/tjsj/ndsj/。

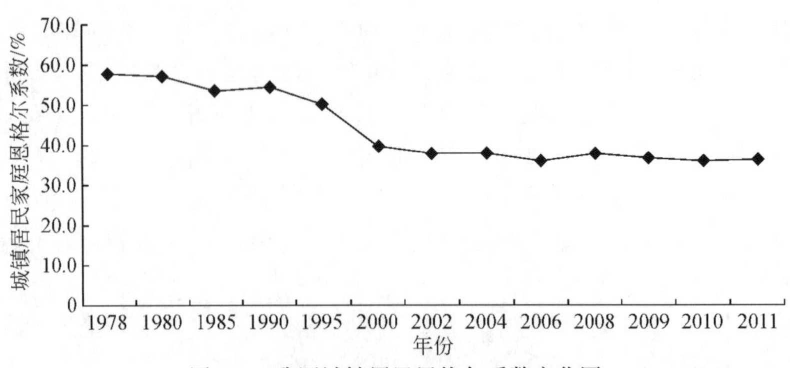

图 4.9　我国城镇居民恩格尔系数变化图

数据来源：《中国统计年鉴》

性的需求增长，从而使以大众文化休闲娱乐为主导的文化消费逐渐占据国民经济的重要位置。因此，作为文化消费中的重要类型，文化旅游业必将进入一个快速发展时期。各类依托遗产资源的文化娱乐空间以及融入地域传统的特色文娱活动，将越来越受到人们的青睐，产生巨大的经济价值，并为城市复兴注入活力（图 4.10，图 4.11）。

图 4.10　成都武侯祠大庙会

图 4.11　泰山拜山活动

2. 旅游经济价值凸显

旅游经济是以旅游资源和旅游市场为依托的经济发展形态，旅游产业发展对地方经济增长的作用主要体现在三方面。

显性经济价值，即直接的收益，包括居住收入（作为纯粹的住宅出租的租金），商业收入（开设店铺），以及由于其他经济活动（如吃、住、游、购、行、娱等）所带来的收益。

隐性经济价值，即间接或潜在的收益。旅游业发展带动地区经济增长，同时也带动区域就业增长，促进繁荣，使遗产地所在城镇比周边城镇更加具备比较优势，激发出未来或其他相关产业领域的经济价值，形成间接或潜在的收益。

连带经济价值，即外部收益，是指在社会中，某行为主体为了自身目标而采取某些行动，其过程中或结果使社会得到意外的收益。在旅游开发过程中为遗产地带来经济效益的同时，还带来了可观的社会效益。社会效益不仅仅体现在物质收益上，还可以产生一种潜在的更深层次的公共效益，是潜移默化而又深刻长远的，无法用简单的经济尺度来衡量。

3. 旅游文化内涵提升

现代旅游业的形式和内容已由单纯的自然观光游览向文化体验、运动参与、休闲疗养等多元化、深层次方向发展。作为跨文化体验模式的“文化旅游”，在松弛和快乐的氛围中既可开阔人们的眼界又可增长见识，让人领略到不同地域、不同时代的文化和艺术特色，无疑成为了满足人们多元化需求的最佳选择。

“文化旅游”（cultural tourism）是旅游者为实现特殊的文化感受，对旅游资源文化内涵进行深入体验，从而得到全方位的精神和文化享受的一种旅游类型。旅游发展的根本活力在于文化，旅游也是一种文化现象。早在1975年《赫尔辛基公约》[①] 就提出了世界旅游业要“更加丰富其他国家人民的生活、文化和历史知识”。1994年《大阪旅游宣言》也指出，旅游的核心是一项接触、感知和学习丰富的大自然以及利用社会和文化的活动[②]。这无疑强调了文化因素在旅游活动中的核心作用，表明了旅游与社会文化的互动作用。近年来，随着经济的发展和社会的进步，旅游业的文化内涵逐步提升。据专家调查，英、美、日、德、法、澳等发达国家的旅游者无一例外地把“与当地人交往，了解当地文化和生活方式”当做出境旅游的三大动机之一。随着我国旅游业的兴起和发展，旅游的文化内涵不断提升。1992年，国家旅游局开始组织策划主题旅游年活动，大部分主题与和旅游活动都体现了中国文化的魅力与特色（表4.1）。

表4.1 中国旅游年主题及活动一览表[③]

年份	主题	主要内容
1992	中国友好观光年	长城之旅、黄河之旅、长江三峡游、丝绸之路游等14条专线
1993	中国山水风光游	推出以黄山、桂林、拉萨、黄果树和长白山为汇合点的中国五大自然风光区
1994	中国文物古迹游	孔子周游列国线、秦始皇冬巡线、三国战略线、成吉思汗转战线、唐僧取经线等14条专线及有关的文化节庆活动
1995	中国民俗风情游	海南国际椰子节暨三月三民族文化节、岳阳国际龙舟节、新疆吐鲁番葡萄节、曲阜国际孔子文化节等十多项大型节庆活动
1996	中国—崭新的度假休闲游	三亚亚龙湾、大连金石滩、无锡太湖、北海银滩以及青岛、苏州、岳阳等度假胜地各种大型活动
1997	中国旅游年	推出五绝（万里长城、紫禁皇城等）、五奇（黄山四景、武林峰林等）、五美、二十胜35个五牌景点以及16条旅游专线，适应国际旅游市场不同的需求

① 《赫尔辛基公约》（*Helsinki Convention*）又名《保护波罗的海区域海洋环境公约》（*Convention On The Protection of The Marine Environment of the Baltic Sea Area*）。

② 国家旅游局政策法规司．大阪旅游宣言．旅游调研．1995年第5期。

③ 来源：国家旅游局官方网站．http：//www. cnta. com/。

续表

年份	主题	主要内容
1998	华夏城乡游	“吃农家饭、住农家屋、做农家活、看农家景”休闲农业旅游
1999	中国生态环境游	以“99 昆明世界园艺博览会”为契机，向世界推荐开展生态旅游的森林公园 119 个，《世界遗产名录》中的中国风景名胜区 7 个，中国生物圈保护区 19 个，中国植物园 11 个
2000	中国神州世纪行	包括冰雪节、元宵节、平遥古城文化节等各地几十个旅游节庆活动和长江、黄河、三峡等 9 条线路精品。把“中国的世界遗产——21 世纪的世界级旅游景点”的品牌推向国际旅游市场
2001	中国体育健身游	全国各地共有 100 多个体育赛事或旅游节庆，同时还推出了 11 个体育旅游专项产品
2002	中国民间艺术游	推出 100 个大型民间艺术节庆活动及富有地方特色的民间艺术专项旅游产品和精品旅游路线
2003	中国烹饪王国游	让中外旅游者在游览中国名山胜水的同时，更好地了解中国的烹饪文化，了解中国
2004	中国百姓生活游	从各地民居、特色饮食、民族服饰、地方节庆等方面，展示蕴藏在中国百姓生活中的风土人情
2005	红色旅游年	确定了全国 12 个“重点红色旅游区”、30 条“红色旅游精品线路”、100 个“红色旅游经典景区”
2006	中国乡村游	以“春赏花、夏耕耘、秋摘果”等为内容的农业观光游，以“住农屋、吃农饭、干农活”为内容的农民生活体验游
2007	中国和谐城乡游	旅游行业将以服务于和谐社会建设为宗旨，以满足人民群众日益增长的旅游消费需求为目标，全面提高服务水平
2008	中国奥运旅游年	中国将借奥运之势，积极树立古老、文明、现代的国际形象，大力提升旅游服务水准
2009	中国生态旅游年	加大生态旅游产品推广力度、广泛宣传环境友好型旅行旅游理念、大力倡导资源节约型旅游经营方式
2010	中国世博旅游年	上海依托长三角地区的坚实支撑，搭建世博会大平台，吸引世界各地的游客参观世博、体验上海、游览中国
2011	中华文化游	“游中华，品文化”和“中华文化，魅力之旅”，推出丰富多彩的文化旅游活动

可见，“文化旅游”随着我国旅游业的飞速发展而不断升温，并与遗产资源的市场化趋势一拍即合。越来越多的人对承载着历史、思想和文化价值的遗产地产生了浓厚兴趣。在这样的背景下，依托遗产地发展文化旅游产业的优势越来越明显。

4.3　遗产地旅游开发中存在问题分析

旅游开发对历史遗产是一柄双刃剑：旅游发展对历史遗产保护具有极大的促进作用；但是如果一味追求眼前经济利益，对历史遗产进行盲目的开发利用，必然造成“建设性”破坏，此外经营和管理不善也会对遗产地社会文化环境造成破坏。随着遗产地旅游经济的兴起，历史遗产保护面临的最大敌人不再是风霜雨雪等自然力量或缺乏保护技术，而是各种片面与急功近利的发展观念和意识。

4.3.1　历史遗产真实性的丧失

真实性（authenticity）是国际公认的文化遗产价值判定的核心因素和保护准则。《威尼斯宪章》曾提出“将文化遗产真实地、完整地传下去是我们的责任”①。在我国2002年修订的《中华人民共和国文物保护法》中，也提到“文物古迹维修保护必须遵守不改变文物原状的原则”。但在过度开发的旅游城镇中，历史遗产真实性丧失的现象普遍存在。

1. 传统空间景观的改变

在遗产保护范围内兴建人造景点、盲目重建、肆意更新等现象在我国的许多地方屡见不鲜。在许多历史城镇中，旅游开发者为谋求更大的利益空间，在历史建筑和街区修缮过程中，忽略基地历史肌理、传统建筑材料和施工工艺的重要性，模式化大规模建设，粗制滥造；为了哗众取宠，更有甚者给历史建筑“涂脂抹粉”，任意翻新；为了旅游开发需要，在没有任何史料依据的情况下凭空臆造仿古历史建筑，或盲目复原。这些所谓的建筑和街区“更新”，毁坏了历史的本真面目，篡改了原有的历史信息，破坏了历史场所的真实性。从20世纪80年代北京琉璃厂拆除传统建筑、新建仿古建筑开始，全国陆续出现如“明清一条街”、“仿古街”、“唐园”、“宋街”之类的大量“假古董”，真实的历史遗迹反而无人问津，在风雨侵蚀下逐渐破败，完全偏离了遗产保护的真谛。

第三批国家历史文化名镇四川省黄龙溪古镇在对老街保护更新的过程中，为了发展旅游，对老街原有建筑大拆大建，不合理的过度开发造成历史遗存消失殆尽，整个街区被翻新为巨大的“假古董”。虽然商业气息浓重，但是老街的传统格局、风貌和街巷空间尺度遭到严重破坏，缺乏历史感，丧失了原真性（图4.12）。

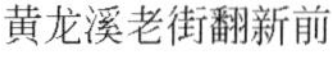

黄龙溪老街翻新前　　黄龙溪老街翻新后

图4.12　黄龙溪老街翻新前后对比图

① 威尼斯宪章（*The Venice Charter*），Preamble 部分原文：It is our duty to hand them on in the full richness of their authenticity。

图 4.13　日本长野县妻笼古镇

在日本，由于预见到旅游发展会对地方传统景观造成破坏，人们在发展旅游之初便采取了针对性的措施。妻笼①是日本最早获选为国之重要传统的建造物群保存地区，在旅游开发初期政府与当地的旅游业从业者签订了“爱护妻笼协会”的公约（图 4.13）。公约规定，土特产礼品商店立面一半以上不许外露，用于宣传的招牌、店幌均应参考传统样式进行设计，餐馆里不得出售与妻笼传统食品无关的菜肴。这些都被作为一种规约强制施行，防止了由于旅游事业的发展而导致对城镇传统风貌的破坏。

2. 社会人文环境的变迁

历史城镇和街区本身是相对封闭的社会文化系统，承载着本地和周边地区的服务职能。旅游业的发展必然打破其封闭性，对原有的社会人文环境造成影响。随着旅游业的发展，这些城镇和街区的封闭性将逐渐被打破，走向开放的状态，承担起旅游休闲地载体的角色，并因此而逐渐失去与本地居民生活原有的联系，从而导致生活的真实性逐渐丧失。这种现象具体表现在以下两个方面。

一方面，随着旅游开发对服务设施需求的急剧增加，在历史城镇和传统街区中，饮食、购物、住宿等设施的空间比重相应增大，商业布局迅速蔓延。另一方面，随着旅游业的进一步发展，历史城镇和传统街区中的原住民大量迁出，大量外来旅游业经营者进入，留守居民大都放弃原来的职业而从事旅游服务活动。据统计，丽江古城 1987 ~ 1999 年的 12 年，35.77% 的居民户、32.73% 的本地人口迁离；同时，有 4051 人的外地人口迁入古城居住。居民外迁的数量、密度与旅游开发的程度有着明显的对应关系（陶伟和岑倩华，2006）。

同样的例子在国外的遗产地旅游发展中也屡见不鲜。在日本岛根县松江市奥谷町，奥谷乡土馆开馆在昭和 42 年（1967 年）游客量仅为 3000 ~ 4000 人时，镇上只设有旅馆 2 家、客栈 1 家。随着知名度的提高，外地游客大量涌入，至 20 世纪 90 年代中期，当地旅馆已达 3 家、客栈 51 家、餐馆 17 家、土特产礼品商店 20 家。相关产业的不断发展、从业队伍的不断壮大，造成大量外来从业人口的涌入，以及本地家庭弃农从商的工作方式的转变，致使奥谷乡半数以上的家庭从事观光旅游事业，从业人员占当地人口总数的三分之二（西村幸夫，2007）。

可见，旅游业的发展带来了城镇功能的变迁，随着业态的变化，遗产地会产生一种短时间、大规模的人口变迁，而这种人口和从业结构的变化将改变遗产地原生的经济、社会和文化结构，使其长期维系的地域情感纽带在潜移默化的过程中发生变化，从而影响遗产

① 妻笼又名妻笼宿是中山道第 42 番的宿场，位于长野县木曾郡南木曾町兰川东岸。邻近的马笼宿、通往马笼宿的峠道同为代表木曾郡的观光名所。1976 年，获选为国之重要传统的建造物群保存地区，是最初的选定地之一。

地原有的生活气息，破坏传统文化生存的根基。

世界旅游领导人会议（World Tourism Leaders' Meeting，WTLM）《关于旅游业社会影响的马尼拉宣言》（1997 年）中着重指出“旅游发展规划要确保旅游目的地的遗产及其完整性，尊重社会和文化规范，特别是要尊重当地固有的文化传统；在旅游业可能损害当地社区和社会价值的情况下，控制旅游业的发展速度”。

3. 自然环境的破坏

遗产地所依托的山脉、水系、植被和生物等自然环境是其产生和发展的根基，所呈现的自然景观也是遗产地不可分割的组成部分。《威尼斯宪章》指出：“保护一座文物建筑，意味着要适当地保护一个环境。任何地方，凡传统的环境还存在，就必须保护。”《华盛顿宪章》也将“城市与它的自然的和人造的环境的关系”作为保护的主要内容之一。近 50 多年来人们越来越认识到历史遗产反映了历史上人类所处的生存环境，环境要素愈益突显出来，“文物+环境”，作为历史遗产保护的一条重要原则，已被越来越多的人所接受。

然而，由于旅游开发所带来的大规模旅游基础设施（道路交通、观光索道、电力系统等）和服务设施（景观建筑、豪华宾馆、高尔夫球场、商业设施等）建设，必然会对遗产地的原生自然景观环境造成巨大破坏。另外，旅游开发带动城镇社会经济的发展，从而加快城镇化速度，原有的历史城镇或传统街区周边的自然环境也逐渐被所谓现代化建设所替代，历史遗产所依托的生态环境和自然景观逐渐丧失。

4.3.2　历史文化资源“孤岛化”

1. 仅供参观游览的“孤岛”

文化遗产的珍贵价值往往不仅存在于本体，还体现于其历史环境之中，融合在社会生活之中。但在一些“过头”的旅游开发活动中，虽然文化遗产本身得到了保护和修缮，但是搬迁原住民对遗产地进行垄断式旅游经营或根据旅游活动需求任意改变原有空间结构和环境景观等对历史环境过分的“净化”与“改造”行为，却破坏了遗产地的原生环境及其所依托的社会文化基础，导致了遗产地的“孤岛化”现象。

以乌镇为例，按照《嘉兴县志》记载，20 世纪 30 年代的乌镇既有“百十作坊”、“商铺鳞次”，也有“三门三进的老宅”，是一处社会结构、空间职能极其多样化的混合聚落[①]。但 20 世纪 80 年代以来的旅游开发使乌镇发生了巨变，居民自行搭建的简易房和构件被清理，过于干净的清一色商业服务门面让人找不到生活的痕迹，仿佛置身于一处不食人间烟火的古镇标本之中（图 4. 14）。虽然东栅的改造回迁了部分原住居民，但是居民们必须生活在严格的规章制度中[②]。而在二期工程西栅的改造过程中，所有原住居民被迁出

---

① 参见（清）赵惟嵛、石中玉．《嘉兴县志》。

② 不允许居民私自开商店，所有商店的营业执照上都要有旅游公司的章，由其统一管理、高价出租；居民们家中的装修受到严格控制；也不允许居民自家开旅店。

(群山，2007)。旅游公司在西大街周围人为地挖开了河道，搬出所有居民，将西大街与外界隔离，进行垄断经营，必须购买门票才能进入。景区内设五星级会所、四五星级酒店，普通标准间一晚价格近400元，目标旨在高端市场，“成为一块远离尘嚣的安谧绿洲”①。这些使西栅无论在形态、功能和经营上都成了名副其实的“孤岛”。

图4.14　经改造后的乌镇西栅游览图

2. 过度商业化的“孤岛”

遗产地旅游开发必然带来业态的改变。随着旅游开发对服务设施需求的急剧增加，饮食和住宿设施的数量也相应大量增加，同时出现大量出售工艺品、旅游纪念品的店铺，使商业空间迅速蔓延到整个古城或街区。另外，在市场经济规律的作用下，外来人群不断进入，原来从事传统农业与手工业的本地人群，会纷纷转向利润较高的旅游服务业。这种空间结构和社会结构的过度商业化，会使遗产地逐渐脱离其生成环境而表现出“孤岛化”现象。

据不完全统计，丽江古城区在2002年就有经商的铺面共1127间，其中超过90%的商业门面与旅游相关。由于古城保护区内不允许任意增加新建筑，因此这些新增加的店铺都是由居住用房置换而来——居民把住房改为店铺，自己迁到新城居住。在利益的驱使下，越来越多的历史建筑被挪为他用，这使原来集居住、商贸、旅游于一体的历史街区，渐渐演变为商贸旅游区（图4.15）。周庄古镇内大约有60%是外地人租的店面，这个0.47km^{2}的核心区卖土特产“万三蹄”的商店有60多家，还有几十家古董店和上百家饭店。

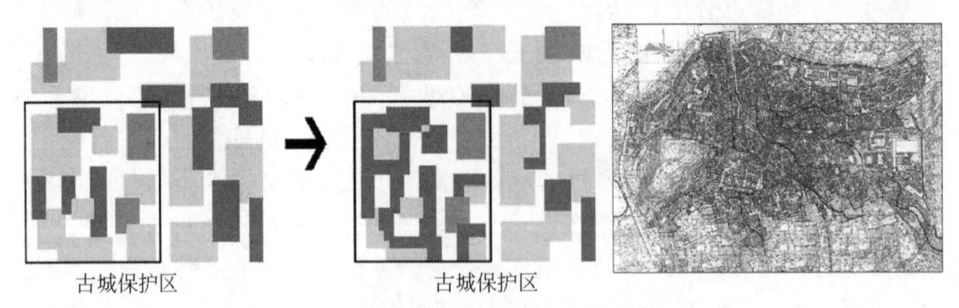

图4.15　商业空间在丽江古城及其周边的变化

右图资料来源：云南省城乡规划设计研究院

① 乌镇官方网站有关西栅开发的介绍，http：//www.wuzhen.com.cn/wzgk/wzgk_bhkf.asp。

3. 传统文化和价值观的异化

历史文化资源的“孤岛化”现象还体现在地方传统文化和技艺的异化上。一方面，各地传统文化和技艺都依托于社会环境与传统文化观念而“鲜活”地存在。但旅游业的迅猛发展使得这些文化资源承受着巨大的压力，许多传统习俗与技艺要么在功利化的市场标准下被淘汰，要么为了迎合旅游开发的需要而随意滥用、过度开发，沦为取悦游客的表象，严重损害了其内在的文化意义，进而威胁到其存在的根基。另一方面，遗产地吸引人的魅力还在于过去纯朴的民风，在于地方文化传统中居民真挚、善良、热情的品质，而在商业化大潮冲击下，传统的价值观念被扭曲，使遗产地的旅游事业在精神上沦为一座“孤岛”。

在日本第二次全国城镇保护讨论会上，妻笼的小林俊彦①先生就“保存和观光”问题的一段发言值得我们深思：“如果说这样做（发展旅游业）就会招来客人，就会赚钱，那就只知道向钱看了。这未必是一件真正的好事。”他指出，我们必须清楚地意识到，旅游发展的基本出发点并不是为了“赚钱”，而应是以地区引以为豪的优美景观和善良态度去接待外来客人，传承和传播传统文化中的美德。日本妻笼在其旅游观光业发展初期，在明知要赔钱的情况下，妻笼妇女会仍然将妇女会餐馆开办起来，逐渐带动起了地方旅游经济的发展。同时，妇女会也同时将妻笼旅游观光的基本精神——“故乡的美丽与善良”向世人展示得淋漓尽致。正如在《守护妻笼宿住民宪章》中所说的，这才是地方上的“宝贵财富”②。

4.3.3　环境容量超负荷

旅游环境容量又称旅游生态容量（ecological carrying capacity of tourism），指对一个旅游点或旅游区环境不产生永久性破坏的前提下，其环境空间所能接纳的旅游者数量。环境容量的超负荷势必导致遗产地空间环境的拥挤、生态环境的退化、文化氛围的破坏、历史遗存的毁损、居民生活的侵扰等问题。旅游环境容量主要由生态容量、空间容量、设施容量和社会心理容量等构成③。

1. 生态环境容量

生态环境容量是指旅游地生态保持平衡所能容纳人数的最大值。旅游地内部生态承载力包括水土承载量、大气环境承载量、固体废物的承载量以及自然植被、动物种群对于污染和干扰破坏的承载量。通常情况下，在遗产地生态容量允许范围内，自然环境自身对污染和消费具有降解吸收和恢复能力，从而能够在区域内保持生态平衡。但随着过度的旅游开发、服务设施的增建、旅游者的大量涌入，植被、土壤、生物、生活环境等将受到不同

① 最初为妻笼当地的一名町公所职员，在保护妻笼传统风貌保存运动中大力奔走，任“爱妻笼之会”理事长，著有《町并保存的日本起点——妻笼宿的保存经验》一文。

② 《守护妻笼宿住民宪章》昭和46年（1971年）7月，原文为：“妻笼宿与旧中山道沿线为特殊的存在，同时是地区居民的重要财产。”

③ 《旅游规划通则》. 中华人民共和国国家标准 GB/T 18971—2003。

程度的破坏，使遗产地的自然环境净化能力不足以消化因人口增长所造成的污染，导致生态环境恶化和旅游资源退化。

例如，凤凰古镇以山（笔架山、奇峰山、南华山、东岭等）、水（沱江、护城河）为主体的自然环境特征十分突出，又有古八景为点缀，自然景观资源丰富。近年来大量涌入凤凰古城的游人①将旅游区土地踏实，使土壤板结，树木死亡；游人频繁的爬山登踏，破坏了自然条件下长期形成的稳定落叶层和腐殖层，造成水土流失、树木根系裸露、山草倒伏，对旅游区生态系统带来极大危害。此外，旅游过程中产生的垃圾遗弃量日益增加，水体也遭到了不同程度的污染。

2. 资源空间容量

资源空间容量，是指旅游地资源空间面积所能容纳的旅游者人数的最大值。旅游地总的资源空间可通过不同景点的空间容量之和来求解，一般采用日空间容量法测算。

若超容量接待旅游者，势必造成空气、水体、固体废弃物等各种污染，并对物质遗存带来破坏和潜在威胁；同时也将会改变遗产地居民的生活方式、价值观念、文化习俗和传统生产劳作方式，从而使传统的空间氛围、生活形态和文化习俗在过度旅游开发的冲击下流失。

3. 心理容量

心理容量是指旅游地居民在心理感知上所能接受的旅游者数量。具体而言是旅游地每天接待的旅游者数量在居民心理承受力的极限值。大多数旅游地居民对外来旅游者的态度，普遍经历了欢迎—冷淡—不满—厌恶四个阶段。若旅游地居民有不满情绪者占当地居民的大多数，对旅游人数就要进行控制。

旅游发展初期，由于经济发展水平较低，旅游能给当地居民带来可观收入，旅游地居民对旅游者的到来抱着欢迎态度。但旅游开发带来收益的同时也给居民生活产生困扰，主要表现在：平静安定的生活与旅游开发的冲突，传统的生活习俗、地域特性受到外来文化的冲击，本地居民特别是老年居民难以在精神上获得满足感和认同感，现代生活需求与历史遗产保护的冲突，居民住房的“现代化”改造被禁止，机动车交通出行受到限制等。若不采取必要措施有效平衡旅游开发与居民生活的关系，居民的心理容量将难以承受，导致居民不满情绪的产生。

4. 设施容量

旅游地设施容量是指旅游地在旅游业开发和发展中，当地基础设施条件所能承载的限量，主要包括饭店、水、电、煤气、热力、电话、交通等诸多方面的供给水平所能容纳的旅游者人数。

在旅游发展过程中若游客人数超过设施容量的承载力，将带来供应短缺，降低旅游服

---

① 凤凰古城 2011 年的旅游接待人数 600 万人次，远远超出保护规划设定的 219 万人次的年接待量，其旅游高峰时期的日接待量长期超过万人，也远高出 6000 人次的日容量。张家界旅游网，http：//www.17zjj.com.cn/news/。

务质量和水平，影响遗产地的声誉和品质，进而阻碍旅游业的持续发展。我国大部分旅游热点地区设施容量不足，特别是在旅游高峰期无法满足游客量的增长。近年来“黄金周”等旅游高峰，北京故宫平均每天接待的游客量突破了10万人次，2012年10月2日最高峰达到18万人次（图4.16），不仅资源空间容量严重超负荷，包括售票、交通等各类设施也不堪重负，有关管理部门不得不应急采取限制措施。为此，旅游地应根据游客增长情况，在生态容量、资源空间容量、心理容量限度内进行基础设施的改造和扩容，另外还应采取相应措施限制游客数量。

图4.16　2012年“十一黄金周”北京故宫

资料来源：http：//www.chinanews.com

4.3.4　经营管理体制不完善

遗产地旅游开发的管理体制是指遗产地行政管理制度，它是旅游开发与遗产管理工作的基础；经营体制则是遗产资源的开发运营方式。我国目前遗产地旅游开发过程中的经营管理体制尚不完善，主要体现在以下两个方面。

1. 管理体系交织重叠

我国目前的遗产地旅游开发管理仍然继承了计划经济体制下条块分割的模式。一方面，历史遗产要受不同主管部门（旅游、工商、林业、建设、宗教、文物等部门）的垂直管理，从中央到地方形成完整的纵向格局，各个部门在各自职责范围内行使职权；另一方面，地方政府要对地方各个行政部门实行横向管理，行使人事、投资、决策等权力，各个部门形成职责上的横向交错。这种交叉重叠，常常导致职能分工不明确，管理目标不一致（图4.17）。

从纵向上看，各个主管部门往往从其职权出发，强调资源保护、旅游发展、城镇建设、社会秩序等单一的发展目标，容易忽视城镇的发展诉求。而从横向上看，地方政府往往从自身经济利益出发，强调开发利用而忽视资源保护。这种多重交织的管理体制存在先天性缺陷，必然导致遗产地旅游开发管理的失效。

2. 经营体制不规范

我国遗产地旅游经营模式主要分为政府主导、经营权出让和政府主导的项目公司三种类型。在实际操作过程中，无论哪种模式，实质上政府都发挥着核心作用，甚至常常出现所谓的“一套班子，多块牌子”的现象，即政府不但对遗产保护承担着责任，而且也是遗产利用和旅游开发的主要操作者。但遗产资源的保护监督与开发经营却分属不同层面，需要相互分离、职责各异的施行主体。政府虽在其中起主导作用，但主要承担引导和规范的职能。若政府仍然包办一切，一方面有可能由于指导方针偏差而追求经济效益，造成遗产

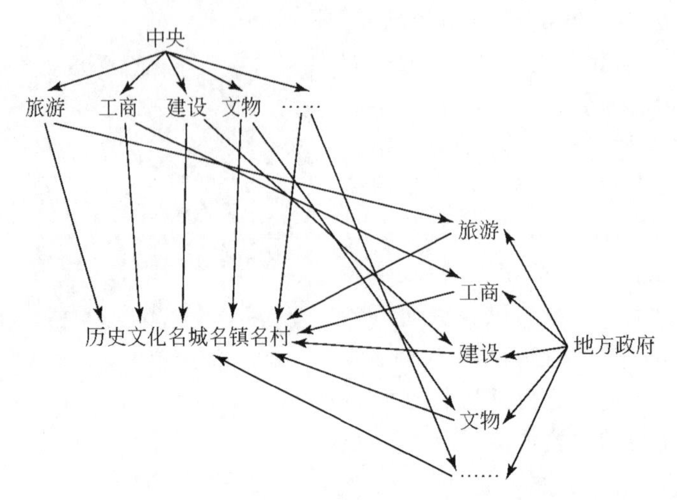

图 4.17　我国目前遗产管理体系交织示意图

的过度开发和破坏；另一方面也可能由于意识局限而制约遗产的充分利用，造成经营主体的积极性得不到发挥。这两种情况最终都影响到遗产资源的旅游开发和保护利用。

4.4　历史遗产保护与旅游开发的契合

历史遗产与旅游开发是相互支撑又相互对立的矛盾体，在认识它们辩证关系的基础上，只有采取适当措施引导遗产地旅游发展才能有效保障遗产保护与旅游开发的契合。

4.4.1　明确总体发展目标

遗产地旅游开发的目标涉及促进历史遗产保护、发展社会经济、提升城镇形象、发挥社会价值等，其核心是历史遗产及其环境的保护（图 4.18）。另外，由于遗产地在地域、空间、时间等要素上具有其独特性，“特色”成为遗产地旅游吸引物的关键价值所在，也是实现旅游开发市场目标、经济目标和社会目标的关键。

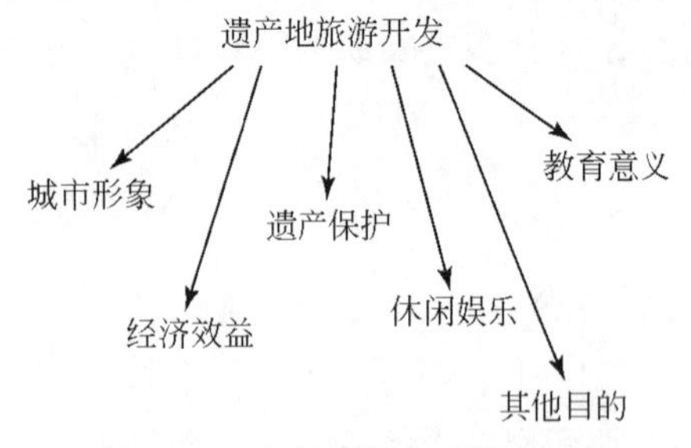

图 4.18　遗产地旅游开发的目标

1. 保护为主

若忽视了这一点，必然带来旅游开发的滥觞，并影响到旅游的可持续发展。

一般来说，旅游开发的目标包括四个方面[①]：

市场目标——满足市场需求，提高旅游者满意度。旅游开发的目的是为了吸引旅游者来实现经济效益的最大化，因此要根据历史遗产自身特

① 指标体系参考：陆林，2005。

色和旅游者的需求来设置旅游项目、策划旅游活动，准确的市场定位是旅游开发成败的关键。具体指标包括旅游人次、客源市场结构、旅游出游率等。

经济目标——与经济效益相结合是旅游开发的出发点，充分利用历史遗产文化内涵，将旅游资源成功转化为旅游产品，积极开拓国内外市场，将资源优势、产品优势发展成市场优势，带动地方经济和相关产业的发展。具体指标包括旅游收入（国际/国内）、旅游饭店接待人次数、平均客房出租率、旅游人均消费、旅游就业人数、旅游产业地位、收益投入比等。

社会目标——旅游业是一个综合性行业，应对各行业各部门进行宏观调控和规划，使其通力合作，改善遗产地的基础设施条件，提高当地居民的生活水平，促使社会机能良性运作，确保遗产地文化、社会、经济的共兴共荣。具体指标包括旅游比（VTR）、人均停留时间、旅游总人次、旅游投诉率、社会犯罪率等。

环境目标——环境包括历史环境和自然环境，环境目标是旅游开发的根本，在为旅游者提供高品质的旅游软、硬环境同时，应促进遗产及其环境的保护，提升公众的保护意识，保障未来遗产地旅游业赖以生存的生态和文化环境质量。具体指标包括环境率、绿地率、森林覆盖率、历史遗存完好度等。

面对众多目标的目标体系，旅游开发的经营者和管理者在拆与建、保与留、经济发展与遗产保护等方针政策和实际操作过程中常常会偏移方向，导致旅游开发中的短视行为，要么错失发展机遇，要么破坏了资源。遗产地旅游开发依托的是其历史文化资源，如果文化资源及其环境遭到破坏，社会和谐、经济发展、文化传承等其他一切目标都将失去依附的根基。因此，遗产地旅游开发首先应树立保护为主的目标。

2. 突出特色

遗产地旅游行为产生的动机是其地域文化的差异性，是对异地、异质、异时文化的期望，这决定了以历史文化为对象的旅游开发活动的文化属性，这种文化属性的关键价值体现于“特色”。特色是遗产地自然地理、历史人文、社会结构、经济特点、民俗民风等相结合的集中体现，既包括城镇格局、空间特征、建筑形式、自然环境等场所特质，也包括经济结构、社会组织、文化制度等非场所特质，是遗产地区别于其他旅游资源的要素之一。

遗产地的旅游开发应充分认识其特色要素，发掘潜在的文化底蕴和内容，围绕资源特点规划旅游产品、设置旅游项目、策划旅游活动，突出自身历史文化资源的优势。例如，江南水乡城镇结合水网资源及其独特的水上风光在游览项目中开辟游船赏景等的水上游览项目；以乔家大院、王家大院为代表的晋中建筑遗产则在突出砖雕、木雕、石雕等地方文化品位，以实景体验的方式展现晋中地区浓郁的乡土风俗人情。

另外，还可以利用历史遗产的影响力，结合地域文化特色开发旅游商品，借此实现经济效益和扩大旅游吸引力。例如，重庆大足借助世界遗产大足石刻（the dazu rock carvings）的影响力，在开发旅游项目的同时，推出了以佛像造型石刻为主的手工艺术品。这些旅游纪念品因其独特的地域文化内涵而拥有广阔的市场前景，畅销全国二十多个省、自治区、直辖市，在美国、澳大利亚等 40 多个国家和地区也有较好的市场影响。

4.4.2 选择有效经营模式

因旅游开发造成对历史遗产的破坏主要是由于经营和管理不善所造成。选择有效的经营模式是旅游开发与遗产保护契合的重点。自2002年以来，国内各级地方政府大规模出售景区（包括古镇）旅游经营权的现象说明，旅游开发过程中需要投（融）资体制来满足大量资金的需求，遗产地旅游开发市场化的趋势是必然的。所不同的是，遗产地旅游开发比起一般的旅游景区开发在投融资体制方面面临更多的困难和挑战，具体表现为：开发进程与遗产地城市化相结合、产权关系复杂牵涉面广、面对提升区域经济体综合竞争力的压力等（龙藏，2004）。因此在这一过程中需要合理地分析和选择经营模式才能确保历史文化资源的妥善保护和有效利用。

1. 政府主导模式

政府主导模式是政府运用所掌握的城市规划建设审批权力和其他行政权力对遗产地旅游开发进行宏观管理。其开发资金的投入主要依赖地方财政，但是对公共设施的建设和投入则引入相关的市场机制，采取对旅游者收取类似“古城保护费”等相关费用，而对具体的旅游开发项目不作具体干预，只通过法规和监督的方式对古城内的旅游服务活动进行适当引导。丽江古城旅游开发即属于这种模式的代表。

“丽江模式”被称为“联合国教科文组织亚太地区可持续性文化旅游发展丽江合作模式”，是一种“以世界遗产保护带动旅游业发展，以旅游发展反哺遗产保护”的遗产地发展模式。“丽江模式”综合了亚太地区八个历史城镇示范点四年来理论研究和实际操作中的成功经验而形成，成为联合国教科文组织指导亚太地区文化遗产保护工作的实施纲要①。它具体由四个相互关联的部分组成（和良辉，2005）（图4.19）。

第一，文化遗产资源保护的财政管理——其核心内容是政府如何筹集、管理、分配和使用遗产保护资金。在亚太地区有四种较为成功的范例：尼泊尔巴克塔普尔古城收取门票；越南惠安出售套票；丽江古城一次性收取古城保护费；斯里兰卡坎提发行“遗产保护彩票”。在遗产保护资金的管理、使用上提高透明度、加强监督、公平分配，确保其全部用于遗产保护。

丽江在古城旅游开发的初始阶段，政府通过向银行贷款取得保护建设所需资金，改善基础设施与环境。当古城旅游业发展步入正轨后，2001～2008年政府通过向游客统一征收古城维护费（即门票），累计征得7亿余元。在此基础上，政府将古城维护费的40%作为前期基础设施投入时从银行贷款的还款准备金，而另外30%～50%划拨作为古城区环境整治的专项资金，剩余部分作为环境、卫生、安全等方面维护及行政运转等费用以及民族文

---

① 从1998年起，联合国教科文组织与挪威政府合作开发机构（Norwegian Agency for Development Cooperation，NORAD）共同推动了“文化遗产管理与旅游业：管理者之间的合作模式”（Cultural Heritage Management and Tourism：Models for Cooperation among Stakeholders）的项目，该项目着眼于亚太地区，特别关注了被联合国教科文组织列入世界遗产名录中的历史城镇。

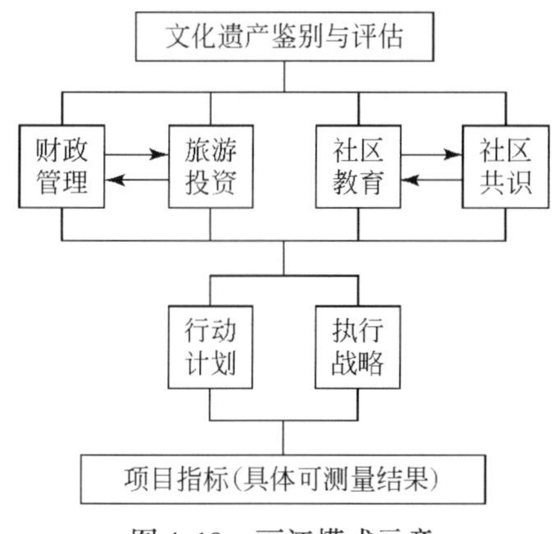

图 4.19　丽江模式示意

化传承的专项保护基金。

第二，旅游业对文化遗产保护的兼容和投资——其核心内容是旅游业如何促进文化遗产保护。文化遗产属于社会公益性的文化财富，适当地对参观者收取费用，既可以控制游人数量，有利于遗产的保护，又能使遗产地获得资金来源，体现遗产价值。如何将旅游业的收益返还文化遗产保护及其相关的基础设施建设是这种模式的关键。

第三，对社会团体进行教育和技能培训——其核心内容是对当地居民、旅游者、旅游从业者进行宣传、教育和培训，从而使他们充分认识到遗产的价值，自觉地保护遗产。该模式较为普遍的方式是培养、演讲、展览、竞赛、建立网站等，另外，斯里兰卡的康提（Kandy）采用了建立遗产俱乐部和在学校中设置“遗产”课程的办法；澳门实施了“澳门青年遗产大使”活动；丽江以各种方式办起了东巴文化、纳西古乐传习班。

第四，遗产管理者之间的矛盾解决——其核心内容是与遗产相关的利益各方加强交流、沟通和合作，消除分歧，达成共识。解决促进旅游业发展，处理资源开发与保护文化遗产之间的矛盾，建立文化遗产保护专家、政府官方与观光旅游等单位之间的合作。较为成功的做法包括：马来西亚迈拉卡市建立了高层次的遗产保护委员会；越南惠安成立古城保护中心；韩国安东建立专门的遗产研究和规模机构；丽江建立了“古城保护管理委员会”。

2. 经营权出让模式

经营权出让模式是地方政府将管辖范围内的历史文化资源开放开发后，通过出让旅游开发经营权的方式，吸引投资商介入其保护与开发。由投资商根据自身优势，结合市场需要对外融资，继续遗产资源的开发进程，以期通过社会资本介入的方式，来摆脱历史文化资源长期闲置封闭或低水平开发的状态，实现资源的有效配置。政府只在行业宏观层面上对投资商、开发商进行管理，形成一种政府主导、市场运作、社会参与的旅游开发模式。

湖南凤凰古城的旅游开发采取的就是这一模式。古城引进社会资金参与对旅游景点的开发，政府将其辖域内的黄丝桥古城、沈从文故居、熊希龄故居、奇梁洞、南方长城、凤凰古城、沱江及杨家祠堂 8 个主要景点（图 4.20）以 8.33 亿元转让给黄龙洞公司经营 50

年（张进福，2004）。8大景区经营权转让后，不仅引进了开发建设资金，同时也筹集了历史城镇保护基金。按照转让合同规定，黄龙洞公司在前两年内投资8500万元人民币，用于凤凰古镇的部分城楼、南方长城和游道的修复及其他主要景点保护维护和游览设施的修造；黄龙洞公司每年将经营总收入的2%上交凤凰县政府，作为文物保护和维修费；政府每年将一定比例的年均转让费投入到古城历史文化资源的整体保护之中；另由凤凰县文物局派出10名文管员参与公司管理，监督《文物保护法》等相关法规的执行（王凯，2006）。这些都为扭转凤凰旅游过去那种低投入、低开发、低保护的局面转向高投入、高开发、高保护的良性发展轨道提供了可能。

图4.20　凤凰古城经营权出让的主要景点：黄丝桥古城、沈从文故居、熊希龄故居、南方长城

目前，我国诸如此类的文化遗产地经营权出让的案例还有很多：在四川省，九寨沟国家森林公园以及三星堆等著名自然、文化遗产地都曾经面向全球招标；而山东省则直接把孔府、孔庙、孔林的经营权出让给深圳的华侨城集团①。据不完全统计，截至2002年，全国已有至少19个省、自治区、直辖市的300多个大小不一的景点加入出让经营权的行列（王小润和白锋哲，2002）。

由于遗产资源稀缺、不可再生的特殊性以及我国现有监管体制的不健全，遗产地经营权出让一直以来都是学术界广泛关注和激烈讨论的敏感话题。《中华人民共和国文物保护

① 庞永厚．旅游界爆新闻 亿元“买断”武当山．江西日报社“江西大江网”，http：//www.jxnews.com.cn/，2002-05-23。

法》规定，“建立博物馆、保管所或者辟为参观游览场所的国有文物保护单位，不得作为企业资产经营”①。部分学者认为，企业拥有主导经营权会从盈利的目标出发，较少增加资源保护投入，使资源保护标准“降格”，并可能带来“以企代政”的发展模式，并导致危及遗产保护（郑易生，2002）；另外，让遗产资源担当起拉动经济增长的重任是一种短视行为。也有学者从发展与资源重组的角度认为，所有权与经营权分离是经营管理方式的转变，是遗产保护利用改革发展的必由之路。

笔者认为，遗产保护是前提，有效利用是关键。如果经营权的出让引来过度的开发，对遗产资源造成破坏，那么出让之路是失败的；但如果遗产资源因为政府的保守管理，没有得到妥善的利用与发展，也将是资源的损失。因此，经营权出让模式可行与否，关键在于具体遗产对象的选择，并不是所有资源都适合出让经营权。一些遗产资源，如世界文化遗产地、革命纪念遗址等具有公益性质或人类文化学意义（图4.21），其核心任务是保护，如果以出让经营权的市场行为加以开发，势必与遗产的文化内涵相违背并导致资源的破坏。因此，这类资源应该由国家专营，严格保护，不得出让。而另一些遗产资源，如古城、历史街区、工业遗产等具有生活性或持续进化的特征，只有在发展中加以保护，才能融入现代生活。出让这类遗产资源的经营权是一种遗产“活化”的方法，可使其在市场的运作下发挥更大的经济与社会综合价值。

图4.21　红色教育基地——重庆红岩村与延安

3. 政府主导的项目公司模式

政府主导的项目公司模式是由政府成立相应的旅游开发项目公司，相关资产以政府财政划拨的形式注入项目公司或者以资产作价形式出资，资产所有者拥有项目公司相应的股权，项目公司以政府组织注入的资产为抵押，向银行借款，获得的资金用于遗产地旅游项目的开发。由于法律的制定与执行、文物抢救与保护、居民搬迁等都离不开行政的力量，而资金的投入与回收、项目的经营又离不开市场的调节，这种经营模式在遗产地开发与保护上较为常见，水乡乌镇便是这一模式的主要代表。

① 《中华人民共和国文物保护法》（2002年）第二十四条。

1999 年，乌镇古镇保护与旅游开发管理委员会成立，同时由 12 家经济实力较强的单位组成的乌镇古镇保护与旅游开发有限公司成立，通过公司筹资入股和银行借贷等方式对古镇进行项目开发和管理与实施，标志着政府作为主要力量参与古镇旅游开发[①]。2002 年 1 月 1 日，经过近 2 年的保护与开发后，乌镇正式对外开放，迅速取得了令人瞩目的成绩：旅游者人数与收入迅速增长，2001 ~ 2002 年乌镇旅游者总人数增长率为 16.21%，2002 ~ 2003 年境外旅游者总人数年均增长 81.7%，旅游总收入年均增长 19.35%（周玲强和朱海伦，2004）。该模式值得借鉴之处在于以下三方面[②]。

行政管理方面——建立适合市场机制的古镇旅游开发与管理机构。乌镇古镇保护与旅游开发管理委员会作为政府派出机构，负责对乌镇古镇保护与旅游开发的统一规划、协调和管理。同时，在市场运作方面，由政府牵头，成立了乌镇古镇保护与旅游开发有限公司。管委会和旅游开发公司管理人员采用交叉兼职的方式，处理管委会、旅游开发公司与当地党委、政府的关系，构建统一协调的管理体制。与经营权出让模式相比，政府主导的项目公司模式的监管力度更强。通过严格的制度、规范的程序对开发项目进行管理，保证了保护区内重要的居民建筑群、古建筑、桥梁、街道等能够分别制订详细的修复和整治计划，并严格按计划实施，还避免了过度商业化的老路。

资金筹措方面——主要采取市场运作的方式筹集资金。乌镇前期开发中道路、水、电等基础设施建设、历史建构筑物的维修以及项目开发等资金主要来自旅游开发公司的筹资入股和银行借贷等方式。

市场营销与宣传方面——发挥政府力量并与市场力量相结合的优点。通过市场分析，乌镇将上海作为主要客源市场，借助政府的力量，乌镇得以与上海电视台结盟，通过高频率的宣传推销乌镇；同时在浦东国际机场、上海地铁站以及社区街巷设立广告牌等扩大乌镇影响力；在打开国际市场方面，在政府的努力下，乌镇得以承办接待 APEC 嘉宾、世界青年总裁协会访华团、世界航空界年会等一系列具有世界影响的活动。

但由于政府项目公司自身兼具强大的行政权力与市场动力，如遇到负责人独断专行的操作，也会使该模式带来如前文所述的遗产地过度商业化或孤岛化的问题。因此，关键在于政府力量在其中管理调控的尺度把握。

4.4.3 采取适当保护方式

旅游开发是遗产地保护和发展的途径之一，但是，并非所有的遗产地都适合发展常规性的旅游、采用相同的旅游开发经营模式，而应根据历史文化资源不同的价值特点，采取不同保护方式下的旅游发展策略。结合旅游开发的遗产资源保护大致可分为绝对保护、自然保护、开发保护三种方式。

---

① http://www.wuzhen.com.cn/index/index.asp。

② “乌镇模式”在古镇保护和旅游开发方面取得了极大成功，并使古镇保护与旅游发展进入良性发展轨道。然而，由于过多注重旅游开发，忽视了古镇生活延续性的保护，出现了“孤岛化”现象。详见 4.3.2 有关论述。

1. 绝对保护

绝对保护是将保护对象真实地保护起来，允许必要的修缮和加固，但必须以不改变原貌为前提，严格控制、冻结保存，保证其原真状态的延续。

这类保护对象包括以考古学、科学研究价值为主的遗址类历史文化资源，抑或是濒危的文化遗产，如周口店、河姆渡、三星堆等遗产地，北京故宫、西藏布达拉宫等重要文物古迹，一般作为博物馆加以保存。它们是当代人了解历史、认知文化、体验生活的重要对象，其文化价值远大于其经济价值，应由国家进行专项拨款或利用募捐来筹措保护资金。这类遗产资源虽然也可以开辟为旅游场所，但是仅限于作为参观游览对象，不可开发其他旅游要素，如“吃、住、行、购、娱”等。2011 年 5 月，北京故宫疑将建福宫改成富豪私人会所就引起专家和公众的广泛质疑和声讨①，说明了社会对这一文化圣地绝对保护的关注。

绝对保护的对象虽然从经济效益上看投入和产出比小，但其社会效益却是影响深远的，对于研究我国古代文化、弘扬传统精神，提高国家在世界文明古国的地位有着特殊的意义。布达拉宫由于其独特的政治宗教价值和藏族文化的巨大宝库②而作为博物馆予以绝对保护，建筑保护和器物保护是管理的重点。布达拉宫管理处自成立以来，对宫内文物及建筑的日常保养维护投入了大量人力、物力和财力，是典型的绝对保护方式③（图 4. 22）。

图 4. 22　维修中的布达拉宫僧院建筑

资料来源：http：//discovery. cctv. com/

2. 自然保护

任何事物的生长、发展、消亡，都有其自身的规律和轨迹，我们应当正确认识并尊重事物的客观规律。对于旅游开发时机不成熟或条件不具备的遗产地，维持目前的原生环境让其自然发展就是最好的保护方式。

① 2011 年 5 月，央视主持人芮成钢在其微博上说，听说故宫的建福宫已被改成一个为全球顶级富豪们独享的私人会所，500 席会籍面向全球限量发售。相关资料显示，建福宫举办过多场宴会。故宫博物院新闻发言人冯乃恩 5 月 13 日否认了相关传言。

② 宫内珍藏的各类历史文物和工艺品数量繁多，现有玉器、瓷器、银器、铜器、绸缎、服饰、唐卡共 7 万余件，经书 6 万余函卷。

③ 在建筑保护方面成立了维修科，常年配有木工、画工、石匠、缝纫等工种 50 多名人员。在器物保护方面，布达拉宫管理处已对 16 个殿堂、5 个文物库进行了清理。到目前为止，布达拉宫 90% 的文物已经有了自己的“个人档案”。在遗产安全设施方面，布达拉宫于 1994 年安装了电视监控设备和防盗自动报警系统，2001 年又安装了火灾自动报警系统设备，进一步加强了安全保护工作方面的硬件设施建设。在安全管理的人员配备方面，布达拉宫管理处为每个殿堂至少配备一名香灯师，进行现场防火、防盗监控；同时西藏自治区政府为布达拉宫配备了一个消防中队，专门负责火灾预防工作。1989 ~ 1994 年，国家出资 5000 多万元对布达拉宫进行了第一期维修；2002 ~ 2009 年，国家出资 1. 7 亿元对布达拉宫进行了第二期维修。

这类遗产地缺乏进行旅游开发的必要条件，包括地理位置和交通条件、资源类型和地域组合条件、容量条件、客源市场条件、开发投资条件和施工难易条件等（马勇和李玺，2002）。如果没有达到旅游开发的时机而盲目进行开发，必然对当地的社会、经济、文化产生不良的影响。因此，提高公众保护意识，加强对文化遗产资源保护知识的普及和管理监督体制的健全是此类遗产地发展的关键。从某种意义上讲，不破坏就是保护，在不具备开发条件时让历史资源自然发展也具有积极的意义。

重庆磁器口古镇（历史街区）在1996年城市总体规划中即被确定为市级历史保护区，并完成了保护规划。由于交通条件制约（主城至磁器口的交通不便捷）、周边旅游资源开发不完善（歌乐山烈士陵园、歌乐山森林公园、红岩村等旅游景点建设滞后）以及政府财政能力有限，沙坪坝区政府暂缓对其进行旅游开发，采取自然保护的方式。2000年以后，随着旅游开发条件的成熟，政府成立了相应的保护开发管理委员会并加大资金投入和宣传工作，2001年春节期间（初一至十五）游览人数即突破80万人次（其后每年春节期间均超过100万人次），目前已经成为重庆市的重要旅游景点之一。

3. 开发保护

对于适宜发展大众旅游并具备开发条件的文化遗产地，可积极进行旅游开发，将遗产保护与旅游发展有机结合起来。此类遗产地包括具有地理区位优势的古村镇、历史名城以及城市中的历史街区等，其旅游资源丰富，特色鲜明，资源的历史价值、艺术价值较高，能对旅游者产生旅游吸引力，同时又拥有便捷的区域交通条件。开发保护是以保护为前提，以旅游为核心，以产业发展为支撑，以振兴经济为目的的一种综合性的保护方式。

开发保护是一种积极的保护方式，但在开发过程中同样应做到有约束、有限制的开发，应坚持以“旅游展示文化、文化带动旅游、旅游促进经济”为理念，将旅游开发建立在和传统文化积淀融合的基础上。通过加强遗产地保护，挖掘文化内涵，打造特色品牌，完善功能配套，提升遗产地知名度，并以旅游业为主带动城市经济、社会的发展和进步。

同里是苏南著名的水乡小镇，位于太湖之畔古运河之东，距苏州市18km，距上海80km。古镇有“三多”：名人多，明清建筑多，水、桥多。自宋代至清末年间，先后出状元1名、进士42名、文武举人93名。自1271～1911年，镇上先后建成宅院38处，寺、观、宇47座。镇上有各朝代的古桥四十多座，包括南宋诗人叶茵建造的思本桥，元代的高观桥等。同里以居住与园林相结合的江南居住建筑为特点，其中最有名的是退思园，此外还有崇本堂、嘉荫堂等传统文化的因子在现代社会中越来越凸现出它的价值，地理位置的优势为其旅游开发创造了可行性。因此，同里将旅游开发作为古镇保护和发展的重要途径。1995年同里被评为江苏省历史文化名镇后，很快便加速了旅游业的发展，实现了“醇正水乡、旧时江南”知名度提升和以旅游业为主带动全镇经济、社会发展的进步。

4.4.4 合理有效利用资源

在遗产地旅游发展过程中，应合理地利用丰富的历史文化资源，充分发挥它们在旅游发展中的积极作用；同时，也要确保文化遗产得到有效保护。

1. 建筑类遗产资源的利用

建筑类遗产资源的开发利用可分为五种方式（贾鸿雁，2007）。

1）延续建筑原有的用途和功能，并使之与游览功能相结合。对于历史建筑来说，这是最有效的保护利用方式。例如，山东曲阜的孔庙、浙江南浔的嘉业藏书阁等一些寺庙、祠堂、书楼等历史建筑仍在发挥其传统功能，延续其历史使命。

2）建立博物馆、陈列馆，并作为参观游览对象。对于宫殿、会馆、名人故居等历史建筑类型，国内外目前普遍采用博物馆式保存并进行旅游开放的方式。例如，祁县乔家大院是体现我国清代北方民居建筑独特风格的建筑群体（图 4.23），被改造为民俗博物馆，馆藏文物 2000 余件，以明清瓷器、书画、丝绣、家具和以反映山西中部地区清末民初汉民族的农事习俗、岁时节令、衣食住行、婚丧嫁娶、人生礼仪等民俗以及乔家经商史迹为主要陈列。

对于具有重要价值的古典园林的保护与利用一般也采取博物馆式的保护。例如，南浔的小莲庄，同里的退思园，苏州的拙政园、网师园、狮子林、留园等。

图 4.23　乔家大院

3）构筑景观小品或标志物。对于一些规模小的孤立古建筑、构筑物，在旅游开发中通过对空间视廊的控制，使之成为体现“古为今用”旅游环境氛围的景观小品或标志物，如西安市通过对大雁塔周边建筑环境和景观的控制，凸显了大雁塔在城市中的标志性地位（图 4.24）。

4）转换功能，作为旅游休闲服务设施。对保护级别较低的历史建筑，在旅游开发中可以根据实际需要对其功能进行置换，以满足旅游者吃、住、游、购、行、娱的不同需求。但要注意保持历史建筑的原有风貌格局不受破坏，与周围环境相协调，确保历史建筑的使用安全。

2. 古迹遗址类资源的利用

古迹遗址类资源的旅游开发和利用一般采取以下两种方式。

1）建立遗址博物馆或遗址公园。对于冻结式保存的古迹遗址点，在不改变古迹真实性的前提下，进行必要修缮和环境整治后建成遗址博物馆或遗址公园。

以殷墟遗址公园为例。根据最近的考古调查和研究结果表明，殷墟遗址的面积超过 $36km^2$，其中发掘出的宫殿宗庙遗址、王陵遗址只是其核心区域。为了对未发掘地段的地下文物进行全面保护，安阳市政府将整个遗址范围作为殷墟遗址公园整体保存下来，禁止任何开发性建设。并结合发掘出的殷墟宫殿遗址建筑群与其他地下文物，在公园内修建殷墟博物馆，将包括司母戊鼎在内的重要国家文物原址保存，以历史文物、建筑与环境的结合向现代人展示商都的历史。

2）修复景点。历史上一些重要的建构筑物由于各种原因已经被毁坏或消失的，可以根据有关史料进行复建，成为具有地方代表性的景点。

图 4.24　大雁塔地区与西安城市轴线的关系

资料来源：西安市规划局

以北京永定门城楼的复建为例。著名建筑学家梁思成先生曾于 1951 年在《北京——都市计划的无比杰作》一文中，以充满激情的笔触，描述了北京中轴对称又隐含丰富变化的城市格局给予人们的巨大审美冲击①。然而，从清朝灭亡后，老北京城在建设过程中，中轴线不断遭到破坏。作为中轴线上重要标志性建筑的永定楼城门也于 1956 ~ 1957 年以"妨碍交通"的理由被无情拆除。随着新时期城市观念的转变，遗产保护意识的增强，以

① 他在该文中这样写道：我们可以从外城最南的永定门说起，从这南端正门北行，在中轴线左右是天坛和先农坛两个约略对称的建筑群；经过长长一条市楼对列的大街，到达珠市口的十字街口之后，才面向着内城第一个重点——雄伟的正阳门楼。在门前百余公尺的地方，拦路一座大牌楼，一座大石桥，为这第一个重点做了前卫。但这还只是一个序幕。过了此点，从正阳门楼到中华门，由中华门到天安门，一起一伏、一伏而又起，这中间千步廊（民国初年已拆除）御路的长度，和天安门面前的宽度，是最大胆的空间的处理，衬托着建筑重点的安排。由天安门起，是一系列轻重不一的宫门和广庭，金色照耀的琉璃瓦顶，一层又一层的起伏峋峙，一直引导到太和殿顶，便到达中线前半的极点，然后向北、重点逐渐退削，以神武门为尾声。再往北，又"奇峰突起"的立着景山做了宫城背后的衬托。景山中峰上的亭子正在南北的中心点上。由此向北是一波又一波的远距离重点的呼应。由地安门，到鼓楼、钟楼，高大的建筑物都继续在中轴线上。但到了钟楼，中轴线便有计划地，也恰到好处地结束了。中线不再向北到达墙根，而将重点平稳地分配给左右分立的两个北面城楼——安定门和德胜门。这样有气魄的建筑总布局，世界上没有第二个［参见：梁思成.1951. 北京——都市计划的无比杰作. 新观察，(4)］。

恢复城市历史中轴线、发展南城为目的的重建永定门城楼工程于2004年2月14日正式开工。

永定门的重建在制式、结构、风格、材料、工艺等方面充分体现了“重建如旧”的原则。并且重建并不止于城楼本身，对于城市来说，更立足于一个多功能文化风貌区的恢复。借助永定门城楼复建的契机，天坛部分西墙也得到恢复重建的机会，使天坛与先农坛之间的历史环境进一步改善（图4.25）。

图4.25　永定门城楼与燕墩

资料来源：http：//www.microfotos.com

3. 历史地段（街区）的开发利用

历史地段（街区）的旅游开发和利用，不仅要保护遗产资源，拉动地方经济，还应推动城镇社会、文化的繁荣。因此，首先要保护好地段内真实的历史遗存，维持其整体风貌完整性。其次，应延续原有使用功能，包括它们承载的社会文化功能、居住生活功能等，同时，要引入文化产业，推动旅游发展。主客相融，体验普通居民生活是历史地段旅游开发比较成功的模式（沈苏彦等，2003）。

例如，杭州清河坊历史地段，占地13.66hm^2，是杭州城内目前唯一保存较完整的旧街区，也是杭州悠久历史的一个缩影。整个街区的业态布局，除保留区内著名的胡庆余堂、张小泉、太极茶道、王星记等中华老字号外，以招租、联营等形式引入商家经营古玩、字画、旅游纪念品、工艺品、杭州及浙江各地名土特产等符合街区历史文化氛围的项目。仅2006年清河坊历史文化街区就实现营业收入5.5亿元，税收1746万元，接待中外旅游者1500万人，成为我国首个成为国家4A旅游景区的商业街区①。

北京什刹海历史文化保护区跨两个城区、两个街道办事处及三十三个居委会，总面积约为323hm^2，是北京25片历史文化保护区中面积最大和人口最多的区域，约占其面积总和的1/6。什刹海地区代表着自元朝700余年以来中国统一政权下北京都城核心区城市规划建设脉络的起始点，区内不仅宗教建筑多、名人故居多，而且其保存完好的坊巷胡同、四合院与浓郁的老北京人文与民俗积蕴一起，成为北京地域人文精神的代表。从20世纪80年代中期开始，北京即开始了什刹海地区的保护规划、更新改造和旅游开发。旅游开发中突出“怀旧休闲”，开发了“老北京游”（古宅、古街、故居、故事）、“王府游”、“滨水休闲游”等特色旅游产品。保存完好并有效开发利用的胡同、四合院、名宅府第、白米斜街传统商业街、烟袋斜街传统商业街、前海环湖休闲街、荷花市场酒吧街、后海传统美食街等充分体现“元代漕运终端、明清王府宅第、古刹胡同民宅、古今名人故居、现代休闲游憩”的旅游区特征，使其成为与长城、故宫并列的北京市三大龙头旅游产品（图4.26）。

在保护开发中，采取政府对特困人群的扶助、适当补偿的自愿外迁、小规模自愿的空

① 清河坊网站，http：//www.qinghefang.com.cn/。

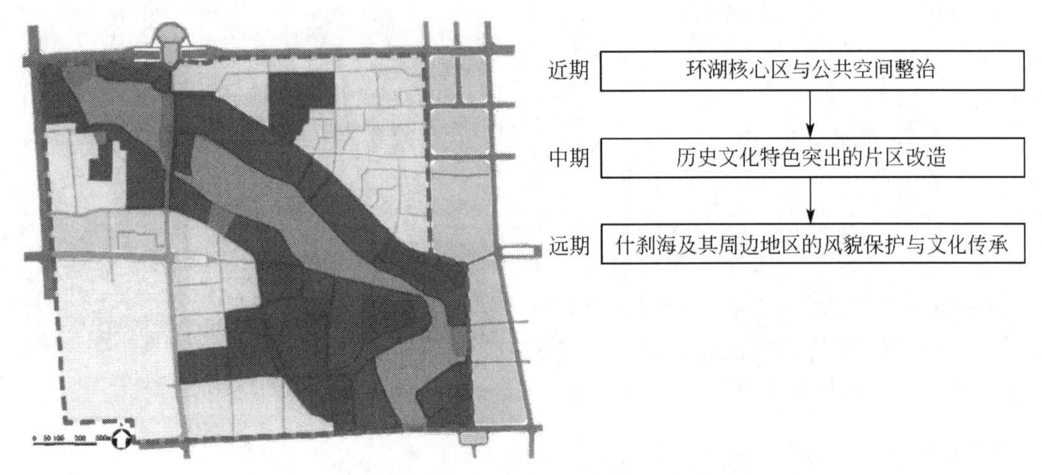

图 4.26　什刹海历史文化保护区保护整治思路
资料来源：清华大学．什刹海历史文化保护区三年环境综合保护整治方案．

间置换等方式疏解人口；采取小规模渐进式的保护与更新的方式，根据阶段性、整体性的原则和尊重居民自身的条件和意愿进行逐步提升与改善居民生活标准，并提倡居民在政府引导下的自主改善（边兰春和井忠杰，2005）；将部分四合院功能置换，或由民居改为家庭旅馆、家庭餐馆，或改作商业、服务业用房。通过这些措施，不仅有效改善了居民居住条件、振兴了商业活力，而且有力提升了地区特色旅游价值，促进了什刹海地区经济社会的整体发展。

4. 非物质遗产的利用

城镇历史文化资源中除有形的物质遗产之外，还有丰富的地方文化传统，如传统工艺、民间艺术、民俗精华、名人逸事等。这些非物质遗产和有形文物相互依存、相互烘托，共同构成历史城镇的文化内涵，有巨大的开发潜力。而且，这些非物质遗产资源也只有通过旅游开发，其价值才能得到充分体现。

（1）转化为旅游商品

将无形的传统文化内容通过物质形式表现出来，历史城镇的地方特产和特色文化可以转化为有独具匠心的旅游商品和纪念品，如南浔的湖笔、周庄的万三蹄、扬州的漆器等（图 4.27）。市场经济体制下的资源配置方式可以促进历史文化的物化进程，旅游商品的开发将生产要素与文化内涵相结合，在新的环境背景下重新解读传统文化内涵，并通过商品的推广来弘扬和继承历史文化传统。

（2）开发节庆旅游产品

节庆活动是在固定或不固定的日期内，以特定主题活动方式，约定俗成、世代相传的一种社会活动。我国节庆种类很多，从节庆性质可分为单一性和综合性节庆；从节庆内容可分为祭祀节庆、纪念节庆、庆贺节庆、社交游乐节庆等。节庆开发指以地方传统节庆为载体，通过对民俗文化资源的挖掘和整合，并赋予新的文化内涵来实现对地域文化资源的产品开发。这一旅游开发方式易于文化资源系统的整合和产生整体文化效应，而且可以产

图4.27　旅游商品：南浔的湖笔、扬州的漆器

资料来源：http：//www. gettyimages. cn/

生良好的资源升值回报。

以山东潍坊的“风筝节”为例。潍坊是中国的风筝之乡，制作风筝的历史悠久，享誉中外。潍坊市将本地的风筝制作技术与文化转化为产业，通过风筝这一传统民俗文化资源扩大城市在世界的影响力。自1984年以来，每年4月20~25日潍坊定期举行国际风筝节，借此吸引大批中外风筝专家、爱好者及游人前来观赏、竞技和游览，逐渐成为一年一度的国际风筝盛会，极大地促进了潍坊经济和旅游业的发展。从第16届开始，潍坊风筝节期间还同时举办了鲁台贸洽会、寿光菜博会、潍坊工业产品展销会、昌乐珠宝展销订货会、临朐奇石展销会等经贸活动。进一步借助这一平台，带动地方经济发展，促成旅游地经济的全面发展。据不完全统计，近年来每年风筝会期间，前来潍坊进行体育比赛、文艺演出、经贸洽谈、观光旅游、对外交流、理论研讨、新闻报道、文化交流等活动的国内外宾客近160万人次（庄文石和范国强，2007）。

除潍坊之外，山东曲阜的“国际孔子文化节”（图4.28）、四川成都都江堰的清明“放水节”、重庆丰都的“鬼文化节”等文化节庆活动的举办，也都提高了地方知名度，给地方经济带来了巨大的收益。

图4.28　节庆活动：潍坊“风筝节”、曲阜“国际孔子文化节”

资料来源：http：//www. sznews. com

（3）复兴地方文化产业

对地方文化产业的复兴就是将旅游产品的开发与地方文化发掘以及社会实践结合起来，展开文化资源的调研，选取艺术价值较高、市场可操作性较强的项目，有的放矢地开发成特色旅游产品，打造精品文化，发挥其品牌效应，以市场带动文化旅游的产业化发展。同时，通过传播传统文化的精髓提高整个遗产地社会民众的文化素质和品味。

丽江旅游业的开发和发展，极大地促进了地方文化产业的发展，使东巴文化和纳西古乐得以保护、传承和弘扬，受到越来越多人的认识、了解、喜爱，并已成为丽江古城的文化品牌。目前，在丽江古城区及玉龙县范围内活跃着22个古乐队，14个东巴文化传习馆，一大批以木制工艺、东巴蜡染、纳西布挂画、东巴纸、铜制器具等为代表的传统工艺经营户。纳西古乐及东巴文化产业年产值超过了1000万元（熊正益，2007）。2003年8月，联合国教科文组织世界记忆工程国际咨询委员会第六次会议在波兰格但斯克举行，丽江申报的“东巴古籍文献”被联合国教科文组织批准列入《世界记忆遗产名录》。

4.4.5 严格控制环境容量

旅游环境容量（ecological carrying capacity of tourism）的超负荷，虽然可以带来旅游地一时的兴旺和繁荣，但必然对生态环境、文化氛围、历史遗存以及居民生活带来极大破坏，不但会破坏文化和生态稳定性，而且还有可能导致相当长时间内（甚至永久性的）难以恢复原有状态，从而影响到旅游业的可持续发展。因此，在遗产地旅游开发的过程中，应以保护为前提，严格控制环境容量。控制环境容量的核心则是控制游客接待量，具体而言，一是通过科学的方法预测和评估旅游地的环境承载能力；二是制定灵活的管理措施控制游客接待量。

1. 环境容量的确定①

旅游环境容量是一个可变因素，不同的技术、管理条件下，同一个旅游地的环境容量可能不同，有力的管理也可扩大其环境容量。在旅游环境容量控制中，生态环境容量、心理容量和设施容量可变性相对较大。而资源空间容量的可变性相对较小，是环境容量控制的核心，它不仅反映了遗产资源空间的承载能力，也与生态环境、居民心理和基础设施的承载能力紧密相关。对于一个旅游区来说，日空间容量与日设施容量的测算是最基本的要求，也应对生态环境容量和社会环境容量进行分析。如果上述四个容量都有测算值的话，那么一个旅游区的环境容量取决于以下三者的最小值：①空间容量与设施容量之和；②生态环境容量；③社会心理容量。

（1）空间容量与设施容量测算

日空间容量的测算是在给出各个空间使用密度的情况下，把游客的日周转率考虑进去，即可估算出不同空间的日空间容量。例如，假设某游览空间面积为 X_i 平方米，在不影响游览质量的情况下，平均每位游客占用面积为 Y_i 平方米/人，日周转率为 Z_i。则该游览日空间日容量（单位：人）为

$$C_i = X_i \times Z_i / Y_i$$

旅游区日空间总容量等于各分区日空间容量之和，即

① 各项测算方法参考：旅游规划通则.2003；吴宜进，2005；保继刚和楚义芳，1999。

$$C = \sum C_i = \sum X_i \times Z_i / Y_i$$

按照此方法，以凤凰为例，2002 年《凤凰历史文化名城保护规划》中采用日空间滴定法对凤凰古城旅游资源空间进行了容量测算。凤凰古城重要街道面积和重要文物古迹点面积共为 $7hm^2$，即 $70\ 000m^2$，30% 即 $20\ 000m^2$ 为有效步行游览面积，每位游客占用面积按照 20 ㎡/人，日周转率取 6。由日空间容量公式计算得出：规划历史城区旅游人口容量为 6000 人/天，最高可控制为 10 000 人/天[①]（表 4.2）。由此确定凤凰古镇单日游客接待量的基本和最高控制指标[②]。此外，根据上述计算方法，我国世界文化遗产九寨沟也已规定单日客流量不得超过 1 万人。

表 4.2　凤凰旅游容量测算表

景区	测算参数			日容量次/人	年容量次/年	计算方法
	X_i/平方米	Y_i/m^2/人	Z_i/m^2/人			
凤凰历史城区	20 000	20	6	6000	2 190 000	面积法

资料来源：同济大学 . 2002. 凤凰历史文化名城保护规划

对旅游地实地调研和统计数字的综合分析，也可对遗产地的环境容量作出相应的评估，并在此基础上制定指标体系，对环境容量进行控制。以平遥为例，由于季节性和节假日的影响，旅游者流量出现不平衡，特别是旅游黄金周期间，进入古城的旅游者大大超过了最佳旅游环境容量，从表 4.3 中可以看出，在 2004 年“十一黄金周”的 7 天中，有 5 天的旅游接待人数远远超过核定的最大（1.99 万/日）和最佳（1.49 万/日）日接待量（陈峰云等，2007）。因此，通过对其环境容量的评估，得到对遗产地游客接待量的周期性的准确把握。为合理地制定淡旺季控制措施与分流方案提供依据。拉萨市布达拉宫就通过环境容量的评估确定了其旺季（5 ~ 10 月）每天接待的旅客最大游客数为 2300 人次，淡季为 850 人次。

表 4.3　2004 年平遥古城“十一黄金周”旅游接待情况

时间/日	接待人次/万人次	比上年同比增长/%	占核定最佳日接待量/%	占核定最大日接待量/%
1	0.82	183	55	41
2	3.53	210	235	177
3	5.02	140	335	251
4	5.41	149	361	271
5	5.01	147	334	251
6	2.39	85	159	120
7	1.21	44	81	61

① 同济大学城市规划设计研究院 . 2002. 凤凰历史文化名城保护规划 . 公式中的代码根据“旅游规划通则”有所更改。

② 但在实际操作中，景区的游客接待并未严格按照此控制指标执行，造成了古镇环境的破坏。

日设施容量的计算方法与日空间容量的计算方法基本类似。例如，假设一个宾馆的床位数为 X_i，日周转率为 Y_i，则日设施容量为

$$C_i = X_i \times Y_i$$

旅游区日设施总容量为

$$C = \sum C_i = \sum X_i \times Y_i$$

设施容量可以随着旅游设施的不断完善而逐渐增加，如通过增建（改造）宾馆增加床位数、提高供水能力和污水处理能力、改建和新建旅游道路、提高交通运输能力等，可以提高旅游地的设施容量。

（2）生态环境容量

生态环境容量的测算是一个比较复杂的问题，但起码要考虑到土壤、植被、水、野生动物和空气等因素的生态特征和生态维护，以保证人为破坏没有超出自然生态可自然恢复的程度。常采用以下三种方法。

1）既成事实分析（after-the-fact analysis）：在旅游行动与环境影响已达平衡的系统，选择游客量压力不同调查其容量，所得数据用于测算相似地区环境容量。

2）模拟实验（simulation experiment）：使用人工控制的破坏强度，观察其影响程度，根据实验结果测算相似地区环境容量。

3）长期监测（monitoring of change through time）：从旅游活动开始阶段作长期调查，分析使用强度逐年增加所引起的改变，或在游客压力突增时，随时作短期调查。所得数据用于测算相似地区的环境容量。

（3）社会心理容量

社会心理容量的主要影响因素是拥挤度。对于它的测算也是一个比较复杂的问题，目前主要有两个模型可以利用：一是满意模型（hypothetical density）；二是拥挤认识模型（perceived crowding models）。不同的旅游活动，不同旅游者的心理容量不同，一般以旅游者感知到达最大满足时的容量为心理容量的标准。而且，心理容量往往比空间容量要小，如观景点资源容量为 $5m^2$/人，而心理容量则为 $8m^2$/人。

2. 合理灵活的控制方法

在理论上旅游地承受的旅游流量或活动量达到其极限容量，称之为旅游饱和。一旦超出极限容量值，即旅游超载。根据旅游饱和和超载发生的时间和空间特点，可以分为周期性饱和与超载和偶发性饱和与超载；长期连续性饱和与短期性饱和与超载；空间上的整体性饱和与超载和局部性的饱和与超载。旅游超载必将导致遗产地的污染、拥挤、破坏。在确定遗产地环境容量指标的基础上，为有效控制旅游环境容量，旅游开发还应针对遗产地的特性制定合理灵活的容量控制措施。

（1）通过信息传播影响流量

通过大众传媒（网络、电视、报纸、杂志等），向潜在旅游者宣传已发生的旅游超载现象及后果，并预测当年可能出现的旅游流量及超载现象，影响旅游者选择目的地的决策行为，减低旅游旺季的高峰流量，使旺季的旅游流量在旅游地域饱和点之内。

（2）采取综合性管理措施

提高旅游供给力或通过调整旅游供给的内部结构应对旅游需求的措施，实现旅游者的空间分流：对局部性超载的旅游地，对其超载景区进行限流措施，实现内部分流；若内部分流后仍超载，如有扩大旅游环境容量的可能，则扩大其旅游环境容量，否则采取与旅游整体性超载同样的外部空间分流措施。

第一，各遗产地在旅游旺季可强制性限定接待人数，特别是“五一”、“十一”和春节旅游黄金时间，提前做好旅游者的分流方案。第二，错开游客在各景点游玩的时间，在重点核心区域分时段、人次限制旅游者活动，如苏州的虎丘云岩寺塔在保护范围内每次只允许 50 名旅游者进入游览，停留时间不超过 15 分钟。第三，扩大遗产地景区范围，科学规划旅游服务设施规模和区位，合理制定游览线路，提高各独立旅游点的吸引力来分散旅游者量，以达到缓解某一区域或某一时间段旅游者数量过于集中的情况。近年来，丽江古城在其周边陆续开发了束河古镇、白沙古镇、玉龙雪山、东巴谷等系列旅游景点，既丰富了文化旅游类型又缓解了古城区内的旅游超容现象。

（3）利用价格杠杆调节市场

旅游出行的支出和所获得的旅游体验收益比值是决定旅游者选择旅游地的关键因素。因此，可利用价格杠杆来调节遗产地的游客接待量。短期、周期性超载可实行浮动价格，长期性超载则必须大幅度提高价格。具体措施包括以下几方面。

收取古城保护费——有利于减少旅游者在核心区域内的停留时间，缩短旅游周期，加快旅游循环。丽江目前就采用此方式，对留宿的游客收取 80 元的古城保护费，用于历史遗产的维护①。

实行多重门票制——划分多层次的历史遗产保护区，对不同等级区域实行不同的收费标准。例如，南浔古镇的大部分景区都可以免费参观游览，但是其核心保护区要支付 100 元的费用才能进入，对于核心区内个别文物保护单位或旅游项目还需要另外收取门票。分层次收取旅游门票有利于旅游者根据个人兴趣爱好和时间安排来选择游览路线和旅游项目，避免了旅游者过于集中对景点造成压力和“一票制”带来的“强制性”消费。

采用淡旺季双重价格标准——苏州园林在旅游淡季和旺季采用不同的收费标准，严格限制和控制旅游景区内旅游者的数量和分布，以期让旅游活动尽可能减少对历史文化遗存的影响。

合理利用价格杠杆的关键在于对旅游开发实行动态管理，利用监测评估体系的反馈结果，管理机构可以对环境容量进行适当修正，采取具体的经济手段（利用价格杠杆的调节作用等）和技术手段（提前预约制度与路线调整等）来控制和限制不同区域的旅游活动。

---

① 参见自 2007 年 7 月 1 日起施行的《丽江市丽江古城维护费征收暂行办法》丽江市人民政府公告第 8 号。

第5章 公众参与历史遗产保护

随着历史遗产保护技术、保护手段、保护方法的发展，人们逐渐认识到遗产保护不仅是一种技术手段，更是一门社会科学。一般来说，推动社会发展的力量来自三个方面：政府、企业和公众。目前，我国历史遗产保护主要由政府主导，采取的是由上而下的方式。近年来，企业逐步参与到历史遗产的保护实践中，而广大公众对于历史遗产保护仍比较淡漠，缺乏积极性，这使得我国历史遗产保护工作由于缺乏广泛的群众基础而成效不明显。国外历史遗产保护历程以及相关领域实践的经验表明，遗产保护需要全社会的共同关注和投入，公众参与是历史遗产保护不可或缺的社会力量。

5.1 历史遗产保护中的公众参与

5.1.1 公众参与及其特征

公众参与（public participation）的概念源于西方，是指在涉及公共利益的社会经济活动中，公众应在享受法律保障的基本权利（如平等权、知晓权、处置权等）的基础上更广泛地行使民主权利（如决策权等）（方可，2000）。根据1998年欧洲38国《奥尔胡斯协定》（*Aarhus Convention*）的内容，公众参与是指在民主社会，人民通过非暴力、合法的途径表达自己的目标和理想，进而影响公共决策，其定义表达了三个方面的特征（周江评和孙明洁，2005）。

第一，强调反专家专制，注重民众自我管理。弗兰克·菲舍尔（Frank Fischer）[①] 认为公众参与是“一系列反对技术专家政治社会运动的总和，民众已经认识到了技术专家政治体系对民主决策的漠视，因此，它代表了民众对民主参与和自我管理的追求”（Fischer，1990）。

第二，强调藉由社会各团体间（包括与政府部门间）的互利互助，来推动社会合理发展。城市规划学者约翰·弗里德曼（John Friedmann）[②]认为“社会应该具有相当的民主，而各个社会团体，通过内部成员的相互对话进行管理，并对社会承担一定的任务，进而构成更大的社会组织网络；同时，各个社会团体为实现自身的政治目标，与外部处于支配地位的力量进行抗争，而这种公众以团体的形式参与决策的过程也就是公众参与”

① Frank Fischer，弗兰克·菲舍尔，密歇根大学公共管理学院教授。

② John Friedmann，约翰·弗里德曼，著名城市规划学者，现为加拿大英属哥伦比亚大学（UBC）社区与区域规划学院的荣誉教授。50年来，他在政府规划部门、学术界和私人咨询公司都有着丰富的工作实践，作出了杰出的贡献。他对发展中国家的空间发展规划进行了长期研究，并提出了一整套有关空间发展规划的理论体系，尤其是他的核心-边缘理论，又称为核心-外围理论，已成为发展中国家研究空间经济的主要分析工具。

(Friedmann, 1987)。

第三，强调社会权利的再分配。美国学者谢利·阿恩斯坦(Sherry Arnstein)[①] 认为"公众参与就是权利的再分配，它使得那些被排除在现有政治和经济体系以外的公民，能参与到社会决策中来"(Arnstein, 2000)。

第四，强调对政府决策科学合理性的导向。J. J. Glass 认为"公众参与就是提供一种机会，可供民众参与政府决策和规划的过程"(Glass, 1979)。1998年《奥尔胡斯协定》(*Aarhus Convention*)也指出，民众对公共决策的形成和执行过程拥有发言权。

综上所述，公众参与即在一定社会条件下，民众通过各种合法途径，自发主动的以个人或者组织的形式参与到有关公共政策的决策当中，从而影响政府决策的一种行为。因此，公众参与的理论和思想必然反映和渗透在各类社会实践活动中，历史遗产保护领域自然也不例外。

5.1.2 国外公众参与历史遗产保护概况

任何成熟的机制都是伴随社会经济文化的发展、民众自我意识的提高而逐渐形成的。西方国家历史遗产保护体系中完善的公众参与制度最早源自民间，而后才引起政府的重视，是随着民间自发保护运动的发展逐渐成形的。回溯其公众参与遗产保护的过程，大致可分为两个阶段。

1. 19世纪末民众自发保护运动

公众参与历史遗产保护最早起源于美国。1853年，为保护乔治·华盛顿在沃农山(Mount Vernon)的居住地(图5.1)[②]，康宁海姆(Ann Pamela Cunningham)发起的"保护沃农山住宅妇女联合会"(Mount Vernon Ladies' Association of the Union)成为美国历史上第一个遗产保护民间团体(Murtagh, 1997)。在该组织的影响下，"弗吉尼亚古迹保护协会"(the Association for the Preservation of Virginia Antiquities)、"圣安东尼奥历史保护协会"(San Antonio Conservation

图5.1 华盛顿故居 Mount Vernon

来源：http://www.oldtownalexandria.net/mount-vernon/

① Sherry Arnstein，谢利·阿恩斯坦，生前为美国医药协会的前任董事，主要处理健康、教育、福利部门的工作，曾发表《公众参与的阶梯》一文，被多次转载并译成多国语言。

② 沃农山住宅是乔治·华盛顿的居住地，1850年后，华盛顿的后人无力维持也无法从政府获得整修的费用，因此决定变卖房产，唯一的条件就是购买者必须将房产作为历史遗迹进行保护。康宁海姆得知后，便号召公众为保护沃农山住宅进行募捐。1853年她组织成立了"保护沃农山住宅妇女联合会"，在该组织的努力下，她成功地游说募捐了大量资金，并利用这些资金买下了沃农山住宅及其周围的地产，对住宅和周围的环境进行了修缮和维护。如今，沃农山住宅已成为弗吉尼亚州著名的旅游景点。

Society）等其他民间保护团体相继开始成立，在全美产生了广泛影响。人们开始明白，普通市民也可以是历史文化保护运动的倡导者（焦怡雪，2003）。到目前，全美国从联邦到各州、各城市有超过3000个大小民间历史遗产保护组织（表5.1）。

表5.1 美国部分致力于历史环境保护的非政府组织及其官方网站一览表

1. 全国性历史保护组织（national organizations）	密歇根州历史保护网 http：//www. mhpn. org
全美历史保护信托组织：http：//nationaltrust. org	保护明尼苏达联盟：http：//www. mnpreservation. org
历史保护行动：http：//www. preservationaction. org	纽约州历史保护联盟 http：//preservenys. org
历史保护技术联合会 http：//www. apti. org	弗吉尼亚州古迹保护联合会：http：//www. apva. org
保存与保护组织：http：//preserve. org	弗吉尼亚历史保护联合会 . http：//www. vapreservation. org
2. 州域性历史保护组织（statewide organizations）	**3. 地方性历史保护组织（local organizations）**
佛罗里达历史保护信托组织：http：//www. floridatrust. org	圣安东尼奥历史保护协会：http：// www. saconservation. org
佐治亚州信托历史保护组织 . http：//www. georgiatrust. org	查里斯顿历史保护基金会：http：//www. historiccharleston. org
夏威夷历史保护基金会：http：//www. historichawaii. org	新英格兰古迹保护协会：www. spnea. org
马萨诸塞州历史保护协会：http//www. historicmass. org	蓝草历史保护信托组织：http：//www. bluegrasstrust. org

同一时期，1877年英国由威廉·莫里斯（William Morris）和约翰·拉斯金（John Ruskin）创建了英国最早的民间保护组织“古建筑保护协会”（society for protection of ancient buildings），其目的是对古建筑进行保护，反对拆毁古建筑以及对原建筑作面目全非的重修，并以文字和其他多种方式唤起公众的保护意识。他们的努力得到了社会大众的支持，并最终促使国家将古建筑保护纳入立法的范围。其后，各种历史遗产保护团体在英国逐渐增多，它们的出现有力地推动了全英乃至整个欧洲的历史遗产保护运动。

2. 第二次世界大战后在世界范围内的发展

1933年，遗产保护中的公众参与在第一个国际公认的城市规划纲领性文件《雅典宪章》中被提及。之后，在第二次世界大战后欧洲城市的重建中①(图5.2)，绝大多数民众更加深刻地认识到，保护历史环境是延续民族精神、发扬民族文化的重要手段。同时，由于战争的破坏，城市中原有的历史环境迅速消失，人们逐渐意识到城市历史文化的重要性，关于历史保护的民间呼声也日益高涨。于是，公众从舆论争论开始，逐渐发展到自发组织成各种民间团体参与到对各类古建筑、古迹以及历史环境的保护活动中。这股自下而上的强大力量，最终得到了政府的支持，并在国家的立法和管理程序中得到了承认，成为历史遗产保护运动中最大的推动力量②。

在英国，第二次世界大战后大量的民间保护组织如雨后春笋般涌现。据统计，仅1975年登记的全国性及地方性组织就有1250个。他们收集专家和公众的意见，督促和协助历

① 例如，著名的纽伦堡重建：1945年1月第二次世界大战期间同盟国的轰炸机将这座城市夷为平地，第二次世界大战结束后，老城区内几乎所有的建筑都是在废墟上重新恢复原貌，包括城堡和3座历史悠久的教堂都是以一一比照的方式在废墟上加以重建完成的。

② 例如，1966年美国联邦政府颁布的《国家历史保护法》中将历史保护和管理确认为由社会形态各部门并肩参加的义务和职务及责任。从而为非官方的保护团体参与遗产保护提供了法律与制度上的支持。

图5.2　重建后的纽伦堡教堂
来源：http：//www. uutuu. com/

史遗产的保护。

在美国，第一个全国性、独立于政府的非营利组织——全美历史保护信托组织（the National Trust for Historic Preservation）[①] 也于第二次世界大战后成立。之后，伴随着历史保护运动的发展，美国各州和地方性的民间保护组织不断壮大，成为大众参与历史遗产保护的主要媒介。

在日本，1963～1965年奈良、京都、镰仓开发案计划使人们认识到由于开发而破坏城市历史环境问题的严重性。而后，这一事件更是直接促成了《古都保存法》的制定。20世纪60年代的妻笼宿保护运动（图5.3），更是促使了日本全国的市民保护运动的组织化，形成了“历史街区保护联盟”，之后发展为“全国历史街区保护联盟”（the Historical Block Protection Alliance）（张松，2000）。

图5.3　妻笼宿古老的水车

5.1.3　国外公众参与历史遗产保护的经验

国外公众参与遗产保护之所以发展较为健全，与西方文化背景下的民主意识的沿袭有着紧密的联系。此外，在具体的操作层面，西方社会也具有相应的法律保障和实施手段，

① 全美历史保护信托组织发起于1947年4月，一些致力于全国性非政府组织的历史保护主义者发起，信托的宗旨在于将一种基于信任而设立的遗产进行保护更新，信托将信托财产的所有权转移给受托人，由受托人进行管理或者处理但有义务将所产生的利益交付给受益人，它来自于英国全英历史保护信托组织（the British national trust）和得克萨斯州的圣安东尼奥历史保护协会的启发。1949年10月全美历史保护信托组织的组建申请获得了国会批准和总统同意后正式成立。1966年联邦政府颁布了《国家历史保护法》，全美信托组织成为唯一被其指名提及的非政府组织并成为联邦基金的补助对象，这使全美历史信托组织获得了前所未有的机遇，会员人数从1966年前的不足2万人在短期内就迅速壮大到超过10万人。同时地方草根组织作为会员加入全美历史信托组织的比例也大大增长，现在它已经成为全美规模最大最有影响力的民间保护组织。来源：William，1997。

其公众参与历史遗产保护有其自身的特点。

1. 自下而上的民众自发运动

西方国家的遗产保护运动大都由民众自发形成，并且许多遗产保护方面的立法也是由公众运动间接促成。这是由于西方国家在近代的三大思想运动（文艺复兴、宗教改革和启蒙运动）中，已经将民主的观点从理论界推向了平民大众，随着各种民主革命的开展，人们更加体会到自身对于整个社会发展所能起到的个体作用。因此，西方国家的民众对于各种社会活动，特别是涉及自身利益的问题，都会表现出较高的参与意识。正是这种来自思想认识水平的动因，促使西方国家的公众参与能够持续健康的发展。

20世纪初期，在各个国家相继立法保护历史遗产之前很长一段时间内，保护活动主要是由民间个人带动的，公众参与具有个人英雄式的单向努力。在遗产保护官方力量加强的同时，民间保护组织和参加这些组织的会员数量都得到了空前发展。遗产保护中公众参与的发展，是从“小众”发展到“大众”，并最终得到政府的立法支持。这种自下而上的保护参与是西方公众参与遗产保护的主要特点之一。

2. 完善的法律保障

西方国家关于遗产保护的立法大都是由民众运动所促成的。因此，在法律法规中对于公众参与的具体内容都有明确的规定。例如，在美国，1949年国会立法授权成立国民信托的《国民信托组织宪章》（*Charter of the National Trust for Historic Preservation*）中就明确提及了公众参与遗产保护的要求。1966年美国颁布历史遗产保护的基本法案《国家历史保护法》（NHPA），要求在加强联邦政府遗产保护作用的同时，应积极支持公、私各类保护组织（Zabriskie，1966）。同年，由该法案授权成立的“联邦历史保护理事会”（ACHP），明确要求成员必须包括四名普通市民和一个美国本土土著民（含夏威夷岛）。在地方上，普通市民代表加入地方保护委员会（LPC）行使民意也得到了该法案的认可①。此外，美国的历史遗产官方管理机构国家公园管理局（NPS）也明确规定，任何保护计划都必须建立在公众参与的基础上，所有的决策过程应当设置一个公开的论坛（会议）。

在英国，《国家遗产法》（*The National Heritage Act*，1983）颁布并成立半官方的管理人——“英格兰遗产”（English heritage）后，广泛的社团参与逐渐在英格兰遗产管理中出现，并且被英国环境部规定有资格在一定程度上介入保护的法律程序②。在日本，1950年《文化财保护法》首次颁布，设定了国家、地方二级管理机制以及国家与地方公共团体的协作体制；1975年修订的《文化财保护法》更强调了地方公共团体的重要性。最早推行整体性保护的意大利在法律中也明文规定，对保护区内的历史建筑以及与建筑相关的一切事宜，地方政府都需要在联席会议上征得保护组织的同意。

---

① 引自http：//www. achp. gov/index. html。

② English Heritage annual report. 2007/08，42-57。

另外，由于20世纪60～70年代“环境权理论”（environment right theory）[①]的提出，大大促进了公民参与原则的发展与具体化，并促使其在遗产保护领域，特别是在遗产保护的相关法律中得到落实。1975年建筑遗产欧洲宪章的前身《阿姆斯特丹宣言》（*Declaration of Amsterdam*）首次全面审视了遗产保护的社会、经济的多元整体性。宪章明确指出，“建筑遗产作为一项强迫的行为，是不可取的……对话是必不可少的。完整的保护包括地方管理机构的责任，还需要市民的参与……一个连续保护政策的全面发展需要尽量的分权管理……建筑遗产的保护不应该只是专家的事。公众意见的支持是很重要的”[②]。从而使20世纪70年代，德国、荷兰、爱尔兰、瑞典等国都相继在立法中确立了公众参与遗产保护的内容。

3. 参与主体的多元化

西方国家公众参与遗产保护是一种全民参与，参与主体包括了专业人士、开发商以及社会民众等，专业人员深入社区与居民共同维护遗产，开发商以营利为主要目的在资金方面投入遗产保护，而社会大众则以组织或个人的身份参与到维护遗产、监督遗产保护等相关活动中。而政府通过法律、政策上的支持保障公众参与的广泛开展。正是参与主体的多元化，促进了遗产保护的良性发展。

以美国为例，根据公众参与遗产保护的社会身份，可以将参与各方划分为“公共部门（官）——非营利机构（民）——私人（私）”三大阵营。这三大阵营，在联邦、州和地方城市，形成了表5.2所示的参与方式。

表5.2 美国城市遗产保护的参与方

参与方	公共部门	非营利机构	私人
联邦政府	国家公园管理局（NPS） 历史保护联邦理事会（ACHP） 国家保护技术与训练中心（PTT） 联邦高速公路管理局（FHA） 住房与都市发展署（HUD） 环境署等其他联邦机构	国民信托（NTPH） 保护行动组织（PA） 保护委员会联席中心（NAPC） 州历史保护委员会联席中心（NCSHPO） 保护技术协会（APT） 美国规划委员会 美国建筑师协会（AIA） 建筑史学者协会	顾问公司 法律公司 房地产商 私人业主、租客

① 1960年美国掀起了一场环境保护问题的讨论，在这场争论中，密执安大学的萨克斯教授提出了“环境公共财产论”和“环境公共信托说”。他认为空气、水、湖泊等人类生活所需的要素如果受到严重污染和破坏，以至威胁到人类的正常生活时情况下，不应成为“自由财产”而成为所有权的客体。环境资源基于其自然属性和对人类社会的极端重要性来说，它应完全是全体国民的“公共财产”，任何人不能任意对其占有、支配和损害。为了保护和支配这种“共同财产”，共有人应委托国家来管理，国家对环境管理是受共有人的委托行使管理权，因而不能滥用委托权。因此“公共财产”和“公共委托”遂成为环境权的理论依据。

② 来源：“国际古迹遗址理事会西安国际保护中心”官方网站 http：//iicc. org. cn/。

续表

参与方	公共部门	非营利机构	私人
州政府	州历史保护办公室（SHPO） 州历史保护（建筑）委员会 州历史资源信息系统 州“主街中心” 州住房局（处）	州历史保护基金会 州考古协会 州历史协会、州历史协会大会 州高等院校	顾问公司 法律公司 房地产商 私人业主、租客
地方（县、市）	地方保护委员会（LPC） 规划部门 建筑官员 都市更新机构 （县、市）住房部	各类地方保护组织 地方保护协会 地方“主街计划”组织 市民团体 社区非营利组织	顾问公司 法律公司 房地产商、建筑分包商 社区发展公司 私人业主、租客

4. 参与方式的多样化

在实践环节中，西方国家公众参与遗产保护的形式非常多样，并且从理论和实践方面都总结出了针对不同参与主体以及遗产保护不同阶段的参与方式。一方面，针对不同的参与主体，根据不同的参与渠道，组织方会通过发放问卷和宣传册、召开民众集会、举办展览会、咨询专门的社会团体、设立咨询站、投诉站的形式与公众交换意见、沟通信息；并以书信或录像、录音的形式对公众的反馈加以分析、选择；甚至通过对大量不同的个人的采访而确定问题导向……另一方面，在遗产保护的不同阶段，西方国家公众参与的方法也形成了系统性的研究成果。美国纽约公共管理研究所城市研究室主任大卫·马门（1995）根据1979年《地方政府规划实践》①，对各种参与方法进行了系统的梳理（表5.3）。正是基于这些结合实践所探索出的各种形式的参与方法，在西方国家中公众参与从遗产保护规划到社区实践才能得到顺利的推进。

表5.3　公众参与的技术方法

实施阶段	技术方法
1. 各阶段均适用的方法	问题研究会、情况通报会和邻里会议、公众听证会、公众通报安排、特别小组
2. 确定开发价值和目标阶段的方法	居民顾问委员会、意愿调查、邻里规划议会、制定公共政策机构中的市民陈述会、机动小组
3. 选择比较方案阶段的方法	公众复决、社区专业协助、直观设计、比赛模拟、利用宣传媒介进行表决、目标达成模型
4. 实施方案阶段的方法	市民雇员、市民培训
5. 方案反馈阶段的方法	巡访中心、热线

① 该书由国际城市管理协会和美国规划协会编辑出版，分为五个部分：“规划内容”“规划分析”“功能性的规划要素”“执行规划”及“规划、人和政治”，清晰地阐明了美国城市规划体系的方方面面，内容非常全面，堪称美国城市规划体系的完全手册。

5.1.4　我国公众参与历史遗产保护的概况

我国公众参与遗产保护的情况与西方发达国家相比有很大的不同，从其发展的历程来看可以分为三个阶段。

1. 民国时期

我国现代意义的遗产保护工作的兴起可追溯到20世纪20年代的考古学研究。1922年北京大学成立了考古研究所，1929年中国营造学社成立，我国的文物保护工作开始系统地涉及不可移动文物。在这一时期，学者们对于遗产保护的理论研究刚刚起步。但是从实际情况来看，除“古董”之外，基于对建筑物历史价值、审美价值等一贯重视的文化传统，全社会重视并不同程度地参与了遗产保护工作：重要的历史建筑物一般作为官僚、地主的住宅或者政府的办事机构而获得妥善的维护；宗教建筑则由寺庙道观进行维护；普通民宅多由老百姓自行修缮。虽然有意识的公众参与在当时的社会条件下并没有出现，但是这种自发的、为了生存或满足审美追求而进行的建筑和街区维护，已经构成了我国最早公众参与遗产保护实践的雏形。

2. 新中国成立后至改革开放前

新中国成立初期，我国公众参与遗产保护主要体现在两个方面。一方面，专家学者开始参与政府的遗产保护计划。例如，20世纪50年代我国政府组织文化工作者对部分传统文化进行了调查和研究，包括对各少数民族民间文化的调查，出版了国家民委《国家民族问题五种丛书》等。同时，许多专家学者也开始参与政府的城市建设和更新计划。其中最具影响力的就是为保存古都形态而提出的北京都市计划“朱赵方案”和“梁陈方案”①。另一方面，居民在政府的鼓励下以个人或家庭为单位自觉参与到房屋的维护和修缮活动中。由于我国实行的土地国有化制度，以及60年代后城市人口增长的原因，政府开始将一些保存较好的历史建筑作为住宅提供给了居民使用。但由于经济落后和财政困难使得政府无力对房屋进行全面的整治维修，因此鼓励居民自己维护和修缮。房管所作为这类公房的管理单位，也介入了民宅的修缮活动中。

由于没有大的建设活动，加之政府从资金和政策上都给予了遗产保护一定的支持，因此，从这个意义上讲，政府的介入为其后公众参与遗产保护的实践奠定了政策上的基础。

---

①　朱赵方案：1950年4月，朱兆雪、赵冬日在《对首都建设计划的意见》中从节省建设成本的角度考虑，建议以保留利用的方式对北京古城进行保存。但其愿景忽略了对城市未来形势的判断，且对未来城市人口增长、历史建筑产权等问题没有提出明确细则，因此其提出的许多保护原则并没有得到采纳、实施。

梁陈方案：1950年2月，梁思成和陈占祥共同提出《关于中央人民政府行政中心区位置的建设》方案。本着“整体保护，古今兼顾，新旧两利”的原则，建议保留旧城，另建新城。但由于各种原因，“梁陈方案”最终并没有被采纳。

3. 改革开放后

20世纪80年代初期，以吴良镛、阮仪三等先生为代表，一大批专家学者们开始将遗产保护的理论从学术界引向实践。北京旧城菊儿胡同、小后仓改造项目，不仅是“有机更新”理论的实践，更倡导了一种小规模合作改造住房的方式，即由“国家、集体、个人”三方合作共同进行旧区改造。但受制于资金问题，这类改造常采取修修补补、见缝插针的节约模式（如上海南市区蓬莱路303里弄改造，1986年；卢湾区44街坊，1991年）。同时，学术界也开始关注公众参与遗产保护的话题，这主要集中在规划编制程序的参与和“社区合作”、“有机更新”等自助改造模式的研究上。

另外，政府从改革开放后，也逐渐开始在保护规划阶段注重公众参与的内容。例如，2000年在编制“北京旧城25片历史文化保护区保护规划”时，《北京青年报》《北京日报》等多家报纸就设置了专栏，为市民、专家和政府提供交流的平台，同时，北京市规划委员会还设立了专门的热线电话和信箱，请各界人士为这25片保护区献计献策，并回答社会团体和居民的问题。在2002年10月印发的《北京市人民政府关于实施<北京历史文化名城保护规划>的决定》中，特别强调了公众参与的重要性以及参与的具体规定：“本市各级人民政府及其部门必须加大宣传力度，鼓励公众参与，加强社会监督。保护历史文化名城既是政府的责任，也是全社会的共同责任。要加强责任意识、法律意识，积极鼓励和支持人民群众为保护历史文化名城工作出谋划策。对通过公众参与、社会监督发现的破坏和影响历史文化名城保护的建设行为，规划、文物等有关行政部门要及时坚决查处。”①

在这个阶段，公众参与遗产保护的理论研究和实践工作都取得了一定的成绩，民众、专家以及开发商都已经在市场经济条件下自觉或不自觉的参与了遗产保护和城市更新，为公众参与的进一步发展形成了一定基础。

5.1.5 我国公众参与历史遗产保护的问题

目前我国公众参与历史遗产保护才刚刚起步，虽然专家学者进行了大量有益的理论探索，但从实践的过程和效果来看仍旧存在许多问题，主要体现在以下三方面。

1. 政府推动不足

自计划经济时期以来，政府就一直被视为民众的代言人，管理居民所有政治、经济和生活上的事务。在当前基层民主建设的初期，许多地方政府也在自觉或不自觉地介入到居民的自治行为中。正是由于这种观念上的转变较为缓慢，致使政府机构不够重视公众参与的必要性，往往以主观判断代替民众意愿，或者只是在形式上让“公众”参与其中。具体到遗产保护的决策环节，表现在忽视公众参与或对公众参与遗产保护和旧城更新重视不够。

在公众参与相关保障机制方面，与国外公众参与和法律颁布相交替的发展历史不同，

---

① 引自2002年10月《北京市人民政府关于实施〈北京历史文化名城保护规划〉的决定》第6条。

我国对于遗产保护的立法是专家不断呼吁和政府决策的结果。因此，我国公众参与文化遗产保护体系的相关法律、法规还不完善。遗产保护在实施过程中，管理机关的自由裁量权仍较大，缺乏严格的法律约束。现行的法律、法规体系中存在广度与深度不足，可操作性不强等问题，从而导致在遗产保护的规划编制、规划审批、规划实施过程中对于公众参与的相关法律支撑都过于稀缺，使得公众参与的发展缺少法制保障，后劲不足。

在相关信息的传递方面，公众要参与遗产保护必须首先拥有知情权，这是公众参与的前提条件。然而，由于法律、法规在这方面的缺失，很多政府部门甚至无法确定哪些信息可以公布或以什么样的形式公布，因此对公众而言公布出的信息仍是比较有限。这不仅使公众参与无法顺利进行，还助长了开发商通过贿赂等手段获取内部信息，牟取暴利，破坏城市历史环境等恶性事件的发生[①]。虽然目前我国许多城市已经采取了“规划公示”等形式搜集民众意见，但是大多流于形式，并没有真正达到公众与政府、专家之间互动交流的效果。

上海市城市规划管理局在信息公开方面所做的工作较为突出，但从其官方网站上公开的信息可以看出，仍然是以规划成果、已通过批复的政策条文以及建设项目审批结果为主，这种事后的信息公开始终使公众参与处于了象征性的参与阶段。在上海市2004年政府信息公开年度报告中也指出，目前在信息公开上“有关决策、规定、规划、计划、方案的草案公开、听取公众意见方面需要进一步加强……各政府机关向各级档案馆送交政府公开信息的工作也需要进一步加强……处理程序不够规范……在更新维护、监督约束等方面的工作机制尚不健全”[②]（表5.4）。

表5.4 上海城市规划管理局信息公开情况（左：2004年，右：2005年）

<table>
<tr><th colspan="2">类型</th><th>条数/条</th><th>百分比/%</th><th colspan="2">类型</th><th>条数/条</th><th>百分比/%</th></tr>
<tr><td colspan="2">主动公开</td><td>1198</td><td>—</td><td colspan="2">主动公开</td><td>1328</td><td>—</td></tr>
<tr><td rowspan="3">其中</td><td>政策法规</td><td>126</td><td>10.5</td><td rowspan="3">其中</td><td>政策法规</td><td>124</td><td>9.3</td></tr>
<tr><td>规划计划</td><td>88</td><td>7.3</td><td>规划计划</td><td>32</td><td>2.5</td></tr>
<tr><td>本部门业务</td><td>984</td><td>82.2</td><td>本部门业部</td><td>1172</td><td>88.2</td></tr>
<tr><td colspan="2">依申请公开</td><td>228</td><td>—</td><td colspan="2">依申请公开</td><td colspan="2">722（其中已答复604条）</td></tr>
<tr><td rowspan="3">其中</td><td>城市规划</td><td>—</td><td>38</td><td rowspan="3">其中</td><td>城市规划</td><td colspan="2">—</td></tr>
<tr><td>建设项目审批结果</td><td>—</td><td>50</td><td>建设项目审批结果</td><td colspan="2">—</td></tr>
<tr><td>规划法规、办事指南</td><td>—</td><td>12</td><td>规划法规、办事指南</td><td colspan="2">—</td></tr>
</table>

2. 专业人员态度消极

城乡规划和历史保护领域的部分专业人员对于公众参与还持有消极态度。虽然大多数

① 例如，青岛市市南区政府借建设软件工业园的名义在青岛城市规划指定保护的绿色山体大肆砍树毁林，建造豪华办公大楼与商用写字楼，引起青岛大学127名教授的强烈抗议。开发商自知会受到法律法规惩罚，于是勾结有关人员利用手中权力责令青岛市规划局、青岛市园林局修改规划，将原有软件园容积率由1.89扩大到2.8。引自：http://www.sdbfzm.com/Article/ShowArticle.asp。

② 上海市2004年政府信息公开年度报告．上海市信息化委员会．2005年3月。

情况下，这种态度还只是潜意识的，但仍影响了公众参与的具体实行。而究其原因，主要有两个方面。

首先，长时间以来文物专家和规划师们都被看成是专业技术人员或者是政府的技术官僚，因而会提升甚至神化自己所从事的专业活动，滋长出刚愎、傲慢的心态，从而产生排斥专业活动社会化的行为。同时，由于我国的行政传统始终强调自上而下的贯彻，因此专家们也最容易把自己看成是全知全能的立法者和仲裁者。

其次，专家们的价值观和社会理想与一般大众有所隔离和分化。例如，通常来讲，大众所追求的往往是一些直接的、能够支持他们生存和日常生活的经济利益，因此产生出一些“小富即安”、短视的心理和眼光，这往往和某些专家们所追求的社会理想相差甚远。在遗产保护领域，专家们希望历史资源能够尽可能地得到最真实、最完整的保护，而居民们则希望能够尽快改善房屋质量和居住环境，甚至对于拆除重建持欢迎的态度。在这种价值观的分歧中，专家作为政府的代言人和主导者，往往处于优势地位。由于民众在专业知识上的匮乏，以及相关信息的缺失，便很难对专家们的建议提出质疑，从而默许专家们的许多判断。这使得专家在公众参与遗产保护的过程中，不能做到完全客观，产生消极态度，不愿与公众进行沟通，也没有耐心对自己的分析判断作更多的解释。

3. 公众自身的局限

一方面，由于我国几千年的封建社会历史，社会政治生活都是自上而下的贯彻和自下而上的服从，使得民众的民主意识较西方国家薄弱许多。而新中国成立后，我国长期实行以公有制为主导的计划经济，城市居民大都隶属于单位，是典型的“单位人”，由单位提供其所有的政治、经济和生活资源，使社区的生活沦为日常生活中的一个次要部分。在这种社会结构下，居民不太可能去关心和参与社区的事务。虽然，随着改革开放和市场经济的发展，人们受西方民主思潮的影响，参与公共事务的意识日益增强，但现阶段居民关注的焦点仍停留在与自身利益相关的小事务、小环境上，对于像历史遗产的长远发展和保护并没有太大的积极性。也就是说，公众参与在我国还处于初级阶段，民众的民主意识并没有达到社会发展需求的高度。

另一方面，公众参与的技能不足，公众本身的素质和相关专业知识也有待提高。遗产保护是一门综合多学科、专业性较强的领域，要真正参与其中，必须具有一定的专业知识和文化素养。如对相关历史知识、遗产环境的了解，对遗产保护方式的认识，对于相关规划知识的掌握，等等。而目前，我国对于遗产保护以及规划知识的社会化普及还不够，这也是我国公众参与遗产保护的障碍之一。

2007 年，笔者通过对重庆磁器口和北京景山西街的当地居民进行问卷调查①，发现虽然两个历史街区在地理区位、功能性质和发展方向上有所差别（磁器口为传统商业街区，景山西街是以居住为主的历史街区），但两地居民对于本地区的发展状况都十分关注。过半数的人对于本地区的发展过程是了解的，近 90% 的居民是愿意参加相关的意见征询活动，并且 80% 左右的居民希望自己的意见能够被采纳。这说明公众参与的态度是积极的

① 两次调查各发放了 50 份问卷，访问对象在该地区居住或经营商铺，年龄在 30 ~ 60 岁。

(图5.4)。但在“参与活动中最大困难”的选项中，认为自己是门外汉的超过70%，认为对项目情况了解少的占到80%左右。这反映出公众参与的技术与信息支撑明显不足，对于遗产保护的知识了解不够（图5.5)。

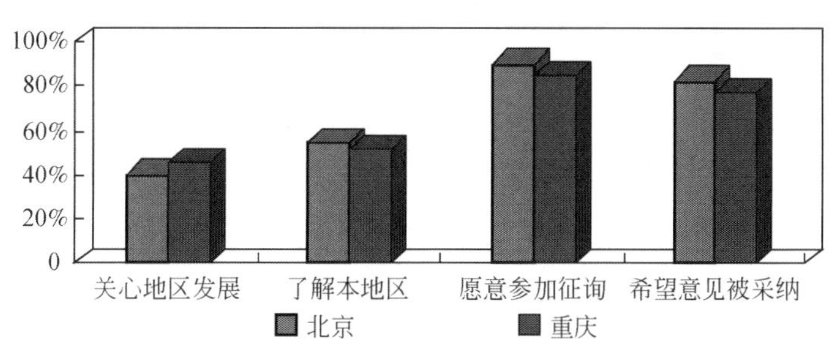

图5.4 北京景山西街与重庆磁器口居民参与的态度

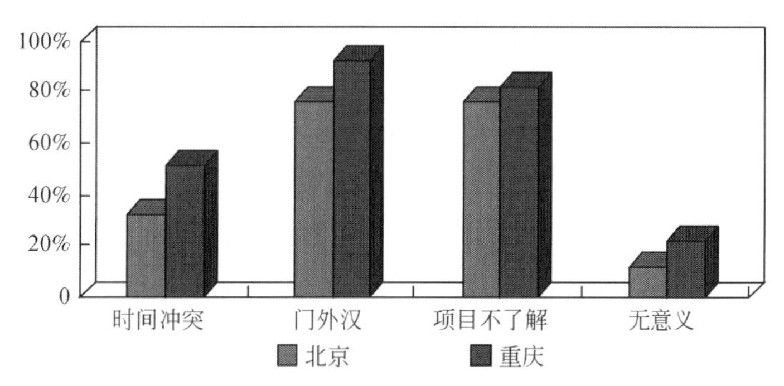

图5.5 景山西街与磁器口居民参与困难的原因

科恩认为“参与要求市民在知识、能力、时间和资源上具备一定条件……为作出选择，人们需要具有相关经验和一定的背景信息……需要具有一定的能力……”（Coenen, 2002)，而我国民众的素质离这个目标还有一定距离。

5.1.6 中外公众参与历史遗产保护比较

发达国家公众参与遗产保护的进程远远超前于我国。究其原因，主要由东西方民主发展、现代化进程的差异，以及各自政治体制、经济发展水平不同等因素所造成。

1. 民主发展的差异

民主理论起源于古希腊、古罗马，中世纪时期契约式的封建制度又为资本主义的诞生奠定了良好的基础。经过了文艺复兴、宗教改革和启蒙运动后，资本主义中的个人主义精神深入人心。理性主义、利己主义也已得到了社会大众的认同。资本主义在宣扬保护私有财产的同时，要求社会民众也同样的保护自身利益，并且在社会矛盾激化前，民众能够通过申述等和平的政治手段将问题解决。在这种“契约式”民主制度下，公众利益其实变成了民众以及各种利益团体利益的总和，本质上是各利益团体通过法定程序，牟取各自利益的一个过程[①]。因此，公众参与便有了其发展的动力机制。另一方面，在民主发展的历程中，地方自治和市民阶层的产生，又形成了保障公众参与得以发展的社会基础。

然而在中国，漫长的五千年封建史，使中央集权的思想深入人心。在这不同于西方"契约式"的封建制度中，整个国家是以共同体的形式存在的，在皇权至上的社会历史背景下市民社会一直没有形成。虽然在历朝都有类似于地方自治的团体，如同乡会、行会等组织的存在，但其实质与西方的地方自治有根本的差异，表现在法律保护不足、个人权利不是主要焦点等。

2. "现代化"进程的差异

西方国家在自由资本主义和社会生产力充分发展的前提下，工业化与城市化进程取得了长足的进步，但随之而来引生的各种社会问题和城市问题也十分严重，这就导致了学术界各种新的声音。发现问题—研究问题—纠正问题，如此循环往复。遗产保护也走着这样从实践中来又到实践中去的反复验证的道路，而这一过程也反映出了西方国家遗产保护的广泛群众基础和普遍法制保障。

与西方资本主义国家相比，中国近代社会的发展动力主要来自外部，没有资本主义自由发展的历史传统，而是清王朝受到外国列强的侵略后被迫开始进行的改革，这种特殊的背景使得政府和官员的施政方向成为了经济和城市发展的主要推动力。但由于中国在民族、地域等各方面复杂的差异性，这种"自上而下"的现代化过程，也使中央得不到地方的支持，政府得不到民众的支持。新中国成立后，计划经济的发展，又加强了政府的集权，这与"公众参与"这种典型的"自下而上"的发展脉络完全背离（李东泉和韩光辉，2005）。

3. 遗产保护传统的差异

西方国家的遗产保护运动从开始就有着自下而上的传统，许多遗产保护的立法都是由公众团体推动的。并且，在第二次世界大战后欧洲重建的过程中，历史遗产的内在价值进一步得到了社会大众的认同，公众参与遗产保护的意识更加深入人心。

而在中国，现代意义上的遗产保护始于20世纪20年代，但当时中国正处于半殖民地半封建社会，民众生活贫困，时局动荡，根本不可能参与到遗产保护的过程中。况且，与国外自下而上的保护不同，我国的遗产保护一开始就是由社会精英提倡、政府强制推行实施的，是一种自上而下的保护，这种保护方式一直延续到新中国成立后。此外，从遗产类型来看，我国的遗产保护是从"精品"保护（文物、文保单位）逐渐发展起来的，改革开放后才涉及对历史城市和街区的保护，其间的公众参与也是由于旧城拆迁、房地产开发所引起的社会问题越演越烈，为了协调经济发展与民众利益的冲突，公众参与开始从理论走向具体的实践，并没有长期坚实的传统。

4. 经济发展的差异

从经济发展阶段来看，西方发达国家的经济水平高于我国，因此在公众参与之中的人

---

① 洪明，2002. 契约民主，即契约双方以契约为纽带连接成一个共同体，契约中的任何一方违反契约，那么另一方就不再受义务的约束，并有权采取行动予以纠正。

力、物力的投入也更多，社会教育水平和文明程度也更高，这为公众参与的发展奠定了良好的社会和经济基础。换言之，西方国家的民众无论是参与意识、参与能力还是基本素质都高于我国民众。另外，西方政府和专家，通过多年公众参与的实践也汲取得了更多的经验，他们在协调不同社会团体的关系、参与方式、参与政策的制定等方面都形成了一套相对完善的操作系统。而我国在这些方面的发展才刚刚起步。

5.2　公众参与中相关方面的角色和作用

公众参与历史遗产保护需要全社会的共同努力。本节对公众参与历史遗产保护中相关各方的角色进行分析，以明确各种社会力量在公众参与中的具体作用。按其社会职能与利益关系，可以将公众参与中的相关方面划分为公共部门（官）、非营利机构（民）和私人（私）三大部分，“公共部门”包括各级政府；“非营利机构”包括非利益社会团体和组织以及媒体；“私人”包括各种社会利益主体。按其担当的角色和所起的作用，可以将公众参与中的相关各方划分为利益方、非利益方和助推方，“利益方”包括居民个人、社区组织、开发商；“非利益方”包括非营利组织、志愿者、个人捐助者；“助推方”包括各级政府、学术团体、技术专家、媒体。

5.2.1　利　益　方

利益方是与历史遗产有直接关系的私方，包括居住和生活在遗产所在地及其周围地区的居民、社区团体和参与遗产地保护和建设活动的开发商。

1. 居民

生活在遗产地及其周围地区的居民是与遗产保护密切相关的人群。历史街区、传统聚落的特色和个性美，都是由居住、生活于此的居民经过几代人的努力创造形成的。一方面，居民对自己生活的环境具有深厚的感情，另一方面也关注其居住条件与生活质量的改善，他们参与遗产地保护、更新、发展的积极性最高。因此，应鼓励也必须让居民参与到遗产保护过程中的各个阶段，从遗产的普查、相关法案的立法到保护实施阶段的建筑改造方案设计、选材、施工等。日本“小樽运河保存协会”前会长、“小樽再生论坛”顾问峰山富美女士[1]，作为小樽市的居民，参与并见证了20余年来小樽运河保存的各类活动。她认为“真正的故乡是自己心之所在，我们应生活于其中，就近地保护它”，绝不是只在“遥远的地方寄予思念”而已，并把自己与小樽运河息息相关的20余年历史写成了《生活在这里——与小樽运河在一起》（北海道新闻出版局，1995年）一书，鼓励居民保护生活所在地的历史环境，将自己的人生与地方的遗产保护结合起来。可见，“原住民在落居之地圆满地生活，度过一生”也应是遗产保护中一个重要的理念。

---

① 引自美浓爱乡协进会网络通信 http：//www. comnews. gio. gov. tw/。

2. 社区组织

社区组织是当地居民联合起来成立的组织，他们为了共同的目标，暂时或长期性的联合起来，以促成目标的实现。这类团体不同于非营利组织（NGO），他们实质上更关注自身的利益诉求。当然，他们也有公益性的祈愿，如希望保存地方历史和文脉，开创未来美好生活。在日本，从20世纪60年代末、70年代初开始，出于创造和延续地方美好生活的诉求，各地方的遗产保护运动风起云涌，相继成立了许多致力于文化遗产保护的社区团体。例如，长野县木曾谷妻笼宿的保护运动最初便是开始于当地居民的发想。1969年，作为长野县庆祝明治维新一百周年庆典的一部分，开始了妻笼的保护事业。为推动此种事业之发展，妻笼的全体村民成立了“爱妻笼协会”(私は切実チョロン協会)，拉开了著名的妻笼保护运动的帷幕。又如，在世界遗产地岐阜县白川村的萩町，居民们于1971年制定了被称为《保卫白川乡萩町部落自然环境的居民誓词》的村民宪章，也显示了他们自觉保全地区环境的决心。诸如此类的社区团体还有许多。它们集合了团体成员的力量，筹集资金，用于遗产保护和住房维护；制作画册，宣传家乡的美景；订立公约，维护遗产的安全……从昭和48年（1973年）到昭和51年（1976年），日本各地接二连三地成立了地方性遗产保护社区团体，并最终促成了“全国城镇保存联盟”的诞生（表5.5）。

表5.5　20世纪60年代以来日本各地成立的社区遗产保护组织一览表①

协会名称	成立年份	地点
富田林寺内町保存会	1997	大阪府
中之岛保存会		大阪市
小樽运河保存协会	1975	小樽市
爱妻笼协会	1967	妻笼宿
祇园新桥保存会		京都市
京都町街屋再生研究协会		京都市
赤泽青年同志会		山梨县
轻井泽国家信托基金	1994	长野县
有松社区营造协会	1973	爱知县
上三之町街屋保存协会	1971	高山市
伊势讲受入协议会	1989	三重县
黑壁株式会社	1988	滋贺县
今井町住民协议会	1978	奈良县
奈良地域社会研究会	1979	奈良县
仓敷都市美协会	1948	冈山县
津山社区营造市民会议	1991	津山市
足助町村镇保存会	1974	爱知县
金比罗门前町保存会	1980	香川县
近江人幡回顾会		滋贺县
函馆历史风土保存协会	1978	函馆市

① 西村幸夫，2007。

我国20世纪80年代末的“住宅合作社”就是社区团体参与旧城传统居住建筑更新的典型代表。“住房合作社”结合当时的住房改革，提出了国家、集体、个人三方合作，共同改造居民住房的模式。由于该合作社倡导居民自己承担一部分房屋修复资金，因此极大地提高了居民的参与积极性。其中菊儿胡同41号院的改造，就是集中了该院44户居民的自有资金而完成的。该工程的改造采取了拆除重建的方式，改造成本由国家、单位、个人共同承担，负责建设的开发公司则通过出售“余房”获利。改造后的新四合院，保留了部分老住户、老房子、树木，并按照现代生活需要设计空间、安排设施。整个改造工程得到了住户们的好评，并成为了北京市危房改造的试点工程（吴良镛，1994）。

一方面，社区团体的参与对全社会的遗产保护运动有很大的推动作用；另一方面，社区团体又不同于纯粹的非营利组织，团体中的成员由于与遗产所在地有切身的利益关系，自然也会关注其自身的利益诉求，如房屋的产权、土地的价值等。利益的纷争与商业的刺激也会导致其内部的裂痕，甚至瓦解整个团体。因此，对于社区团体的正确引导和组织，是其参与行为持续并顺利开展的关键。首先，要让团体成员拥有参与的决策权，并且能够直接参与到遗产保护的实践中；其次，还应从人们的地缘情结和乡土情怀中发掘他们对于当地历史遗产保护的责任与使命感。关于这一点，我们可以从日本北海道小樽市的小樽运河保存运动中吸取一些有益的经验。在“小樽运河保存协会”（小樽運河保存協会だった）总会成立的那天，组织者向会众宣读了决议宣言（西村幸夫，2007），宣言这样写道：“身为小樽市民的我们，深盼能够凝聚大家爱乡护土的心，坚决地来保护故乡的历史和美。我们自认为有这个责任和义务，也要把这样的荣光传给下一代。”可见，社区团体积极参与遗产保护，有赖于整个地区全体居民保存意识的提高，而持久的动力必须建立在对自己乡土的自豪与荣誉感的基础上。

3. 开发商

开发商和商业财团，由于拥有资金和信贷能力，可以通过金融运作的方式，促成一些保护更新项目，使一些失去地区竞争力、濒临衰退的遗产地重新焕发生机，使因年久失修而岌岌可危的历史建筑得到维护。在市场机制下，开发商或商业财团是遗产保护中不可忽视的社会力量，尤其对规模较大的遗产地（如历史街区）保护中，开发商的参与已成为一种主要的城市更新途径。

英国沙德·泰晤士（Shad Thames）的振兴实际上就是由区内较大的巴特勒码头财团领导进行的，雅各布斯岛公司（Jacobs island company）也参与其中。这个财团拥有沙德·泰晤士中心大部分土地，1984年它赢得优先权，购买了巴特勒码头5hm^{2}的滨河地产，其中包括17座建筑。作为当地最大的土地持有者，巴特勒财团和雅各布斯岛公司实际上就是街区的主要规划者，并且能够决定开发的形式和性质，正如伦敦港区开发公司（The London Docklands Development）的研究人员爱德华兹（Edwards）所指出的（史蒂文·蒂耶斯德尔和蒂姆·希恩，2006）：“他们直接或间接地建立了其他人必须遵循的设计和建造标准，通过签订租约处置土地，以免地产流逝。这样公司就像一个传统的房地产开发商那样，终身保有不动产以控制整个地区。”

开发商希望地产升值的最终目的，使其越来越注重保持和加强地区的综合价值。因此，精明的开发商会主动保护遗产，提升地区的文化品质，发挥遗产的经济衍生价值，实现其不动产的升值，并从中获益。所以，就像在伦敦港区其他地段如金丝雀码头（Canary whart）所看到的那样，拥有大量土地的开发商严密地控制着每一次的开发质量。以上案例表明，开发商与财团的参与虽然有其追逐经济利用的动机，但在其地产投机行为中还是实在地帮助衰落的遗产地走出了困境，对遗产地的复兴有重要贡献。

在国内，随着文化旅游热的兴起，许多历史街区开始成为文化产品的开发对象，越来越多的开发商介入到遗产保护性开发利用项目中。北京市20世纪90年代开始在传统四合院较为密集的什刹海、国子监、景山、朝内等地区，一些四合院被改造成高档的四合院租售给海外客商、华侨和国内的合资或外资公司及其职员。1997年，香港瑞安集团介入上海新天地的改造工程，提出了石库门建筑改造的新理念，改变原先的居住功能，赋予它新的商业经营价值，增强了地区活力，成为开发商介入遗产保护的著名案例。2002年，重庆南岸区近代“法国水师兵营”也是通过企业参与的方式，投资建立了重庆近代史陈列馆，使这处濒临倒塌的历史建筑得以修复并重新焕发生机（图5.6）。

图5.6　法国水师兵营改造前后对比

可见，虽然在市场经济条件下追逐经济利益是开发商的本性，但在市场日益成熟的今天，为了提升品牌形象、提高自身竞争力，开发商也开始关注社会公益事业。另一方面，由于开发商具有法人资格，政府也便于通过增强管制干预和监督力度对其进行调节控制，引导其在遗产保护中发挥作用。与此同时，政府部门在开发商参与遗产保护的过程中也可以采取一定的优惠政策，鼓励其积极性。例如，美国在1981年颁布的《经济恢复税收法案》中，对私人或开发商用于保护与更新项目的投资，引入了三个等级不同标准实行所得税抵扣：30年以上的非居住的商业物业可以获得15%抵扣；40年以上的非居住物业可获得20%抵扣；而50年以上的各种历史建筑投资都可以获得25%抵扣。

5.2.2　非利益方

非利益方指与遗产对象没有直接利益关系的个人和组织，包括个人捐助者、志愿者、非营利公益组织等。

1. 个人捐助者

私人财产捐赠也是遗产保护运动中非利益个体的参与形式。一些拥有巨额财富的实业家出于公益性目的，向相关遗产保护机构捐赠自己的私人财产，或将个人遗产的部分或全部通过捐赠的方式投入到遗产保护事业中，通过资金的援助支持遗产保护事业。例如，弗吉尼亚州著名的遗产旅游地威廉斯堡（Colonial Williamsburg）的保护和恢复重建就是在石油大王洛克菲勒的儿子小洛克菲勒（J. D. Rockefeller）夫妇的资助下完成的。1926年在当地教堂的牧师古德温博士（Dr. W. A. R. Goodwin）[①]的倡议下，小洛克菲勒夫妇投资50万美元筹建了"殖民地威廉斯堡基金会"（colonial willamsburg foundation），在基金会的支持下，开始修复和重建威廉斯堡殖民时代的原貌，保存美国早期的历史，使其成为了弗吉尼亚历史三角的核心和弗吉尼亚州接待游客数量最多的旅游胜地。

2. 志愿者

遗产保护是一项长期、浩繁的事业，不仅需要大量资金的支持，同样需要一定的人力、物力保障。遗产保护志愿者是一种重要的参与力量，志愿者通过遗产普查、宣传等公益活动，参与到遗产保护工作中，为保护事业贡献自己的力量。美国第一个民间保护组织康宁海姆（Ann Pamela Cunningham）发起的"保护沃农山住宅妇女联合会"的参与者都是家庭主妇，志愿参与到遗产保护活动中。在我国，目前遗产保护的志愿者主要由在校学生和离退休市民两大部分闲暇时间较为充裕的人群构成。他们通常以与遗产保护相关的文化活动的服务人员和遗产介绍、讲解员、宣传员等身份参与到保护工作中，并通过保护活动学习历史文化知识、实现自身价值。此外，在相关专业人员的组织下，在校学生还能利用假期参与一些遗产的调查、测绘工作。特别在古建筑的调研、普查工作中，大规模的实测和绘图需要众多的人员、时间和费用，如果没有大专院校学生们主动参与或教学机构的参加，这种调查是不可能完成的。

3. 非营利公益组织

随着社会民主的发展，社会多元主体承担政府分离出来的部分职能已经势在必行。独立于政府组织之外，与遗产对象无利益关系而又受到法律保护和支持的社会团体，对于遗产保护来说是必不可少的。公益组织（又称非营利性组织，NPO，non-profit organization；也有称非政府组织NGO，non-governmental organization）[②]在维护社会公正、社会治安、公共环境、平衡社会利益关系、满足社会多样性需求方面都起着不可替代的作用。在遗产保护实践中，非营利性公益组织常常能够承担一些个人或利益集团不愿承担、带有一定风险

① 19世纪末期，威廉·古德温博士毕业于维也纳神学院后一直在教会工作，期间搜集了很多城镇和教堂的资料，他时常设想为保护古老教堂成立基金会，并在1907年成功完成了一次已有300年历史的教堂修复工作。1924年，古德温博士开始了威廉斯堡历史城镇建筑的保护工作。在保护过程工作中，古德温得到了洛克菲勒家族的资助，得以成功保护了街区中大量的历史建筑。

② 有些研究中也称为第三部门（The third sector），介于国家和市场之间的非营利组织、非政府组织，如俱乐部、慈善组织、科研机构和工会等。

却又难有利润回报的事业，从而弥补遗产保护工作中“政府失灵”（government failure）和“市场失灵”（market failure）所造成的缺陷。

在欧美、日本等国家，遗产保护运动中非营利性公益组织非常普遍，甚至是遗产保护运动的主导力量。1601年，英国颁布了世界上首个有关民间公益组织的法规——《慈善法》，强调这类组织所具有的公益性、慈善性和民间性等原则，而且提出了政府鼓励和支持民间慈善事业的法定框架，为民间公益组织的发展奠定了法律基础。1877年威廉·莫里斯和约翰·拉金斯建立了第一个遗产保护的民间组织“古建筑保护协会”（Society for the Protection of Ancient Building），此后各种民间保护团体不断创建发展，现在全国性及地方性保护组织已经明目繁多，数目庞大。其中最重要的全国性组织包括五个：古迹协会（ancient monument society）、古建筑保护协会、不列颠考古委员会（council for British archaeology）、乔治小组（Georgian group）和维多利亚协会（Victorian society）。他们在一定程度上已经介入了保护的法律程序，并得到政府的资助（焦怡雪，2002）。这些民间组织的基本活动方式是招收会员和志愿者、筹募资金、宣传协会宗旨和思想、定期组织会员活动等，较大的组织还会设立奖金进行相关培训和鼓励个人保护行为，提供相应咨询服务、出版书籍和电子期刊等。

各民间组织的目标、工作重点和工作方式也不尽相同，如在英国影响较大的“市民历史保护信托组织”（civic trust），其宗旨是保护英国建筑环境和丰富的历史性建筑遗产，自1957年建立以来在城镇中心区环境整治、城市更新、建筑遗产保护和增值、重新利用限制土地和房屋等方面做了大量工作，如阻止高速公路横穿伦敦卡文特公园（covent garden）等。市民历史保护信托组织在全国还拥有近1000个地方市民协会（civic society），有约33万个志愿者为其工作，促进本地区社区规划、保护和更新，也承担修复古建筑、提高公共场所的空间质量、解决城市交通问题等方面的工作。这些致力于历史保护的民间团体的主要资金来源包括政府拨款、民间捐赠以及经营性收入等，为其保护活动提供资金支持（焦怡雪，2002）。

1853年，美国的康宁海姆（Ann Pamela Cunningham）建立了第一个民间保护组织“保护沃农山住宅妇女联合会”（mount vernon ladies'association of the union）后，各种民间保护组织迅速发展。1949年“全美历史保护信托组织”（the national trust for historic preservation）成立，是第一个全国性、独立于政府的保护组织，并被1966年的《国家历史保护法》所确认。《国家历史保护法》还确立了由联邦政府、州政府和民间保护团体共同承担历史文化资源的保护和管理的义务和职责，为民间保护团体的发展提供了法律保障。

由于长期的文化传统和计划经济体制的影响，我国的民间公益组织发展缓慢。据有关学者统计，到2003年共有社会团体超过14万家，其中互益性组织、行业协会、学术团体占了绝大部分，而其中能得到民政部登记的社会团体不到总数的10%，在这10%中真正的公益组织少之又少，真正意义上的非政府组织（NGO）或非营利组织（NPO）在全国范围内可能仅有近千家（沈海虹，2006a）。第一，到目前为止我国公民的参与意识不强。第二，我国对于民间组织实行双重管理体制①。其主要特点是通过设置较高的门槛进行入口管理，而相对忽视过程管理，使得国内的NGO、NPO社团发展十分困难（图5.7）；第三，缺乏法律支撑，虽然《宪法》第三十五条指出“公民有言论、出版、集会、结社、游行、示威的自由”，但是没有一部全国性法律正式定义遗产保护公益组织，明确其地位、义务和职责。第四，资金来源匮乏，民间公益组织面临资金匮乏的普遍难题，政府实际提供的资金极为有限，企业、个人捐赠和赞助没有形成气候，缺乏减免税的激励机制，公众也没有形成捐助支持公益组织的普遍意识。

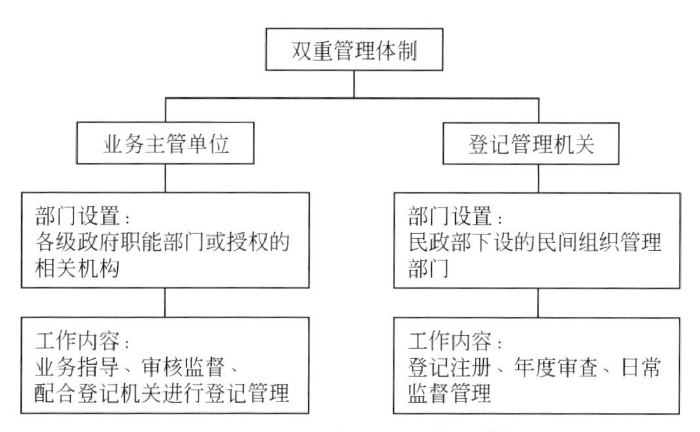

图5.7 公益组织的双重管理体制

因此，我国民间公益组织要真正成为遗产保护的主要力量，还需要长时间的努力。建立独立于政府之外的公众团体，利用其组织性，广泛联系群众，有序扩大参与空间，反映公众的利益诉求，充分发挥它在社会管理中的特殊作用，满足社会多元主体的要求，已经是当前遗产保护中一项重要工作。

5.2.3 助 推 方

助推方是公众参与历史遗产保护活动中起到法制、政策、技术、宣传等方面支持的各种社会力量，是公众参与历史遗产保护的重要保障。

1. 政府

政府是公众参与遗产保护的管理者与监督者，在遗产保护过程中扮演着不可忽视的角色。政府作为代表民众意志的官方机构，通过职能监管，确保了公众参与遗产保护的公正

① 根据1989年的《社会团体登记管理条例》规定，一个全国性社团的成立，首先需要一个部级单位（如环境部、建设部）作为业务主管，获核准后还须民政部门的核准登记；地方或跨区域社团，则需要地方民政部门和主管部门的认可。政府通过登记管理机关和业务主管单位两种不同的行政机构（或者准行政机构），实现对民间组织的登记注册和监督管理。民政部下设的民间组织管理部门是政府授权的民间组织登记管理机关，负责民间组织的依法登记注册、年度审查和日常监督管理等；各级政府职能部门或政府授权的有关机构是相关民间组织的业务主管单位，负责对民间组织的业务指导和审核监督等，并配合登记管理机关加强对民间组织的登记管理。

性；同时，通过法规政策的引导，能最大限度地调动社会各方参与遗产保护的积极性；此外，政府也可通过财政补贴、贷款、组织成立行业官方机构等形式，为公众参与遗产保护事业提供资金和技术支持。在我国，政府对于公众参与遗产保护的管理和激励主要通过中央与地方两级政府的行为实现。

中央政府作为整个国家发展计划的制订者和监督者，最注重遗产的公益价值，其所制定的各项政策措施最具有效力，是各级地方政府制定相关政策的主要依据，在公众参与遗产保护中起到重要的导向作用。中央政府通过政策法规的制定，将遗产保护的精神传达到地方，引导各方社会力量从各种渠道参与遗产保护工作，从宏观层面上推动遗产保护发展。

另外，中央政府的遗产保护专门机构（在我国即住建部和国家文物局）在全国的遗产保护活动中还可以发挥更多的作用，在遗产保护的各个环节对各社会组织和个人提供资金和技术支持。例如，美国的国家公园局（NPS），不仅编制相关的文献、手册，培训遗产保护人员，制定保护标准，还在一些具体的历史遗产保护实践活动中为个体业主们修复他们的历史建筑提供技术支持、资金保障等，成为美国遗产保护运功的中枢机构（Dilsaver, Lary M，1994）。

地方政府在遗产保护过程中发挥着具体的监督和管理作用，它全面平衡经济、社会、生态、文化效益，充分考虑社会弱势群体的利益，使公众参与遗产保护得到必要的政策和行政支持。而且，地方政府还可以为公众参与遗产保护提供咨询和资金补助，引导其他力量参加到遗产保护工作中。此外，地方政府还可以通过制定地方性遗产保护法规、管理条例的方式，规范各群体参与遗产保护的行为。2004 年，我国苏州市政府制定了《苏州市市区依靠社会力量抢修保护直管公房古民居实施意见》，允许和鼓励国内外组织和个人购买或租用直管公房古民居，实行产权多元化、抢修保护社会化、运作市场化。该政策的实施对于引导社会力量参与遗产保护起到了极大的推进作用。

2. 学术团体

在国外历史遗产保护中，学术团体或行业协会一直都是不容忽视的社会力量。这类团体相对于公益组织具有技术优势，相对于专家学者个人，又具有强大的行业影响力，是兼具两者优势的民间组织，在遗产保护中能发挥积极有效的技术支撑作用。例如，20 世纪 70 年代在日本，有松城镇保存运动中就是以名古屋大学的年轻学者为中心建立了智囊集团；而在北海道的小樽、函馆等地，北海道大学的学术团体也给予了当地的遗产保护运动很大的帮助。此外，就近代建筑的保存问题，日本建筑学会专门花了近 20 多年的时间，连续对明治、大正、昭和年代（战前）的建筑进行了调查，编制了近代建筑一览表，并于昭和 55 年（1980 年）春作为“日本近代建筑总览”而付梓刊行。为了扩大“总览”的意义和影响，建筑学会又在日本国内 10 个大城市举办了巡回报告会，最后又在东京举行总结性报告会。这一系列的活动对日本近代建筑的保存与复兴运动产生了重大影响（西村幸夫，2007）。

我国“中国建筑学会”（1953 年），“中国城市规划学会”（1986 年），“中国历史文化名城研究会”（1987），“国家历史文化名城保护专家委员会”（1994 年）等全国性学术团体以及各个地方的学术性团体在遗产保护工作中也充当着政府决策和保护研究的重要学术智囊。继续发挥这些学术团体的技术优势，对于推动我国公众参与历史遗产保护具有重要作用。

3. 技术专家

技术专家在公众参与活动中为遗产保护的决策、规划、实施等各个环节提供各种技术支持。例如，在日本北海道小樽市运河保护运动中，幕后支持保存计划的年轻理论家作出了很大的贡献。北海道大学的“青年三剑客”城市规划（都市计划）专家柳田良造、石塚雅明和助教森下满，以专家学者的角色介入到保护运动中，从提出解决方案到起草各种声明，以及调查报告书的执笔，都扮演着非常重要的角色。在函馆（Hakodate），通过建筑物外层油漆的色彩来回顾建筑物历史的“时层色环”的研究过程中①，专业人员的创新思维与理论基础给予了研究工作很大帮助。而在长野县须坂市，1989年对当地传统建筑群保存对策的调查活动，更是直接由千叶大学大河直躬教授召集的小组进行的（西村幸夫，2007）。专家学者的技术支持可以帮助公众在参与遗产保护活动的技术与方法上做出更准确的判断。为使专家学者的专业意见起到应有的作用，应进一步完善和加强专家学者参与遗产保护的机制，同时，也应注意对这一人群专业道德的规范，避免其为利益集团所操纵。

4. 媒体

媒体在公众参与遗产保护中的作用主要体现在监督和宣传两个方面。首先，媒体对遗产的报道能够提高社会对遗产保护的关注度。例如，日本的朝日新闻社②在昭和47年（1972年）2月14日出版的早报上，动员该社所有通讯员，以“必须保存，复原的历史性文化城镇”为主题，列举了全日本169处城镇并加以介绍。接着于1976年12月5日出版的该报朝刊星期日版上，以“充满历史气息的文化城镇”为题，公布了全日本200多处城镇的所在地图及概况一览表③。在朝日新闻关于历史文化城镇的报道介绍之前，1972年地方居民和自治体的调研表明，人们还不是那么关心历史遗产保护问题，即使在眼皮底下的有值得保存的城镇，也还是一种“视而不见”的态度。但到了1976年人们对文化城镇保护的关心迅速高涨起来。当1978年再次进行调查时，结果显示与1972年相比，公众对历史遗产的关注度大幅度提高。同时，媒体对破坏遗产行为的曝光，也能起到舆论监督的作用。1977年，日本北海道函馆政府决定将元町的“旧北海道厅函馆支厅”（图5.8）

---

① 在函馆，过去为了保护外墙，洋馆建筑经常要重新油漆粉刷。油漆之时，工匠会想到稍微改变一下感觉，把鱼鳞板漆成白色，柱子刷成茶色，在色彩上做不同的考虑。研究以此为出发点，用砂纸在建筑物的外墙慢慢摩擦，以显露出不同年代的油漆层。研究者通过分析建筑物外层油漆的色彩，让颜色像年轮般一一重现的方式来回顾建筑物的历史。

② 日本株式会社朝日新闻社是日本全国性报纸『朝日新闻』的发行单位，创立于1879年，是日本最大的新闻社，在日本拥有极强的影响力。除了出版报纸之外，朝日新闻社也出版杂志、书籍、艺术作品的展览、公演、举办运动会等活动。其报纸发行量达到807万份。

③ 财团法人环境研究所在其编辑的杂志中，出版了“环境文化”特辑，将与历史文化城镇的有关资料全部收集在一起，以前两次的朝日新闻报载为基础，加上和全国各地方政府讨论的结果，收录和确认了400余处历史文化城镇。这些城镇都是当地居民认为应该保护，由他们进行申报，并最终由国家登记注册的。

(1909年建造)迁建到札幌的“北海道开拓村”,《北海道新闻》通过转载函馆当地一位家庭主妇田尻聪子提出希望保存该建筑的请愿书的方式将这一消息公之于众,引起了社会极大的反响。不久之后,便形成了反对迁建的连署运动。

图5.8 旧北海道厅函馆支厅

另外,媒体的宣传和报道增加了地区的知名度,还能为一些濒临衰败的遗产地带来发展的契机。例如,位于名古屋市东南的小城镇有松町,在日本经济高度增长时期,在名古屋大规模开发浪潮冲击下日渐衰落。但在20世纪60年代末,东京和当地媒体将有松町的传统景观在报纸、杂志、电视上不断刊登、播出。一方面,由于媒体的报道,有松町的关注度大幅提升,引起了政府和财团的重视,当地居民对自己居住地历史环境的信心也开始恢复。另一方面,知名度的提升也带动了当地旅游业的发展,来此参观的人也络绎不绝,著名人物也开始来此造访。在各种有利因素的综合作用下,70年代有松町的遗产保护运动得以顺利开展(西村幸夫,2007)。

中国国务院在2005年下发的《关于加强文化遗产保护工作的通知》中将每年6月的第二个星期六定为我国的“文化遗产日”。2006年第一个“文化遗产日”,中央电视台CCTV10举行了长达4小时的大型直播文化类节目《中国记忆——中国文化遗产日》,并在2006年下半年推出了40集的大型纪录片《世界遗产在中国》,刮起了一股由传媒导向的全国文化热潮。

在此之前,电视和网络中的相关报道已经逐渐开始将公众视野引向遗产保护领域。在舆论监督方面,2003年发生在世界遗产都江堰的“杨柳湖水库大坝”事件①和2005年北京“圆明园湖底渗水膜”② 事件更是凸显了传媒在影响遗产保护公共决策中的强大力量。

---

① 2003年,四川省都江堰管理局拟修建杨柳湖水库大坝。该水库距离世界遗产都江堰水利工程核心区350m。7月9日,《中国青年报》以大篇幅发表了记者张可佳的文章——《世界遗产都江堰将建新坝原貌遭破坏联合国关注》,杨柳湖工程开始进入公众的视野。8月初,中央媒体形成了报道的高潮。央视一套的新闻30分、焦点访谈,央视二套的经济半小时、《南方周末》等媒体纷纷前往都江堰调查采访。8月份,国家环保总局监督司司长牟广丰接受采访表示该项目必须经过公开评审;建设部王凤武副司长带队的调查组到达都江堰考察;成都市委书记和市长表态反对该项目。杨柳湖项目终告破产。——都江堰事件内容源自《南方都市报》2003年9月。

② 2005年3月22日,兰州大学生命科学院专门从事生态学和中国古典园林研究的学者张正春,偶然发现圆明园正在铺设湖底防渗膜。3月28日,《人民日报》和人民网同时披露“圆明园湖底铺设防渗膜遭专家质疑”的消息。该消息一出,立即引起社会上的广泛关注,许多媒体纷纷跟进。3月29日,北京市环保局会同海淀环保局调查后表示,圆明园湖底铺膜工程没有经过环保审批。3月31日,国家环保总局叫停圆明园湖底防渗工程,并要求其立即补办环境评价审批手续。4月5日,国家环保总局发出公告,决定召开圆明园整治工程环境影响听证会。4月13日,环保总局就圆明园湖底防渗工程的环境影响问题举行公众听证会。5月9日,国家环保总局发出了“最后通牒”:圆明园应从即日起40天内交出环评报告。5月17日清华大学接手圆明园环评工作。7月7日环保总局通报,同意该报告书结论,要求圆明园东部湖底防渗工程必须进行全面整改——圆明园事件内容源自《中国环境报》《都市快报》2005年。

因此，加强媒体的宣传力度，增强对于破坏遗产行为的曝光度对于提高公众参与遗产保护热情十分重要。

此外，媒体通过宣传遗产保护的基本知识和参与技能、技巧，普及相关的文化常识，对相关政策法规的报道等，也对遗产保护起着十分重要的作用。但对媒体参与遗产保护，政府也应通过相应的督导手段，屏蔽其与利益主体的经济关系，树立其介入遗产保护时公益的初衷和公正的精神。

5.2.4　多方共同参与

历史遗产保护对象丰富而多样，而且与我们的生活息息相关，全社会共同参与已经成为全球历史遗产保护的主导潮流，并日益成为一种新兴的大众文化运动。

在遗产保护的每个环节中，由于涉及法律政策的支撑、历史信息的熟悉、专业技术支持和资金保障等诸多具体问题，这从客观上要求公众参与遗产保护运动是各个方面社会力量共同参与，以及在这一过程中的交流与协作。例如，在爱尔兰都柏林的坦普尔（Temple）街区的保护过程中，1988年成立的坦普尔开发委员会（TBDC）就是由坦普尔街区的商人、企业家、社区组织、环境保护主义者和历史学家等多方社会群体共同构成的。此外，以保留该城市文脉为主的规划也是由该委员会通过举行设计竞赛的方式最终选定的。昭和53年（1978年）4月在日本的爱知县足助町举行的第一次“全国城镇保存研修会”上，专门准备了可以让遗产保护运动的居民、有关行政领导、学者、专家等赤诚相见“手制饭盒子研修会”会场，让各类社会群体在一起吃住，相互交流关于遗产保护的经验与问题。

可见，公众参与遗产保护运动的有效机制就是在各类群体之间搭建交流与合作的桥梁，让大家相互了解，从更多元的视角和更宏观的视野去理解遗产保护的意义（图5.9）。

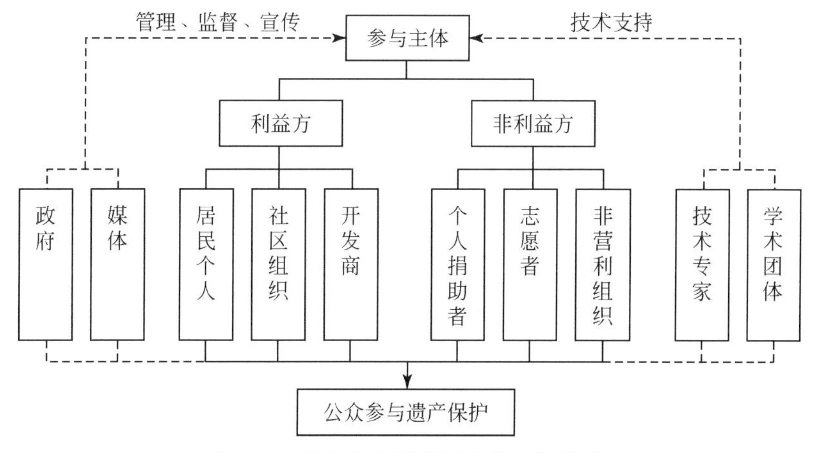

图5.9　公众参与遗产保护的主体构成

5.3　公众参与历史遗产保护的方式

公众参与遗产保护涉及的层面和内容较多，参与方式丰富多样，在此仅按照遗产保护实践的过程，从遗产选定与调查、遗产保护立法和遗产保护行动三个阶段探讨公众参与遗产保护的方法。

5.3.1 遗产选定与调查阶段的公众参与

我国当前历史遗产的普查、定级（确定为各级文物保护单位、历史文化名城、历史文化街区、历史文化名村名镇等）都采取的是自上而下的“指定制度（designate）”，政府行业行政管理部门和专家参与到该程序中，普通民众基本上没有介入。而欧美国家多采用登录（register/list）制度或指定制度+登录制度（张松，2001）。登录制度扩大了遗产的概念和范畴，并且有利于遗产的合理再利用。日本自20世纪70年代开始的传统建筑物群保存地区保存制度采取指定+登录的方式，“它是在以市町村地方政府为主体，并且同当地居民协商的基础上，制定本地区的传统建筑物群保存地区保护条例，然后由国家根据市町村的申请选定该地区之全部或一部分为重要传统建筑物群。这种由下至上、居民与地方、中央政府共同参与的保护制度使保护工作卓见成效”（阮仪三等，1999）。

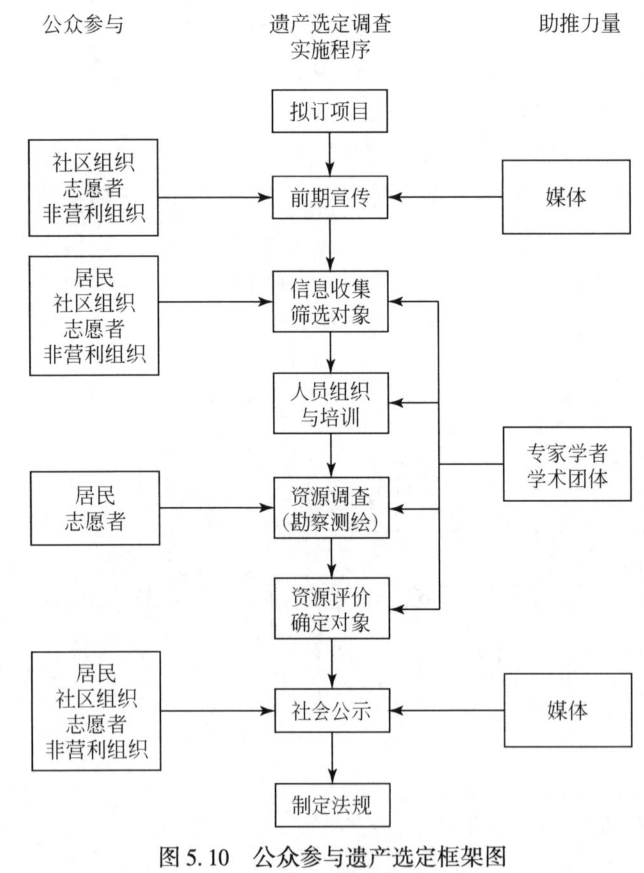

图5.10 公众参与遗产选定框架图

显然，公众参与遗产的前期选定和调查工作，有利于提高公众的遗产保护意识和自我认同感，同时也有利于普及地方历史与遗产保护、建筑维护等方面的知识，并为保护工作的开展打下良好的群众基础。在该阶段，主要参与方一般包括居民、社区组织、志愿者、非营利组织等，其阶段可划分为拟定项目、前期宣传、信息收集和筛选、人员组织和培训、资源调查与资源评价与确定保护对象、社会公示等（图5.10）。

对此，一些城市进行了成功的尝试。苏州在世界遗产博览会召开前夕，苏州市文物部门与当地主要报纸联合组织了“迎世遗会，古城寻宝大行动”的近现代优秀建筑普查活动，得到了广大市民的大力支持。市民们提供了大量的资料和线索。经专家组现场踏勘、鉴定和评审，市政府确立了首批66处优秀近代建筑，并将其公布为苏州市第五批市级文保单位和第二批控保建筑。在该实例中，政府、专家学者、当地民众相互配合，在宣传、评测、公示等各个环节中发挥了各自相应的优势，收到了良好的效果。

5.3.2　遗产保护规划阶段的公众参与

我国现阶段遗产保护规划编制过程主要是在政府行业主管部门、开发商、规划设计编制单位所组成的封闭系统内进行的。程序上虽然有公众参与的环节，如媒体宣传、方案公示等，但往往流于形式，加之居民在遗产保护和规划知识以及参与热情等方面的缺乏，造成公众参与的缺位，也导致许多保护规划与现实脱节。为了保证保护规划的科学性和合理性，应该建立开放的规划系统，不仅增加了公众参与的环节，而且增强了公众参与的实效，让公众特别是与遗产密切相关的当地居民能够真正参与其中，使得居民的意见能最终反映到决策体系中（图 5.11）。

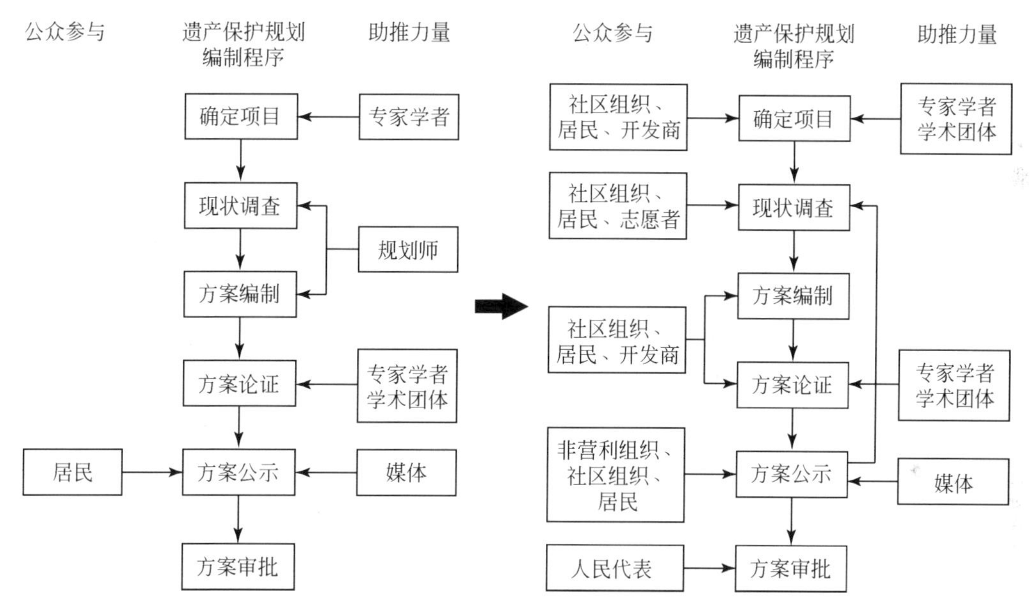

图 5.11　现行遗产保护规划编制程序（左）引入公众参与的遗产保护规划编制程序（右）对比图

1. 拟定规划目标

根据国外的实践经验，能够对遗产地提出切实可行的规划发展目标的主要有三类人群：政府管理者、专业人员以及对该地区较为熟悉的居民。在我国现行遗产保护规划中，拟定规划目标的是政府管理者、专业人员，甚至包括开发商，但缺乏当地居民的参与。可以通过媒体宣传、专业人员的辅导教育、政府激励和组织等方式广泛收集当地居民的规划意愿，使保护目标既与城市社会经济的发展相结合，又与地区的发展现实和需求相结合，兼顾经济、社会效益和文化发展的关系。

2. 规划方案编制的论证

目前保护规划编制主要依赖于规划师、建筑师等技术专家。受计划经济体制的影响，规划师主要作为技术工具，带有理想主义的乌托邦色彩，较少顾及社会利益的平衡之类的问题。市场经济体制下，随着市民社会的涌现，以及私有产权拥有者的剧增，城市规划从工程技术转向公共政策，不仅体现了社会不同阶层的利益诉求，同时也创造了新的利益关系。这一方面从客观上要求给利益团体或个体参与城市规划编制的机会，以便他们有机会了解、运用规划知识、法规、条例来保护自身利益、寻求发展空间；另一方面要求规划师维护各个社会阶层的利益，特别是保护社会中弱小和少数集团的利益。

保罗·达维多夫（Paul Davidoff）[①] 的“辩护性规划”理论指出（杨贵庆，2002），“规划师应当借鉴律师的角色，成为社会弱势群体的代言人，并且帮助他们编制相应的规划，然后把各自的规划方案呈递到地方规划管理部门，让规划管理部门来审核方案及审查相关事实，并最终做出判断”。据此，规划师应充分考虑市民的意愿和规划理想，并根据搜集到的概念，做出多个备选方案。并且，对于规划方案的公示应在编制过程的各个环节中进行，采集征询公众意见，并在规划方案评审会阶段增加公众听证的环节，以使规划方案切实保障当地居民的利益。

3. 确定最终方案

《中华人民共和国城乡规划法》规定，“省、自治区人民政府组织编制的省域城镇体系规划，城市、县人民政府组织编制的总体规划，在报上一级人民政府审批前，应当先经本级人民代表大会常务委员会审议，常务委员会组成人员的审议意见交由本级人民政府研究处理。”[②] 而详细规划则可直接由本级人民政府批准。历史遗产保护规划既包含于城镇体系规划、城市总体规划中（如历史文化名城保护专项规划），同时也还有专门的详细规划。鉴于遗产保护规划的重要意义，在将最终方案报请政府批准之前，应先提交人民代表大会审批，充分发挥人民代表的代议作用，公众通过人民代表对方案的最终确定行使决策权。

由上述程序可以看出，公众参与遗产保护规划编制主要侧重于当地居民的直接参与，而对于社会公众的参与主要是通过公益组织和人民代表大会的方式来实现的。在我国现阶段由于经济、社会发展水平的限制，要保障公众参与的实效性，必须注重参与主体的区分、参与程序的改进。

5.3.3 遗产保护实施阶段的公众参与

国外遗产保护实践的经验表明，公众参与遗产保护行动主要体现在社区层面。我国20世纪80年代开始的大规模旧城更新由于采取“自上而下”的政府主导方式，忽视社区居民权益和愿望，曾造成历史遗产的重大损失。因此，关注社区发展、制定相关政策、引导

---

① Paul Davidoff（1930—1984）是辩护性规划理论的创始人，1965年提出“辩护性规划理论”，曾获美国规划协会将一年一度的国家社会多样性表彰大奖。其理论将规划师的角色转化为社会弱势群体的辩护人，每个规划师都应为不同社会群体的利益代言和辩护，并编制相应的规划，然后让法庭的法官（即地方规划委员会）最后来做出裁定。辩护性规划理论对公众参与城市规划的理论和方法进行了大胆的设想和实践，在政府、规划师和公众之间建立了桥梁，推进了美国社会公众参与规划的进程。

② 《中华人民共和国城乡规划法》第十六条（2008）。

居民参与，是当前市场经济条件下城市更新和遗产保护的必然途径。

1. 建立由居民自己组织的社区组织

西方国家20世纪60年代兴起的“社区营造”，在发挥居民主观能动性的前提下，通过广泛的社区参与，以小尺度、小预算的经济运作方式，集中地方文化和特色资源，“循序渐进”地发掘老城潜力，最终回到改善老城居民生活质量的人本目标，成为许多西方城市乐于接受的保护模式（胡伟，2001）。而我国80年代类似的社区组织（如住宅合作社）在性质上要么属于政府的下属机构，要么就是营利性的房地产公司，发挥的作用有限。只有真正独立于政府管理部门之外，由居民自己组织的自助自管的非营利性社区组织，才能充分调动居民参与住房维护和改造的积极性。可以鼓励私房居民、住宅合作社、外来投资者按股份成立小型的住房合作更新公司，在城市规划的要求下对历史建筑进行联合整治和维护。

这种方式由于有使用者的投资，因此居民具有了直接的决策权。根据Sherry Arnstein的观点，真正的参与，除了被告知信息、获得咨询、发表意见等基本权利外，还应包括居民和社区对整个营建过程的参与和控制，其中最为关键的就是居民应成为参与的主体，对计划和决策享有决定权（Arnstein，2000）。

2. 形成“自上而下”的引导方式

由于我国的民主发展历程和历史传统与西方发达国家存在着很大的差异，因此，偏向由地方自治体以自主力量促使中央在政策、法规上配合的“自下而上”的模式并不太适合我国国情。

在我国，由于居民的自主性、社区的文化意识以及集体认同感都相对欠缺。即使在大城市中，社区居民由于自身利益遭到侵害而缔结组织进行的社区维权运动都寥寥可数，更谈不上出于道德的觉醒、文化的诉求而进行的遗产保护运动。从我国的现实国情来看，在短期内民间自发酝酿形成“自下而上”的公众参与遗产保护运动很难形成。因此，我们应思考由政府遗产保护行政主管部门通过非营利社区组织，采取“自上而下”的引导方式，推行社区层面上的遗产保护行动。在各大历史文化名城中，在有悠久历史和丰富遗存的历史街区，应以社区为单位，培育一批以维护历史街区、地段物质遗存和传承地方非物质文化传统为目标的社区遗产保护组织，并由地方政府从财政中提取一部分专款以补贴的形式为该类组织提供援助。政府还应当为社区遗产保护组织提供必要的融资便利措施，包括必要时成为社区保存项目的银行借贷担保人。在各级房管、规划部门应有固定成员协调相关事务，为社区组织提供法律顾问和专家智囊。

3. 专业人员参与社区的遗产保护行动

我国现阶段专业人员的参与仅仅局限在方案编制阶段，在遗产保护行动中发挥的作用有限。应该充分发挥建筑师、规划师的技术优势，通过行业协会和学术团体的组织，让他们走进社区，在社区工作的过程中和当地居民建立起平等的协调合作关系，了解居民们的需要，明确最终的使用目的，并且在项目实施过程中，参与具体的劳动，为居民们提供技术上的强力支持。1995年开始，清华大学建筑与城市研究所与北京东城区人民政府合作，在小规模改造和整治的实践探索中已经开始了这方面的一些活动，设计人员在了解居民的实际需求后，帮助他们设计房屋的改造方案，如板厂胡同8号、雍和宫大街38号等项目，取得了一定的成效。

4. 鼓励和扶持非营利性公益组织发展

国外遗产保护经验表明，非营利性公益组织在遗产保护活动中扮演着重要角色。但在我国，遗产保护领域的非营利性公益组织却寥寥可数。虽也有如“阮仪三历史文化名城保护基金会”等遗产保护公益组织在积极而努力地行动，但这些组织的活动领域与影响范畴却十分有限，远没发展到如美国盖蒂中心（Gety center）[①]等国际知名遗产保护公益组织的规模及其在遗产保护实践中所发挥的巨大作用。

当然，我们应该看到，尽管目前我国现实经济社会环境下非营利公益组织发展缓慢，但由于其宗旨与目的的纯粹性、技术与经济力量的综合性，将逐步成为我国遗产保护实践的积极力量。因此，政府应采取切实措施，从制定法规、简化行政管理程序、提供资金和技术支持等方面鼓励和扶持其发展，使其在遗产知识培训、保护项目资助、遗产项目管理等方面发挥重要作用。

5. 积极引导开发商参与遗产保护

历史遗产保护项目的实施需要大量的资金投入，仅仅依靠政府和居民是难以承担的。而开发商和商业财团拥有雄厚的资金实力和项目运作经验，是遗产保护中重要的潜在力量。市场经济体制为社会资本进入遗产保护领域创造了条件，通过政府调控可以积极引导开发商和商业财团投入遗产保护事业。

这方面国内已经有许多成功的经验。2004年苏州市制定了《苏州市区古建筑抢修贷款贴息和奖励办法》。办法规定：经文物部门认定的民资介入古建筑保护，政府将予以贷款贴息或奖励的优惠政策。其中政府贴息贷款的额度最高可达工程总费用的50%（在总额不超过100万元的前提下），而资金奖励的最高标准可达工程维修总额度的10%，适用对象为目前已经公布的各类文保和控保单位。同年，市政府又制定了《苏州市市区依靠社会力量抢修保护直管公房古民居实施意见》，允许和鼓励国内外组织和个人购买或租用直管公房古民居，实行产权多元化、抢修保护社会化、运作市场化。这些办法的实施，都在积极鼓励社会力量参与文物保护方面作出了重大贡献，使一批险情严重的古建筑得到了及时有效的抢救保护。例如，苏州新沧浪房地产有限公司筹措资金抢修保护盛家带苏宅、朱宅，工程通过了审核验收，被评定为优良等级，并获得了政府的第一笔奖励金18万元（金伟忻和耿联，2006）。此外，上海“新天地”项目的开发、重庆南岸区的“法国水师兵营”历史建筑的修复等都是开发商参与遗产保护的成功案例。

由于文化遗产的特殊性，引入社会资金参与遗产保护应以不改变文物管理体制、保障

① 该组织从2004年即开始在我国开展如莫高窟壁画保护研究等遗产知识培训与遗产保护的资助项目。

文物安全为前提①，充分调动起市场的力量来推动保护项目的实施。

5.4 公众参与历史遗产保护的问题规避

公众参与作为社会文明进步的象征，作为推进遗产保护的重要手段之一，已经开始得到政府和学者的广泛认同。并且，一些民众也开始认识到公众参与对于维护自身权益的重要性。但在实践中公众参与遗产保护存在的问题与缺失也十分明显。公众参与遗产保护要得到较好的施行，必须首先认识到其存在的不足，并采取相应的规避措施。

5.4.1 参与主体不明确及其规避

长时间以来，国外遗产保护运动中对于参与主体也一直存在认识不清的问题。这也正是在我国公众参与遗产保护工作中值得思索的问题。正如英属哥伦比亚大学教授麦克尔·斯里格（Mikael Sliger）所说："真正广泛的参与并不是要求每一个市民都去参与。因为，一般市民都有着各自生活上的负担，对于地区、城市的发展未来，只有短暂的兴趣和有限的想象力。"他认为"大规模、广义式的参与，基本是违反理性的"（梁鹤年，1999）。因此，参与主体的选择至关重要，参与者在知识、能力、时间和资源上都需要具备一定的条件。首先，是信息方面的要求，参与者若要做出选择和判断，必须具有相关经验和一定的背景信息，甚至在某些方面的信息掌握比专业人员的要求还要高；其次，参与者还必须具有一定的能力，如语言表达能力、权衡自身利益与地区发展间关系的能力，预计地区发展中潜在问题的能力等，也就是说，参与者素质的高低，直接决定着参与结果的合理性和有效性；最后，参与过程是一个消耗时间和资源的过程。如果对于参与主体没有一个正确的认识，那么很有可能出现的情况就是，政府花费了大量的资源，但参与的成果却并没有多大的科学性和实施可能性，参与成为了目的而不是手段。

为了避免这种情况的出现，在参与初期就应该明确参与主体。例如，针对于历史文化街区、历史地段等而言，主要参与者就是该地区内的居民（包括曾经在此居住过的人）、社区组织、非营利保护组织NGO，而其他社会大众的参与则属于辅助性参与，是公众参与的一种补充。这样，在制定参与程序和实施参与的过程中，就可以有的放矢地开展公众参与工作，提高工作效率，节约投入的时间和资源成本。意大利博洛尼亚市（Bologna）的旧区改造、社区营造运动中的居民参与②以及北京"住房合作社"③ 所倡导的居民参与，都是公众参与的成功实例。正是由于参与主体明确，使得公众参与能够有的放矢，从而推

---

① 《中华人民共和国文物保护法》第二十四条、二十五条（2007）。

② 意大利博洛尼亚古城以整体性保护闻名于世。在这座城市中，其遗产保护对象既有有价值的古建筑，还有生活在那里的居民的原有生活状态。今天，在博洛尼亚，那些低收入的原住民仍然生活在这个城市的中心，并保留着原有的生活状态。

③ 住宅合作社是指经市房改办核准，20世纪90年代由城市居民、职工为改善自身住房条件而自愿参加，不以营利为目的、旨在解决中低收入家庭住房困难的公益性合作经济组织，凡是具有本市户口的中低收入家庭或国有企业职工均可入社参加集资合作建房。截至2001年，北京市已建有住宅合作社42家，共筹集资金近10亿元，建住宅合作社200多万平方米，为3万户居民解决了住房困难。

动了遗产保护工作的顺利进行。

5.4.2 参与者积极性不足及其规避

除了考虑对参与者的要求，还有一个问题就是“市民在多大程度上愿意真正投入参与。通常，当市民不觉得自己应负责任或自身利益没有受到威胁时，他们对于政府活动的参与并不十分热衷”（Coenen，2002）。而绝大部分市民出于好奇或者新鲜的心理，会在开始阶段对于参与活动表现出一定的热情，但当他们发现这是个长期的工作后，很多人的兴趣会逐渐消失，真正能参与到最后的市民就很少了。

针对这种情况，首先要开展广泛的遗产保护教育活动和宣传活动，提高公民素质和参与遗产保护的热情。同时，政府也要加强基层参与组织的建设，设立地方办公室帮助解决民众参与过程中所出现的问题，同时扩大宣传的力度和广度。

在温哥华城市规划市民参与的过程中，市议会设立了“支援中心”帮助市民参与，同时刊发了“资料工具箱”以英、法、中、印、越南、西班牙等语言和特大字体出版，在讨论阶段还以作报告、街头剧等形式宣传规划概念。在印度喀拉拉邦（Kerala）的资源测绘中，政府在开始这项运动前，就通过大众传媒和“启发计划”号召市民参与，除了电视和报纸，还采取了街头剧场、传统舞蹈以及与地方文化背景有关的节目来宣传市民参与。

5.4.3 参与者代表性问题及其规避

公众参与还涉及参与者代表性的问题。通常情况下，在公众参与施行的过程中，个体参与的效果是最不理想的。由于社会权利等方面因素，遗产保护实践项目的决策往往都是具有支配地位的相关方面完成的，如政府官员、技术专家、利益团体等。由于他们拥有话语权、学术威信、人际关系网络以及资金等各类资源，因此左右着整个过程甚至最终的结果。在这一过程中，个体的参与者由于不具有参与的优势而无法从实质上影响整个遗产保护实践的过程和结果。

出现上述情况是由于现代城市的多元社会背景决定的，这种多元社会背景，决定了团体参与的优势。团体参与主要分为两种形式：一是社区内部的居民自组织的社区团体参与；二是非营利性组织的参与。在遗产保护中如何反映公众的个人利益和意见，同时又不会对社会和城市的长远发展产生负面影响，社区组织参与就是最好的解决方式，同时也是最为现实的方式。它可以在这个过程中发挥基层领导作用，了解居民们的现实生活状况和对于遗产保护的意愿，并在此基础上协调好各方面的利益冲突。对于公益组织（NPO 或 NGO）而言，要使它真正能够中立、客观的参与遗产保护，就必须保证其在政治上和经济上的独立性。政府部门是支持 NPO 或 NGO 得以扩展的最重要的支持者，它既可以鼓励其发展，也可以限制其发展。而由于资金资助上的原因，NPO 或 NGO 对于政府和财团的依赖性往往比较强。为了避免这种情况，NPO 或 NGO 保护组织必须使政府、财团资助与其他经济来源相平衡。只有利益方、非利益方以及助推方的共同参与，才能平衡和协调遗产保护中的利益关系，真正推进全民参与遗产保护的工作目标。

5.4.4　时间和资源的消耗问题及其规避

作为一种公共政治活动，公众参与本身必然存在着政治成本与经济成本。正如弗兰斯·科恩（Coenen，2002）① 所说“参与是一个消耗时间和资源的过程”。任何参与都必须经过动员、实施、成果总结等阶段，在这些过程中，政府、技术专家、志愿者、社区组织和各种公益组织都必须投入其中；而各种调查、展览、宣传资料的印发、讨论会等，也需要投入大量的人力、物力和财力。同时，政府职能部门的传统行政权威下降；各个不同参与主体的意见多元化，使决策部门在收集信息反馈后增加了协调、整合、筛选的难度；这些因素都容易导致政府对社会基层工作指导和监督功能减弱，甚至失控，影响社会稳定、团结。

为了尽可能减少公众参与的成本，在制定参与程序之初，就应该明确参与的主体，准确评估参与者的参与意愿，设置具体合理的参与程序，并且对可能出现的各种情况做好应急准备。例如，建立社区参与组织和公益组织，在规划体系中制定参与程序，建筑师、规划师等专业人员深入社区帮助居民实施住屋改造等。

5.4.5　遗产使用权属问题及其规避

在遗产保护实践中，参与方越多，无疑对遗产的保存与文化的承续越有利。并且，在市场经济条件下可通过市场机制充分调动各类社会群体参与其中。但在这一过程中必然产生遗产权属的矛盾：由于公众参与强调的是民间力量的主体性，而民间力量又包括本地居民、私人业主以及开发商等利益主体，他们希望其“劳动成果”——经过他们的努力而得到妥善保存的历史文物、建筑、街区等能为其带来实在的利益，为其私人所享有。但是作为人类共同财富的历史遗产又有较强的公共性。因此，可以允许利益方拥有其私有财产的处置权，但不应阻碍发挥遗产的社会价值，即不能损害公众从中获得文化体验的权利。政府或相关机构可以通过政策和管理措施对遗产权属和使用的矛盾进行调节，平衡私人利益与公共利益的关系。

西方国家在保护实践中，形成了一种通过带有附加条款的资金补助政策，用以规避这类问题。例如，在法国官方指定的第一个历史街区——马勒历史街区（Le Marais）的保护过程中，对于重要的历史建筑，在业主承诺没有征得政府部门的同意对建筑不作任何改变，并且将建筑部分空间对公众开放的条件下，政府承担修缮和维护所需资金总额的50%。而且，视建筑对公众开放的程度采取不同的资金补助比例，最高补贴可达到维护费用的75%。政策出台之后，许多有特色的公寓都转变为了博物馆，如毕加索博物馆、Carnavalet 博物馆、Kwok 博物馆和 de la Serrureria 博物馆等（图5.12）。这一政策有效地

---

① Frans H. J. M. Coenen（1960）其研究主要集中于地方和区域的可持续发展，他是地域环境杂志的评论员，在尼日利亚提出包括LA21在内的多项区域及地方性的可持续政策，曾参加欧盟FP5项目。同时，对可持续发展的公众参与方面特别感兴趣，并合作出版了两本关于公众参与的著作。

解决了私有历史遗产如何发挥其社会价值的问题，使其既能得到私人业主的精心护养，同时作为人类共同的财富向公众展示。

图 5.12　毕加索博物馆
来源：http：//go. byecity. com/

而在意大利博洛尼亚历史街区，政府为平衡拥有老街房屋产权的私人业主与靠租房居住于此的广大居民双方的利益，拨专款向街区提供一笔维修补助，但规定私人业主如要获得补助金就必须向原有居民提供修复过的住房，且只能征收相当于修复前房屋的租金。这样既调动了私有业主维护整修历史建筑的积极性，也保障了原住居民的利益，使其不至于因房屋翻新后，房租上涨而被迫离开从而破坏社区的地缘结构。

5.5　公众参与历史遗产保护的保障机制

为了激励公众参与历史遗产保护，有效规避参与过程中的问题，需要建立相应的保障机制，从政策、法律、宣传等方面提供支撑。

5.5.1　政策保障

公众参与遗产保护的顺利进行首先必须依托政策上的保障，而政策保障主要应体现在税费优惠政策和资金补助政策上。

1. 税费优惠政策

鼓励公众参与历史遗产保护需要有相应的激励机制，而税费优惠政策就是其中的一种重要方式。

在美国，为了鼓励历史建筑的登录，保护历史街区，实行财产税减免（tax assessment for historic properties），许多州和地方的法律规定：对登录和待登录历史建筑及其土地的物业税评估大大少于新建筑。同时，登录历史建筑的所有者如果有意对历史建筑进行修缮，政府还将提供优惠贷款。

此外，政府还对历史遗产保护项目实行税收抵扣（tax credit），如第 3 章提到的联邦政府 1976 年的《税收改革法》、1978 年的《新税收法》以及 1981 年《经济复兴税收法》对 1976～1986 年的 10 年间，17 000 个保护项目的税收抵扣返还便体现了此类税费优惠政策对遗产保护运动的促进作用。

在日本，为了鼓励历史遗产保护，在地方税法第 348 条中规定对国宝、重要文物、重要有形民俗文物、历史遗迹或名胜可不课固定资产税[①]。正是由于日本各级政府给予了个人和中小利益团体参与遗产保护的这些税费优惠，并通过法律的形式将这种激励政策固定下来，确保了参与者的利益，大大调动了民众的积极性。所以，日本以当地居民为主体的“社区营造”运动才得以顺利的开展。

近年来，我国城市遗产保护实践几乎是同旧城改造中房地产开发相结合而进行的，开发环节的政策优惠事实上已经成为政府用来激励和平衡开发商利益的主要手段。20世纪90年代以来，旧城改造过程中积累起来的政策手段主要包括：国有土地使用权出让、安置房用地指标、市政基础设施费用补贴、土地出让金减免、有关税费减免等[②]。但这些优惠政策倾向于利益集团（开发商），适用于大规模旧城改造，而对于当地居民、私人业主等参与遗产保护的相关优惠政策非常缺乏（这也与我国的税收制度有关）。同时，在与遗产所在地段相关的基础设施建设上，由于不会带来直接的经济利益，也难以调动各方的积极性。因此，政府尚应针对当前历史遗产保护的现实情况，加强一些对中小业主税费优惠激励措施和对市政公益事业的补助和扶持。

2. 资金补助政策

政府的资金资助是推动公众参与遗产保护的重要政策之一。在西方国家，政府的资金补助的类别包括规划性补助和实施性补助：规划性补助是用于历史资源调查、前期规划和项目管理，实施性补助是用于保护和更新项目的实施。补助的对象包括：修护历史建筑的私人业主和遗产保护公益组织。通过这些补助政策引导和鼓励社会资本的投入，有效的带动居民参与保护实践以及全社会对于遗产保护的关注。

美国1949年依据《国家历史保护信托基金法》成立的国家历史保护信托基金会，是美国政府资助遗产保护的主要机构。20世纪80年代以前，主要用于实施性补助，而从80年代初税收政策改革带来巨大的社会投资进入到遗产保护实施领域后，基金的援助则开始转向历史资源的跟踪调查、考古研究、保护计划、各级登录对象提名、历史保护教育与信息管理等规划性用途。

英国政府对于历史遗产保护的经费补助主要分为面向私人和公益组织两类。政府补贴援助民间公益组织、加强公益组织在遗产保护领域中的资金援助作用是英国在遗产保护资金管理上的特色。“英格兰遗产”下设立“遗产补助基金”，主要补助各个公益团体执行对国家重要遗产的保护以及地方规划单位保护计划，而“建筑遗产基金”则专为历史保护公益信托和其他慈善机构提供低息贷款和资金援助。仅1997～1998年共补助30个公益团体约55万英镑的经费。这些资金偏重“规划性”补助（焦怡雪，2002）。

---

① 1950年，日本在地方税制改革中引进了固定资产税。固定资产税实质上是一个综合性的税种，它取代了原来分开征收的地租税、房屋税、船舶税、铁道税等财产税税种。固定资产税是市町村级税，由地方税务机关征收管理。日本现行的固定资产税对土地、房屋、折旧资产征税，其中主要是针对土地和房屋征税。来源：日本地方税法（昭和二十五年七月三十一日法律第二百二十六号）「第三百四十八条第二项第一号」。

② 《中华人民共和国城镇国有土地使用权出让和转让暂行条例（2008）》中规定：国家按照所有权与使用权分离的原则，实行城镇国有土地使用权出让、转让制度，但地下资源、埋藏物和市政公用设施除外。除了以上国家条例外，很多城市还出台了相应的解决原住民安置问题的安置房用地标准及土地出让金减免办法。

美英等国的资金补助政策主要特点是偏重于“规划性”的技术支持，以及通过对公益组织的补助带动社会资本的投入；而对于直接以资金方式资助的项目，则要求其对公众开放，从而增加遗产保护的影响力，吸引更多的人投入到遗产保护中。

目前，我国政府对于遗产保护的资金投入主要还是直接性资助。在经济水平并不富裕又有着众多历史文化遗产资源的中国，只靠政府直接性的遗产保护资金投入无疑是“杯水车薪”，无法满足巨大的资金缺口，甚至难以支持遗产的基本维护。因此，建议以“适度”的中央政府补助基金为基础，加大地方政府对于遗产保护的资金投入，特别是沿海等经济发达的地区，如苏州市在2004年制定了《苏州市区古建筑抢修贷款贴息和奖励办法》，按照规定，经文物部门认定的民资介入古建筑保护有功者，政府将予以贷款贴息或奖励，其中政府贴息额度为50%，总额一般不超过100万元，奖励的最高标准为工程维修总额的10%，适用对象为已经公布的文保和控保单位。

同时，政府还应加大对于公益组织的资金补助，将官方补助的部分用来援助公益保护团体组织，提供各种形式的补助、低息贷款。这些资金和公益组织的专业技术力量结合起来，使得非政府非营利性的民间干预力量可以很好地参与到遗产保护中。此外，加强政府在历史遗产普查、科研、可行性研究、规划设计方面的智力投入，加强“规划性补助”与“政策性补助”的投入。

3. 其他激励政策

发放遗产保护的国债和发行遗产保护彩票也是鼓励公众参与遗产保护的积极手段。

国债是中央政府为筹集财政资金而发行的一种政府债券，是国家信用的主要形式。由于国债以中央政府的税收作为还本付息的保证，因此风险小、流动性强，利率也较其他债券低（刘立峰，2002）。我国现今的财政政策已经转向稳健财政政策，但国债发行仍是一个不可或缺的财政资金筹集手段。并且，对于遗产保护这样一项公益性领域，发行国债、筹集专项资金、提高公众对于遗产保护的关注是非常必要的。由于国债的安全性好、收益又可免征所得税，因此其收益是较高的，预计公众购买的可能性也较大，预期的发行效果较好。同时，为了提高遗产保护国债的认购率，其发行利率可以高于其他国债，并且规定其可在交易市场中流通、转让，以提高其流通率。

彩票也是政府筹资的一种重要方式。英国政府补助经费中有很大一部分是来自国家彩票提供的“遗产彩票基金”。该彩票基金是于1994年国会授权成立的非政府部门，接受“文化、媒体与运动部”（DCMS）的指导并透过DCMS向国会汇报工作。“遗产彩票基金”每年从国家彩票基金的收益中获取资金，除了一部分提供给“英格兰遗产”，其主要的援助对象包括博物馆、历史建筑、地方公园和自然景观的保护。自从1995~2005年，“遗产彩票基金”给英国15000个历史遗产保护项目提供了超过30亿英镑的资金帮助（表5.6）。

表5.6　1995~2005年“遗产彩票基金”援助项目与援助金额

遗产彩票基金援助对象	宗教建筑	大教堂	工业、渔业交通遗址	历史文档保存	地方社区项目	博物馆、图书馆等项目	历史建筑与纪念碑	历史景观项目	英格兰遗产
援助数量/个	1900	57	567	—	900	2712	>4000	1746	—
援助金额/亿元	3.42		2.22	1.6	0.13	10.17	10	6.04	6.90

资料来源：英国“遗产彩票基金”网站，http：//www.nhmf.org.uk/index2.html

近几年，每年我国的彩票发行额度已超过300亿元，返奖率55%，约有6%的居民购买过彩票，而各种福利彩票、体育彩票、足球彩票、篮球彩票更是深入人心。因此，在我国发行“遗产彩票”具有很大潜力，不仅可以扩大遗产保护事业的资金来源，还能将遗产保护的知识和信息传递给社会大众，提高他们的参与意识。在美国，购买彩票的人数有85%，法国有64%，日本有70%，而我国仅有6%，但我国居民手中的储蓄存款已达15万亿元人民币，如果按人均收入的1%～2%（国际一般水平）作为彩票购买支出，那么我国的彩票发行额度应在1000亿元左右，但目前只有300亿（李树，2006）。因此，无论从买方市场还是卖方市场来看，发行遗产彩票的潜力都是巨大的。

5.5.2 法制保障

除了政策上的引导和激励措施，公众参与历史遗产保护还需要建立相关的法规和制度，以保障公众参与的落实，这对于公众参与相对落后的我国来说尤其重要。我国现阶段需要重点建立和健全的是三个保障机制，即知情机制、表达机制和诉讼机制。

1. 知情机制

建立知情机制，就是要保障公众的知情权。知情权是公众参与遗产保护的前提和基础，也是公众享有参与权和民主程序的重要特征。公众只有知情后，才能避免参与的形式化，克服信息不对称、信息失真等原因所造成的参与障碍。2008年《中华人民共和国政府信息公开条例》开始实施①，我国各级政府及主管部门已经开始政务公开，但是从实施的情况看，是以行政权力为主导而不是以可诉求的获得信息权为基础，这增加了公众获取信息的难度。为了保障公众的知情权，必须建立完善的信息公开制度。

1）明确信息公开的主体。在遗产保护中，信息公开主要涉及规划部门和文物保护部门。他们掌握着遗产所在地的基础资料，以及本地区未来的发展计划，包括对遗产所在地的经济发展定位，以及其在整个城市发展中的评估等信息。《政府信息公开条例》和其他法规中（如《文物保护法》、《城乡规划法》等）应明确其公开信息的职责，同时规定民众获得信息的权利。

2）合理界定信息公开的内容。信息公开的内容要根据遗产保护的阶段来确定，在保护规划编制前期，应公布相关的基础资料；在方案审议阶段，应公布各个备选方案的情况，包括其设计依据、市民意见等；在实施阶段，应公布最终方案的情况以及实施效果预测等。当然，凡是涉及国家秘密、企业秘密和个人秘密的都应当注意保密，不予公开。目前《政府信息公开条例》中规定公开的范围主要是规划或实施的结果②，并不利于公众参与。

---

① 《中华人民共和国政府信息公开条例》于2007年1月17日国务院第165次常务会议通过，自2008年5月1日起施行。

② 《中华人民共和国政府信息公开条例》第十条（二）国民经济和社会发展规划、专项规划、区域规划及相关政策；（八）重大建设项目的批准和实施情况等。

3）确定信息公开的方式。《政府信息公开条例》中规定，行政机关应当将主动公开的政府信息，通过政府公报、政府网站、新闻发布会以及报刊、广播、电视等便于公众知晓的方式公开（第十五条）。由于目前我国的法律、司法解释、部门规章都是以公报的形式公开，而民事诉讼法也主要都采用公告的方式，因此，公告较为被民众所熟悉，可以作为信息公开的主要形式。由于经济社会发展水平的差异，各个城市应该根据自身特点完善和细化城乡规划和遗产保护的信息公开方式，如上海市2006年就已经出台了城市规划信息公开的相关规定。在《上海市制定控制性详细规划听取公众意见的规定（试行）的通知》中，规定了规划草案展示的具体要求，草案展示的内容，公众意见采纳结果的公布等①。并且，自2004年起，上海市规划局已在其官方网站上每年公布“政府信息公开年报”，以加大社会的监督力度。

4）规定救济程序。信息公开的争议具有其特殊性。因此，很多有信息公开法的国家，在司法救济程序前设置了具有专业知识的信息裁判所来解决信息公开的争议。对政府机关的信息公开决定不服的当事人，可以在行政救济之后请求独立的信息裁判所救济，对信息裁判所的裁决不服再诉讼到法院。我国也可以通过制定信息裁判所救济制度，来保障公民的司法救济权。

2. 表达机制

建立表达机制，就是要让公众在参加遗产保护活动过程中能通过适当的方式表达自己的意见和评价。换言之，表达机制就是公众言论权在遗产保护中的体现。我国加强遗产保护中表达机制的建设，最有效的方式就是加强政府和相关保护机构的公众征询意见活动，这主要体现在两个方面。

1）完善规划和相关决策的听证会制度。听证作为一项程序性制度起源于英国普通法的“自然公正”原则。即“任何权力必须公正行使，对当事人不利的决定必须听取他的意见”（韦廉，1997）。自然公正原则包括两个最基本的程序规则：任何人或团体在行使权力可能使别人受到不良影响时，必须听取对方的意见，每个人都有为自己辩护和防卫的权力；任何人或团体不能做自己案件的法官。

遗产保护的听证制度就是指政府或相关部门为了收集可靠的遗产信息和资料，就其保护的必要性和保护内容等问题举行听证会。该会议必须邀请和接受与遗产有利害关系的组织和公民、有关专家学者、遗产保护工作者到会陈述意见，以便为遗产保护提供参考依据。在其具体的操作中，首先，要将听证会与座谈会等其他听取意见的形式区别对待。听证会是一项程序性制度，要规定可行的听证程序，即对听证委员会的组成、听证内容、公告及通知、选择和邀请听证人、收集准备材料、法定人数等环节加以规定。此外，还应规定对待听证意见的处理办法，如是否将其作为制定相关政策的依据，并向社会公布等。

---

① 规定第五条指出：组织编制部门应当在规划所在区域的社区中心（或其他指定的公共场所）和政府网站上，同时向公众展示规划草案。规划草案展示时，应当告知收集公众意见的方式、期限和有关事项。规划草案展示前五天内，组织编制部门应当在展示地点、政府网站或者通过公告、报纸、广播、电视等新闻媒体，向公众预告规划草案展示的相关信息。向公众展示规划草案时间不得少于二十天。第六条指出：向公众展示的规划草案含规划图纸和文字说明，内容应当包括：（一）规划范围；（二）规划编制依据；（三）地区发展目标；（四）功能布局；（五）主要规划控制指标。

目前，在我国发达城市中听证会制度已经较为成熟，但将听证制引入遗产保护领域，作为遗产保护立法和其他相关工作的一个必要环节，还有许多工作要做。另外，从遗产分布情况来看，大部分历史遗产位于制度建设相对落后的中小城市中。因此，加强中小城市的遗产保护听证制度显得尤为重要。

2）公开征求群众意见。公开征求群众意见是表达机制建立的核心部分，其具体的制度设计应包括通告、普通群众发表意见和对群众意见的反馈处理三部分。

第一，要建立强制性的通告制度。对于重要的政策决定，必须要经过强制性的通告程序，即通过广泛发行的报纸、电台、广播等传媒工具加以公布，让市民、社会团体都能参与讨论，并设立接受群众来信来访的机构，利用互联网公布信息，通告的时间限制必须要满足公众参与的需要等。

第二，加强普通群众意见发表机制的建设，其主要方式有相关机构与普通群众进行非正式的磋商、会谈；普通群众向相关部门递交书面材料或意见；普通群众直接以口头方式发表意见等。

第三，要建立群众意见反馈制度，即告知群众哪些意见被采纳，哪些没有，原因何在。这是让群众了解政府决策的重要手段，在公开征求群众意见的同时，也要让群众明白自己的意见是否成为了政府决策的一部分，如果没有，其原因是什么。只有群众意见成为决策内容，才能提高公众参与的热情，改变公众的态度，从而形成公众积极参与的良性循环过程。

此外，除了将公众征询意见程序纳入相关法律的制定之外，还应在社会团体组织、结社、游行示威、工会等相关法律法规中，增加有关公众参与遗产保护言论权的内容，切实保障表达机制的建设。

3. 诉讼机制

诉讼机制就是指当历史遗产受到人为破坏时，公众有权提起诉讼，要求责任人采取停止破坏、补救、赔偿损失等措施，并对责任人予以行政、民事、刑事制裁的法律规定和程序。遗产保护诉讼应是公众参与遗产保护的一种重要方式，它是一种最终的、极端的措施。

我国现行的《民事诉讼法》中强调，起诉资格必须“与本案有直接利害关系”。也就是说，如果要提起遗产保护的民事诉讼必须是那些人身或财产权益直接受到他人民事不法行为侵害的个人。这就使得遗产保护人士地位尴尬，难以有直接的法律武器来与破坏遗产的行为相抗争。城市的文化遗产是一个城市乃至国家的公共财产，当它们受到破坏时，对整个城市和国家的影响都将是巨大的。并且，这些随着历史发展而形成的建筑、街巷，也是维持一定地域社区结构的物质基础，是联系生活在这里的人们的精神纽带。所以，与历史遗产利益相关的绝不仅仅是居住在遗产所在地和其周围地区的居民，而是整个社会。当历史遗产受到破坏时，将会有更多人的利益受到了“间接的”、“无形的”侵害。

一些国家已经将“公众利益诉讼”纳入正式的司法程序，并得到法院的确认，进而上升到权利层次。例如在印度，个人及社会团体可以使用“公众利益诉讼权”来保护基本的清洁环境权利，几乎所有人或团体可以代表社会提出法律诉讼。美国环境法设定的“公民诉讼制度”，使得公众参与诉讼管理、参与公害解决过程成为一种程序性制度（龚益，2001）。因此，我国应借鉴国外法律中关于放宽起诉资格的规定，将遗产保护民事诉讼的起诉资格扩大到“与本案有间接利害关系”的公民、法人和其他组织，以有效地维护公众的监督权和对不法的遗产破坏行为的诉讼权。同时，由于遗产保护涉及的知识面较广，专业性较强，因此调查取证工作会较为困难，应在相关法律体系中完善司法援助制度，由政府或者公益团体为起诉者提供技术上的帮助，还可以设立基金，为起诉者提供资金援助，以提高公民诉讼的积极性，从而激励公众关注遗产保护问题。

5.5.3 宣传保障

宣传工作是公众参与遗产保护的重要前提。特别是在我国，民众的参与意识并不强烈，加之传统文化的影响，公众参与就更需要政府、社会的积极推动。立足于我国现阶段的实际情况，宣传工作的建设应从以下三个方面入手。

1. 建立规范化的制度体系

宣传工作要纳入规范化的制度体系。具体说来，首先，在行政机关内部设立宣传部门，整个城市的遗产保护、公众参与的宣传工作都由该宣传部门统一管理，同时，在各直属单位建立宣传员队伍，行政机关定期对宣传员进行培训。其次，要建章立制，规范整个公众参与遗产保护的宣传工作。行政机关可以制定出相应的规范性文件和全年的宣传工作计划和宣传方案。最后，制定宣传工作的考核办法，把宣传工作纳入行政机关和各直属单位的工作目标责任制管理，把宣传工作作为重要内容进行部署、检查和考核，使宣传工作落实到具体的运行层面。

2. 确立多样化的宣传形式

宣传工作的形式应多样化，要使民众能够在喜闻乐见的形式中受到良好的教育。其具体的宣传形式主要有以下八种（表5.7）：①充分发挥相关报刊、杂志的主渠道宣传作用；②与电视台、电台合作开办专题节目宣传公众参与遗产保护的政策和内容；③建立公众参与遗产保护的网站，使宣传工作更加现代化；④编写并散发《公众参与遗产保护知识问答》、《维权手册》、《参与办法》和《遗产保护相关知识》等资料；⑤开展集中宣传月、宣传周或宣传日活动；⑥开展知识竞赛吸引群众参与遗产保护；⑦开展典型项目的报告会；⑧围绕具体工程开展宣传专项活动。

目前，随着我国“文化遗产日”活动的开展，中央和各地电视台进行了相关的节目直播，并推出相关的纪录片，以此来促进遗产保护的宣传工作。与此同时，内蒙古、武夷山等城市也开始确立地方的遗产保护日，通过文艺表演、专家解疑等活动来提高公众对于遗产的关注度。2005年在“6.28”苏州第一个“文化遗产保护日”系列活动中，市文物部门联合当地电视台、民营自来水公司共同举办“苏州古城古井保护行动”，得到了广大市民的热烈响应，有些市民还直接加入古井保护志愿队中，积极协助文物部门做好古井的日常管理工作①。

① 苏州探索创新古城保护纪实．苏州日报，2006-6-28。

表 5.7　各种公众参与遗产保护的宣传形式一览表

宣传形式	具体形式	具体手段
主渠道宣传	报刊、杂志	开辟公众参与遗产保护专栏，组织管理者、专业人员、相关专家撰写文章，广泛宣传公众参与
	电视台、电台	技术专家走进直播现场，现场接听群众热线电话，宣传公众参与遗产保护的政策，解答疑问
网络宣传	建立公众参与遗产保护的网站	通过网络提供项目的个人或团体参与情况查询等服务
社会活动宣传	组织人员编写《公众参与遗产保护知识问答》、《维权手册》、《参与办法》、《遗产保护相关知识》等资料	走上街头、深入社区、单位等广泛散发
	开展集中宣传月、宣传周或宣传日的活动	组织管理者、技术专家、志愿者散发宣传资料，接受群众咨询
	开展知识竞赛吸引群众参与遗产保护	开展知识竞赛
	开展典型项目的报告会	在全市或全国范围内进行展览或组织报告团进行巡回演讲
	围绕具体工程开展宣传专项活动	根据各个阶段的不同情况，分别利用新闻媒体、博物馆展览等形式，进行相关的宣传工作

3. 树立持续性的宣传目标

宣传工作是一项长期的系统工程，不可能一劳永逸，需要持续的努力。

在推行宣传的过程中，首先应将统一管理与分散宣传相结合，政策宣传与舆论监督相结合，系统宣传与新闻媒体宣传相结合，集中宣传与日常宣传相结合，重点宣传与常规宣传相结合。其次，应科学地组织宣传活动，采取一般宣传分头组织，集中把关；重大宣传成立专门小组，集体运作的方式，来保证宣传工作的经常性和准确性。最后，围绕重点工程，要开展针对性的宣传活动，这是落实公众参与遗产保护的关键宣传环节，必须要有相对完整的计划和参与方案。

扎实有效的宣传工作是公众参与遗产保护的重要保障。只有宣传工作的顺利进行，才能不断提高我国公众的参与意识，更快地实现全民参与遗产保护的目标。

第 6 章　历史遗产的保护管理

经济体制的转型必然带来政府职能的转变，这是上层建筑适应经济基础和促进经济发展的客观要求。在这一转变过程中，社会利益的主体结构也会悄然发生变化，随着经济、政治结构的复杂化而变得越来越多元化。面对这种多元化的趋势，历史遗产的管理手段、管理方式也必将发生根本性转变。一方面，我们可以充分利用市场机制，以市场为导向充分挖掘历史文化资源的价值；另一方面，又必须有效地发挥市场经济的资源配置效率，通过宏观调控减少市场经济的不利影响，研究市场经济体制下历史遗产保护机制的变革，建立符合当前社会发展需要的管理体系和管理制度。

6.1　经济体制与我国历史遗产保护管理

6.1.1　经济体制与社会管理之间的关系

经济体制（economic system）是指在一定区域内（通常为一个国家）制定并执行经济决策的各种机制的总和，通常是一个国家国民经济的管理制度及运行方式，是一定经济制度下国家组织生产、流通和分配的具体形式或者说就是一个国家经济制度的具体形式（逄锦聚等，2003）。马克思在《〈政治经济学批判〉序言》中指出：“经济基础决定上层建筑的产生。观念的、政治的上层建筑都是适应经济基础的需要而产生的。经济基础决定上层建筑，上层建筑反作用于经济基础；经济基础要求上层建筑同自己相适合，以利于自己的发展；上层建筑必须符合经济基础及其发展的需要。”[①]不同的经济体制下，社会将产生相应的管理体制（上层建筑）：计划经济条件下，上层建筑更强调集权管理体制，对社会各方面进行管制；市场经济条件下，客观上要求政府只对特定行业实施管制，而在其他领域适当放宽，以维护市场对竞争秩序和社会的总体公平，即“政府的职能由高度集中的社会经济管理形态转变为统筹规划、掌握政策、信息引导、组织协调、提供服务和检查监督上来”[②]。

6.1.2　计划经济条件下我国历史遗产保护管理

计划经济（planning economy），又称指令型经济，是指以国家指令性计划来配置资源的经济形式。这种经济形式的逻辑推理是：社会化大生产把国民经济各部门连接成为一个有机的整体，因而客观上要求它们之间保持一定的比例关系，在生产、资源分配以及消费

① 中共中央马克思恩格斯列宁斯大林著作编译局．1972。

② 摘引自江泽民在中共十四大的报告。

各方面，都是由政府事先进行计划。新中国成立后，我国对如何建设社会主义国家的理解基本上是全盘照搬苏联计划经济模式。到 1957 年第一个国民经济五年计划完成的时候，社会主义改造基本完成，基本建立起了公有制占绝对统治地位的 100% 计划经济体制。计划经济体制的那种决策高度统一、排斥市场作用、只靠行政命令配置资源的方式，使我国政府体制具有“全能政府”的特征。“全能政府”即在某种崇高意识形态的指导下实行大规模干预以图彻底改造和重塑社会的“大政府”（big government）①。

在历史遗产保护管理领域，政府是最有力的保护主体，“自上而下”的保护机构和行动贯穿于文化遗产的保护事业中，形成政府“大包大揽”的保护和管理方式，使政府面临一管则“死”，一放则“乱”的两难境地中，历史遗产也处于“福尔马林式保存”和“彻底改造”的两个极端之间。

1. 重文保单位轻历史环境

从新中国成立后至 1978 年，近 30 年的时间里所有的政府公共管理行为均针对文物单体的保护，忽视对街区、城市整体风貌等城市历史环境的保护。这一时期也是中国社会主义政治经济体系探索时期，“建设一个新中国”和大规模的社会改造运动使人们在对待历史遗产的思想意识上处于“准文物保护对象”与“旧社会残余”这种矛盾思想的对立中。因此，在大一统政府强大的管理控制能力之下，呈现出对重点文物保护单位的保护和对城市历史环境的大规模破坏的局面。

在“文化大革命”期间，政府为建立新的社会秩序，强行洗涤传统社会价值体系，过于激进地将社会上现存的传统文化遗产（如孔庙、寺庙、教会、文物古书、传统信仰、风俗习惯等）施予破坏性攻击，借此欲缔造全新的无产阶级社会价值体系，造成中国传统文化的极大破坏。

2. 政府万能与社会萎缩

计划经济时期，我国“市民社会”极不发达，完全依赖政府部门处理一切公共事务，形成“大政府”。社会中介组织也官僚化，在某种程度上成为政府的延伸而不是政府与社会之间的中介。在整个计划经济体系运行过程中，所有涉及文物和历史遗产保护的机构、团体均为国家政府管理机构，其保护的整个过程都是由政府独立行使的自上而下的单向保护与管理。但面对中国地大物博、文物古迹和历史遗产众多的情况，“大政府”对文物和历史遗产的管理却面临着捉襟见肘、舍小就大的境地。

3. 目标多元与手段单一

目标多元即历史遗产的管理与保护涉及文物古迹、历史建筑、历史街区、历史城镇、文化景观、民俗民风等多样化的内容；手段单一性则表现为对行政手段的过分依赖。行政手段以权力为基础，层级节制、明确的权威和相应的服从是其根本特征。手段单一性在实践中表

---

① 大政府（big government）指奉行干预主义政策的政府。政府征收社会所有资源，主导社会发展，进行经济管理与社会控制。参见维基百科“Big government”词条 http：//en. wikipedia. org/。

现为对经济手段、经济杠杆的忽略和排斥，其结果是目标与手段之间缺乏内在适应性，管理体制必然缺乏活力，而对于保护资金的投入完全是以政府投入的单方面投入形式。

4. 一统要求和协调困难

大政府的特点是追求“大一统”，它要求全社会统一意志、统一行动来实现崇高的目标，而社会的统一又以不同层级政府、政府不同部门之间的高度统一为前提。统一是靠协调来实现的，而传统行政体制使得政府内部的协调困难重重。计划经济时期，以文化部门为核心的文物保护管理机构，其保护目的偏向于对现有指定文物点的保护。由于缺乏城建、规划、旅游、环保、园林等部门的介入，使历史遗产的保护与城市建设发展之间的矛盾无法得到合理的协调。

6.1.3 市场经济条件下我国历史遗产保护管理

社会主义市场经济不仅具有市场经济的一般规律和特征，同时又是与社会主义基本制度相结合的市场经济，是在积极有效的国家宏观调控下市场对资源配置起基础性作用，能够实现效率与公平的经济体制。我国市场经济+政府宏观调控的社会主义市场经济模式与西方市场经济+政府干预①的模式在经济运行上具有一定的相似性，也使我国的经济运行摆脱了长期以来独立发展的状况，融入了世界整体发展的大格局。这种经济转型的大背景也使我国历史遗产保护管理面临新的契机与挑战：市场的发育可以促进历史遗产的市场化利用，促进各种生产要素与历史遗产的结合；与此同时，多元化的利益主体面临多元化的利益诉求和利益回报周期，使历史遗产的保护和利用出现大量市场化利益冲突的现象。

政府职能将由以直接管理为主转变为以间接管理为主、由以微观管理为主转变为以宏观管理为主，从项目审批转变为主要利用经济手段搞好规划、协调、监督和服务。

1. 管理范围扩大，管理难度加大

在计划经济时期，历史遗产保护管理主要集中在政府指定的各级文物保护点的管理上。这些文物保护单位所有权属于国家，管理范围仅限于文物保护点所在范围，管理目标是维护性保存，管理手段是国家拨款和行政命令，管理机构只是文物管理部门。这些特点使得对历史遗产的保护管理显得较为独立和单一，管理难度相对而言并不突出。

社会主义市场经济时期，管理对象由单一的文物保护点扩大到城市历史环境、风景名胜区、文化景观等，而城市历史环境包括历史名城、历史城区、历史街区、历史建筑、城市风貌、城市景观、非物质遗产等多层次和多方面的内容，而且城市历史环境保护又涉及城市保护与城市发展之间如何协调的复杂问题。这既扩大了历史遗产管理的范围，也使遗产管理面临新的挑战，管理机构也从单一的文物局转变为文物局+规划局+建设局+房管局

---

① 西方在完全市场化竞争条件出现的市场失灵引发历次大规模金融危机以后，以凯恩斯为代表的凯恩斯主义以及后来的后凯恩斯主义思潮应运而生。这种在西方资本主义市场经济体制为前提下，采用国家干预的思想调整经济行为，实现市场的均衡化使西方资本主义经济运行体制由崩溃的边缘再一次的复苏和发展。

等多部门管理形式，部门之间在管理对象、管理目标、管理方法上如何进行有效协调成为历史遗产管理中一个重要的问题。

2. 市场主体多元化，管理手段多样化

计划经济时期文物保护单位属于国有，其管理体现为国家对国有资产的管理方式。而市场经济条件下，特别是土地制度的所有权和使用权分离之后，历史遗产的所有权和使用权出现了国有、集体所有、私有以及混合权属等多种权属关系，多元化的社会利益主体不可避免地导致价值取向的多元化。如何在历史遗产保护中协调多元价值取向，使利益主体对保护和延续历史遗产的最大利益上取得一致是管理过程中面临的另一挑战。另外，市场主体的多元化也带来保护资金来源的多元化，这些资金可以成为政府投入不足情况下的重要补充，而调控和引导失当将成为破坏历史遗产的推动力。

政府在管理过程中的宏观调控也从以前单一的“指令计划型”管理增加了法律、政策、经济等多方面的管理手段，历史遗产保护管理的“激励–约束”机制正在逐渐形成。在法律法规等保障体系落后于社会经济发展的情况下，地方在管理历史遗产上的自由裁量权增大，管理手段增多，并表现出各地方政府不同管理观念和管理能力的区别，以至于在保护效果上产生了一定的地方差异。

3. 保护与利用并行，管理过程动态化

计划经济时期对于文物古迹的保护管理基本上采取的是“维护性保存”的手段，目的在于保存和延续其历史价值；市场经济时期，城市历史遗产的多重价值通过市场机制得到一定程度的实现，使历史保护的基本目的不再是阻止时光的流动，而是以保护与利用相结合的灵活方式适应时代变化。同时，在这一过程中保持城市发展的延续性使历史遗产保护与城市发展成为时间上的动态过程，保护不再局限于具有重要价值的文物古迹、历史建筑、历史街区，已建成的具有文化价值的一般建筑物、城市历史环境也成为历史遗产保护对象，这在一定意义上使得历史遗产保护逐渐承担起了记录城市发展变迁过程的作用。

随着适应性再利用和整体性保护思潮的兴起，不但使历史遗产在数量上呈动态的增加，也使如何实现可持续保存与利用成为遗产管理的核心目标。

6.2　转型期我国历史遗产保护管理实践

6.2.1　文物保护与历史文化名城保护相结合（20世纪80年代中期以前）

1982年后我国社会局面开始稳定，经济建设进入全面发展时期[①]。这一时期城市化开

① 1982年9月召开了中共第十二次全国代表大会。党的十二大明确了党在新的历史时期的总任务：团结全国各族人民，自力更生，艰苦奋斗，逐步实现工业、农业、国防和科学技术现代化，把我国建设成为高度文明、高度民主的社会主义国家。改革开放从十一届三中全会起步，十二大以后全面展开，它经历了从农村改革到城市改革，从经济体制的改革到各方面体制的改革，从对内搞活到对外开放的波澜壮阔的历史进程。参见：中央政府网，http：//www. gov. cn/。

始进入加速发展阶段，新区建设和旧城改造进入了规模空前的发展阶段。在城市建设和遗产保护两个管理领域上都出现了一个共同的问题：城市发展对文物古迹和城市环境风貌的破坏在全国范围内大面积出现①。从保护城市文物古迹为出发点，协调城市建设与文物保护的矛盾成为这一时期遗产保护管理的主要特征。

1. 历史遗产保护管理的发展

1）颁布了第一部《文物保护法》。1982 年我国第一部针对文物古迹保护的专门性法律《中华人民共和国文物保护法》颁布实施。这一专门性法律的颁布，结束了新中国成立以来完全依靠政府及其部门"条例"、"指示"、"暂行管理办法"等作为文物古迹保护管理依据的历史，也标志着文物保护的法律依据和保护管理纳入长期有序的保护过程中。在《文物保护法》中提出划定文物保护单位周围建设控制地带的要求，并在建设控制地带的建设管理中确立了文物保护的优先权②。

2）初创了中国名城保护制度。1982 年发布的《国务院批转国家建委等部门关于保护我国历史文化名城的请示的通知》③在我国遗产保护史上具有划时代的意义，不仅标志着中国名城保护制度的初创，以及遗产保护对象从单体文物建筑转向整个历史城市，也表明中国历史文化遗产保护进入一个重要发展阶段，即增添了历史文化名城为重要保护内容的阶段。该"通知"在城市性质及发展方向、城市基本建设与管理、城市规划、资金来源方面提出了原则性要求④。同年，国务院根据该文的请示，公布了我国第一批 24 个历史文化名城，随后于 1986 年公布了第二批 38 个，1994 年又再次批准了 37 座⑤。除国务院公布国家级历史文化名城名单外，各省、自治区、直辖市也审批、公布了本地区的省级历史文化名城名单。

3）城市建设管理部门介入遗产保护。在 1982 年《国务院批转国家建委等部门关于保护我国历史文化名城的请示的通知》中，明确提出由省、市、自治区的城建部门和文物、文化部门负责编制名城保护规划⑥。这标志着中国已经开始将名城保护纳入城市规划中，而不是在此之前仅要求在城市规划中注意对文物古迹的保护。在规划审批上，国家级历史文化名城保护规划由国家城建总局审查，各省、自治区、直辖市级历史文化名城保护规划

---

① 1982 年 2 月国务院转批国家建委、国家城建总局、国家文物局《关于保护我国历史文化名城的请示通知》中指出：随着经济建设的发展，城市规模一再扩大，在城市规划和建设过程中又不注意保护历史文化古迹，致使一些古建筑、遗址、墓葬、碑碣、名胜遭到了不同程度的破坏。

② 《文物保护法》（1982 年）第十二条"根据保护文物的实际需要，经省、自治区、直辖市人民政府批准，可以在文物保护单位的周围划出一定的建设控制地带。在这个地带内修建新建筑和构筑物，不得破坏文物保护单位的环境风貌。其设计方案须征得文化行政管理部门同意后，报城乡规划部门批准"。

③ 1982 年 2 月 8 日《国务院批转国家建委等部门关于保护我国历史文化名城的请示的通知》（法规分类号：112511198203），历史文化名城的概念被正式提出。

④ 该《通知》在城市发展战略、各部门具体工作分工与指导、保护资金的调配与落实方面具有很强的战略性和可操作性，对于我国其他保护法规的制定具有很好的参考价值。

⑤ 截至 2012 年，国务院已审批的历史文化名城共有 119 个。

⑥ 原文内容为：各有关省、市、自治区的城建部门和文物、文化部门应即组织力量，对所在地区的历史文化名城进行调查研究，提出保护规划。在接到本通知一年左右的时间内，将历史名城的保护规划说明和图纸（万分之一比例尺）以及城市的重点文物、名胜古迹的保护规划说明和图纸（千分之一或五百分之一比例尺）报国家城市建设总局和国家文物事业管理局审查。

由省级城建部门审查。

1983 年公布《城乡建设环境保护部[①]关于强化历史文化名城规划工作的几点意见》等文件，一些被列入名城名单的城市先后制定了保护规划或在总体规划中编制了专门的名城保护专章[②]，开展了名城保护的宣传教育活动。此举使历史文化名城保护的认识由国家行政机关向公众开始进行普及，促进了以后的名城保护的公众参与。1984 年城乡建设环境保护部下属的中国城市规划学会成立历史文化名城保护规划学术委员会，对如何编制和保护历史文化名城进行学术研究。

2. 历史遗产保护管理的问题

1）文物的所有权僵化。在《文物保护法》（1982 年）中禁止私人收藏的文物进行非法流通[③]，此举虽然表明了国家保护文物古迹的决心和力量，同时也促使了大量可移动文物的市场流通转入地下，一大批有价值的文物流失海外。此时，市场经济的概念已经进入社会经济领域，各种类型的商品市场已经初具雏形，完全由国家行政干预来禁止市场流通的计划经济手段反而导致了管理失效。

2）名城保护缺乏实质载体。在初建我国历史文化名城保护制度后，已列入名城保护名单的城市开始了第一轮历史文化名城保护规划的编制。由于国家尚未出台标准的编制办法，各地在编制规划时基本上都是“摸着石头过河”，编制内容相差较大。当时历史文化名城保护规划主要是以保护文物古迹为核心进行编制，其内容主要是在城市建成区范围内对文物保护单位和相应的建设控制地带进行标注罗列，如 1986 年版上海市总体规划编制的历史文化名城保护专题，以文保单位为核心划分两百余个历史街坊，各街坊之间相互独立。这种由文物保护“牵着鼻子走”的“点对点”式历史文化名城保护显然不利于城市整体历史风貌的体系化保护工作的开展。

6.2.2 历史街区保护与国际交流开展（20 世纪 80 年代中期～90 年代中期）

该时期是对 1982 年以来开展的文物古迹保护和历史文化名城保护工作取得的实质性效果进行评价，并探索下一阶段工作方向与工作重点的时期。而在此期间的“南行讲话”清晰的解决了“姓资姓社”的问题，使“三个有利于”成为 20 世纪 90 年代后中国社会

---

① 城乡建设环境保护部是中华人民共和国国务院增设的一个单位，1982 年 5 月 4 日，由国家城市建设总局、国家建筑工程总局、国家测绘总局和国家基本建设委员会的部分机构，与国务院环境保护领导小组办公室合并，成立城乡建设环境保护部；1988 年城乡建设环境保护部撤销，改为建设部。环境保护部门分出成立国家环境保护总局，直属国务院。

② 《城乡建设环境保护部关于强化历史文化名城规划工作的几点意见》中规定：国务院公布的历史文化名城都要编制保护规划，并按审批权限，随同城市总体规划一并上报审批，没有做的要补做，没有报的要补报。在编制总体规划的基础上，还应根据需要编制重要保护项目地段、街区、风景名胜区等的详细规划，提出保护和建设的具体实施方案。参见：《城乡建设环境保护部关于强化历史文化名城规划工作的几点意见》。

③ 《文物保护法》（1982）第二十四条：私人收藏的文物可以由文化行政管理部门指定的单位收购，其他任何单位或者个人不得经营文物收购业务。第二十五条：私人收藏的文物，严禁倒卖牟利，严禁私自卖给外国人。

主义市场经济发展的重要价值取向和标准[①]。正是在此过程中我国认识到西方发达国家通过对历史名城保护而更好地保护了文物古迹和城市历史风貌的原因，促使了我国历史文化名城保护制度的完善[②]。进入这一时期后，我国在多个领域与国际组织开展合作，吸收借鉴西方发达国家的有益经验，加强我国各项建设工作的开展。

1. 区分历史文化名城保护与文物保护

由于以保护文物古迹为核心的方法在历史文化名城保护中涌现出诸多问题，国务院提出“历史文化名城和文物保护单位是有‘区别的’。作为历史文化名城的现状格局和风貌应保留着历史特色，并具有一定的代表城市传统风貌的街区”[③]。按照我国行政管理部门权利分工，文物古迹归属文保部门进行管理，城市格局和城市风貌的保护归属城市建设部门管理。此举明确了城市建设管理部门在历史文化名城保护工作中的作用。特别是1990年《城市规划法》和“一书两证”[④]管理制度的实施，对于历史文化名城，建设部比国家文物局多了一项“监督管理”的职责，即负有实际管理的职责[⑤]。1994年3月由建设部、国家文物局聘请多方面专家共同组成“全国历史文化名城保护专家委员会”[⑥]，以加强对名城保护的执法监督和技术咨询，提高政府管理工作的科学性[⑦]。

2. 确立历史街区保护在名城保护中的重要性

1985年5月，建设部城市规划司建议设立“历史性传统街区”。1986年国务院公布第二批国家级历史文化名城时采纳了这个建议，针对历史文化名城保护工作中的不足和面对旧城改建新的高潮，提出对文物古迹比较集中，或能较完整地体现出某一历史时期传统风貌和民族地方特色的街区、建筑群、小镇、村寨等也予以保护，核定公布为地方各级“历史文化保护区”[⑧]。同时该文件明确地将“具有一定的代表城市传统风貌的街区”作为核定历史文化名城的标准之一，这标志着历史街区保护政策得到政府的确认。

3. 历史文化保护区由技术推广向制度建设迈进

1996年“黄山会议”明确指出“历史街区的保护已经成为保护历史文化遗产的重要一环”。1997年8月建设部转发了《黄山市屯溪老街的保护管理办法》，对历史街区保护

---

① 邓小平在“南行讲话”中所提到：“改革开放的判断标准主要看是否有利于发展社会主义社会的生产力，是否有利于增强社会主义国家的综合国力，是否有利于提高人民的生活水平。”“三个有利于”于是便成为20世纪90年代后中国社会主义市场经济发展的重要价值取向和标准。

② 1982年2月《国务院批转国家建委等部门关于保护我国历史文化名城的请示的通知》中对国外名城保护工作的论述。

③ 1986年国务院批转建设部、文化部《关于请公布第二批国家历史文化名城名单报告》的通知。

④ “一书两证”是对中国城市规划实施管理的基本制度的通称，即城市规划行政主管部门核准发放的建设项目选址意见书、建设用地规划许可证和建设工程规划许可证。

⑤ 2000年3月郭旃（时任国家文物局调研员）在《历史文化名城保护条例》人大提案中的发言。

⑥ “专家委员会”是由建设部、国家文物局共同建立的决策咨询机构。该委员会负责对有关历史文化名城的重要决策提出咨询意见，供国家有关部门参考。办公联络处设在建设部城乡规划司规划处。

⑦ 专家委员会主任由时任建设部副部长的周干峙担任，第一批26名成员中有17名来自建筑与城市规划领域。

⑧ 国务院批转建设部、文化部关于请公布第二批国家历史文化名城名单报告的通知（国发［1986］104号）。

的原则方法给予行政法规的确认，也为各地制定历史街区管理办法提供了范例。文件中还明确了历史文化保护区的特征、保护原则与方法①。这意味中国开始着手建立历史文化保护区保护制度，也标志着中国历史文化遗产保护体系又向完整与成熟迈进一大步。

4. 建立国家历史文化名城保护基金

1996年，在著名科学家钱伟长等专家的建议下，国家设立了历史文化名城保护专项资金，主要用于重点历史街区的保护规划、维修、整治②。1997年丽江、平遥等历史文化名城的16个历史街区共得到3000万元的资助，此后每年有10个左右的历史街区得到这项资助。

5. 加强文物管理机构地位

1982年4月，国家机关进行机构改革，国务院决定将文化部、对外文化工作委员会、国家文物事业管理局、国家出版事业管理局和外文出版发行事业管理局五个单位合并，成立新的文化部，国家文物事业管理局改名为文化部文物事业管理局，主管工作不变。1987年6月，经国务院批准，文化部文物事业管理局恢复为国家文物事业管理局，直属国务院，由文化部代管，对外独立行使职权，计划单列。1988年6月，国家文物事业管理局改名为国家文物局（图6.1）。1992年颁布了《中华人民共和国文物保护法实施细则》，对文物保护工作如何开展有了标准的实施依据，细则中增加了对“不可移动文物”保护的规定，并加入了历史街区保护的内容。

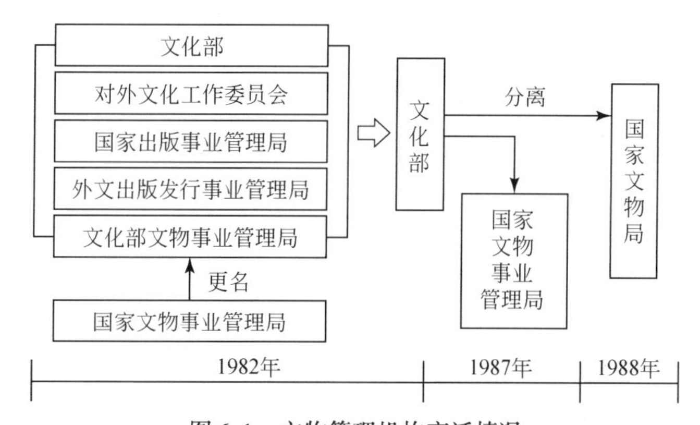

图6.1 文物管理机构变迁情况

① 《黄山市屯溪老街的保护管理办法》中规定：“老街保护区的保护规划应坚持保护、整治为主，适当更新的原则。对老街传统商业建筑、传统市镇风貌以及原有的山水环境加以保护，继承、维持传统的布局和格调。对老街保护区部分建筑质量、环境状况和基础设施不适应当前经济和社会文明进步的进行治理和调整。”

② 自1982年以后，国务院先后批准公布了99个国家历史文化名城，这对保护城市优秀历史文化遗产起到了重要作用。根据国发［1994］3号文件关于保护历史文化名城是社会主义精神文明建设的重要内容的精神，中央设立“历史文化名城保护专项资金”，切实采取措施加强对历史文化名城的保护工作。参见《国家历史文化名城保护专项资金管理办法》（财预字［1998］284号）。

6. 开展国际交流，提高保护技术与管理能力

1985年中国成为《保护世界文化与自然遗产公约》的缔约国，并连续八年当选联合国教科文组织（UNSCO）“世界遗产保护委员会”成员国[①]。从1987年开始，中国向联合国教科文组织[②]推荐世界遗产名单，至2012年已列入名单的共有43项，其中文化遗产27项、自然遗产9项、自然与文化双遗产4项、文化景观3项。平遥和丽江被作为历史古城列入世界文化遗产名录，打上世界文化遗产的标签就等于拿到了“国际通行证”，随之而来的是享有全球知名度，迅速跻身于“国际旅游热点”，享受国际援助、技术支持、免受战争或人为破坏等一系列优惠待遇。

这种国际交流也促进地方加强对历史遗产的保护工作，如河南龙门石窟由于申报世界文化遗产，洛阳市政府投入1亿多元，拆除了南门外的中华龙宫、环幕影城、部队营房及各种不协调建筑；四川都江堰为了整治环境，投入2.2亿元拆掉了大批建筑；安徽黟县西递和宏村两个小村落，也投入了600多万元用于整治环境。尽管这些投入本身是在还以前保护不力的欠债，但巨大支出显示的终究是“申遗”的决心，若以此加强遗产保护，这些巨额投入还是值得的（周文水，2004）。

6.2.3 “自下而上”的地方保护推动（20世纪90年代中期至今）

1994年分税制[③]的实行，使得中央与地方之间明确划分税收收入（即划分事权），顺应了现代市场经济环境，是我国规范中央与地方各级财政事权的具有历史意义的开端（赵燕菁，2004）。这项改革加大了中央政府财政转移支付的能力，使地方发达地区经济收入快速增长，使城市政府在城市发展中的作用和地位明显增强。在历史文化资源丰富、经济发达地区的部分地方政府通过改革历史遗产管理机构、制定颁布地方保护立法、建立地方历史文化保护基金、寻求市场化的保护途径等多个方面开展遗产保护工作。

这一时期，地方历史保护行动逐渐成为我国历史遗产保护工作的重要推动力量之一。在“城市竞争”和“城市经营”的背景下，历史遗产所带来的经济价值和巨大的“正外

---

① 世界遗产委员会成立于1976年11月，由21名成员组成，负责《保护世界文化和自然遗产公约》的实施。委员会每年召开一次会议，主要决定哪些遗产可以录入《世界遗产名录》，对已列入名录的世界遗产的保护工作进行监督指导。

② 联合国教科文组织（UNSCO）是各国政府间讨论关于教育、科学和文化问题的国际组织。该组织之宗旨在于通过教育、科学及文化来促进各国间之合作，对和平与安全作出贡献，以增进对正义、法治及联合国宪章所确认之世界人民不分种族、性别、语言或宗教均享人权与基本自由之普遍尊重。为实现此宗旨，联合国教科文组织设置了五大职能：1）前瞻性研究：明天的世界需要什么样的教育、科学、文化和传播。2）知识的发展 、传播与交流：主要依靠研究、培训和教学。3）制订准则：起草和通过国际文件和法律建议。4）知识和技术：以“技术合作”的形式提供给会员国制订发展政策和发展计划。5）专门化信息的交流。

③ 是财政管理体制的一种形式，目前世界上许多国家都实行了不同形式的分税制。它的主要内容是：按照中央与地方政府的事权划分，合理确定各级财政的支出范围；根据事权与财权相结合的原则，将税种统一划分为中央税、地方税、中央与地方共享税，并分别制定相互独立的税收制度和税收管理体系，分设地方与中央两套税务机构分别征管；科学地确定地方收支数额，逐步实行比较规范的中央财政对地方的税收返还和转移支付制度；建立和健全分级预算制度，硬化各级预算。

部性效应”越来越受到地方的重视。对于历史遗产保护的技术研究和管理创新在全国范围内呈现出“百花齐放、百家争鸣”的格局。苏州、上海、广州、南京、西安、哈尔滨等城市在保护管理过程中都取得了宝贵的经验。

南京依据《南京历史文化名城保护条例》(2010年),对历史文化名城资源采取“整体保护”的原则,确保维护历史遗产的真实性和完整性。老城内新建建筑的高度实行分区控制,新建高度应当符合保护规划确定的控制要求。南京老城城南、明故宫、鼓楼至清凉山三片历史城区,不得新建高架等大流量机动车通行道路,不得建设影响城市景观的大型市政基础设施。

西安通过《汉长安城遗址保护总体规划》(2009年),对汉长安城遗址的城墙、城门、城壕、道路、宫殿、礼制建筑等汉代遗迹和北朝后期至隋代的宫殿、寺院等遗迹本体进行有效保护,根据本体保存现状,采取相应的管理和技术保护措施①。

广州恩宁路骑楼街区是广州粤剧、南拳等民间文化艺术的发祥地,为抢救活态的非物质文化遗产,传承城市文脉,广州通过打造粤剧名伶故居展览一条街、民间文化艺术乐园一条街、民间艺术旅游商品一条街、西关民居民俗风情一条街,实现民间文化艺术产业化,达到对广州具有历史气息的街区进行保护规划。

哈尔滨通过《哈尔滨市历史文化名城保护条例》(2009年)保护、管理、利用和维护历史遗产的真实性和完整性,继承和弘扬城市特色风貌。对历史城区、历史文化街区、历史院落和历史建筑进行整体性保护,以增强哈尔滨自近代以来的城市文化根基,提升城市综合竞争力。

以下是经济转型期我国历史遗产保护管理历程的简况(表6.1)。

表6.1 经济转型期我国历史遗产保护管理历程一览表

时间阶段	中央/地方管理机构	主干法	保护管理对象
20世纪70年代末期~80年代中期	国家文物事业管理局/文物局	《文物保护法》	文物保护单位+建设控制地带
20世纪80年代中期~90年代中期	国家文物局、建设部/文物局、规划(建设)局	《文物保护法》/《城市规划法》(1990年之后)	历史文化名城+历史文化保护区+文物保护单位
20世纪90年代中期至今	国家文物局、建设部/文物局、规划(建设)局	《文物保护法》/《城市规划法》(《城乡规划法》)	历史文化名城+历史文化保护区+文物保护单位+其他历史遗产

6.3 历史遗产的公共属性与公共管理

市场经济与公民社会的发展,使历史遗产越来越受到民众的关注,其本体文化价值和衍生实用价值双重体现也使历史遗产成为全体公民共同所有的公共物品。从行政角度出

① 参见《城市规划通讯》,2010年15期。

发，公共物品的管理成为服务型政府的首要职责，政府通过行政管理与市场经营相互结合，实现为公众提供社会福利最大化的目标。

服务型政府是个广泛的概念。从政治学角度看，服务型政府意味着政府的政治统治和社会控制职能的弱化；从经济学角度看，服务型政府意味着政府公共产品的供给和生产实现了从计划性到市场化的转变；从社会学角度看，服务型政府意味着市民社会地位的提高和公民自我管理能力的改善（周峰和陈静，2006）。

6.3.1 历史遗产的公共属性

对于一个地区（如一座城市）而言，历史遗产属于该地区所有公民（城市内所有市民）共同所有的公共物品（public goods）：一种既没有排他性又无竞争性的物品。也就是说，不能排除人们使用一种公共物品，而且一个人享用一种公共物品并不会削弱另一个人使用它的能力。如果将历史遗产进行市场化运作，则体现出公有资源（common resource）的特征，有竞争性但没有排他性，即当某一个个体或团体拥有该遗产资源的权属关系时，市场上留给其他方拥有历史遗产的资源就少了，但并不具有排他性，因为其仍然可以为全体公民提供服务。

这种对公共物品和公有资源的研究与外部性效应研究密切相关，外部性的产生是因为没有价格可以对这些物品进行评价，如向一个人提供了一种公共物品，其他人的状况会变得更好，但并不能由于这种好处而向他们收费，这就对其他人产生了外部性效应。例如，城市政府为了保护城市历史遗产而由公共财政出资修复了一条历史文化街区。街区内的居民因为政府补贴而使原有建筑得到翻新，他们直接得到了政府给予他们的收益。同时，因为该街区面貌得到改变，城市内的其他市民可以前来参观游览该历史街区，这些市民同样也享受到了政府给他们的福利。但这种参观是免费的，政府通过对街区修复的投入带来社会整体福利的增加。紧接着，参观人流量的增加带来了商机，商机带动了市场的注意力。当潜在的商机大于直接投入的修复成本，下一次政府想要修复另一条历史街区的时候，开发商就会主动与政府沟通寻求介入。但是开发商的介入同样不能影响历史街区的公共属性。

如2003年在重庆江北城拆迁中，许多历史建筑（部分为文物保护单位）不得不面临迁建的困境，在政府无力投入保护资金的情况下，开发商“金阳房地产开发有限公司”在城市规划和文物行政部门指导下将这些历史建筑搬迁“移植”到南岸区一个开发小区的步行街里，并对外开放[①]（图6.2）。该商业街建成后产生了良好的经济效益和社会效益，成为重庆南岸区一个重要的游览和消费场所。由于外部效应的存在，私人关于生产和消费的决策会引起无效率的结果，而这种政府干预可以潜在地增进社会整体经济福利。

---

① 江北城是一座历史悠久的古城，位于重庆渝中半岛嘉陵江对岸。江北城殷周时代即为巴国领地，东汉时为百府城。根据1998年重庆市城市总体规划，江北城与解放碑、弹子石将一同建设为重庆CBD地区。原有的历史建筑、街区将全部拆除。重庆金阳房地产开发有限公司出资，将大批历史建筑（如刘家院子、文昌宫、圆觉寺等）拆迁至其位于南岸区的“重庆映像”项目内，形成传统商业街。笔者认为这种做法从保护城市历史遗产角度不可取，但从市场的角度来说也不得不承认开发商敏锐的商业嗅觉。

图6.2　老江北城落户南坪“重庆映像”
来源：重庆大学建筑城规学院．“重庆映像”设计

6.3.2　遗产保护中的市场失灵与政府失灵

1. 市场失灵

市场失灵（market failure）也称市场失效，是指对于非公共物品而言由于市场垄断和价格扭曲，或对于公共物品而言由于信息不对称和外部性等原因，导致资源配置无效或低效，从而不能实现资源配置零机会成本的资源配置状态。这是因为，市场经济的效率来自完全竞争的条件，但完全竞争只不过是一种理想状态，市场的低效不可避免。西方发达资本主义国家最早崇尚的自由竞争市场也曾经面临巨大的经济危机与政权危机，这种危机也使以凯恩斯主义为代表的国家干预市场经济运行成为拯救西方经济危机的短期药方。西方国家走过的道路也使我们认识到，政府有理由对市场抵消掉的领域进行干预和管制，通过提供公共物品、保证公平竞争、调整税收政策、维护分配平等来纠正经济运行中的偏差。

在历史遗产保护中，市场失灵体现在两个极端的方面，一是忽视市场经济的存在，无法将遗产保护与市场经济相结合，从而导致发展动力不足，出现“一管则死”的尴尬局面；二是无管制的市场运作，政府将历史保护工作完全推向市场，导致历史遗产保护过程中出现大规模的破坏性开发活动。

2. 政府失灵

政府失灵（government failure）也称政府失效，是指政府由于对非公共物品市场的不当干预而最终导致市场价格扭曲、市场秩序紊乱，或由于对公共物品配置的非公开、非公平和非公正行为，而最终导致政府形象与信誉丧失的现象。政府失灵是建立在“政府万能”的基础上的，国家可以根据社会的需要，对经济运行过程进行计划调节。这种以政府为主导的资源配置模式能够有效运转的前提是：国家对社会一切经济活动有完全的信息，全社会利益一体化，不存在利益主体的差别。在现实中，由于国家无法准确获得经济活动的信息，加上利益的多元化，导致计划不能严格执行，产生“政府失灵”是不可避免的。

从历史发展规律来看，市场失灵总是随着政府失灵而生的。一个没有管制、任其自由发展的市场经济（如西方早期的自由市场经济）最终都会走向末途；而过度管制，甚至用全盘计划来取代市场，其表现毫无例外就是市场失灵。因此，减少市场失灵首先就是完善政府对于市场的调控与引导，把握好政府涉足的领域和政府行为对于市场带来的影响。

减少遗产保护中的市场失效，必须合理利用经济杠杆，将政府的干预与引导和市场经济发展规律相互结合；健全和完善相应的法律法规，形成适合市场需要、管理实效的“约束-激励”机制；强调公众参与民主政治，使全体市民作为城市遗产的最终所有者的权益予以保障。减少政府失效，必须转变政府职能，以制度建设为契机，建立健全管理体制和管理运行机制，将政府对遗产保护的管理由计划经济时代的“大包大揽”式的管理和当前的一些“乱点鸳鸯谱”式的甩进市场任其发展，转变为“行政引导、市场运行、管控为主、全面保护”的管理形态。

3. “三坊七巷”的市场开发——一个“政府失灵”的典型案例①

政府失灵必然会带来市场失灵，在政府不作为的情况下完全将历史遗产由市场进行开发不仅会带来历史遗产无法可逆的损失，政府自身也会饱尝其自酿苦果的结局，“三坊七巷”事件就是一个实例。

福州“三坊七巷”历史街区迄今历时1600多年，面积661亩②，街区排列整齐，空间有序。现存建筑大都为明清时期所建，保留了二百余座始建于明清的大院。中央电视台《实话实说》栏目中，专家将其与闻名海内外的山西平遥、云南丽江、江苏周庄相提并论，评价其为“可申报世遗的历史文化名城”。2006年6月，在国务院核定并公布的第六批全国重点文物保护单位上，“三坊七巷”名列其中。

1993年，福州市政府和福建闽长置业有限公司（长江实业下属公司）签订协议，在5~7年内将“三坊七巷”改造成集文物、商贸、旅游、文化、住宅和娱乐于一体的街区。方案总征地661亩，总建筑面积93万平方米。按协议规定，工程需要保护其中42处古建筑、名人故居和36棵古树名木等，所需费用由闽长公司负责（图6.3）。

图6.3　三坊七巷鸟瞰图（右上角高层为衣锦华庭项目）
来源：海峡都市报

① 引自：李宁，曾静婕，实习生李兴飞．福州市收回“三坊七巷”：收回的背后．参见：福建之窗 http：//www.66163.com 2005-12-23。

② 1亩≈666.7m^2。

城市历史遗产本应由政府自己来规划保护，政府却一股脑地抛给了房地产开发商。而签下合同时福州市政府却很庆幸：一纸合同，既更新了城市，又保护了文物，一举两得。也许也是因为这样的原因，合同约定以每亩98.95万元极其低廉的地价将三坊七巷土地使用权整体以“熟地”形式出让。

2003年，一期工程72.12亩地的开发建设部分完工，这个被命名为“衣锦华庭”的高层住宅项目由4座13层商住楼建成，使得三坊七巷古街被削掉一角，原有老宅被拆除，范围内三处文保单位一处被保留成为高层住宅中的“盆景”，两处以“易地重建”的方式拆迁后不知所终。加上三坊七巷南侧的光禄坊和一街之隔的吉庇巷被辟为马路，“三坊七巷”实际上只剩下“二坊五巷”。整个一期项目运作下来后，政府收入约为7000万元，而用于拆迁的费用就超过1亿元，拆迁安置用地使用了其所在的鼓楼区政府最好的城市储备用地。

2004年，开发商欲再度开发一期工程中另外30亩用地项目，这个项目建成后将紧逼林觉民故居，其他文物也会受到影响。保护文化遗产之争再起，工程暂时停建。“三坊七巷”再度引起上至福州乃至福建省政府要员，下至平民百姓，以及诸多社会团体和著名专家学者的强烈关注。在此期间，省政协曾印发了《福州“三坊七巷”和朱紫坊保护调查问卷》，市民100%的回答都否定了“旧房拆除，有文物价值的迁到其他地方重建”和“完全让房地产开发商去改造”这两种观点。

到2005年12月，在政府的大力斡旋下，经过多年谈判。福州市政府与闽长公司终于终止了“三坊七巷”保护改造项目合同，政府收回土地使用权，这份至2043年到期的50年合同实施12年后终于终止。此时，该地段的地价已涨至每亩300万元。整个过程中，政府充分扮演了“赔款、挨骂”的角色。

6.3.3 遗产保护中的公平优先与兼顾效率

西方城市发展管理的历程表明，存在着市场失灵和政府失灵，一种辩证客观的态度是寻求一种混合体制，实现既能让市场发挥其效率，又能保障公平。应该说，中国社会主义市场经济体制为效率和公平兼顾创造了西方社会不具备的宏观政治经济架构。我国改革开放以后很长一段时间走的都是“效率主导型”的市场化改革路线，在一定程度上既没有保障社会财富的公平分配，也没有保障公民权利的公平分配。党的“十六大”以来建设和谐社会目标的提出，加快了“公平主导型”改革的步伐，努力在政治权利和经济利益进行公正分配；其次，权利平等优先于利益平等。这也使对效率与公平的选择成为实现我国政治经济可持续发展的主基调，对于遗产保护也同样如此。公平与效率是可以同时兼顾的正相关关系，而不是此消彼长的负相关关系。社会真正做到公平，就可能高效率；有了高效率，又为消除事实上的不公平创造了条件。

1. 公平优先

保障公平体现了对弱势群体的保护。市场是具有逐利性特征的，而城市内并非所有的历史遗产都具有较好的市场开发前景和预期收益。这样市场就会出现开发选择：对历史价值较高、市场开发条件较好的历史遗产趋之若鹜；对那些相对价值较低、开发条件不佳的历史遗产视而不见或者以保护为由进行变相房地产式破坏性开发。因此，必须保障所有历史遗产的价值都得到社会各界的认知，对那些取得社会认同的历史遗产都应强调对其保留和保护的基本原则，以保存真实的历史遗存留给子孙后代。

2. 兼顾效率

让市场发挥效率就应充分考虑盘活历史文化遗产资源，引入市场竞争机制，吸引社会资金参与历史遗产的保护和开发。这种引入社会资本参与历史遗产开发是建立在政府投入城市建设资金基础上的一种外来资金的补充，以此加快城市建设和城市保护的步伐，创造整体性的社会福利最大化并共同分享城市开发所带来的收益的过程。因此，这种引入应杜绝全盘的市场化，它是建立在一种政府整体控制和有序管理下的市场开发。

对待历史价值和开发条件不同的城市历史遗产可以采用两分法：第一，对历史价值和市场认同度较高的历史遗产应引导保护与利用，按照相应的法律规范和保护要求进行规划的积极控制和管理，实现政府引导下的合理利用和良性发展。第二，对现状不具备开发条件的历史遗产，政府应保护其不受市场化无序开发的破坏，控制非理性的开发行为，并对自身无力进行保护与更新的历史遗产，由政府补贴进行保护，其资金来源由政府公共财政支出，或者由具有相对优势的历史遗产合理利用所得收益来进行投入。

6.4 完善历史遗产保护法规体系

社会主义市场经济的提出和建立，必然要求建立与之相应的社会主义法制。市场经济在一定意义上就是法制经济，因为，要建立健全和规范商品经济体系，必须要健全法制体系，法制是健全的市场经济必要的内在要求。因此，依法实施历史遗产保护管理工作是时代发展的必然。

6.4.1 西方国家历史遗产法规体系

从适用范围来看，法律体系可分为全国性的法律法规和地方性法规及规章。目前，各个国家的立法体系包括国家与地方立法相结合以及国家立法为核心两种方式，大部分国家都采用国家与地方立法相结合的方式，如法国、日本、美国等。

美国是历史最悠久的共和立宪制国家，法律体系十分完善。联邦、州和地方（市，郡，镇等）都有立法权，不同层次的法律在其相应行政范围内发挥作用。历史保护的相关法律也是如此，逐步形成了从历史场所登录、保护组织机构、保护程序、保护技术、保护咨询、保护资金来源、税收制度以及历史保护与社会经济发展的相互关系等涵盖面广、内容丰富的“立体化”法律体系。1966 年制定的《国家历史保护法》（*The National Historic Preservation Act*）是迄今为止美国历史遗产保护的主要法律依据。该法律（及其修正案）

建立了历史场所国家登录制度①，完善了历史遗产的保护体系，明确了联邦、州及地方政府的保护机构的相互关系及其各自的责任和权力。为了促进保护行动的一致性，联邦政府部门还出台了许多保护导则和技术标准（guidelines and standards），指导各州，地方的保护决策和保护项目的实施，如内政部制定的《考古学和历史保护标准与导则》（1983年）、《历史建筑保存、修缮、修复及重建标准》（1976年出台，1992年修订）等，这些也成为历史保护法律体系的重要组成部分。②

除了针对历史遗产保护的专项法规外，历史遗产保护相关领域如城市规划，住房，税收，环境保护，交通等方面的立法也都涉及历史保护的相关政策，如1966年《交通运输法》规定在交通设施建设中禁止破坏历史遗产，在无可选择的情况下也应将对历史遗产的损害降到最低程度；1969年《国家环境政策法》特别要求在环境影响评估中加强对历史遗产的潜在影响研究以保护历史资源。

在国家立法逐步完善的同时，各个州也制定了相关的历史保护法规。有些州参照《国家历史保护法》制定了相应的保护法律，如纽约州《历史保护法》，其内容与《国家历史保护法》相似；有些州则完全根据自身历史遗产的特点制定保护法规，如得克萨斯州1969年的《古迹法》突出了对公共土地上历史遗产的保护。此外，各州还针对其社会经济发展状况和历史遗产保护需要制定相关保护法规，如针对重大工程项目建设（高速公路、环境保护、水利工程等），出台法规加强历史遗产保护。

由于各个地方担负着保存地区历史，发展经济，改善住房，复兴城市的具体任务，其立法更具有针对性和可操作性，主要致力于历史遗产的认定和针对历史遗产的保护条例（导则），如南卡罗来纳州查尔斯顿市（Charleston）于1931年建立了美国第一个“历史街区”，制定了历史街区区划条例，注册保护的历史建筑572幢，并将历史保护与城市规划有机地结合起来，成为美国其他城市历史街区保护的蓝本（图6.4）（Karolin，2002）；芝加哥市于1968年通过了《芝加哥建筑地标条例》，目前列入保护的城市地标309处，使芝加哥成为著名的“近代建筑博物馆”③。

英国则是国家立法为核心，它是由国家针对不同层次的保护对象制定详尽的全国性保护法规，地方政府主要是执行、解释这些法律条文并予以组织实施保护工作，同时通过制定本地区的规划及法规性文件对国家立法作有限的补充与深化。城市规划部门按照《城乡规划法》（*Town and Country Planning Act*）的要求对历史建筑进行管理。1944年《城乡规划法》颁布后正式组织编制古建筑名单，共计列入20万个古建筑，是目前登录名单之雏形；1967年颁布的《城市文明法》（*Urban Civilization Law*）规定了历史保护地区的概念，

---

① 《国家历史保护法》确定历史场所的国家登录，包括具有重要历史、建筑、考古、工程技术及文化意义的街区（districts）、场所（sites）、建筑（buildings）、构筑物（structures）、物件（objects）等。

② 这两份文件分别为 *Secretary of the Interior's Standards and Guidelines for Archeology and Historic Preservation*、*Secretary of the Interior's Standards for the Treatment of Historic Properties with Guidelines for Preserving, Rehabilitating, Restoring, and Reconstructing Historic Buildings*。内政部国家公园管理局的其他保护导则和标准参见 http：//www.nps.gov/history/standards.htm。

③ 包括标志性建筑（individual landmarks）259处，标志性街区（landmark districts）50处。资料来源：芝加哥城市地标委员会，http：//www.cityofchicago.org/landmarks。

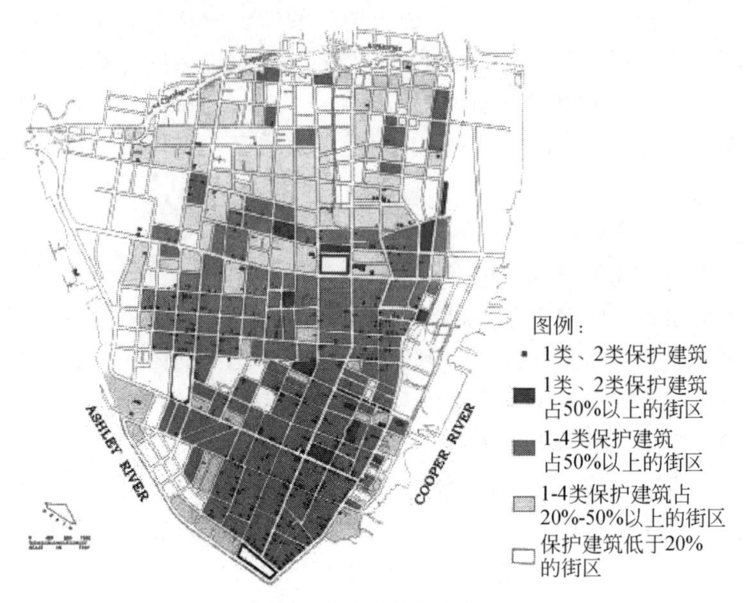

图 6.4　查尔斯顿历史街区

并在全国设立了 3200 个保护区；1972 年《城乡规划法》修正案对房屋拆除的许可扩展到对保护区未登录建筑（刘武君，1995）。不仅法规对登录建筑的保护提出要求，对保护区范围内未登录的建筑的管理也纳入《城乡规划法》管理范畴之中。

6.4.2　我国历史遗产保护法规体系的现状

我国采用的也是国家与地方立法相结合的方式，当前历史遗产保护法规体系的构成包括纵向体系和横向体系。

1. 纵向法规体系

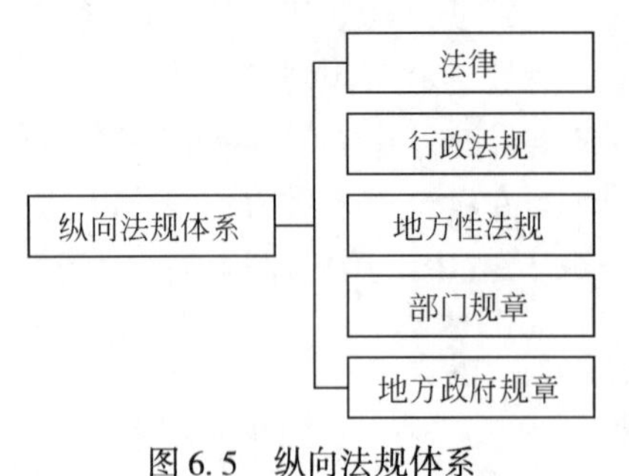

图 6.5　纵向法规体系

纵向法规体系依次由法律、行政法规①、地方性法规②、部门规章和地方政府规章等五个层次组成，下位法必须符合上位法（图 6.5）。

1）国家法层面。国家层面的立法包括全国人大颁布的历史遗产保护专门法律，国务院颁布的法规，国家住建部、文物局等部委制定的规章。由于新中国成立以来我国对指定文物保护一直比较重视，在国家立法中的立法都较为齐全，全国各地文物保护

① 国务院根据宪法和法律制定行政法规。2008 年 4 月发布的《历史文化名城名镇名村保护条例》就是我国历史遗产保护法规体系中的行政法规。

② 省、自治区、直辖市、较大的市的人民代表大会及其常务委员会根据本行政区域的具体情况和实际需要，制定地方性的规划条例或实施细则、实施办法，如各地的历史文化名城名镇名村保护条例或规范。

依据国家法规都能够做到有据可查、有法可依。

而对于并没有纳入国家指定保护对象类型的文化遗产，国家并没有制定专门的法律和法规，多数情况下都以《文物保护法》和相关法规为参照。例如，关于历史文化名城保护，在2008年4月《历史文化名城名镇名村保护条例》出台之前，国家层面的立法只有一些部门规章（包括规范性文件），如建设部制定的《历史文化名城保护规划编制要求》（1994年）、《城市紫线管理办法》（2003年）、《历史文化名城保护规划规范》（2005年）等。

2）地方法层面。地方层面的立法包括地方人大颁布的关于历史遗产保护的专项法规与地方政府制定的地方性规章等。由于国家层面关于文物保护的法规比较健全，相应地在地方层面，在满足下位法符合上位法的情况下制定地方性法规和地方性规章也比较健全。

20世纪90年代中期以后，“自下而上”的地方历史遗产保护兴起带动了地方立法的发展，特别是针对城市历史环境保护的立法。由于中国地域广大，各地方的情况千差万别，因而地方性法规及规章的制定情况和水准参差不齐。总体上讲，因涉及地方立法权限以及调整对象和具体操作的原因而使立法难度加大。目前为止，我国大多数历史文化名城根据自身的需要已制定了各种类型针对不同保护对象的保护管理法规及地方行政规章，根据内容对象可粗略分为三个层次。

第一，关于历史文化名城及整体空间环境保护法规及管理规定。包括名城规划、名城保护条例、管理办法（办法、通知、规定）和名城整体空间环境（城市风貌、建筑高度控制等）的管理规定，如《福州市历史文化名城保护条例》（1995年）、《关于北京市区建筑高度控制方案的决定》（1995年）、《山西省平遥古城保护条例》（1998年）和《青岛市城市风貌保护管理办法》（2004年）等。

第二，关于名城特殊区域或历史文化保护区法规及管理规定，如《北京市人民政府关于严格控制颐和园、圆明园地区建筑工程的规定》（1991年）、《北海市老城保护区规划管理暂行规定》（2004年）和《黄山市屯溪老街历史文化保护区保护管理办法》（2004年）等。

第三，其他单项保护法规及管理规定，如《上海市优秀近代建筑保护管理办法》（1991年）、《苏州园林保护和管理条例》（1996年）、《济南名泉保护管理办法》（1997年）、《南京城墙保护管理办法》（2004年）等。

2. 横向法规体系

横向法规体系由主干法、配套法、相关法组成。国家文物保护的主干法是《文物保护法》，配套法即《文物保护法实施条例》、《中国文物古迹保护准则》，相关法较多，主要包括《宪法》①、《刑法》②、《城乡规划法》和《环境保护法》③ 等，与历史遗产保护有较多的相关性。

---

① 《宪法》第二十二条：国家保护名胜古迹、珍贵文物和其他重要历史文化遗产。

② 《刑法》第一百五十一条、第二百六十四条～三百二十八条、第四百一十九条涉及文物保护内容，主要是走私、破坏文物和文物管理方面。

③ 《环境保护法》第二条、第十七条涉及自然古迹与人文遗迹保护内容。

对于城市历史环境、历史文化街区等，国家层面没有专门的主干法，其法律依据参照《文物保护法》；《历史文化名城名镇名村保护条例》配套在《文物保护法》之下，其法律的权威性受到一定影响；相关法包括《城乡规划法》、《环境保护法》、《物权法》等。而涉及历史文化名城规划编制的法规都配套在《城乡规划法》之下。可见，除了文物保护以外，历史城市、历史街区保护的法规体系是不健全的。

6.4.3 我国历史遗产保护法规体系的问题

在对我国历史遗产保护相关的法律进行纵横向的列举分析后，可以看出当前我国历史遗产保护法规体系呈现出以下四个问题。

1. 依然延续计划经济时期“重文保、轻城保”的特点

与我国历史遗产保护体系相对应的全国性法律、法规不完善。在由历史文化名城、历史文化保护区、文物古迹构成的三个保护层次中，文物古迹保护法律体系相对完善，而历史文化名城与历史文化保护区目前仅有数量很少的法规和规章，并且历史文化保护区基本上依靠各地的地方立法进行管理，国家立法几乎是空白。

2. 依然延续计划经济时期“以文代法”的特点

改革开放三十多年来历史文化名城保护一直处于“无法可依”的状况，而市场经济的冲击又使历史文化名城保护急切需要相关的管理依据。在这种背景下，“以文代法”成为满足这一需要的主要途径。目前相关保护法规文件多以国务院及其部委和地方政府及其所属部门颁布、制定的“指示”、“办法”、“规定”、“通知”①等文件形式出现，大部分文件由于缺乏正式的立法程序，严格意义上都不能算作国家或地方法规，法律地位相对较低，实质上是以行政手段代替法律手段行使政府的管理职能。由此反映出我国的历史遗产保护仍然过多依赖于行政管理，过多依赖于“人治”而不是“法制”的现实情况（王林，2000）。

3. 涉及内容的广度与深度不够，可操作性不强

我国现行的法规文件的内容往往以明确保护对象、保护内容与方法为主，而对保护运行中具体管理操作涉及对法律问题、规划问题却十分缺乏，如保护中具体范围的确定方式、保护管理机构设置与运行程序、监督与反馈机制、保护资金的来源与金额比例以及违章处罚规定等均无具体内容。这就扩大了法规在执行过程中人为量度的范围与尺度，加上

① “指示”是领导机关对下级机关布置工作，阐明工作活动要点及要求、步骤和方法时所使用的一种具有指导原则的下行公文。“指示”具有较强的指导性、政策性，可以使某项重要事项、工作能顺利进行起着决定性作用。“管理办法”是一种管理规定，通常用来约束和规范市场行为、特殊活动的一种规章制度，它具有法律的效力，是根据宪法和法律制定的，是从属于法律的规范性文件。“规定”是强调预先（即在行为发生之前）和法律效力，用于法律条文中的决定。“通知”是运用广泛的知照性公文，用来发布法规、规章，转发上级机关、同级机关和不相隶属机关的公文，批转下级机关的公文，要求下级机关办理某项事务等。

历史遗产保护本身涉及问题的复杂性，造成在实际操作过程中法规的执行存在较大弹性与出入。

4. 历史名城保护地方立法的“先天缺陷”

纵向法律体系一个重要的要求是“下位法必须符合上位法”。由于名城保护国家法规缺失，为适应地方管理蓬勃发展起来的地方法成为众多历史文化名城保护管理的依据①。在没有“上位法”参照下的“下位法”，呈现出两大“先天性”的不足。

首先，保护对象的定义差异。主要体现在名城保护中对历史街区和历史建筑定义差别较大，保护对象、保护范围划分不同。由此形成各地“自拥山头”式的保护，表面上看起来热闹非凡，但不利于国家统一的管理和各地保护管理的横向对比，如江苏、上海、苏州三地对于历史文化保护区在名称和范围的定义就有一定的差别。《上海市历史文化风貌区和优秀历史建筑保护条例》（2002年）、《江苏省历史文化名城名镇保护条例》（2010年）、《天津市历史风貌保护条例》（2005年）分别对历史文化保护区进行了不同的界定（表6.2）。

表6.2　江苏、上海、天津三地对历史文化保护区的定义

省（区、市）	对于历史文化保护区名称和范围的定义
上海：《上海市历史文化风貌区和优秀历史建筑保护条例》	历史文化风貌区：历史建筑集中成片，建筑样式、空间格局和街区景观较完整地体现上海某一历史时期地域文化特点的地区
江苏：《江苏省历史文化名城名镇保护条例》	历史文化保护区：指经省人民政府批准公布的文化古迹较为丰富，能够比较完整地反映一定历史时期的传统风貌和地方、民族特色的街区、建筑群、村落、水系等
天津：《天津市历史风貌保护条例》	历史风貌建筑区：是指历史风貌建筑集中成片，街区景观较为完整、协调的区域。

其次，地方法规保护力度不足。由于非国家层面立法保护的历史文化名城、历史文化街区等没有列入《刑法》范畴，在低层次的地方法规和规章中只能依据“行政法”进行监督管理。由于法规涉及的行政处罚权限很小，无法达到保护历史街区的目的。根据《行政处罚法》的规定，地方法规和地方规章行政处罚的种类较少②。在高违法利润、低违法成本的驱动下，仅靠警告和罚款来保护城市历史遗产本身就是“诱导犯罪”。根据《行政

① 在实际工作中，地方性法规和政府规章的作用各有千秋。地方性法规效力高，可调整的范围广，可采用的管理手段较为多样，但程序复杂，要求严格，立法周期较长；政府规章的程序较为简洁，立法周期较短，但可调整的社会关系较为单一，可采取的行政管理手段也比较少，而且效力很低。

② 根据《行政处罚法》规定的处罚种类包括（一）警告；（二）罚款；（三）没收违法所得、没收非法财物；（四）责令停产停业；（五）暂扣或者吊销许可证、暂扣或者吊销执照；（六）行政拘留；（七）法律、行政法规规定的其他行政处罚。行政法规可以设定除限制人身自由以外的行政处罚；地方性法规可以设定除限制人身自由、吊销企业营业执照以外的行政处罚；部门（国务院部、委员会）制定的规章和地方规章对违反行政管理秩序的行为，可以设定警告或者一定数量罚款的行政处罚。

诉讼法》的规定，在发生行政诉讼的情况下，规章只有“参考”的效力①。历史遗产保护涉及居民的切身利益，但国家的保护法律、法规尚不健全。由于所处的立场不同，保护管理机关和相对人在保护方式方法的认识上肯定会有差异，若发生争议而引发行政诉讼，人民法院在审理时缺乏相应的法律依据，这不利于保护公民的合法权益和保护历史遗产的利益平衡。

6.4.4 《历史文化名城名镇名村保护条例》解读

1. 名城保护立法困难探源

在分析我国历史遗产保护法规的现状和问题后可以看出，尽快完善我国城市保护方面的立法工作，实现由文物保护法规（对点状文物古迹的保护）到城市历史保护法规（上升到对成片的城市历史建成环境的保护）的双线法规体系乃解决当前历史保护面临问题之关键。但对于如何完善城市保护立法，各部门之间争议较大（何洪等，2000）。②

文物部门专家谢辰生认为：“《文物保护法》之所以提出历史文化名城这一概念，就基于我们对保护文物的认识上有了一个发展：承认对历史文化名城的保护是文物保护。过去搞文物保护只针对两项：可移动文物和不可移动文物（即保护单位）。保护单位一般是一个建筑个体或完整的建筑组群，面积很小的。而此前各方面的国际公约对于保护文物的认识早已不再局限于个体文物，还要保存环境、保持成片的街区，由此提出保护历史文化名城的问题。因而历史文化名城保护的性质还不是城市建设的性质，是文物保护性质的发展。这一条必须明确”。

城建部门专家王景慧认为“在《条例》还没有出台的时候，首先规划本身是有法律效力的……实际上，各地的‘总体保护规划’大都没有问题，出问题的是执行改造和开发的规划。《条例》对许多具体问题都要规定清楚，因为保护的对象不同，所以《条例》规定的保护内容要比《文物保护法》宽泛得多，包括文物古迹、历史街区乃至风貌等，因而面对的问题也要复杂得多。‘历史文化保护区’（好的历史街区）的概念应在法律上明确地提出，与文物保护中的文物保护单位对照”。

名城保护专家阮仪三认为“酝酿了多年的《历史文化名城保护条例》之所以‘难产’，一个重要原因是相关法律法规不完善，比如《文物保护法》、《城市规划法》、《土地法》以及《房屋管理条例》等都不很完善。《文物保护法》、《城市规划法》正在修改中，但矛盾的关键还在于存在部门利益之争。建设部、国家土地总局、国家文物局在各自的体制方面也需要协调”。

鉴于此，尽管2008年4月出台了《历史文化名城名镇名村保护条例》，在短期内建立完善的城市保护法规体系似乎较为遥远。因此，通过解读《条例》，认识当前《条例》可能出现的漏洞，更能有针对性的发现我国历史遗产保护立法上的不足。

---

① 《行政诉讼法》第十二条：人民法院不受理公民、法人或者其他组织对行政法规、规章或者行政机关制定、发布的具有普遍约束力的决定、命令等事项提起的诉讼。

② 参见：《中国文物报》2000-10-11。

2. 解读《历史文化名城名镇名村保护条例》

《条例》注意到了许多国内建筑文化遗产保护亟待解决的问题，并将这些问题纳入了法律条文之中，其中最大的收获在于：①提出了历史建筑的定义：历史建筑，是指经城市、县人民政府确定公布的具有一定保护价值，能够反映历史风貌和地方特色，未公布为文物保护单位，且未登记为不可移动文物的建筑物、构筑物（第四十七条）；②提出了整体保护的原则：历史文化名城、名镇、名村应当整体保护，保持传统格局、历史风貌和空间尺度，不得改变与其相互依存的自然景观和环境（第二十一条）。

当然《条例》同样也存在以下一些值得商榷的问题。

1）保护对象和范畴偏小。《条例》中对历史名城名镇名村进行法律上的定性，规定对于符合条件的可以申报为历史名城名镇名村，或自上而下指定为历史名城名镇名村。对于尚不符合条件但是仍然具有较高历史文化价值的历史城镇、村庄、历史街区的概念界定、保护对象和保护措施没有做出规定。对于我国目前历史遗产保护的严峻形势来说，更需要一个具有领控全国历史城镇保护的权威法规，即能够从法律条文上确定历史城市、镇、村的特定区域及特定建筑是否属于保护对象，或即使出现拆毁破坏行为也可以认定其违法。

2）“公共利益”界定不清。《条例》三十四条对于“公共利益”的界定存在一定的定义不清，如道路拓宽问题、公用设施建设、市政工程设施和各种“公共中心”等都属于“公共利益”。全国范围内历次大规模破坏城市历史遗产事件中均冠冕堂皇的带上“旧区改造、改变城市形象、民心工程”等的“公共利益”作为理由，毁灭的历史建筑和历史街区已难以计数，但是如果按上述条款来衡量，可就全合法①。

综观诸多“公共利益”理由，哪一条都没有必要非得毁灭历史建筑和历史街区才能实现。而在很多现存历史街区和旧建筑上，逐渐形成了一种“拆”字文化：将“拆”字粉刷在目标建筑的外墙上，成为一种最为简约和直白的规划公示的形式。其实，只要采取适当措施，便能避免毁坏历史街区和历史建筑。

3）处罚力度偏弱。在《条例》的“法律责任”中，对破坏历史遗产行为的惩治主要是罚款，且量刑过轻。许多案例的破坏面积、破坏程度都是相当惊人的，仅以罚款了事，根本起不到震慑犯罪的作用。而且就条例中规定的罚款数量也太低，即使是毁灭历史建筑，最高罚款不过百万而已，对于在破坏中获暴利的人（如开发商等）不过“九牛一毛”，如此等级的罚款，与其说惩罚，不如说是在纵容。

《条例》规定了对于政府主管部门人员在建筑遗产、历史街区保护领域的违纪违法处罚责任。而历史遗产的破坏行为一直都是暴利追逐方与权力寻租方一起联手完成，应当将寻租方一并处罚，所以量刑的程度应是等同的，不应当有轻重之分。另外《条例》中规定构成犯罪的，依法追究刑事责任；这个责任的具体量刑是什么也缺乏详细的说明。

---

① 同样的情况反映在《中国文物保护准则》中，因考虑到大型工程（如三峡工程）和重大建设项目实施与文保点冲突，准则中加入了“迁建和重建”的内容。在《巴拉宪章》等国际宪章中这种情况是严厉禁止的。正因为我国法律开了一道口，国内出现了大量城市内文物保护单位被“异地迁建”而惨遭破坏的情况出现。

4）缺乏专项保护资金各方投入比例。《条例》中对于资金投入方面提出了要求，“国家对历史文化名城、名镇、名村的保护给予必要的资金支持”。在当前城市竞争的背景下，如何能够确定哪些城市的保护是“必要”的？在没有规定相应制度的配套下，国家的这种“表态”有可能会导致“会哭的孩子有奶吃”，甚至会出现极端条件下的地方政府“默许”第三方对城市历史遗产进行破坏的“自残”方式以获得国家补贴的现象出现。因此，国家资金支持有必要首先考虑“保护优先权”[①]的引入，根据遗产保护的开展情况和迫切性，对众多的历史城市进行等级划分，建立完整的分级体系，使国家能够更有效的将保护资金进行调配。

另外，《条例》要求“地方人民政府根据本地实际情况安排保护资金，列入本级财政预算”。这一点相对于国外法律中明确规定资金来源和资助比例的要求就显得很不详细。量化资金投入比例，使资金来源能够落到实处是历史遗产能够实现有效保护最重要的方面之一。

6.4.5 完善我国历史遗产保护法规建议

党的“十五大”提出实行依法治国、建设社会主义法治国家的基本方略，并载入了我国宪法，实行依法行政也成为贯彻依法治国方略的必然要求。无论是历史遗产保护管理的改革还是保护制度的健全，都必须建立在立法保障的基础上。仅就立法体系而言，在国家立法和地方立法两个层面都有以下值得完善和改进之处。

1. 国家立法层面

西方国家历史遗产保护相关的全国性法律、法规健全，与各自的历史遗产保护体系相配合，形成完整的历史遗产保护法律框架。与西方国家相比，我国历史遗产的法规就显得体系不够完善，特别是对未列入文物保护单位的历史遗产保护的法规较为欠缺。

我国现行历史遗产保护法规体系，《文物保护法》的保护范围只是针对国家指定的各级文物保护单位，对于未列入文物保护单位的不可移动文物，仅提出“尚未核定公布为文物保护单位的不可移动文物，由县级人民政府文物行政部门予以登记并公布”[②]。对于名城保护与街区保护则提出“历史文化名城和历史文化街区、村镇的保护办法，由国务院制定”。在新颁布的《城乡规划法》中，对于历史遗产保护提出“历史文化名城、名镇、名村的保护以及受保护建筑物的维护和使用，应当遵守有关法律、行政法规和国务院的规定”。从上述规定可以看出，《文物保护法》和《城乡规划法》作为两大主干法，对政府未核定公布为文物保护单位的不可移动文物和历史文化名城、传统优秀建筑等遗产的保护

① “保护优先权”是生物领域的概念，为了实现地球生物的多样性、保护所有生态系统的典型代表，生物保护专家针对不同物种的濒危情况，确定“生物多样性热点地区”，保护这些地区特有物种避免正在遭受的栖息地破坏的威胁。许多国家把“保护优先权”的概念引入遗产保护领域，用于指导遗产保护的资源分配，同济大学阮仪三教授第一个把这个概念引入我国遗产保护领域中。

② 《文物保护法》第十三条。该条成为文物保护机构和城市规划管理机构权责不清，造成保护对象多头管理的一个根源之一。

规定则显得语焉不详。

《文物保护法》和《城乡规划法》在文物古迹保护和城市规划管理方面作为我国保护历史遗产两大主干法，在制定过程中受部门管理权限产生的部门之争在所难免，这也是导致《历史文化名城名镇名村保护条例》15 年“难产”的重要原因。在当前全世界共同保护自然与文化遗产和我国对历史文化保护高度重视的背景下，建议制定综合性的涵盖历史遗产各个对象范畴的《国家历史保护法》(类似于美国的《国家历史保护法》)，然后分别由文物保护和城市规划两个领域对《国家历史保护法》的相应保护内容进行实施。

当然，也可参照英国和日本的立法体系，加强《城乡规划法》中对历史遗产保护的内容。将历史文化名城、历史文化街区和历史建筑的保护纳入《城乡规划法》保护的范畴，从而形成《文物保护法》对国家指定文物古迹的保护和《城乡规划法》对历史城市风貌和城市建成环境进行平行保护的法规体系。

2. 地方立法层面

20 世纪 90 年代以来蓬勃发展的历史保护地方立法在我国历史遗产保护主干法不全的情况下，对各地的城市历史保护起到了非常重要的管理和约束作用。相对于国家立法，地方立法更符合各城市历史遗产自身特点和经济社会水平的要求，也更能适应地方对于城市历史遗产管理的需要，成为国家立法的重要补充。地方立法应充分考虑以下三个方面。

1）符合“上位法”的原则要求。十多年来的历史保护地方立法虽然有了较好的发展，但是长久来看，法律保护体系上下位相互配合、形成完整的历史遗产法律框架才是历史遗产法规体系走向规范化、成熟化的标志。在国家立法走向完善的同时，地方立法必须符合国家立法规定的保护原则、定义标准、实施主体等多个方面。在上下统一的基础上更有利于国家对于城市历史遗产保护实践的相互比较和宏观控制。

2）鼓励已评定为名城的地方政府颁布地方立法。在“屯溪会议”以后，国家只是推荐地方制定历史文化保护区保护管理办法，由此造成各历史文化名城立法有先有后、名目繁多。在历史文化名城申报、评定、完善的过程中，应该要求所有已评定的国家级和省级历史文化名城的县级以上人民政府必须根据国家法规的要求制定地方立法，把名城管理纳入地方法制化管理体系中。

3）加强实施详则的制定。国家立法只是对历史保护的一些原则性规定，地方立法应考虑地方实际情况，在国家立法的原则下进行深化，如在城市保护纳入财政预算资金的比例、监督管理办法中的具体罚则、监督反馈机构的设置与运行程序、鼓励社会投资历史遗产保护的具体激励措施等方面进行完善，使地方立法满足国家立法的原则下更有效地规范和促进地方历史保护工作的开展，提高可操作性、明确市场预期。

6.5　深化历史遗产保护管理体制改革

6.5.1　西方国家历史遗产管理体制

美、英、法三国的历史遗产保护行政管理都是实施多级核心管理体系，日本采用的是多级平行管理体系。

美国的文化遗产保护从联邦政府（federal government）、州政府（state government）和地方政府（local government）（市、区、镇等）三级展开，联邦政府、州政府、地方政府分别设有各自的组织管理机构。联邦政府机构包括国家公园局和历史保护咨询审议委员会。国家公园局负责历史场所的国家登录，资助保护项目，管理联邦政府的遗产，制定历史保护的技术规章，确保各州保护行动的一致性，并提供激励政策或保护资金促进各州和地方的历史保护。历史保护咨询审议委员会的成员包括内政、交通、住房，城市发展以及农业等政府部门的部长，职责是向总统和国会提出历史保护的政策建议和提供技术咨询。在州层面，“州历史保护办公室”（State Historic Preservation Office，SHPO）负责系统调查州内的历史资源，提名国家登录历史场所，管理联邦政府拨付给地方保护项目的资金，为地方保护机构提供咨询和建议，为登录历史场所申请联邦和州税收优惠，协调联邦，州和地方的保护行动。各个州还成立了“州历史保护咨询委员会”，由历史学、建筑史学、文化地理学、考古学、历史保护学等方面的专家组成，成为SHPO的重要咨询组织。在地方层面，被认定的地方政府（certified local government）成立历史保护委员会（historic preservation commission），配备历史保护官员、调查历史资源、提名登录历史场所、保护和管理地方历史街区和标志性建筑、制定保护导则以及税收政策，并将地方的保护行动与州和联邦相互连接起来（Stipe，2003）（图6.6）。

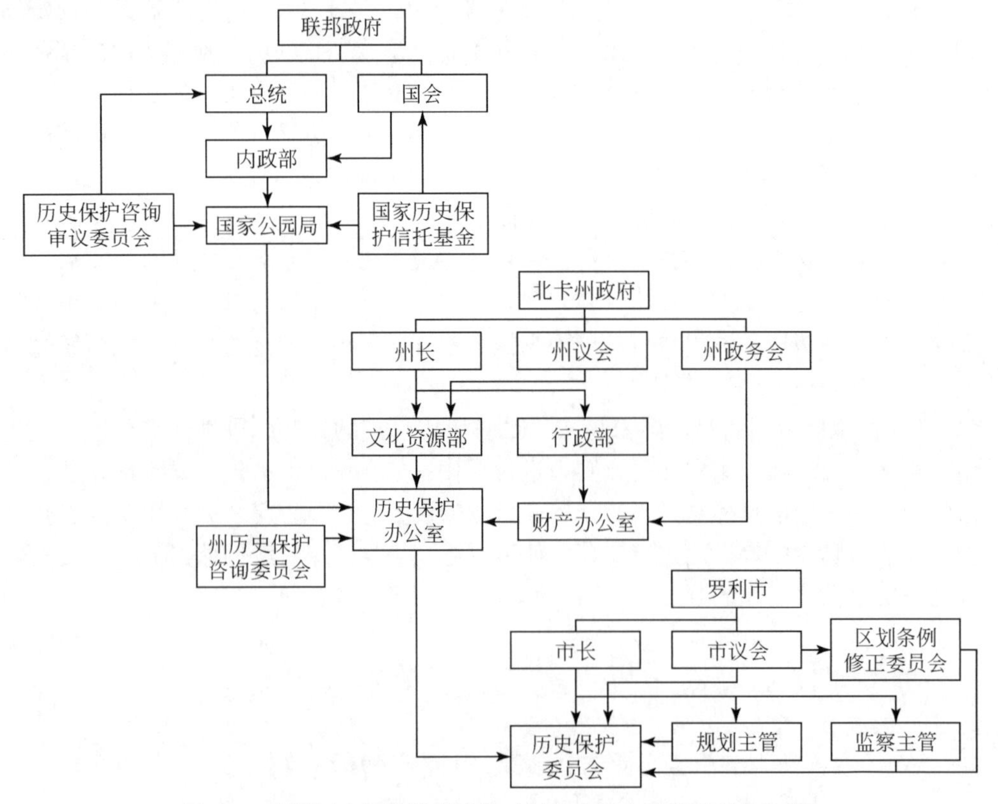

图6.6　美国历史保护管理系统（以北卡罗来纳州罗利市为例）

在日本，历史遗产保护是由文化部门和城市规划部门两个相对独立、平行的行政体系分管（王林，2000）。其中文化部门——中央主管机构为文部省文化厅，地方主管机构为地方教育委员会，主要负责与文物保护直接相关的法律制度及管理事务，包括建筑物、绘画、雕塑、典籍、传统建筑群保护区等。城市规划部门——中央主管机构为建设省城市局，地方主管部门为地方城市规划局，主要负责1966年《古都保存法》中所列古都的保护及城市景观的保全等与城市规划密切相关的文化遗产保护和管理。其中，城市景观是按照综合长远计划逐步形成，同时必须是行政与居民共同推进（图6.7）。

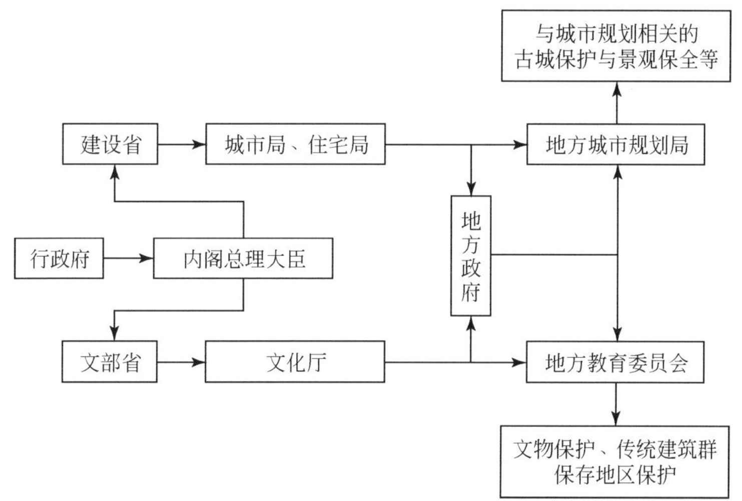

图6.7　日本遗产部门管理体系

资料来源：王林，2000

各个国家在遗产保护管理体系的组织结构上虽然有所不同，但也存在相同之处，如对历史遗产保护的不同对象，各个层次的保护管理都只设立有一个行政主管部门，其他相关部门在自身职责范围内协助或监督该主管部门工作。这样就从体系上避免了在行政管理过程中因存在两个或多个主管部门而造成的多头管理、职责不清的情况。

6.5.2　我国历史遗产保护管理机构设置

我国历史遗产保护管理实行的也是多级管理体系，包括国家、省及地方（市、县）三级管理，其中省级管理的主要职能是贯彻和监督国家法规、政策的落实和执行，为地方保护机构提供咨询和建议，协调国家和地方的保护行动。

1. 国家层面历史遗产管理机构

国家文物局负责全国文物保护管理、监督及指导工作，住建部、国家文物局共同负责全国历史文化名城的保护管理、监督及指导工作，国家旅游局、财政部等相关部门协助文物保护、历史文化名城保护工作。几大主管部门对应的历史遗产保护相关政府职能如下①。

① 参考各部门门户网站对部门职能介绍进行的整理。

国家文物局：审核、申报全国重点文物保护单位；承担历史文化名城、世界文化遗产项目的相关审核、申报工作；依照有关法律法规审核或审批全国重点文物的发掘、保护和维修工作。

住建部：依法组织编制和实施城乡规划，拟订城乡规划的政策和规章制度，负责国务院交办的城市总体规划、省域城镇体系规划的审查报批和监督实施；拟订全国风景名胜区的发展规划、政策并指导实施，负责国家级风景名胜区的审查报批和监督管理，组织审核世界自然遗产的申报，会同文物等有关主管部门审核世界自然与文化双重遗产的申报，会同文物主管部门负责历史文化名城（镇、村）的保护和监督管理工作。

国家旅游局：研究拟定旅游业发展的方针、政策和规划，拟定旅游业管理的行政法规、规章并监督实施；组织旅游资源的普查工作，指导重点旅游区域的规划开发建设，组织、指导旅游统计工作。

财政部等部门：对历史遗产保护的资金支持及政策倾斜。

2. 地方层面历史遗产管理部门

地方层面的历史遗产管理机构延续国家机构的框架，文物的保护管理由文物局（文化局）负责，而历史文化名城的保护管理体制有以下两种情况。

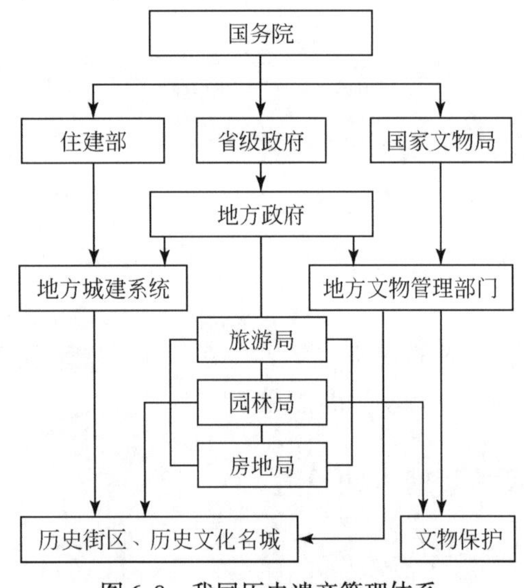

图 6.8　我国历史遗产管理体系

一种是延续国家机构设置和管理职能，由地方规划城建主管部门、文物（文化）主管部门共同承担。我国大多数城市都是采用这种方式（图 6.8）。

另一种是设立专门的名城保护机构。一般设置历史文化名城保护委员会，由政府主要领导负责，统一协调城建、规划、文物、国土、环保、财政等行政管理部门针对城市遗产的保护工作，如上海市 2004 年成立“上海市历史文化风貌区和优秀历史建筑保护委员会”，是“市政府领导下统一领导和统筹协调本市历史文化风貌区和优秀历史建筑保护工作的议事协调机构”①。北京市 2010 年 10 月成立历史文化名城保护委员会，并由时任北京市委书记刘淇任委员会名誉主任，市委副书记、市长郭金龙任主任。委员会还专门成立了由旧城保护、城市规划和非物质文化遗产等方面的专家组成的专家顾问组，委员会编制历史文化名城保护规划，研究功能核心区的“道路红线”，按照现有胡同肌理、街道走向等进行重新完善、科学规划。另外，南京、昆明、汉中等城市也成立了相似的机构（图 6.9）。

① 上海市人民政府办公厅文号：沪府办发［2004］70 号。

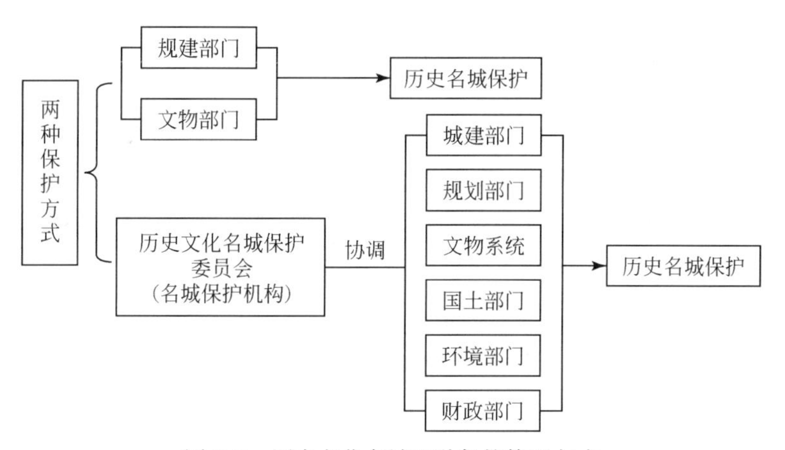

图6.9　历史文化名城两种保护管理方式

6.5.3　我国历史遗产管理体制存在的问题

从我国历史遗产管理体制来看，国家、省、地方三个层面对历史遗产管理均存在着管理交叉、责任不明确、职能混淆的现象，特别是针对城市保护。尽管在地方层面很多城市建立了“历史文化名城保护委员会”，但是由于该机构主要是议事协调机构，并非行政实体，不能从根本上解决遗产保护管理的行政效率问题。究其原因，在于我国进行市场经济体制转型后，政府管理仍然沿袭着计划经济时期高度集中的行政管理和“全能政府”型的政府职能的积弊。全能型政府将国家和社会的人、财、物资源均纳入完全的政府管制，而政府各个职能部门成为具体的管理实施者，全社会只要与职能部门管理职责相关联的事务均成为其管辖范围。与这种管理思维相对应的“小部制”行政管理组织结构导致我国中央部门数量超过其他发达国家①（图6.10）。2008年年初全国讨论大部制时，国家行政学院李军鹏教授指出：目前国务院部门之间有80多项职责交叉，仅建设部就与发改委、水利部、铁道部、国土资源部等24个部门存在职责交叉②。

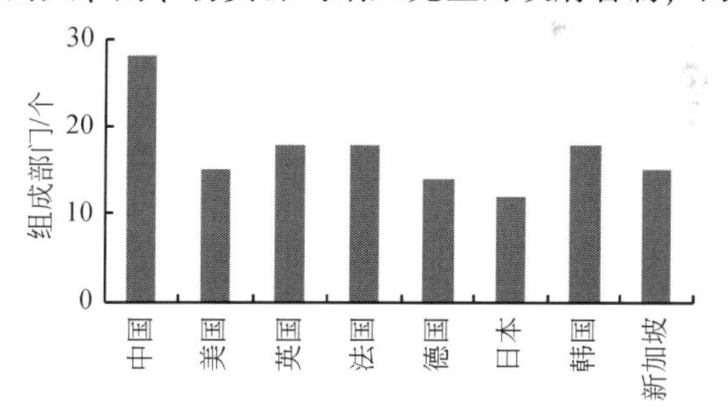

图6.10　各国中央部门数量比较
数据来源：南方周末相关报道

而历史遗产恰恰是一个具有多样化属性的管理对象。对遗产本身来说，具有历史文物、城市建设、土地资源、文化、教育、环境和旅游等多种内在属性，如果按照计划经济时期部门之间职能分工下的权属管理要求，则多个职能部门都具有管理权限，各职能部门

① 2008年3月，千呼万唤的国务院机关改革上迈出一小步，原有的28个部委经过重组后减为27个。
② 专家：大部门将有效避免政出多门，凤凰网，http：//news.ifeng.com/special/2008lianghui/。

之间管理权限错综复杂，相关条例和法规又无法具体落实到核心管理方①。

中央各部委之间存在权责交叉，而中央部委与地方管理部门上下之间条状管理，彼此之间块状分割，导致地方层面涉及城市历史街区保护和古城保护需要动用规划局、建设局、房地局、文化局和文物局等多个部门协同处理，而且并没有确定明确的主导部门。这种“群龙无首”、权责不清的现象，使在具体管理过程中部门之间扯皮、推诿的现象时有发生，个别部门甚至将历史遗产这个公共产品作为小团体牟利的工具。在我国目前法律法规体系尚不完善的情况下，更加剧了历史遗产保护管理的混乱状况，“穷庙富方丈”、违法审批、越权审批的现象屡有发生。在常州“前后北岸”拆除事件中，根据《南方周末》以及后续的央视《焦点访谈》记者调查，整个项目从立项到拆迁改造所有行为均有相关文件作为支撑。采访中，负责执行拆迁的长宁区法院负责人拒绝接受采访；主管城市建设的市建委负责人以“文物保护属于文管会，本局未接到拆迁建筑属文物的报告”为由解释；文管会负责人在受访中强调，“修缮方案是经省文物部门批准的，对居民的强制拆迁是由市建设局执行的，一切违规做法跟文管会无关”②。

6.5.4 我国历史遗产管理体制改革建议

党的十七大报告中指出，“加快行政管理体制改革，建设服务型政府。行政管理体制改革是深化改革的重要环节。要抓紧制定行政管理体制改革总体方案，着力转变职能、理顺关系、优化结构、提高效能，形成权责一致、分工合理、决策科学、执行顺畅、监督有力的行政管理体制”。因此，借鉴西方国家历史遗产保护的成功经验，避免多部门管理中因部门价值取向差异而产生的标准冲突与利益冲突，建立权责一致、管理清晰的遗产保护核心管理部门的改革势在必行。如何形成历史遗产保护核心管理部门？以下尝试提出一些改革设想。

1. 建立历史遗产保护核心垂直管理部门

改变我国现有仅对具有重要价值的历史遗产划定为文物保护单位进行专门管理的现状，对接国外通行的“文化遗产”概念与保护范畴，调整住建部——历史文化名城保护管理、国家文物局——文物保护管理、文化部——非物质文化遗产保护管理三个部门职能，组建“历史遗产管理局”（类似于美国的国家公园管理局）；同时，国家颁布相应的《国家历史保护法》作为历史遗产管理局行使管理职能的具体法律依据。由此，将历史遗产划归一个部门自上而下进行统一管理，避免部门之间相互掣肘的问题。在历史文化名城名镇名村划定的保护范围和建设控制地带内，所有的保护管理和建设管理的主导职能都统归历史遗产管理局进行管理。这种管理职能划分思维打破了计划经济时期以行业和产品进行部门划分的标准，强化了属地管理职能和部门综合管理职能。

---

① 以农业为例，果实长在草上归农业部管，长在树上归林业部管，长在水里归水利部管，这样既不利于统筹管理又“管得低效”。由于现实中权限切割不可能泾渭分明，经常出现监管者缺位、错位或越位的困境。

② 来源：记忆和推土机赛跑．南方网，http：//www.southcn.com/weekend/culture/200606290048.htm；2006 年 12 月 21 日，中央电视台《焦点访谈》“要建设也要保护”。

这种机构调整可以比较彻底地解决我国历史遗产管理机构权限相互交叉、权责不清的问题，最终表现为将计划单列、部委管理的国家文物局升格为国务院直属“历史遗产管理局”。但这种调整变动较大，涉及部门关系和部门利益之争的矛盾冲突较为复杂，在当前国家精简行政机构的大趋势下可行性较小。

2. 调整部分部门管理职能，形成清晰的平行管理体系

2008 年“两会”期间一个重点议题就是大部制改革。按照部门的职能大小和机构数量的多少，政府机构设置一般有“小部制”与“大部制”两种类型。小部制的特征是“窄职能、多机构”，部门管辖范围小、机构数量大、专业分工细、职能交叉多，我国目前实行的即是这种小部门体制。大部制是一种政府政务综合管理组织体制，其特征是“大职能、宽领域、少机构”，政府部门的管理范围广，职能综合性强，部门扯皮少（石亚军和施正文，2008）。

以“大部制调整”为契机，中央层面将建设部改革为住房与城乡建设部的同时[①]，地方层面将房地局纳入城建管理系统，使城市历史遗产的管理形成文物局——文物保护单位，规划局——除文物保护单位之外的历史遗产两个部门平行管理的形式。这种管理形式类似于日本的多级平行管理体系，有利于理清管理属地与管理权限之争（图 6.11）。这种机构改革方式相对调整幅度小于第一种，只是对部门之间相关职能进行调整。

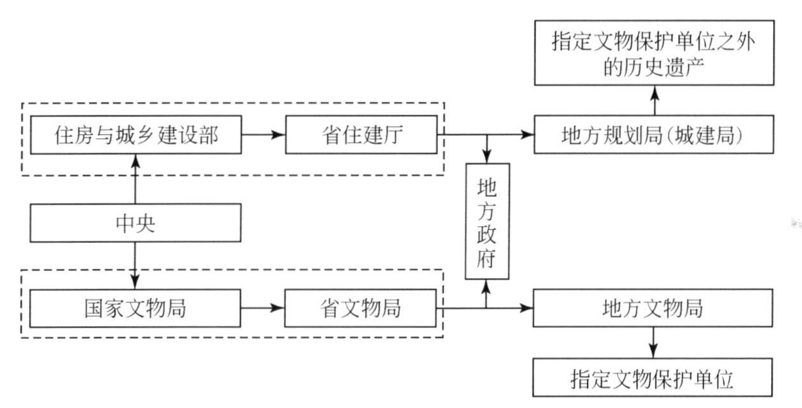

图 6.11　历史遗产的平行管理体系

3. 在城市规划管理机构内部进行职能调整

1）形成对历史遗产规划管理的核心部门。如果管理职能跨部门之间的调整设想无法实现，还可以在城市规划管理部门内部“独善其身”。历史遗产保护管理在城市规划管理系统中由城市规划组织编制与审批管理、城市规划实施管理和城市规划实施监督管理三项管理组成[②]。在部门内部管理过程中，各处室之间难免会有不协调情况出现。组建一个独

---

① 经过 2008 年中央机构改革，住房和城乡建设部的主要职责精简为：拟订住房和城乡建设政策，统筹城乡规划管理，指导全国住宅建设和住房制度改革，监督管理建筑市场、建筑安全和房地产市场等。——2008 年 3 月国务委员兼国务院秘书长华建敏向十一届全国人大一次会议作关于国务院机构改革方案的说明。

② 以重庆市规划局为例，规划编制对应规划编制处；“一书两证”分别对应用地处、建管处、市政处；规划监管对应法规处和执法大队。

立的处室对城市历史遗产进行单独管理，不仅有利于整合部门内部管理体系，也有利于跨部门之间进行协调。

这种调整城市规划管理部门职能、形成城市规划管理部门中对历史遗产保护管理权责对应的核心管理部门的改革，在上海已经得到了成功的实践。

2003 年 9 月，上海市政府意识到城市雕塑与景观对提升城市形象的重要性，在市规划局内设立城市雕塑与景观管理处。考虑到上海传统历史文化风貌保护是体现城市景观的重要内容之一，将历史文化风貌区的保护管理工作整体性划归景观雕塑处进行管理。并在各行政分区的规划分局内建立景观雕塑科，在历史遗产分布较多的卢湾区、静安区、黄浦区等由专人进行管理，遗产分布较少的区由相关部门人员对口分管。

景观雕塑处的职能与城市历史遗产相关的有[①]：①负责组织编制本市历史文化风貌保护区和优秀历史建筑保护规划，并承办相关报批、报备工作；②负责审核、审批历史文化风貌区范围内重要景观地区、重要景观道路等城市设计、景观规划；③负责审核、审批全市历史文化风貌区和优秀历史建筑建设控制范围内的建设工程项目；④负责在行使职责过程中对相关重大问题的调查、研究，及时提出可行性建议；⑤承办上海市历史文化风貌区和优秀历史建筑保护委员会办公室的规划管理相关工作。

2）形成规划、文保、房地三部门平行协调机制。2004 年，上海市政府成立“上海市历史文化风貌区和优秀历史建筑保护委员会”，并下设由规划局、房地资源局和文管会组成的办公室，使三个政府部门能够有一个常设的协调机制；并成立上海市历史风貌区和优秀历史建筑保护专家委员会，专家组专业方向涉及规划、建筑、历史文化、文物保护、法律和交通多个方面，其中非公务员专家 22 人，并规定在保护规划审议时应保证专家比例大于公务员比例。保护委员会的建立在一定程度上缓和了由于部门之间条块分割造成的管理过程中的沟通协调障碍的难题，而规划审议时专家比例大于公务员比例又减少了部门利益之争，使城市历史保护的公众参与和专业化保护更好的得到了推广（图 6. 12）。

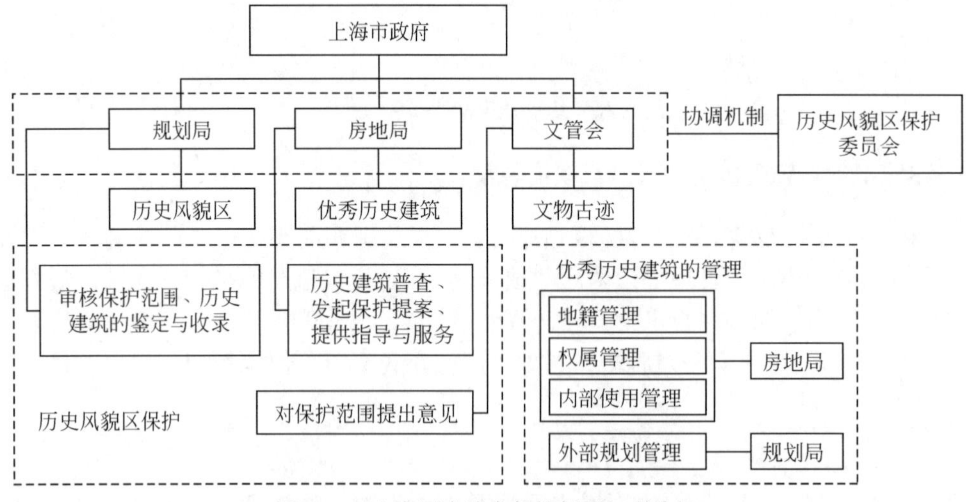

图 6. 12　上海历史遗产保护部门权利分解

① 资料来源：上海规划局调研资料。

我国其他许多城市（如北京、南京、昆明）也先后成立了相应的历史遗产保护协调机构。由于此类机构并未从本质上改变政府部门的管理权限和职能，其管理和协调机制尚需进一步探索和完善，以弥补“条块分割”带来的管理弊端。

6.6　健全历史遗产保护相关制度

自20世纪80年代以来，全世界所有国家都进行了不同程度的社会经济领域改革。中国的改革不仅顺应了世界改革的潮流，而且根据自身国情，突出了行政管理体制的改革，开创了以制度规范政府行为的“制度建设”时代，进入21世纪，“制度建设”的现代意义更加凸显。历史遗产保护制度通常包括法律制度、行政管理制度、资金保障制度以及相应的登录制度、公众参与制度、监督制度等。国外在历史遗产保护管理领域长期以来形成了一些行之有效的制度，并通过这些制度的保障使管理过程成为一个稳定连续的实施过程。我国在市场经济转型期间，通过对国外历史遗产保护制度的引进和创新也建立了一些适合时代发展需要的管理制度，但与国外相比，显得不够完善。以下仅就登录制度、产权制度和资金保障制度予以探讨。

6.6.1　登录制度

1. 登录制度的概念和意义

登录（register/list）制度是将历史遗产选定登记并予以法律保护的一种方式。世界范围内对文化遗产的保护方式，可分为指定（designate）制度、登录制度、指定制度+登录制度三种形式，欧美国家多采用登录制度或指定+登录制度。文物登录制度是西方发达国家广泛采用，灵活有效的保护机制，是历史保护中的重要环节之一（张松，2001）。我国目前只有指定制度一种形式，单一的指定制度由于“指定”的对象和数量极其有限，造成大量“未指定”的历史遗产得不到有效保护，成为当前制约我国历史遗产保护的主要因素之一。历史遗产登录制度的意义在于以下三方面。

1）拓展历史遗产保护范畴。登录的对象除具有重要价值的“文物精品”外，也包括具有一般意义的历史古迹，甚至包括近现代历史遗产，如英国登录建筑标准中也包括1939年以后的少数建筑作品，美国具有50年以上的历史性场所即具有登录的条件，这样就大大扩大了登录历史遗产的总量。由于从法制、管理以及资金保障等方面对登录历史遗产保护具有一系列政策规定，从而将单一的文物保护推向了全面的历史环境保护。

2）增加历史遗产保护方式的灵活性。历史遗产保护与当代社会经济发展的矛盾是各个国家都面临的突出问题，传统的“冻结式”保护方式难以适应社会发展的要求，而登录文物的保护一般分不同情况采取十分灵活的方式，而且在税收、保护改造经费等方面给予一定的优惠政策，如英国通过一定的审批程序，允许登录建筑的改建、扩建甚至拆除；美国对登录建筑的改造性再利用完全没有任何限制。这种灵活的保护方法不仅使一些“文物精品”作为文化资源的开放开发有了政策上的引导，而且使得大量性的民居、近代历史遗产等历史建成环境的保护能与日常生活的改善和现代社会的发展有机地结合起来，促进了历史环境的复苏。

3）提高公众的历史保护意识。由于登录制度扩展了历史遗产的保护面，可以让广大公众知晓所生活的历史环境的价值，了解身边的历史，提高它们的历史保护意识。登录制度的广泛性使得历史遗产保护不再是少数专家和政府部门的责任，而是全社会共同的责任，有利于促进包括对文化遗产合理利用在内的综合性历史保护运动的全面开展。

2. 我国现行文物指定制度的缺陷

我国不可移动文物的指定制度经过了半个世纪的实践，成功和有效地保护了大批重要文物古迹。随着历史遗产保护理论研究的不断深入和国际先进遗产保护理念的引入，这种确认制度逐渐显现出自身的缺陷和不足，主要表现在以下五方面。

1）保护对象的选择标准过高。源自文物保护概念的指定标准在价值取向上将历史遗产（包括文物古迹、历史文化街区、历史文化名城名镇名村等）的本体文化价值（即所谓历史、艺术、科学价值）作为核心评价依据，导致大量历史建成环境没有纳入法律保护和管理的范畴，极易在当前城市开发和旧城改造的洪流中被无所约束地摧毁，这对一个城市和地区的可持续发展来说是远远不够的。

2）保护对象的分类和构成不合理。从国家级文物保护单位中各种类型文物所占比例来看，古遗址、古墓葬、古建筑和石窟寺及石刻等约占到全部文物保护单位总数的85%，而近现代史迹及其他类型约只占总数的15%，其中列为其他类的文物只有约1%（图6.13）。重精英文化、正统文化、厚古薄今地认识问题可见一斑。这造成大量有地方特色的街区、民居、近现代建筑毁坏现象严重，没有得到及时有效的保护。历史文化名城名镇名村的情况也是如此。

古遗址、古墓葬、古建筑和石窟寺及石刻等
近现代史迹及其他类型
其他类的文物

图6.13 全国文保单位中各类文物的比例

3）历史环境保护力度不够。由于各级文物保护单位呈离散点状分布，之间缺乏有机的联系，以保护范围和建设控制地带为保护模式的保护方式造成对于历史环境的保护严重不足。从整个城市的角度来讲，建筑只是环境的一部分，应该将历史建筑保护看做是历史环境保护的一个环节。

4）自下而上的公众参与不足。我国的文物保护指定机制一直以来是一种非常专业化的活动。这个活动的推动很大程度上是依靠具有专业知识的专家和职能部门通过专业的法规和规划的方法。无论是文物的普查、申报还是审批，普通民众很少能够参与到文物建筑的指定工作中来。由于专业人员的数量和质量有限，同时缺乏必要的推动机制，这种缺少全社会参与的指定制度在一定程度上造成了保护措施落实不到位，大量的保护对象虽有保护之名却无保护之实的现象。

5）法律法规涵盖面窄。尽管《文物保护法》规定，对于尚未核定公布的不可移动文物，应当以文保点的形式加以保护，但是由于缺乏细致、深入的法规细则，文保点的保护可谓名存实亡。

3. 对我国引入登录制度的建议

1）由城市规划主管部门作为登录制度实施主体。新中国成立60年以来，我国一直实行的文物指定制度已经成为一个长期稳定运行的制度，虽有瑕疵，但对于我国文物保护工作也起到了重要作用。因此，引入登录制度应该是对目前指定制度的一个补充，以形成指定制度+登录制度的历史遗产保护制度。

我国文物管理部门传统上强在可移动文物，弱在不可移动文物；强在单体文物建筑，弱在建筑群体和历史环境。指定制度+登录制度形成后，登录对象多集中于指定文保单位以外的历史遗产。在当前历史遗产适应性再利用和整体性保护的趋势下，由地方规划部门牵头、文物保护协同管理的管理方式较为可行，如英国在登录建筑的严格管理中，城市规划管理部门就发挥了重要作用①。2004年3月建设部颁布《关于加强对城市优秀近现代建筑规划保护的指导意见》指出，"加强城市优秀近现代建筑保护的法制建设工作。各地要根据本地区的实际情况，积极推动专项的地方立法工作……形成以城乡规划行政管理部门为主，房屋土地、文物、环境保护等有关管理部门参与，依据有关法律、法规，各司其职的工作机制"。这一指导意见实际加强了城乡规划管理部门在近现代优秀建筑的保护中的主体地位。

2）近阶段以完善我国"历史遗产档案"制度为主。我国部分地方保护立法中对于非文物类历史建筑的保护制定了相关的保护规定，其名称多为"优秀历史建筑"和"优秀近现代建筑"，也有称作"控保单位"②。《历史文化名城名镇名村保护条例》第三十二条对建立历史建筑档案提出了要求，并在后续条款中③对历史建筑管理进行了规定。从这些规定可以体察出与国外登录制度具有很高的相似性，是否可以假设以此为基础逐步建立"历史建筑档案"并最终形成制度，将登录制度引入我国。

如果这种假设成立，则建立历史建筑档案还仅仅是一个雏形。第一，档案普查和建档是由政府"自上而下"进行的，仍然延续指定制度的思维方式，并没有考虑历史建筑所有者"自下而上"的申请和如何听取居民意见；第二，保护修缮的资金来源不详，仅是从专项资金给予补助，怎么认定补助金额，采取怎么样的形式补助，都缺乏详细的规定，更没有考虑到通过优惠政策调动所有者保护的积极性；第三，对历史建筑保护的约束力不够，只是简要规定了政府如何管理，没有考虑通过许可制度或建设项目审批制度约束和引导所有者自发保护的行为，更缺少损害行为处罚的详细规定。

因此，从长远来看，引入登录制度，形成我国城市历史遗产保护指定制度+登录制度

---

① 英国对登录建筑实行严格的管理制度，但允许合理的改、扩建。任何人想变动登录建筑均需得到许可，拆除尤为慎重，面积超过115平方米的登录建筑的改建、扩建、外观变更以及内部装修改造，要经过严格的审查，经过地方规划部门的许可才能进行，还需要征询保护官员的意见。与Ⅰ级和Ⅱ*级登录建筑相关的所有变更建筑行为，以及Ⅱ级登录建筑的拆除，需通过地方规划部门报告环境部，并通知英国建筑学会、古迹保护协会、乔治集团、维多利亚协会等与历史建筑调查研究有关的全国民间组织，听取意见，作为处理问题的法律依据之一。

② 苏州将具有一定历史价值但未列入文物保护单位的历史建筑划归为控保单位进行保护。

③《条例》第三十三、第三十四、第三十五、第四十二、第四十三、第四十四等条款中都涉及历史建筑管理规定。

是发展所趋；近期来看，在参考国外登录制度前提下完善历史建筑档案制度也是历史遗产保护的现实需求。

6.6.2 所有权制度

1.《物权法》带来的新思考

在计划经济时期，城市土地实行无偿划拨，土地使用的需求完全不受价格约束，需求量大小只取决于需求程度。一般说来政府制定的征地拆迁费都远远低于土地的市场价值，同时对土地需求的约束有限，导致城市土地的过度需求和浪费闲置。这种完全依靠行政手段的土地划拨制度在一定程度上取消了城市土地市场，导致城市土地的使用价值无法真实地体现。

1990 年国务院发布《中华人民共和国城镇国有土地使用权出让和转让暂行条例》是城市土地由无偿占有到有偿使用的历史性转变。这种将土地的所有权和使用权分离，实现土地使用权的市场化流转，是商品经济发展的客观要求，也是城市化建设的现实需要。

所有权和使用权分离之后，随之而来的三个问题是：如何保障使用权所有者的使用权；使用权如何满足市场经济的多样化要求；使用权是具有时限要求的，到期之后如何处理。

2007 年《物权法》的颁布对以上三个问题进行了较为有效的解决，主要有：依法保障了所有者的使用权和“用益物权”；提出“地役权”（easements）在市场经济条件下以合同形式的租赁、变更、注销的要求；对于使用权的时限到期后也做出规定[①]。

《物权法》使得历史遗产的市场化保护和多样化利用成为可能。它保障了所有者的使用权，激励了使用者保护历史建筑的积极性；地役权的提出也促进了历史遗产的多样化保护；使用权到期后自动续期也给历史建筑的所有者和收藏者一个稳定的政策指导。特别是地役权制度，将对我国历史遗产保护产生深远的影响。

2. 美国“遗产保护地役权”制度

遗产保护领域的地役权制度（沈海虹，2006），在美国从 20 世纪 70 年代后期得到了较为广泛的运用，并催生了一系列相关政策。地役权结合积极的税费政策，既推动了自然资源和文化保护，又妥善地延续了私人的所有权，激励人们投入历史保护。

遗产保护地役权（preservation easement）是指登录历史建筑（构筑物）或处于历史街区内的一般历史建筑的业主，将建筑特征变动的权益转让给政府管理机构或有关保护组织，即业主放弃改变历史建筑特征的权益[②]。作为补偿，业主将获得与其所放弃权益相当的收入税减免。

地役权对许多期望保持私人产权的人来说是具有吸引力的，土地和历史建筑的业主在

---

① 住宅建设用地使用权期满的，自动续期；建设用地使用权期满，根据公共利益需要收回的，应对该土地上的房屋及其他不动产给予补偿。

② 提供地役权的业主称为供役方，接受地役权的为受役方。受役方可以是州内的非营利性保护组织，地方历史保护委员会或州历史保护办公室（SHPO）。受役方每年至少一次视察供役方的财产，看其是否改变以及是否得到恰当的保护。

捐出地役权后，依然能像以前一样生活。从这个意义上来说，实质是产权处置分离的一种特殊形式。而通常只有从事遗产保护的民间组织才具备接受地役权的资格，通过保护组织的中介作用，政府同私人业主之间达成一个个“零散而具体的家庭式保护条例”。地役权本身弱化了区划管理和地方保护条例的强制性色彩，同时兼顾了具体历史物业的特征以及使用者的生活习惯、个人意愿，实现了政府管制同私人财产权之间的平衡。

3. 我国历史遗产所有权改革探讨

尽管《物权法》已经颁布，但如何在城市历史遗产保护领域具体施行还在各方面的论证和探讨之中。《物权法》对城市历史遗产保护具有双向的促进作用：一方面，依法保障了所有者的使用权，使遗产所有者能够用法律武器维护自己享有的正当权益，稳定了持有者的信心；另一方面，对于地役权和用益权的界定，为市场化条件下历史遗产的所有权转移制度带来契机。通过政府干预和市场选择，使各种形式的产权获得尽可能合理的分布，找到明确、合适的主人，减少因为权属之争导致的各种“负外部性”效应。

1）产权私有化。改革开放30多年也是我国政府逐渐从直接管理转变为间接管理的过程，凡是政府管制力量退出的领域都蒸蒸日上，管制很严的领域都是缺乏活力，这已经是无可争辩的事实。苏州古建筑“变更产权”就是一个典型的城市历史遗产公有产权私有化的过程，从实施情况来看，不仅减轻了政府的财政负担，也调动了私有业主维护历史遗产的积极性，并且在《苏州市古建筑保护条例》的约束下，保证了历史遗产的文化价值得到私人业主有效的保障①。

由于各种原因，目前我国城市历史文化保护区内相当一部分老住宅，产权属于房管所和企事业单位。例如，对重庆几个历史街区的调查表明，金刚碑历史街区内清末到民国时期历史建筑66%的产权属于房管所和企事业单位；龙兴古镇内129座历史建筑中有31座属于公共产权（图6.14）；重庆磁器口历史街区核心保护区内的历史建筑38%也属于全民和集体所有（表6.3）。

表6.3 重庆部分历史街区、古镇历史建筑产权分布表

相关历史街区、古镇	历史建筑数量	产权关系			
		私房	房管所	企事业用房	公房比例/%
龙兴古镇	129	98	23	8	24
金刚碑历史街区	32	11	12	9	66
磁器口历史街区	632	394	185	53	38

① 苏州市拥有各级文物保护单位140处，控制保护古建筑200处，总建筑面积达33.8万平方米。由于政府无力保护所有古建筑，而古建筑又有市场需求，苏州市政府开始尝试“变更产权”这一新工具，即出售部分古建筑，由私人来承担保护古建筑的责任。2002年10月江苏省人大通过《苏州市古建筑保护条例》以法律的形式将这种新方式固定下来并加以规范。但是2002年12月，这一政策工具被紧急叫停而被迫放弃，原因是它与新通过的《文物保护法》相冲突。2002年10月28日第九届人大常委会第三十次会议通过的《中华人民共和国文物保护法》第二十四条规定：国有不可移动文物不得转让、抵押。建立博物馆、保管所或者辟为参观游览场所的国有文物保护单位，不得作为企业资产经营。

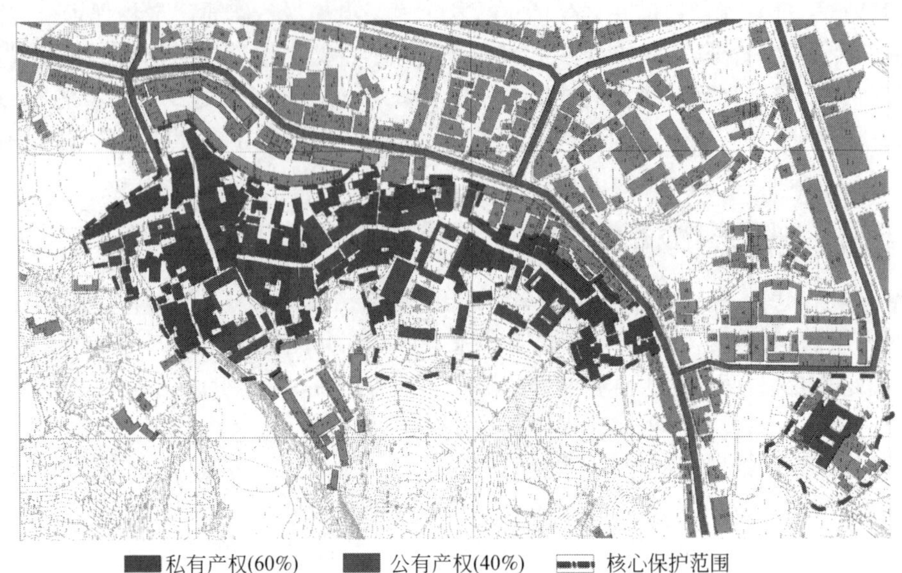

图 6.14　重庆龙兴古镇建筑产权分析图

在这个产权分布中，私房业主大多经济条件较差而无力维护；而其他产权的历史建筑由于所有权与使用权分离，无法排除私人使用权对所有权形成侵犯，公房住户除了经济能力制约之外，投入资金替公家修房子，效益不能为自己所独享，具有极高的“负外部性”。而作为政府部门的房管所或企事业单位，本身不具备筹集大量保护资金的条件，更何况由于使用权和所有权分离，作为名义上的所有者，政府掏钱维护私人居住的房屋同样心存疑虑。由此原因，当历史街区的经济价值尚不明显时，大量历史建筑得不到维修，如金刚碑历史街区现状表现为自然环境优雅而历史建筑残破不堪的景象（图 6.15）；只有当历史街区经济价值凸显时，“正外部性”使得历史建筑的保护维修方可有可能，如磁器口历史街区由于旅游发展，大量私房业主和公房使用者主动对房屋进行了维修。

图 6.15　金刚碑残破的历史建筑

如果通过将公房转化为私有属性，将大幅度降低私人业主投入保护的“负外部性”，提高他们的支付意愿，调动积极性。

历史街区的老房子，在产权私有的前提下，无论是政府还是开发商，都将面对独立分散的经济个体进行谈判，在没有取得众多私人业主一致同意前，难以进行大规模的集体动迁，这使得“私人产权”成为抵挡“大拆大建”和商业房地产开发的有力屏障，它迫使城市更新限定于“微循环”小规模有机更新的改造模式，保证了历史街区格局的完整和延续。当然，这种做法首先要取决于法律的规范和制度的完善，《苏州市古建筑保护条例》将这种“变更产权”的尝试纳入了法制化轨道之中。

2）所有权和经营权分离。《历史文化名城名镇名村保护条例》中提到，“历史建筑的所有权人应当按照保护规划的要求，负责历史建筑的维护和修缮。”所有权和使用权分离一般以经营为目的——历史建筑的所有者（国家、个人）以法定协议形式转让使用权，并获得相应的租赁收入或产权入股获得收益。这种分离可以激活僵化的历史遗产所有权制度，让历史遗产经营者在无碍于遗产的文化价值、无碍于遗产的保护、无碍于遗产的公共和公益性质前提下，使历史遗产获得更加专业化的保护和市场效益。同时，这种分离可以通过在同一区域内与多个所有权者签订协议，使分散的保护个体成为规模保护与经营整体。

当然这种所有权和经营权必须在有限制的条件下分离。类似于美国历史保护中的“地役权转移”制度，其转移对象必须是特定的保护组织或政府机构。这些非营利保护组织不同于行政部门，又不同于商业企业，它由具有知识能力、责任意识、道德基础的志愿者组成。建立在“非营利”基础上的遗产管理体制，既能确保遗产经营的公益性质，又可确保遗产服务质量，并以市场经营的方式满足公众的消费需求，从而确保经营效益。

1994年以来，上海政府所属的外滩房屋置换有限公司通过对外滩地区的房屋转让、出租和招商进行统一操作，积极进行遗产的再利用，并将回收资金用于建筑维修保护的良性循环，取得良好成效。这说明了只要政府加强监督管理、严格审核经营者，产权的适度分离是城市遗产再利用并得以积极融入现代城市生活的契机。

6.6.3　资金保障制度

提供资金保障是历史遗产保护的重要内容之一。从经济学角度看，保护过程本身就是一个资金的投入和产出过程。从资金来源主体上分析，可以大致归纳为五类。

1. 以立法为基础的政府资金投入

由于历史遗产保护具有“非排他性”和“高外部性”特征，再加上它往往需要占用大笔资金，缺乏短期收益，在多数情况下政府投入占保护资金投入的主体。世界上重视历史遗产保护的国家都十分重视中央政府的财政拨款。如前文提及2003年法国文化部下属的建筑与文物管理局的预算就达到51.14亿欧元（相当于人民币480亿左右），意大利对文化遗产保护的投入平均每年在50亿欧元以上（任思蕴，2007）。虽然我国文化遗产保护的财政投入不断在增长，但是中央财政总体投入水平仍远远落后于文化遗产保护先进国家，也无法满足我国文化遗产保护的实际需要。在我国中央政府投入不足的情况下，分税制下的地方政府成为历史遗产保护投入资金的主体，如苏州于2004年对古城保护的直接和间接资金投入就达约60亿。受地区经济社会发展水平和政府官员执政思路差别的影响，往往会导致历史遗产保护各城市之间“贫富差距”的增大。

保护资金的立法保证是各国历史文化遗产保护的重要保障。资金保障的内容不仅包括资金投入对象，还明确提供资金的机构，甚至还涉及具体的金额与比例等，非常详尽并且具体。在英国等主要保护法令中2/3的文件涉及保护资助费用提供及其来源；法国最重要的两个法令《历史古迹法》和《马尔罗法》中的资金补助对规定也是最重要内容之一；

日本在法律文件中不但规定了资金的来源，而且对国家、地方政府对资助比例也有明确规定。

相对而言，我国对于资金来源规定就显得相当的含糊。《文物保护法》、《城乡规划法》、《历史文化名城名镇名村保护条例》中对于资金来源都是“纳入本级财政预算”。另外《文物保护法》中规定“国家用于文物保护的财政拨款随着财政收入增长而增加，”《历史文化名城名镇名村保护条例》中规定“国家对历史文化名城、名镇、名村的保护给予必要的资金支持”。

可见，在我国历史遗产保护的法律法规中，需要进一步完善和明确政府对保护资金的投入责任和具体方式，使得各级政府的保护资金支持能够落到实处。另外，西方发达国家历史遗产保护的经验说明，政府的财务分配职能同时具有“经济杠杆”和“管理杠杆”的双重功能，通过分发“粮票”是谋求地方政府推行统一的技术规范的最佳方式。在集体选择经济学中，这被称为影响低层次政府资源配置的“萝卜”加“大棒”策略（史蒂文，1999）。因此，在法律法规中可以详细规定各级政府按照历史遗产的重要性和等级而制定资金的投入比例，通过明确国家投入资金的“萝卜”激励，加上保护不力撤销称号的“大棒”政策约束，将对各地方加强历史遗产保护的推动具有深远意义。

2. 多元化的社会资金投入

多元化的资金投入机制能最大限度吸引社会资金对历史遗产保护的支持，补充公共财政投入的不足。历史遗产保护关系到国家整体利益和长远利益，因此遗产保护资金投入是政府的责任。但无论是发达国家还是发展中国家，文化遗产保护仅仅依靠国家的投入都是远远不够的。在市场经济环境下，政府应该发挥服务职能，对于文化遗产保护不能仅停留在直接“输血”的层面上，还应该重视其他资金的引导。应该采取一系列配套措施来完善文化经济政策，努力拓宽资金流入渠道，为各种形式的社会资金畅通进入遗产保护领域提供政策支持，逐步发展全社会参与历史遗产保护的多元投入机制，从而减轻政府财政负担。

我国的历史遗产保护工作已经意识到这一点，努力争取更多渠道的保护资金。在国家层面，《文物法》和《历史文化名城名镇名村保护条例》中提到国家鼓励多元化资金投入保护；在地方层面，对多元化资金投入来源渠道进行进一步明确解释，如上海市于2003年1月1日起实施的《上海市历史文化风貌区和优秀历史建筑保护条例》就明确提出了“历史文化风貌区和优秀历史建筑的保护资金，应当多渠道筹集。市、区、县设立历史文化风貌区和优秀历史建筑保护专项资金，其来源有：①市和区、县财政预算安排的资金；②境内单位、个人和其他组织的捐赠；③公有优秀历史建筑转让、出租的收益；④其他依法筹集的资金等”。

3. 通过非营利性基金会形式鼓励民间力量的介入

非盈利性的半官方或民间基金组织，可以最大限度地吸纳政府、企业、团体和个人等多方面的资金投入。基金会形式是国际上用以筹集文化遗产事业基金的又一种有效手段，在文化遗产保护成效高的国家，往往有各种各样的基金会共同保障着遗产保护经费来源。

2006年6月，我国首个以城市保护为宗旨的民间非盈利组织“上海阮仪三城市遗产保护基金会”成立，地产企业上海复地集团等协办。基金会成立的目的主要是吸引社会各方面力量参与城市遗产保护，通过与政府组织之间参与、合作、互补等工作形式，形成相互合作、相互监督的良好机制，推动中国历史遗产的管理、科研、宣传、教育、人才培训、学术交流等各项事业的发展。该基金会成立之初，在我国首个“文化遗产日”当天，基金会启动“运河记忆”项目——关注大运河的保护和申遗工作。①

2007年，江苏省首个文化遗产保护基金在无锡成立，很快就募集资金2400多万元②。近年来，无锡依靠社会资金的多元投入，先后修缮了无锡县商会旧址、丝绸仓库、纸业公所、储业公所等十余处历史遗迹，占全市修复总量的40%。

4. 以税收激励调动社会投入

减税政策虽然减少了直接税收，但是税收激励政策带动了投资，扩大和丰富了其他税源，同时也提升了就业率。如果缴税被认为是公民的社会责任，那么抵扣、抵减的税费优惠，实际上就是企业和业主投入历史保护、对历史文脉保存做出贡献而得到的回馈。20世纪70年代开始，西方发达国家出台了一系列针对遗产保护领域的税费政策，充分发挥了税费政策“经济杠杆”和“管理杠杆”的双重作用，极大地促进了遗产保护实践的开展。

我国目前税法中明确和历史保护有关的只有《中华人民共和国公益事业捐赠法》，它鼓励公司和个人捐赠财物，并可获得个人或企业所得税的优惠③。在实际执行中，慈善捐赠的退税比例极低，企业实际获得的抵扣额仅占捐赠额的1%左右。而对于历史建筑的私人业主投资修缮、保护历史建筑没有任何税收鼓励措施。对这些业主来讲，物权没有保障、修缮全部自己掏钱、维护后随时都面临“旧城改造”被拆迁的可能。长期以来形成个人业主坐等国家资金补助，自发维护和保护的积极性降低的被动保护局面。

在国家法规层面，我国《文物保护法》中提出“国家鼓励通过捐赠等方式设立文物保护社会基金，专门用于文物保护，任何单位或者个人不得侵占、挪用”。《历史文化名城名镇名村保护条例》中也提出“国家鼓励企业、事业单位、社会团体和个人参与保护历史文化名城、名镇、名村”。许多城市最近几年颁布和修改的地方历史保护法规，都提出了政府鼓励市民参与以及寻求多渠道筹集保护资金的思路④。然而所有这些法规中对于具体如何“鼓励”、如何“筹集”等，政府并没有明确。

---

① 资料来源：http://www.ryshf.org/cms/contus.htm。

② 资料来源：人民网文化频道 http://culture.people.com.cn/GB/22219/5598707.html 2007年4月11日。

③ 1999年《中华人民共和国公益事业捐赠法》第24条：公司和其他企业按照本法的规定捐赠财产用于公益事业，依照法律、行政法规的规定享受企业所得税方面的优惠。第25条：自然人和个体工商户依照本法的规定捐赠财产用于公益事业，依照法律、行政法规的规定享受个人所得税方面的优惠。第26条：境外向公益性社会团体和公益性非营利的事业单位捐赠的用于公益事业的物质，依照法律、行政法规的规定减征或者免征进口关税和进口环节的增值税。第27条：对于捐赠的工程项目，当地政府应当给予支持和优惠。

④ 2005年《北京历史文化名城保护条例》第七条：本市鼓励单位和个人以捐赠、资助、提供技术服务或者提出建议等方式参与北京历史文化名城保护工作。2003年《上海市历史文化风貌区和优秀历史建筑保护条例》：历史文化风貌区和优秀历史建筑的保护资金，应当多渠道筹集。

应当看到，我国近年税收制度改革的一系列变动，已经开始具备利用税费杠杆带动遗产保护的制度前提。“分税制”下的国、地两级税收政策，既可以发挥中央政府在遗产保护的宏观调节作用，也可以使得地方城市具有一定的能动性，可以根据自身条件制定灵活的税费政策。

当前的税种情况下增值税、个人所得税最有可能成为历史遗产保护税收激励政策调控的税种。增值税不仅可以调动企业捐赠和投资历史遗产保护的积极性，而且在遗产多元化权属结构下，部分历史遗产也是集体所有制，通过增值税减免政策可以调动所有者和租赁人投入资金保护遗产。

2011 年我国个人所得税完成 6054 亿元，占税收总收入的 7%，已经成为我国第四大税收来源[①]。2011 年个人所得税的起征点调高至 3000 元，已经成为工薪阶层和中等收入及以上者普遍的征税途径之一。正是由于个人所得税具有覆盖面广的特点，对于个人所得税的减税政策可以大范围鼓励社会各阶层投入历史遗产的保护。

我国正在酝酿的物业税[②]可以作为历史遗产保护税收激励政策最好的税种之一。物业税是西方国家普遍开征的税种，一般可超过全部税收总额的 10% 左右，并已成为地方主题税种和地方财政收入的主要来源。个人所得税和物业税，有助增加国家财政来源，还可以调节社会公平，使拥有固定工资收入和物业资产的城市人口，成为最主要的征收对象。而只有国家课税直接面向社会个人，使得每个历史建筑的所有人、租赁人都成为独立纳税主体并且税务日益成为个人支出的重要部分的时候，作为经济杠杆的历史遗产保护税费激励政策才能日益体现出来。除物业税以外，遗产税也可能成为减税对象之一，主要途径是通过将资产捐赠投入历史遗产保护获得遗产税减免的激励，或者拥有历史遗产的个人将历史遗产捐赠给公益团体和国家，将大幅度减免其他资产税。

5. 其他融资形式

多元化的历史遗产资金保障机制包含丰富的内容，国内外各种形式的资金筹措方式都是值得借鉴并根据实际来加以运用的。除了以上较为普遍使用的资金保障方式之外，还有其他一些方法，如遗产地所需资金不足时，银行通过差别利率、低息、无息、贴息等资助性信贷政策予以支持，减轻还贷压力；通过向社会发行债券直接融资的方式；或以授予财团荣誉的方式鼓励企业投资等。

---

① 资料来源：国家税务总局网站。

② 物业税也叫不动产税，它的征税对象主要是土地、房屋等不动产，要求其承租人或所有者每年都要缴付一定税款，而应缴纳的税值会随着其市值的升高而提高。不动产税是拥有房屋所要交纳的税，属于持有税。2010 年已有上海、重庆对高档房产试征房产税。

第 7 章　历史街区的保护性利用

历史街区是城市历史文化资源的重要组成部分。与其他历史文化资源所不同的是，历史街区不仅是城市历史文化的物质载体，同时也是城市生产生活、居民日常活动的重要空间场所和城市职能的构成单元。这些因素共同决定了历史街区的保护与更新涉及社会、经济、文化、环境等多层面的内容，不仅包括历史保护、环境整治，还与地方产业调整、居民生活等问题相关，是一项复杂的系统工程。

随着人们对历史街区价值认识的不断深入，历史街区保护已经不仅仅作为一种以文化保护为唯一目标的社会责任，而成为现代城市发展战略的重要手段，成为城市社会、经济发展的积极因素。国内外既有的保护实践表明，保护与利用相结合是历史街区保护的有效途径，而市场经济体制为这种结合提供了有利环境。

7.1　历史街区及其保护发展趋向

7.1.1　历史街区的概念

1. 国际宪章中的相关概念

早在 1933 年的《雅典宪章》就已提出“有历史价值的建筑和地区”的保护问题，1964 年《国际古迹遗址保护与修复宪章》（即《威尼斯宪章》）进一步提出：文物古迹的概念“不仅包含个别的建筑作品，而且包含能够见证某种文明、某种有意义的发展或某种历史事件的城市或乡村环境”[①]。1976 年联合国教科文组织通过的《内罗毕建议》中提出“历史地区是各地人类日常环境的组成部分，它们代表着形成其过去的生动见证，提供了与社会多样性相对应所需的生活背景的多样化，并且基于以上各点，它们获得了自身的价值，又得到了人性的一面”[②]，界定了历史地区的内涵。1987 年《华盛顿宪章》将“城镇中具有历史意义的大小地区，包括城镇的古老中心区或其他保存着历史风貌的地区”[③]确定为历史城镇保护的重要对象。至此，历史街区的概念在国际遗产保护领域达成了共识。

2. 我国“历史街区”概念的形成

我国“历史街区”的概念（阮仪三和孙萌，2001）是在历史遗产保护实践探索过程

---

① 参见《威尼斯宪章》(1964 年) 第一条。
② 参见《内罗毕宪章》(1976 年)。
③ 参见《华盛顿宪章》(1987 年)。

中逐步深化而形成的，其演变过程主要包括以下几个阶段。

历史文化名城中的老城区的概念：1982 年，国务院公布了我国第一批国家级历史文化名城，要求“特别对集中反映历史文化的老城区……更要采取有效措施，严加保护……要在这些历史遗迹周围划出一定的保护地带。对这个范围内的新建、扩建、改建工程应采取必要的限制措施。”[①]在此通知中，虽然没有明确“历史街区”的概念，但是已经注意到了文物建筑以外地区的保护问题。

历史街区概念的正式提出：1982 年《文物保护法》中历史文化名城的概念是“文物特别丰富，具有重大历史价值和革命意义的城市”[②]，这一标准明显的弊端在于重个体传统遗产对象的保护而轻城市整体文化环境的保护，带来名城保护工作难以具体落实，保护与发展的矛盾并没有得到有效解决，面对大规模旧城改造的现实冲击，名城保护工作举步维艰。为此，1986 年国务院公布第二批国家级历史文化名城时，针对历史文化名城保护工作中的不足和面对旧城改建新的高潮，正式提出保护历史街区的概念，将历史街区作为历史名城的重要载体加以保护被正式提出[③]。

历史街区保护在行政法规中的确认：1996 年“黄山会议”[④]明确指出“历史街区的保护已经成为保护历史遗产的重要一环”。1997 年 8 月建设部转发了《黄山市屯溪老街的保护管理办法》，对历史街区保护的原则方法给予行政法规的确认，也为各地制定历史街区管理办法提供了范例。

3. 我国关于历史街区的界定

目前，国内各城市对“历史街区”这一概念还没有形成统一的界定方式，各地根据自身情况对其有不同的界定（表 7. 1）。

上海将“历史建筑集中成片，建筑样式、空间格局和街区景观较完整地体现上海某一历史时期地域文化特点的地区”定义为“历史文化风貌区”[⑤]；

北京将“具有特定历史时期传统风貌或者民族地方特色的街区、建筑群、村镇”定义为“历史文化街区”[⑥]；

南京将“近现代建筑集中成片，建筑样式、空间格局较完整地体现本市地域文化特点的地区”定义为“近现代建筑风貌区”；

---

① 参见 1982 年 2 月《国务院批转国家建委等部门关于保护我国历史文化名城的请示的通知》。

② 参见 1982 年《中华人民共和国文物保护法》，第二章，第八条。

③ 参见 1986 年 12 月《国务院批转城乡建设环境保护部、文化部关于请公布第二批国家历史文化名城名单报告的通知》。指出：“对一些文物古迹比较集中，或能较完整地体现出某一历史时期的传统风貌和民族地方特色的街区、建筑群、小镇、村寨等，也应予以保护。各省、自治区、直辖市或市、县人民政府可根据它们的历史、科学、艺术价值，核定公布为当地各级‘历史文化保护区’”。

④ 1996 年，建设部城市规划司、中国城市规划学会、中国建筑学会联合召开的历史街区保护（国际）研讨会，会议在安徽省黄山市召开，该会议开启了我国历史街区保护的制度，后被称为“黄山会议”。

⑤ 《上海市历史文化风貌区和优秀历史建筑保护条例》，2002 年。

⑥ 《北京历史文化名城保护条例》，2005 年。

表7.1　各地历史街区的表述及代表案例

城市	保护区名称	保护区定义	典型案例	相关图片
上海	历史文化风貌区	历史建筑集中成片，建筑样式、空间格局和街区景观较完整地体现上海某一历史时期地域文化特点的地区	上海外滩	
北京	历史文化街区	具有特定历史时期传统风貌或者民族地方特色的街区、建筑群、村镇等	南锣鼓巷	
南京	近现代建筑风貌区	近现代建筑集中成片，建筑样式、空间格局较完整地体现本市地域文化特点的地区	夫子庙	
广州	历史文化保护区	文物古迹比较集中的区域，或比较完整地体现某一历史时期传统风貌或民族地方特色的街区、建筑群、镇、村寨、风景名胜区	状元坊	
杭州	历史文化街区	文物保护单位（文物保护点）、历史建筑、古建筑集中成片，建筑样式、空间格局和外部景观较完整地体现杭州某一历史时期的传统风貌和地域文化特征，具有较高历史文化价值的街道、村镇或建筑群	清河坊	

续表

城市	保护区名称	保护区定义	典型案例	相关图片
重庆	历史文化传统街区	能够反映历史文化名城内涵的地区，即历史建筑集中成片，建筑样式、空间格局和街区景观较完整地体现重庆某一历史时期地域文化特点的地区	湖广会馆及东水门	

广州将“文物古迹比较集中的区域，或比较完整地体现某一历史时期传统风貌或民族地方特色的街区、建筑群、镇、村寨、风景名胜区”定义为“历史文化保护区”①；

杭州将“文物保护单位（文物保护点）、历史建筑、古建筑集中成片，建筑样式、空间格局和外部景观较完整地体现杭州某一历史时期的传统风貌和地域文化特征，具有较高历史文化价值的街道、村镇或建筑群”定义为“历史文化街区”②；

重庆将“能够反映历史文化名城内涵的地区，即历史建筑集中成片，建筑样式、空间格局和街区景观较完整地体现重庆某一历史时期地域文化特点的地区”定义为“历史文化传统街区”③。

虽然各城市在历史街区的概念表述上存在一定差异（表 7.1），但基本上都具有以下三点共识：①历史街区是具有一定数量和规模的历史遗存地区；②历史街区是历史风貌较为完整的城市片区；③历史街区承载着真实的社会生活和多样性文化，即在城市（镇）生活中仍起着重要作用，是新陈代谢生生不息的具有活力的地段（阮仪三，2000）。

2002 年 10 月修订后的《中华人民共和国文物保护法》正式对历史街区做了概念界定，并将其列入不可移动文物的范畴，具体规定为：“保存文物特别丰富并且具有重大历史价值或者革命意义的城镇、街道、村庄，并由省、自治区、直辖市人民政府核定公布为历史文化街区、村镇”④。2005 年《历史文化名城保护规划规范（GB50357-2005)》中进一步明确了“历史地段”（historic area）和“历史文化街区”（historic conservation area）的定义。“历史地段”即保留遗存较为丰富，能够比较完整、真实地反映一定历史时期传统风貌或民族、地方特色，存有较多文物古迹、近现代史迹和历史建筑，并具有一定规模的地区；“历史文化街区”即经省、自治区、直辖市人民政府核定公布应予重点保护的历史地段。

7.1.2 历史街区保护发展趋向

对历史街区这一遗产对象的认识，是随着人们对历史遗产的不断深入理解而逐步成熟

① 《广州历史文化名城保护条例》，1998 年。

② 《杭州市历史文化街区和历史建筑保护办法》，2004 年。

③ 《重庆市人民政府关于公布第一批重庆历史文化名镇（历史文化传统街区）的通知》，2002 年。

④ 2002 年《中华人民共和国文物保护法》第十四条。

的。最初，国家将保护历史遗产的目光局限在单个文物建筑上，后来逐渐关注建筑群体、历史环境、风貌景观，进而扩展到与人类生活息息相关的历史街区上来。近年来，对历史街区的关注还逐步由物质层面扩大到社会生活层面，使历史街区的保护原则、方法和技术也日趋成熟。当前，国内历史街区保护主要有以下四种发展趋势（表7.2）。

表7.2　历史街区保护发展趋向

主要趋向	手段	发展内容	典型案例
协同发展	新陈代谢	改善基础设施，延续居住和商业功能，适度发展旅游；以街区社会、文化、经济和环境的协同发展为目标	黄山屯溪老街
经济复兴	绅士化与商业化	利用街区资源，发挥街区职能，调整内部产业，恢复街区的内部发展动力	成都宽窄巷子
融入城市	城市触媒	体现场所精神，刺激街区甚至更大区域的经济和社会发展	宁波市莲桥街、郁家巷、南郊路
社会参与	吸收社会力量	依靠市场这一有效的资源配置工具来促进历史街区的保护与更新	北京南锣鼓巷

1. 协同发展

由单纯的街区物质环境改善走向物质环境改善、文化传承、经济发展的综合复兴之路。在历史街区发展过程中强调街区自身功能的延续（包括传统的居住功能和商业功能等）和新陈代谢，以改善基本生活设施、适当疏散街区人口密度为主要手段，适度发展商业、旅游业，带动街区的产业复兴，实现街区社会、文化、经济和环境的协同发展。

黄山市屯溪老街①，在20世纪80年代初编制保护规划的基础上，黄山市人民政府制定并颁布了《屯溪老街历史文化保护区管理暂行办法》，建立了老街专门管理机构，实施各种保护措施和优惠政策，推动街区的综合复兴。在繁荣商业经济和旅游经济的同时，屯溪老街还全面保留了历史真实信息，整体保存了传统空间格局和风貌，延续和改善了社区生活，促进文化资源和城市建设的协调发展（图7.1）。1997年屯溪老街被建设部确定为历史文化街区规划、保护、管理综合试点单位，其经验向全国推广。②

2. 经济复兴

以经济复兴促进历史街区的生存和发展。产业衰败、活力丧失是目前大部分历史街区的共同特点。在街区发展过程中充分挖掘街区的经济、文化潜力，通过商业化和绅士化的手段，合理利用街区各种资源，发挥街区职能，调整内部产业，从而实现街区的经济复

---

① 屯溪老街，位于黄山市旧城区中心，北倚华山，南临新安江，是目前中国保存完整的具有宋、明、清时代建筑风格的步行商业街。老街的街区面积近 $20hm^2$，核心保护区 $4hm^2$，全长1273m，精华部分853m，宽5～8m，包括1条直街、3条横街和18条小巷。

② 《屯溪老街历史》，http：//www.hstoday.com/。

图 7.1　黄山历史街区修复中及修复后情况

兴，恢复街区的内部发展动力，以支撑街区物质环境和文化环境的保护。

成都的宽窄巷子历史街区，2003 年开始历时 5 年完成保护改造工程。在保护原有建筑风貌的基础上进行适当拆迁、重建，努力寻求历史街区与现代城市生活和商业消费模式的结合，汇聚民俗生活体验、公益博览、高档餐饮、宅院酒店、特色策展等旅游、休闲项目，形成具有鲜明地域特色和浓郁西蜀文化氛围的“院落式情景消费街区”（图 7.2）和“成都城市怀旧旅游的人文游憩中心”。街区经历一系列商业化和绅士化改造后，目前已经成为“老成都的一张名片”①，被誉为“城市客厅”和体验“最成都”传统文化的代表。

图 7.2　成都宽窄巷子模型鸟瞰图

来源：清华大学建筑学院等 . 2003. 成都宽窄巷子历史文化保护区保护规划

3. 融入城市

将历史街区保护与发展纳入城市整体的发展格局。历史街区是城市生活的重要场所，

① 四川在线—华西都市报，http：//wccdaily. scol. com. cn/epaper/hxdsb/html/2009-08/13/node_ 2. htm。

其保护是城市文化复兴的重要组成部分，同时也是城市经济社会发展的积极因素。无论是位于城市中心区、一般地区还是城郊的历史街区和聚落，将其保护和开发纳入到城市总体规划和整体发展中，发挥其应承担的职能和作用。

杭州来氏聚落，位于城市郊区，是杭州十大历史街区的长河老街的组成部分，在城市化过程中成为城市发展版图的一部分（图7.3、图7.4）。在保护和再生规划中提出了历史遗存结构性保存、聚落再生融入城市的设计目标和策略，即“延续地志、保持地脉、保留地标、融入城市”。农用土地的部分转让政策充分降低了聚落再生的投入成本，原地就近安置原住民为政府解决社会问题建立了公正基础，原住民成为历史观光服务业从业者的一个来源，并得到适当的补偿以迅速适应环境变化。最后，为使聚落与城市外部环境相融合，杭州市对滨江地区的控制性规划进行了针对性的局部调整，确保了长河风景发展的延续性（常青等，2006）。

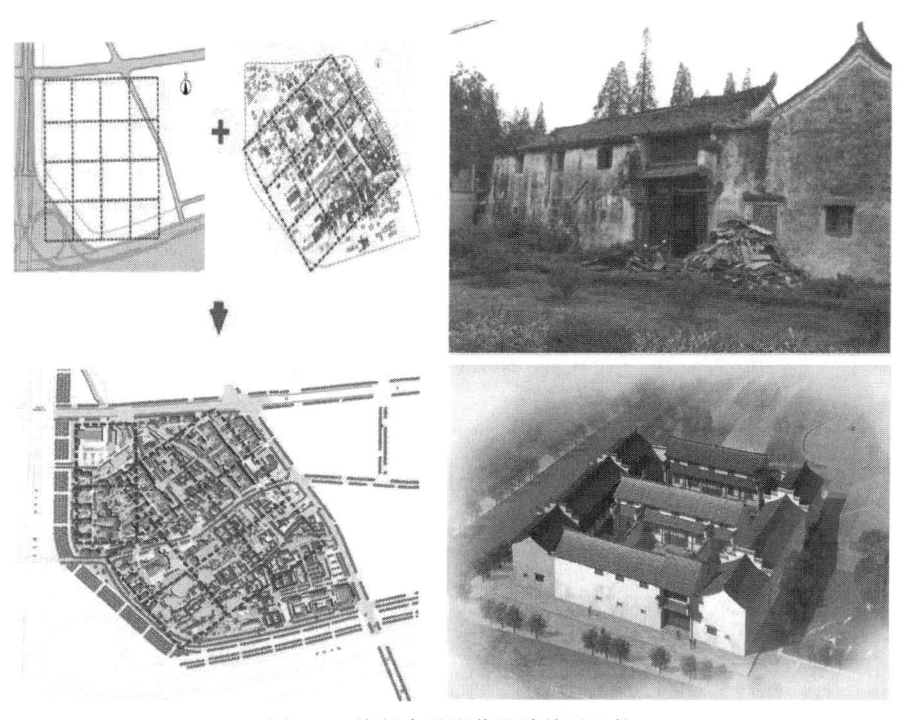

图7.3　杭州来氏聚落设计前后比较

来源：同济大学常青研究室，http：//www. cq-studio. com/

历史街区的保护还可结合城市重点地段的开发，作为城市重要的触媒加以利用。例如，宁波市将莲桥街、郁家巷、南郊路等历史街区的保护与东岸的东外滩片区开发项目相结合，不仅在更新过程中保持了街区文脉和肌理，更重要的是抓住这一契机在东外滩片区发展了现代物流业、旅游服务业和文化产业，创造了具有重大经济价值的开发项目。

4. 社会参与

依靠社会的共同力量，从政府主导走向社会资本、公众等社会力量的共同参与，依靠

图 7.4　聚落再生全景示意图

来源：同济大学常青研究室，http：//www.cq-studio.com/

市场这一最为有效的资源配置工具来促进历史街区的保护与更新。充分发挥历史街区的多重价值和职能作用，适当调整街区内部与周边建筑使用权属与业态，使利益相关者在博弈中逐步实现共赢。

南锣鼓巷是北京市 25 片历史文化保护街区之一，近年来政府逐步探索统筹规划、统一管理、协调各方、合力推进的保护开发思路，在加大政府专项资金投入的同时，遵循市场规律，调动社会资本参与的积极性，实现历史街区振兴和再利用。2006～2010 年，南锣鼓巷总计投资 4 亿多元，通过实施市政道路改造、雨污管线改造、煤改电、院落修缮、胡同整治、电力线入地、信息安全监控、火灾自动报警喷淋、商业街提升改造、业态优化和历史文化挖潜等多项工程，保护了整体风貌，明显改善了街区环境，提升了街区文化品质①。2011 年东城区政府与北京控股集团有限公司开展历史文化名城保护与文化发展战略合作，将政府与企业资金捆绑在一起，进一步引进社会资本，在旧城文化风貌保护、修缮、建设等多个领域推进历史文化街区的发展。

7.1.3　历史街区保护与利用的关系

既有的经验证明，历史街区必须在利用和发展中才能获得新生。1964 年《国际古迹保护与修复宪章》（《威尼斯宪章》）指出“为社会公益而使用文物建筑，有利于它的保护”，1972 年的《世界文化遗产公约·实施守则》指出“与艺术品相反，文物保护最好方法是继续使用它们”②。这说明了文化遗产保护与利用的相辅相成的关系。作为与城市生活关系最为密切的遗产类型，历史街区的保护与利用更表现出这种相互支撑、互为因果的

① 北京市东城区人大常委会，《北京市东城区人大常委会关于推进东城区历史文化名城保护工作的思考》，2012-5。

② 《世界文化遗产公约·实施守则》第二章，第 7 条。

关系。

1. 保护是利用的前提和基础

首先，这是由历史街区自身的历时性与即时性所决定的。城市历史是连续不断的创造过程，每个时期的创造和积累是不可重复的。在岁月流逝中，历史街区正是由于承载了文明变迁的历程才具备了价值，成为对城市居民有重要意义的遗产资源，对其进行妥善的保护才能留存文化价值的线索，为下一步的利用与发展提供素材和依据。另外，历史街区不但记载了城市发展的历史，传承了城市的文脉，同时也使城市的现实生活得到延续，是市民重要的文化活动场所，历史空间的保护是其得以充分使用的前提。

其次，这也是历史资源价值构成关系所决定的。历史文化资源的本体价值是其价值体系的根本和基础，是衍生价值得以实现的前提。历史街区文化和生活真实性的保护是价值体现的根本，决定了历史街区再利用的经济、社会价值。历史不会重复，历史文化资源不可再生，失去了历史文化价值，历史街区就将失去利用价值。

最后，保护也是利用的需要。利用历史街区就是要发挥其功能、社会和经济价值，而这些都依赖于历史街区的良好维护。通过划定历史街区保护对象的类别与等级，采用合理的方式加以利用，能够使各种历史文化元素与经济社会发展相互契合，发挥更好的效果和更大的文化影响力，从而使文化价值得以最大限度的发挥。

2. 利用是保护的重要手段

随着保护观念的发展，人们逐渐认识到遗产的合理利用是对遗产的有效保护方式，而且使得保护工作更具可操作性和实践意义。一方面，合理利用历史街区，挖掘街区的历史文化资源，调整转换街区功能，可使其本体价值转化为经济价值，为历史建筑的维修、基础设施的更新筹集必要的资金。另一方面，历史街区是真实的城市生活场所，合理利用其功能价值，可以使其融入到市民的文化生活中，使更多的人认识到文明的内涵，从而发挥更大的社会价值，为城市历史保护创造良好的社会环境。

以上海“新天地”为例，虽然在开发过程中对待历史原状的态度尚值得商榷，但经过精心的项目策划和积极地利用方式，“新天地”为城市现代文化休闲生活提供了一处有特色、有价值的空间场所，在延续上海传统里弄记忆的同时形成了城市的一处新的时尚地标（如今占地三万平方米的“新天地”已成为时尚的新焦点，胜过许多早已知名于世界的同类场所）。从其建成后对城市文化生活所带来的影响与价值这一角度，可以说“新天地”是成功的。

3. 保护与利用的矛盾

虽然理论上历史街区的保护与利用能够相互支撑，但在实践环节中保护与利用在许多情况下也存在着矛盾，呈现出对立关系。保护历史街区就是要保护承载历史文化信息的物质环境以及真实的社会生活。这就要求对历史建筑和环境做最少的改变，保护其存在的全过程中所获得的一切有意义的历史、艺术、科学和情感信息，保护其功能、使用的真实性和原真性（阮仪三，2001）。但这又给历史街区的利用带来了诸多的限制条件。而要发挥历史街区功能价值和经济价值，往往又需要对历史建筑和街区环境进行一定的改造、更新，以适应所在地段经济、社会条件的变化，以及新的商业、文化、旅游等功能发展的需求，这往往给历史街区的保护带来难题、提出挑战，与街区原始的空间结构与建筑形态的保护形成矛盾。

4. 保护与利用的辩证关系

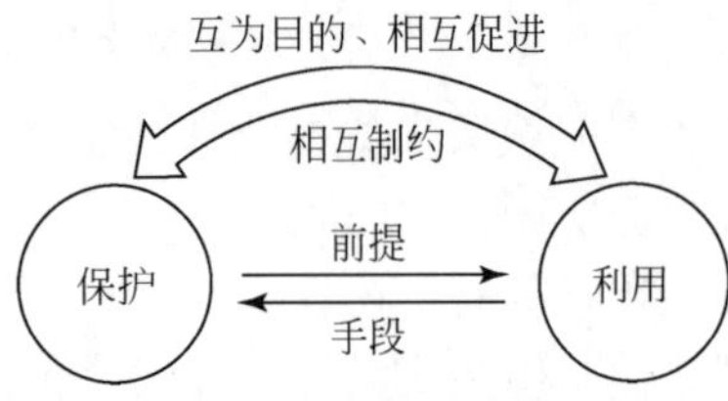

图 7.5 保护与利用关系分析图

从上述分析可以看到，历史街区的保护与利用既相互依存，又互为目的、相互促进，又相互矛盾，呈现出对立统一的辩证关系（图 7.5）。街区保护的目的不单是历史对象的原貌保存，也是为了更好的资源利用。历史街区的环境景观和历史信息具有稀缺性，保护好它们能使街区更具吸引力，从而促进街区更好的发展。开发与利用能使街区在发挥其文化功能的同时，经济价值也得以体现，进而更有利于历史街区保护工作的开展。

通常而言，历史街区的保护是相对“顾后”的，关心的是保护对象的良好生存和“延年益寿”。而利用则更趋“前瞻”，考虑更多的是街区社会、经济持续再生的活力。这要求我们站在更高的层面从多角度进行综合权衡和整体把握，历史街区的保护与利用必须同城市社会、经济、文化发展有机结合，在街区乃至城市尺度上考虑相关影响因素。

7.2 历史街区的保护性利用观

历史街区保护与利用的结合，已经成为当前历史街区保护的重要策略和有效手段。作为城市重要的历史文化资源，“保护性利用”是市场经济条件下历史街区发展的必然趋势，为此，有必要进一步明确保护性利用的基本观念和原则，以保障历史街区资源开发与利用的合理方向。

7.2.1 保护性利用的涵义

历史街区的保护性利用就是以保护为前提，采取积极措施合理利用街区的各种资源，促进街区的保护和持续发展。作为城市的生活场所，历史街区不是静止的客观物质对象，而是从过去到现在并继续走向未来的逐步发展的生命体。“博物馆”式的保存方法不符合其发展演进的生命规律，所有有助于历史街区保护的利用措施都属于保护性利用的范畴。

1. 历史街区资源的有效配置方式

保护性利用的实质是对历史街区资源的配置与利用，即合理有效配置街区有形、无形文化要素与土地、空间资源，为城市孕育出新的空间功能、环境景观与文化活动场所。具体而言，作为城市土地的组成部分，历史街区具有较高的土地资源价值，通过保护性利用措施可以配置街区土地资源，优化用地结构，发挥街区的土地使用价值。另外，与一般的城市用地相比，历史街区还具有丰富的历史文化资源，包括有形资源和无形资源，依托街区的有形资源可以合理安排街区发展的功能结构和布局，依托无形资源可以结合社会需求和市场需求予以显性化和商业化，挖掘其潜在的使用价值和经济价值（图7.6）。

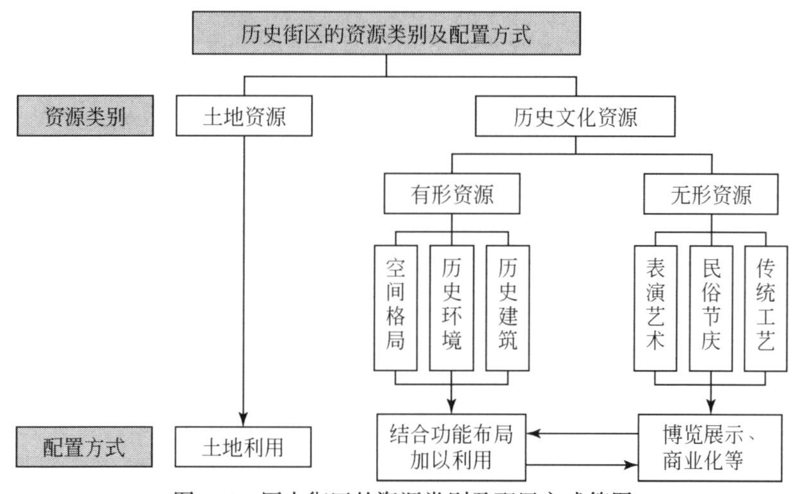

图7.6 历史街区的资源类别及配置方式简图

2. 历史街区功能的合理使用

对历史街区的利用，应结合其资源特点融入城市整体环境，使其能够在城市中发挥具体的职能。保持和延续历史街区的原有使用功能意味着对街区做最小的变动，从而有利于保持街区原有的物质空间结构、社会结构和生活形态。而当历史街区旧的功能不能适应城市发展和街区自身发展要求时，则应进行调整和转换。虽然功能的调整和转换会给保护带来一定冲击和影响，但如不采取必要的措施，街区最终失去存在的基础而走向衰落和消亡。值得注意的是，历史街区新功能的发展既要考虑与街区原有空间格局和建筑环境的适应性，又要考虑新功能对原有文化的传承，在满足城市发展要求的同时最大限度地保护好街区原有的文化信息。

在更新过程中，大部分历史街区保持和延续了原有功能，如北京琉璃厂、黄山屯溪老街、杭州长河老街、南京夫子庙等。另外，一些区位条件较好的历史街区为了适应城市功能发展的需求，调整和转换了原有功能，如上海新天地、田字坊、北京南锣鼓巷、成都宽窄巷子等。许多历史街区根据其资源和空间结构特点，部分建筑保留着原有的功能，而另一部分建筑则转换了新的功能，灵活地适应城市和街区自身发展的需要，如北京什刹海地区、重庆磁器口历史街区等。

3. 以街区历史文化保护为核心

从保护与利用的关系可以看出，保护性利用的基础和前提是保护。“保护”强调的是街区的历史性与传统空间形态的延续，它所代表的价值取向是历史价值和文化价值；而“更新”、“开发”、“利用”强调的是时代性与现代城市功能的植入，它所代表的价值取向是实用价值和经济价值。只有坚持以保护为目标的更新利用，才能在利用的过程中保护传统风貌、维护历史街区的真实性、最大限度地保护街区的历史文化价值。

7.2.2 保护性利用的动因

保护性利用既是历史街区自身保护和发展的内在要求，也是城市发展的外在需要，是市场经济条件下历史街区发展的必然趋势。

1. 内因分析

从历史街区保护的目的来看，保护不仅仅是为了保存街区的历史文化价值，而且还是为了让更多人了解它们从而发挥其社会价值，为了延续其生活形态从而发挥其使用价值。虽然博物馆式的整体保存（露天博物馆式保护）也能使历史街区作为游览和学习对象，但这种保护利用方式对于大多数历史街区是不现实的。而且，对于历史街区这样的生活场所，其生活形态无法一并固定封存，必须满足街区生活形态演变与发展的规律。另外，由于历史街区建筑和环境设施逐步老化、原有使用功能不能适应现代城市发展和居民的生活需求、对经济活动的吸引力不及城市其他新兴地区等因素，导致街区逐渐衰落。因此，无论从精神层面还是物质层面，历史街区的保护都必须蕴含再生的涵义，而保护性利用正是延续街区物质、文化、生活的有效方式。这一点在国内外历史街区保护实践中已经被广泛接受和采用。

例如，位于英格兰西南部，在罗马时期就以温泉而闻名的古城巴斯①（Bath），至今保留着古罗马时代的温泉浴室，此外，还完整保留着大量乔治王时期（Georgian）（18～19世纪）的建筑遗产，如欢乐街（Gay Street）、圆形广场（the Circle）和皇家新月广场（Royal Crescent）等（图7.7），成为城市发展的重要资源，对带动旅游业起到巨大的促进作用。

图7.7　英国巴斯-圆形广场及古罗马时代的温泉浴室

从历史街区保护的实施来看，保护还意味着经济方面的投入，而且这种投入不是一次性的，必须有持续的资金投入和保障。政府的财政投入和社会公益资金难以满足街区的保

① 古城巴斯于1987年被登录为世界文化遗产。

护需求，需要发挥历史街区自身的经济价值和潜力来应对保护资金问题。保护性利用就是利用市场经济机制，寻求对历史街区保护投入的同时能得到合理的经济回报，并且确保这种回报是持续性的，从而也确保了街区保护持续稳定的资金来源。

2. 外因分析

首先，随着城市的发展，城市的产业结构和用地布局在不断调整以适应转型期经济发展的要求。从20世纪70年代开始，经济全球化逐渐席卷世界，城市逐步由工业社会向后工业社会转变（哈维，2003）。产业结构的调整以及改善城市环境的要求都促使城市在用地结构和功能布局上做相应改变。因而历史街区作为城市用地的组成部分，正如《华盛顿宪章》所指出的那样，为了“确保历史城镇和城区作为一个整体的和谐关系……新的作用和活动应该与历史城镇和城区的特征相适应”，其功能和性质必须随城市经济结构的变化而改变。

例如，重庆市位于长江、嘉陵江沿岸的金刚碑、磁器口、寸滩、鱼洞、马桑溪等历史街区，在历史上都曾是人头攒动的繁华水路码头（图7.8），但只有在20世纪90年代后期根据城市环境变化进行了商业化更新改造的磁器口历史街区依然保持了昔日的活力，其他街区都因没有适时地改变角色而逐渐没落、衰败，有的甚至沦为旧城改造拆迁的对象。

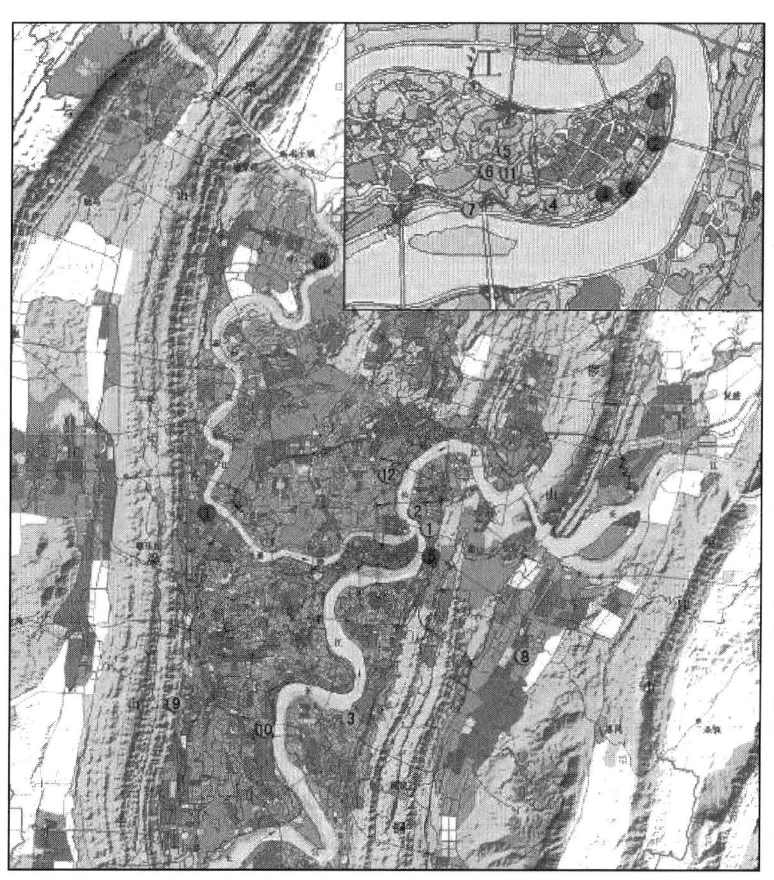

一级历史街区 ●
1. 磁器口历史文化传统街区（沙坪坝区）
2. 湖广会馆东水门历史文化传统街区(渝中区)
3. 金刚碑传统风貌街区(北碚区)
4. 解放东路历史街区(渝中区)
5. 米市街历史街区(南岸区)
6. 自象街历史街区(渝中区)
7. 打铜街历史街区(渝中区)
8. 白塔历史街区(合川区)

二级历史街区 ●
1. 慈云寺老街(南岸区）
2. 弹子石老街(南岸区）
3. 鱼洞老街(巴南区）
4. 十八梯历史街区(渝中区)
5. 归元寺历史街区(渝中区)
6. 石板坡历史街区(渝中区)
7. 川道拐历史街区(渝中区)
8. 黄桷垭历史街区(南岸区)
9. 中梁山历史街区(九龙坡区)
10. 马桑溪历史街区(大渡口区)
11. 兴隆街历史街区(渝中区)
12. 寸滩老街(江北区）
13. 四方井历史街区(万州区)
14. 三道拐历史街区(长寿区)

图7.8 重庆市滨江历史街区分布图

其次，随着城市外部竞争日趋激烈，提升城市竞争力的要求不断增强，城市文化发展策略拉动了历史街区保护性利用。越来越多的城市将挖掘自身内涵、构筑城市特色作为城市发展和提升竞争力的重要战略措施。通过对城市历史文化资源的整合与利用可以扩大城市的影响力，塑造城市的文化品牌，丰富产业经济的内涵，构建和谐的文化环境。历史街区作为城市中最为重要和典型的历史文化资源，对其挖掘与利用是必然的趋势。

最后，随着社会主义市场经济体制在我国的建立和逐步完善，通过市场机制的作用，经济要素与历史街区的资源结合更加密切，可以极大地推动历史街区的保护性利用。由于许多历史街区位于城市中心，随着中心区地价的上升，原有以居住为主的历史街区土地使用性质会渐渐违背市场经济的客观规律，因而导致保护和发展的危机，这迫使对历史街区进行开发与利用，提高其土地使用的效率。

7.2.3　保护性利用的原则

除旧布新是城市建设永恒的主题，在政府提升城市形象的要求、居民改善生活条件的愿望和开发商追求经济利益的驱动等综合作用下，历史街区的保护与利用面临着巨大的挑战。如果仅仅将开发利用当做牟利的工具，将给历史街区带来不可逆转的破坏。因此，保护性利用应遵循一些基本原则。

1. 可持续利用原则

历史街区作为一种历史文化资源具有稀缺性特点，历史街区中的建筑、景观、环境等资源是不可再生的，因此历史街区的利用应当遵循可持续发展的原则，循序渐进地善加利用。

1）适度利用。历史街区的利用不是以穷尽资源来最大化经济效益为目的，而应以保护为前提和根本，因此要把握好街区开发与利用的度，摈弃一切与历史文化资源保护相矛盾的利用方式，杜绝过度开发给历史街区造成的损害。

位于成都市一环内的文殊坊历史街区，曾是商贸经济十分发达的地区，历史上士绅阶层在此置业者众多，公馆、民居院落相对集中。但随着历史变迁，人口膨胀，建筑年久失修，损毁严重。21世纪初开始，文殊坊街区引进外来资金进行更新改造，着力打造成为与传统城市商务中心CBD相融合的中央休闲旅游区。在改造过程中将原有的居住功能置换为商业功能，形成集旅游观光、休闲度假、餐饮美食、特色购物、古玩字画鉴赏收藏、养生康体、娱乐演出、会议研修、商务洽谈、展示展览、中外商务信息和文化艺术交流的综合功能休闲区。①由于过度改造和过度商业化，虽然在空间格局和建筑风貌上保持了原有的特征，并创造了川西传统民居特色的“商业院落”，但是基本上失去了原真的“文殊坊”人文韵味（图7.9）。

2）“保”“用”结合。为了保障历史街区的可持续利用，还必须建立起利用与维护的联动机制，做到以“用”养“保”，以“保”促“用”的良性循环。历史街区的开发与利用首先需要资金投入，只有对街区进行维护和更新后，才能进一步利用。在实施保护性

---

① 文殊院历史文化保护街区网站，http：//www.cdwsf.net/。

利用获取经济收益后，应按比例将资金反哺街区保护，以此来实现历史街区的永续利用。

目前国内多处（如周庄、丽江、平遥、凤凰等）知名的遗产地都将发展旅游后经营获利的大部分资金再投入到街区或古城的保护中。周庄将旅游收入的三分之一用来维修旧宅，三分之一用来改善基础设施，三分之一用来再经营，从而为古镇的持续发展奠定了良好的基础。

图7.9　新建的文殊坊街区

2. 适应性原则

1）功能适应性。历史街区保护性利用过程中，其利用方式应尽可能吻合原有的用地性质、街区功能、建筑空间特点，如果有必要进行调整和变更，也应使调整后的性质和功能符合历史街区保护要求。

重庆市湖广会馆及东水门历史街区，保护更新过程中结合街区内建筑在历史上的使用功能、现状保存情况以及区域位置，在对会馆主体和周边民居保护更新的过程中充分兼顾了功能转变的适应性。该历史街区形成于明清时期的“湖广填四川”大移民期间，会馆群、东水门①、民居街区对于重庆而言具有重要的历史意义（图7.10）。在更新的过程中，湖广会馆作为重庆移民历史博物馆对外开放，而周边的民居建筑予以完整保留逐步进行功能更新，少量改造为商业服务性设施，在功能上作为博物馆的配套支撑，相得益彰。

图7.10　湖广会馆修复前后

来源：重庆大学建筑城规学院．湖广会馆保护规划设计

2）经济适应性。历史街区的业态更新和项目构成应根据所处地段的区位条件、周边城市功能发展需求以及街区自身的规模和空间结构特点，进行综合考虑，以有利于街区经济的复苏和发展。

---

①　在清代的重庆城中作为九开八闭十七门中最繁华的码头入城的城门，如今重庆市仅存的两座城门之一。

例如，成都宽窄巷子、大慈寺等历史文化街区，虽然是清代遗留下来的以民居建筑为主的古街道，原始风貌呈现出深巷闲宅的气质，但由于其地处成都市中心地段，从都市人群的消费需求、土地经济价值的利用以及城市形象的展示方面，都客观地要求其不能继续置身“市”外。因此，在保护性利用中将街区的功能更新与现代商业文化相结合，在保护老成都原真建筑风貌的基础上，将原有的居住建筑改造为公益博览、高档餐饮、宅院酒店、娱乐休闲、特色策展等符合现代文化消费和生活需求的高档旅游休闲区。相比之下，重庆磁器口历史街区则由于处于城市的边缘地段，在保护更新的过程中，其业态发展和定位以大众消费和民俗文化传承为主，同时考虑利用滨江的开阔地带，积极发展了一系列相应的滨江休闲娱乐活动，使其更新利用显得更加平民化和多元化。

3）文化适应性。历史街区中的功能定位和业态发展还应符合街区自身传统文化的特点，努力发掘街区的特色文化并积极地加以利用。

杭州清河坊历史街区始建于南宋时期，作为山、湖、朝、市[①]的四大历史馈赠之一，历经数代演绎而保留至今。作为里坊制向街市转变的代表，清河坊曾商铺林立、酒楼茶肆鳞次栉比，是当时杭州城的政治文化中心和商贾云集之地。现存建筑大多为明清时期的旧宅老店，在保护更新过程中对建筑采取“修旧如旧”的修复方式。在街区的业态规划上保留了多家百年老店。青砖路面、百年店铺以及传统小吃、精致的雕刻、丝绸、手工制品再现了繁华商业街市的氛围，最大限度地展示出了南宋时期商业街肆的景观特质。

3. 整体性原则

历史街区拥有丰富的历史文化资源，包括文物建筑、传统建筑群、街道水系、古树名木、场所空间、环境景观，以及丰富的非物质文化遗产。街区的保护性利用是对街区资源要素、功能要素的利用与整合，应该坚持要素所在“系统”的整体性原则。

1）功能整体性。在历史街区的保护性利用中，应整体架构街区的历史保护与功能发展，综合权衡并优化街区功能结构，妥善安排各项功能布局，最大限度地发挥街区的功能价值。重庆市鱼洞历史街区的保护规划中，从整体角度布局街区的功能，在核心区外围南北两侧将民居改造为旅游接待中心和服务用房，并考虑了集中停车空间；在滨江路地段布置旅游服务设施以及文化餐饮设施，并与老街区保持一定的距离；在老街内部结合历史建筑进行功能转换，布局酒吧、茶馆、文化广场、书院、国术馆、禅修营、会馆、小客栈、私家院落、手工作坊、博物馆、展览馆等多种文化娱乐设施；在老街南部主要布局多层住宅，疏解老街居住密度。通过整体性的功能布局为老街的保护和发展创造了条件（图7.11）。

2）资源要素整体性。历史街区的独特风貌和文化价值来源于街区资源环境要素的整体性呈现。历史街区保护性利用的范畴应该包括街区内部及其周边所有的资源要素。作为一种文化载体，历史街区中的建筑单体固然是重要的历史纪念物，但任何建筑都只有在相应的空间和环境中方能形成一定的历史氛围并具有相应的历史意义。所以，仅仅注重单幢建筑的保护和利用是不够的，必须将街区的各种资源要素整体地保护和利用，这其中还包

① 清河坊是南宋时期杭州最繁华的商业区，古时前朝后市，西临西子，前朝即凤凰山麓的南宋皇城，后市即北面的河坊街一带。

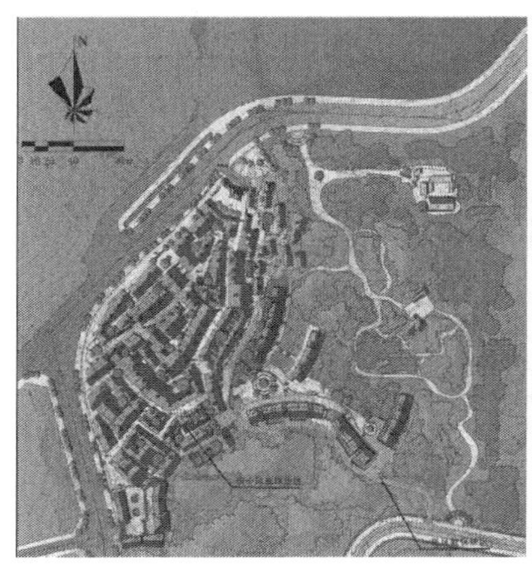

图7.11　鱼洞历史街区建筑布局规划图及鸟瞰图

括居民的生活传统，以发挥各种资源多元共生的价值。

在重庆市鱼洞历史街区的保护中，将建筑、地貌景观元素、自然环境等资源要素作为整体予以整合、保护和利用。除重点保留维修历史建筑外，明确了现有街巷系统的保护范围，保持街道宽度、走向以及青石板铺地的材质；同时保留街区内的堡坎、陡坡和阶梯步道等山地环境特征；此外，还保留了十多株与街区共同成长的古树木，将树冠直径所覆盖的范围划为不宜建设区。

4. 多样性原则

历史街区自身的复杂性与多样性，决定了其保护性利用方式的多样性。

1）利用方式的多样性。由于各个历史街区所处的区位环境和自身特色各不相同，对它们的利用方式必然要结合各自特点而呈现出多样化。另外，就某个历史街区而言，其内部多样的功能和多元的社会文化也决定了其利用的多样性，包括不同用地功能的使用方式、各种历史文化资源的利用方式等。

2）技术方法的多样性。历史街区不仅仅是一种历史文化遗产资源，同时也是真实的生活场所，保护性利用中涉及复杂的社会、经济问题。需要规划、建筑、市政、社会、经济、文化、历史、环境等多专业人员的共同参与，采取多样性的技术方法和技术措施。

3）利益分配的多样性。市场机制为历史街区的保护性利用创造了条件，带来多渠道投资方式。同时，市场机制也应该允许投资利益分配方式的多样性和合理性，以保护社会资本和公众保护性利用历史街区的积极性。

7.3　历史街区的保护性利用策略

随着我国社会主义市场经济体制逐步完善，政府逐渐淡出直接的经济活动，市场在历史街区的保护与利用中扮演着越来越重要的角色。在此背景下，历史街区的保护性利用只有遵循市场经济规律才具有现实意义和可操作性。同时，文化传承和社会发展作为历史街区保护性利用的根本目标应该融入街区的经济发展过程。

7.3.1 以文化为核心

一方面，文化价值是历史街区价值的核心，它的独特性和稀缺性是历史街区独具魅力的根本和灵魂。因此，任何方式的保护、利用和开发都必须以保护和挖掘历史街区历史文化为核心，提升和彰显街区的文化影响力和吸引力。另一方面，历史街区的利用和开发过程中，还应使市场与文化要素相互结合，将文化作为一种资本直接投入到经济运营中，突出项目的文化特征，增添项目的特色，将文化资源价值转化为经济价值，从而确保开发项目的经济效益。

1. 突显街区的历史文化特色

历史街区的文化是以街区物质环境和人文环境为载体的，因此历史街区的保护性利用必须体现在具有历史文化价值的环境要素的保护与利用上，应通过保护项目、保护措施和保护技术充分挖掘与利用历史环境中的文化内涵，营造浓郁的历史文化氛围。

1）延续传统生活，突出地域特色。通过保护历史街区传统民居聚落和街巷水网，维持原有的居民构成和社会结构，延续街区传统生活。同时，可以将传统的生活方式作为重要的环境要素加以利用和展示，发展旅游项目，使人们不仅能够感受到历史街区中原汁原味的生活气息、了解地域生活习俗，还能参与其中、体验乐趣。这符合“体验经济”的要求，使得生产与消费合一，将消费者作为价值创造的主体。例如，在苏州平江历史街区中，保留了传统生活中的水上交通方式，游客能够亲自坐着平江河网里摇曳的小船听着船娘的歌声，感受两旁树阴下闲聊的老人和戏耍的孩童等江南生活。

2）再现历史人事，增添文化内涵。对历史街区重要历史事件、历史名人进行考证和挖掘，结合街区文物古迹和历史建筑保护以及环境整治，通过建立博物馆（陈列馆）、恢复名人故居、设置相关街道小品、标示事件发生地等多种方式加以展示，利用历史事件及名人效应丰富历史街区的文化内涵。在绍兴市鲁迅路历史街区保护中，重点突出了鲁迅的名人效应，并通过对历史街区中鲁迅祖居、鲁迅故居、百草园、三味书屋、咸亨酒店等名胜古迹的保护与利用，展示鲁迅当年的生活环境及其作品背景（图 7.12）。

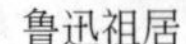
鲁迅祖居

百草园

三味书屋

图 7.12　绍兴市鲁迅路历史街区与历史人物生活相关的环境

3）传承民俗技艺，提升文化魅力。地方民间艺术、手工艺等非物质文化遗产能够增强历史街区的文化氛围。挖掘和研究这些无形文化资源，建立博览设施和研究基地，采取集中展示陈列和学习推广的方式来传承这些技艺，不仅有利于它们的保护，也有利于突显街区的文化品质和文化魅力。例如，在佛山祖庙历史街区中，当地的“私伙局”①在政府和研究机构的支持和配合下自发组织戏曲表演。佛山民间艺术研究社在每个周末将自己的办公楼大院免费开放，为当地民间曲艺团体提供活动场地。街区中的祖庙博物馆还充分展示了佛山首批进入国家非物质文化遗产名录推荐名单的狮舞、粤剧、龙舟说唱、佛山木版年画、广东剪纸、石湾陶塑技艺。这些措施不仅反映了祖庙街区乃至整个佛山的历史文化内涵，也提升了地区的文化魅力。

4）开展“节庆”活动，增添文化氛围。开展以文化为主题的节庆活动常常是最有效和最直接的文化传播工具，能够在特定时期极大地增添历史街区的文化氛围并提升文化影响力，同时也能吸引大量游客，有利于街区的经济复兴。“节庆”活动的策划与组织应该将街区的地方传统民俗文化（民间艺术、口头文学、庙会、祭祀等）与现代生活方式和市场需求进行有机结合，准确定位节庆活动的主题和形式。重庆市磁器口历史街区一年一度的“春节庙会”就是源于街区传统。历史上每逢农历春节期间初一至十五，四乡八场的人都来磁器口赶庙会。2001年开始由政府恢复主办的“春节庙会”上要龙灯、走旱船、说评书、唱春台戏、美食文化展等极大丰富了庙会活动的内涵（图7.13），“春节庙会”已经成为展示地方传统文化及民俗的重要节庆活动，每年吸引游客100万以上，给街区带来了巨大商机。

5）布置文化设施，提升环境品味。街区文化内涵的挖掘与利用、“节庆”活动的开展都需要依靠一定的文化设施。可以结合历史街区建筑的保护和改造设置文化设施，结合街区环境的整治布置文化小品，满足街区文化发展的需求，提升环境品位。例如，拆除部分不具保护价值的建筑，拓宽街区公共活动空间；将部分民居建筑功能置换为博物馆和研究机构；在街区出入口等重要节点，设置反映街区历史的文化小品；对街区文物加以保护并合理展示（图7.14）等。

图7.13 2006重庆磁器口春节庙会暨中华首届龙文化节上的川剧变脸表演

图7.14 广州沙面历史街区中展示的原炮台

① 所谓“私伙局”，就是粤语地区民间业余粤曲迷组织的民间团体，他们自备乐器，自由组合，自娱自乐，自发活动。

综上所述，可从生活、历史、技艺、节庆、文化设施等方面挖掘和凸显历史街区文化特色（表7.3）。

表7.3　突显历史街区文化特色的策略

对象	策略	典型案例
生活	①维持原有居民构成与社会结构；②延续传统生活；③引导游客参与，体验地方风俗	苏州平江路历史街区
历史	①对历史事件、历史名人进行考证挖掘；②通过主题景观、博物馆等多种方式加以展示	南京夫子庙历史街区——江南贡院
技艺	①挖掘和研究地方民间艺术、手工艺；②建立博览设施和研究基地；③集中展示陈列、学习推广	佛山祖庙历史街区民俗、技艺展示
节庆	①调研地方传统民俗文化活动；②结合自身文化特质与市场需求，确定节庆活动的主题及形式	重庆磁器口历史街区 春节庙会
文化设施	①合理利用展示文物古迹；②创作主题文化景观小品	广州沙面历史街区——炮台

2. 强化产业的文化特征

历史街区的开发与利用离不开产业的支撑。但与其他领域和地段的产业发展不同，历史街区的产业发展更应注重其文化特性，尤其是与传统地域文化的结合，这不仅利于历史街区文化的保护与传承，还能够使产业及产品更具特色和竞争力。如果为追求眼前经济利益，选择短期收益高的投资项目，或简单地将现代城市中的经营项目或其他地域的文化产品“移植”到历史街区，将造成产业特性与本地文化的“排异”现象，出现业态重复，缺乏地方文化特色。其结果是大量有价值、有特色的地方文化资源闲置，而产业发展也动力不足。

因此，应加强对街区产业发展的科学控制与引导，制定街区产业及经营项目的准入条件，鼓励投资者和经营者积极探索项目和产品与街区传统文化结合，在恢复街区经济活力的同时使其文化得以保护与发展。这些项目包括街区文化体验项目、博览设施建设、地方民俗活动、地方工艺品开发、特色饮食恢复、特色旅游纪念品开发等。从市场的选择来看，与文化结合较好的项目由于更具竞争力，也容易获得更高的经济效益。例如，安徽歙县古城的胡开文墨厂生产的纪念礼品墨，将传统工艺生产与文化艺术品收藏的理念相结合，将因书写技术进步使用频率越来越少的“墨”从过去的书写耗材转化成一种精致的工艺纪念品，加上徽墨的历史和胡开文的百年字号，获得了市场的回报，同时也使旅游地纪念品充分体现了地方特色。

7.3.2　以经济为基础

发挥经济价值、实现经济效益是市场经济条件下历史街区保护性利用的基础。从经济学角度来看，历史街区保护的资金投入和所产生的直接经济效益在短期内是难以平衡的，但是保护所带来的外部经济效应对城市经济发展却具有重要作用，增进了全社会的福利。当前，在政府资金投入有限的情况下，需要引入大量社会资本投入。政府可利用市场经济杠杆，采取减免相关税费、容积率转移等优惠政策保证社会资本投入后的收益，“兑现”街区保护性利用带来的外部经济价值。与此同时，还应通过历史街区的有效利用和开发，使街区恢复“造血”功能，努力实现街区经济价值从内部寻求生存动力，为街区持续的资金投入创造有利条件。

1. 探寻适宜的产业方向

历史街区的产业发展应根据其自身特点和外部条件，其产业构成和产业类别既要符合历史文化保护的要求，又要吻合城市社会经济的发展需求。

1）房地产开发。房地产业似乎与历史街区的保护格格不入，因为有太多案例告诉我们，企图通过房地产开发来保护历史街区是不可能的。但事实上，很多历史街区具备通过房地产业的保护性开发来促进街区保护与复兴的条件——许多建筑需要在空间维护、结构加固的基础上进行功能置换；部分建筑需要拆除重建并赋予新的用途；街区环境需要整治而形成新的活动空间等。房地产业在其中可以发挥资金、策划、组织、宣传等方面的优势，只要政府引导与管理得当，将为街区带来良好的社会、经济和环境效益。

例如，杭州清河坊历史文化街区的一期保护整治工程中，街区开发建设指挥部向土管局买断沿街建筑的土地使用权，进行统一拆迁、统一设计、统一施工，河坊街由原先的居住商业混合型功能置换为商业功能。在整治期间和工程完成后，由街区管理委员会将商铺分四批进行公开拍卖，开街前的头两批拍卖了街区老字号商铺4365. 22m^2，取得资金8653万元，其后的两批拍卖同样获得了很高的收益。

2）民间技艺开发。历史街区为民间艺术和传统工艺提供了适宜的生存环境，保护性利用为这些无形文化资源的市场化开发创造了条件。因此，可以充分挖掘历史街区的民间艺术和传统工艺，并采用适当的方式开发为产品，形成与历史街区非物质文化相关联的文化产业。而且在街区内可设置这些产品生产的手工作坊和产品展销区，以方便人们体验、观赏和购买，促进街区商业及旅游产业的发展。位于佛山祖庙历史街区的佛山市民间艺术研究社，就是首批国家级文化产业示范基地，重点开发与佛山民间艺术相关的产品，它拥有4000m^2的厂房（位于历史街区外），包含石像厂、剪纸车间、灯饰车间，生产石像、剪纸和传统灯饰品，产品除在民间艺术研究社和祖庙博物馆展售，还通过订单生产的形式远销海内外。

3）街区商业开发。商业开发（或称“商业化”）是实现街区经济价值、复兴街区活力的重要途径。与一般的城市商业开发不同，历史街区的商业开发应结合街区原有的特点（如果一些历史街区本身即为传统的商业街区则更应结合其传统的商业门类进行适当升级）和类型，并充分考虑消费人群的需求，谨慎确定商业项目和类别。同时，应严格把控新的商业类型，控制商业开发量，确保商业开发的持续发展，避免过度商业化和不适当经营项目给街区保护带来负面影响。

例如，始建于东晋时期的南京夫子庙历史街区，在街区经营项目的引进上严格把握项目业态与街区“文”、“秀”气韵神髓[1]的匹配。从1984年夫子庙秦淮风光带复建动工至今，先后恢复建设了大成殿、明德堂、尊经阁、江南贡院、乌衣巷、王谢古居、吴敬梓故居等20多处、30多万平方米古建筑以及秦淮河上的亭、台、楼、阁，再现了明清江南街市风貌和古秦淮河景观，六朝、明清文化得到进一步挖掘和展示。在功能的利用更新方面，通过对夫子庙建筑群，即孔庙、学宫、江南贡院的严格保护，突出了江南士学文化；在运河中通过花灯、游船等文化活动形式再现了秦淮金粉楼台、画舫凌波、灯影摇曳的风流。在业态更新上，除秦淮美食长廊外，还形成了小商品、古玩字画、花鸟鱼虫等一批与街区历史文化特色相匹配的商业形式，使街区发展与历史氛围的保护相得益彰（图7.15）。

图7.15　南京夫子庙的秦淮画舫

4）旅游休闲开发。旅游产业常常作为历史街区保护性利用的主导产业。旅游业的发展不仅能提升街区的知名度和影响力，发挥街区的社会价值，还可带动相关产业如服务业、文化产业等的发展，带来巨大的经济效益。随着旅游产业的不断发展，一方面要求对街区部分功能进行适当调整以适应不断增长的旅游需求，另一方面对旅游产品的开发也不能停留于简单的参观游览，需要不断丰富旅游活动的内容，促进休闲度假等产业的发展。这就要求历史街区加强旅游配套设施建设（具体包括周边市政交通基础设施建设和街区旅游接待设施的配套和升级），改善历史街区的区位条件，提升街区辐射聚集能力，提高街区的旅游接待能力。另外，应该不断开发适宜街区保护和发展的新的旅游产品，拓展旅游业发展空间。

例如，重庆市金刚碑历史街区的保护规划中，结合北碚“十里温泉”项目以及老街陪都时期丰富的历史人文资源[2]，将因交通条件改变和单一居住功能而逐渐衰落的老街重新定位为一处以历史文化为主题的旅游休闲度假区，为现代都市人群提供休养身心、结识同好、坐而论道的灵性生活场所。为此，在对原有旧民居进行修复的同时，对其功能与空间加以调整，并在街区外围增加新的服务设施，将酒吧、茶馆、文化广场、书院、国术馆、禅修营、会馆、小客栈、私家院落、手工作坊、博物馆、展览馆等业态融入其中，在展现、传承街区深厚的文化内涵的同时，力促街区逐渐走上复兴之路（图7.16）。

2. 发挥“触媒”项目效用

历史街区保护性利用之初，由于资金的缺乏和街区知名度较低，产业发展的难度较大，因此需要找准“触媒”项目，力求将少量的资金用在效益好的项目上，通过“触媒”

---

① 夫子庙历史街区历来商贾云集，人文荟萃。范蠡、周瑜、谢安、李白、杜牧、吴敬梓等历代才俊与陈圆圆、李香君、董小宛等江南佳丽在此地都留下许多供人嚼味的传说，其最有代表性的文化即为六朝与明清的历史以及才子与佳人的美话。因此，“文”、“秀”的气韵是夫子庙历史街区的神髓所在。

② 陪都时期，以梁漱溟为代表的众多文化名流及政要均移居暂住于金刚碑老街。

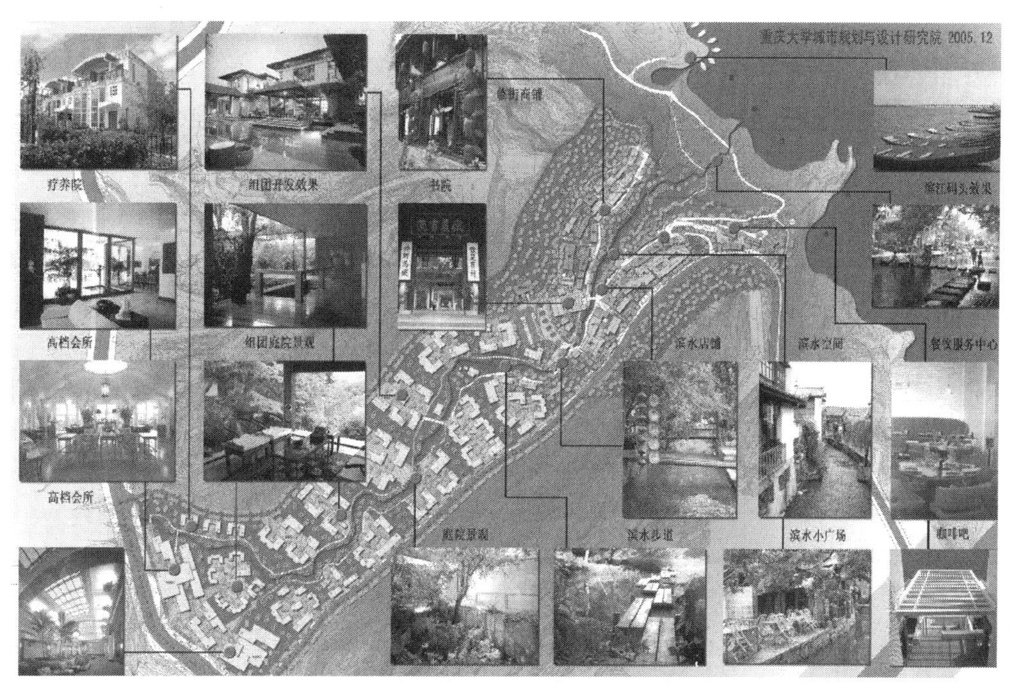

图 7.16　重庆金刚碑历史街区核心区业态规划图

项目的实施带动相关产业的发展。“触媒”项目可以利用街区知名度较高或历史文化价值较高的历史建筑，也可以利用街区在历史上具有较大影响力的民俗文化活动。

例如，在佛山梁园历史街区的保护性利用中，首先对片区中的省重点文物保护单位梁园[①]进行了维护，充实和完善了园林景观和旅游设施，并作为博物馆向公众开放，不仅获得了较好的社会效益，还产生了联动效应，带动了整个街区的旅游业发展，也促进了其他产业的兴起。2004 年开始重庆涞滩古镇在保护性利用之初将传统的“涞滩庙会”予以恢复，并组织多样化的传统民俗活动、民间艺术展演、传统游乐活动等项目，很快就提升了其影响力，每次庙会期间游客人数达到近 10 万人[②]。

3. 带动外部经济发展

实践表明，历史街区保护性利用所带来的外部效应是十分明显和巨大的。一方面，历史街区的经济复兴可以提升周边区域的经济活力，拉动相邻地区产业的发展；另一方面，街区历史文化价值的发挥能够提升所在地区乃至城市的知名度，提升周边地块土地价值和城市的综合竞争力。上海新天地的保护性开发不仅带动了该地区商业、旅游业、休闲产业

---

① 佛山梁园始建于清嘉庆、道光年间，由岭南著名诗书画家梁蔼如、梁九章和梁九图叔侄四人历时四十余载陆续建成，它与可园、余荫山房、清晖园并誉为清代粤中四大名园，是岭南园林的代表作。1990 年被定为广东省重点文物保护单位。

② 涞滩庙会主要根据佛经记载的观音诞生、出家、得道的农历 2 月 19 日、6 月 19 日和 9 月 19 日三个时间而举行的相关活动，一般历时 2 天。除进香祈福外，庙会期间一般都要举行佛七清静法会、休学法会、商品展销、民俗民间表演和书画表演等。

的发展，还极大地提升了太平桥地区的房价；磁器口历史街区的保护与开发不仅振兴了街区经济，还带动了周边餐饮、房产业的发展。

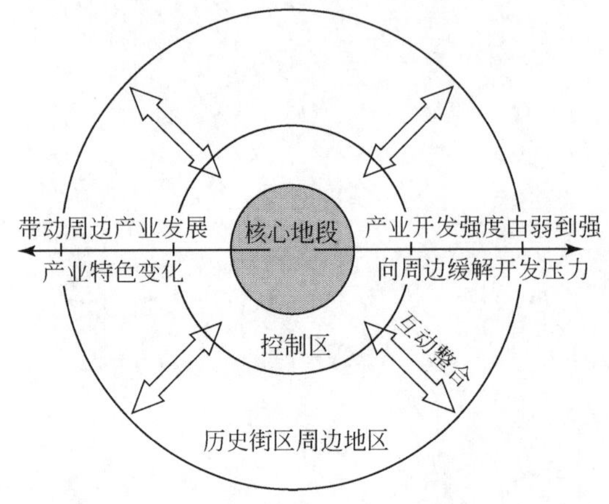

图 7.17　历史街区与周边地区发展整合示意图

因此，为了更有效地实施历史街区的保护性利用，推动街区的经济发展，应将历史街区周边地区或城市的产业发展进行统一协调和规划，全面综合地制订片区产业发展计划，将部分产业配套服务设施转移到周边地区，使街区开发压力向周边分散，形成以历史街区自身适应性产业发展为核心，周边地区配套产业和衍生产业为补充，相互协调、互动整合的产业发展格局，实现历史街区保护与经济复兴的协调发展（图 7.17）。

7.3.3　以社会为保障

历史街区是社会的公共文化资源，其保护性利用必须面向公众，依靠全社会的共同力量作为保障。除了政府和企业外，市民、社区居民、社会组织、专家学者等都是街区保护和发展的重要支撑，为项目实施提供必要的资金、人力、技术、监督等多方位支持。特别重要的是，原住居民是街区的主体，街区保护、利用、开发等活动与其利益密切相关，没有原住民的积极参与和配合，保护性利用的所有项目将难以实施。

1. 调动公众参与的积极性

国内外历史街区保护实践表明，广泛的公众参与增强了全社会对历史街区价值的认识、提高了保护的意识、调动了利用的积极性、提高了保护的执行力，增强了保护的监管力、创造了和谐的社会氛围，从而为街区保护性利用的开展提供了有力的社会保障。

但与国外相比，目前我国历史街区保护与开发过程中，公众参与尚缺乏相关的法规制度和政策的引导和扶持，难以调动各种社会力量参与的积极性。近年来，各地在旧城改造中出现的众多强拆事件正是公众参与不足的突出表现。例如，在成都宽窄巷的保护改造过程中，面对开发商肆意清除历史建筑的行为，居民的反抗显得微弱、无力，最后只能是叹息和无奈。

因此，历史街区的保护性利用应从调动公众参与积极性的角度，出台鼓励公众参与街区保护性利用工作的制度及政策，加大对公众的宣传力度，使越来越多的人特别是街区居民了解并参与进来。同时，要确保公众的意愿有申述的平台，能够得到公正的对待，使公众参与在历史街区保护性利用的决策、实施、监督等多个环节都能发挥重要作用。此外，还需要在政策和措施上体现并明确公众参与历史街区保护性利用的权利和义务。

2. 建立多渠道的社会筹资措施

历史街区保护性利用中的物质环境更新、人口疏解、功能调整、基础设施建设和活动组织等需要大量资金投入，而我国目前保护资金来源的主要依靠政府的单方面投入，而且在相关法律法规中对投入的额度并没有明确规定，这是造成历史街区保护实践难以操作的根本原因之一。1997 年国家计委、财政部联合设立“国家历史文化名城专项保护基金”[①]，每年对国家级历史文化名城中的历史街区保护予以专项拨款资助。但是每年 1500 万元的专项保护经费，对全国 100 多座名城而言是远远不够的。此外，地方各级政府对历史街区保护资金也都没有明确的规定、计划和安排。

为了推动历史街区的保护性利用，必须拓展资金来源渠道。除了政府的划拨资金外，应该充分利用市场机制，以社会为依托，从产权企事业单位补贴、开发商投资、银行贷款、个人筹资和公益基金等多种渠道筹集资金。还应该制定优惠政策引导社会资本对历史街区的投入，如通过土地使用权出让金和公建配套费用减免、开发容积率异地补偿和开发项目税收优惠等，积极争取吸引更多民间资本投入到街区的保护性利用中。

7.3.4　以市场为手段

市场经济体制健全了现代产权制度，企业活力提升，市场准入进一步开放，民营经济得以大力发展，政府的社会管理职能、公共服务职能逐渐加强[②]。我国社会主义市场经济体制的建立和逐步完善，为历史街区保护性利用提供了良好的外部体制环境，也为历史街区资源要素的市场化提供了可行性：历史街区的有形资产产权的明晰以及产权人权利得到了应有的保护，使得这些资源能够被市场量化，为资源市场化提供了可能；而历史街区的无形资源由于所具备的特殊价值，能够在保护性利用过程中产生可观的经济价值而被市场所认可。因此，市场机制成为历史街区保护性利用的重要手段。

1. 明确市场运作的主体

目前历史街区的保护性利用的参与主体主要包括政府、利益方、非利益方以及专家学者和学术团体。在市场经济条件下，历史街区的保护性利用必须明确市场运作的主体，建立起市场化运作的现代企业制度，增强企业活力与竞争力。

1）探索兼顾公共利益的企业参与。政府作为社会公共利益的代表，本应是历史街区保护性利用的最佳实施主体。但由于政府存在诸如资金有限、效率不高和缺乏创新动力等诸多问题，必须引进市场化机制，以企业管理运作模式实施街区的保护性利用。可以允许企业或个人对街区历史建筑、历史环境进行投资改造利用，政府负责控制和监管；抑或政

---

① 1997 年国家计委、财政部联合设立“国家历史文化名城专项保护基金”，计划在此后的 5 年中连续“对我国国家历史文化名城中的重要历史街区保护给予资金的补助”，财政部和国家计委各承担 1500 万元/年。2002 年以后，财政部不再拨款，而由国家计委承担此后五年内每年 1500 万元的专项保护基金划拨任务。

② 参考北京大学光华管理学院院长厉以宁先生在 2003 年 21 世纪论坛《投资中国和市场经济体制的完善》发言稿。

府以出资组建控股公司的方式介入。这样不仅有利于控制与引导历史街区的保护性利用不偏离公共利益方向，同时也有利于利用市场资源，提高管理效率，从而达到历史保护与推动经济发展的双重目的。

例如，南捕厅历史街区（图 7.18）现由南京城建历史文化街区开发有限责任公司负责保护与开发，该公司是隶属于南京城市建设投资控股（集团）有限责任公司的全资国有公司，受南京市政府委托专门负责对南捕厅项目的保护和更新，并承担了甘熙故居文物保护范围的改造建设。苏州平江历史街区的保护性利用是由政府直接组建了“平江历史街区保护整治有限责任公司”[①]；上海新天地采取的是企业主导，政府调控的模式；上海多伦路历史街区保护改造中采取的是政府主导，分项目招商引资的模式等。

图 7.18　南捕厅历史街区

来源：南京文博信息网

2）培育专业化的开发企业。从目前的实践来看，参与历史街区保护性利用的市场主体主要是房地产开发商。它们虽然对房地产市场非常熟悉，但却未必能够很好地运作历史街区的保护性利用。专业知识背景的缺乏和追求利益最大化的本质使它们在理解相关政策规定时可能出现偏差，从而给保护工作带来了隐患。为此，除了加强政府的监管外，还应该积极培育扶持一些专门从事历史街区保护性利用开发的企业，配备熟悉历史保护专业的人员，并在项目实施中逐渐积累起历史街区的保护性开发的经验，达到能够兼顾保护与发展的双重目标。

例如，在英国，政府主导的有计划有步骤的大规模的城市更新项目中，各城市普遍采用成立专业化的城市开发公司来推进历史街区的保护与更新。城市开发公司主要由政府出资，同时通过建立企业小区（Mill Company 又称为作坊式公司，此类企业在伦敦建立了 5 个，英国建立了 20 个）、提供优惠的经济政策（如适当放宽规划管制免征财产税，投资部分免征所得税和工业培训费，海关手续优先等）吸引私人部门参与公共项目及其他项目。

① 由苏州市城市建设投资发展有限公司和平江区国有（集体）资产经营公司共同出资组建，成立于 2003 年，注册资金 5000 万元人民币。

这些公司具有政府与企业的双重属性。在政府属性方面，英国通过国家议会立法强制有关地方议会把相关政府权力移交给城市开发公司。副首相可以不经过地方议会，直接宣布某一区域为城市开发区域，开发公司具有征用私人土地的权力以及管理、改造、处置该街区土地的权利和制订该地区规划的权力。在企业属性方面，开发公司又承担起该改造项目的基础设施投资建设与经营的职能。同时，它们也具有双重目标：在生产方面营造吸引符合产业政策的企业投资环境，从而带动本地区经济发展，以获得持续的保护和改造旧城的资金来源；在生活方面保护街区的历史资源，同时打造适合市民安家生活的居住环境（蒂耶斯德尔和希恩，2006）。

2. 探寻科学的运作方式

在历史街区的保护性利用中应按照适应市场规律的现代企业管理制度运作，提升市场运作主体的综合实施效益。例如，在历史街区原住居民的搬迁、安置问题上，旧有业主在新老地段物业的置换调整模式就是历史街区市场化运营过程中一个需要探索和创新的问题。在实际操作过程中，开发单位应根据原住民意愿采用协议动迁安置、“投资入股”、助资改造附加租赁协议等方式，以满足各种利益主体的需要，而不应一味采取将原住居民迁出的简单粗暴的干预方式，使街区在未来的社会构成上能够形成多元化的特征，达到社会结构的重组与物质环境改善相结合，街区风貌的重塑与功能的再生相结合的目的。此外，多样的物业置换方式也有助于业主双方达成共识，提高街区物业调整置换的速度，加快街区保护性利用的效率。

在遵循市场规律和保护要求前提下确定街区开发项目的同时，还应该考虑街区利用的特殊性。例如，在利用并发展地方传统工艺时，如果单纯从扩大生产规模的角度“发展”传统工艺产业，有可能丢失其文化特色、象征意义和存在价值，反而不利于传统工艺的复兴及街区经济的持续发展。因此，应当遵循历史街区资源的特性，通过对产业组织、市场推广等示范性扶持，恢复具有文化吸引力的独特工艺，从而拉动街区文化消费需求，推动街区的保护性利用进程与效果。

由于历史原因，我国历史街区各类资源要素的产权构成往往较为复杂，有属于国家、单位集体、个人的，这使得历史街区保护性利用的利益主体呈现出多样化，也给具体项目的实施带来了复杂性。因此，在历史街区的保护性利用中还必须明晰各类产权，尊重产权人利益。这也有利于形成对大规模房地产开发的制约，防止房地产开发对历史街区造成的建设性破坏。

3. 健全市场引导和监管机制

在历史街区保护性利用中，逐步让市场发挥更大的作用并不意味着政府将职责也交付市场。市场经济规律决定了开发商的根本目的是获得最大的投资利润和回报。为了达到这一目的，它们宁愿牺牲历史街区的文化价值来寻求短期经济效益的最大化。如果对政府与市场的各自职责混淆不清，错误地夸大市场的作用，放弃政府的引导与监管，很可能给历史街区带来不可挽救的破坏。例如，在福建“三坊七巷”历史街区保护改造项目的初始阶段，由于政府没有履行好监管职能，让急功近利的福建闽长置业有限公司在保护改造中唱

“独角戏”，随意拆毁了历史街区中的建筑，新建商业建筑。致使改造实施的结果给历史街区带来了不可挽救的破坏，“三坊七巷”只剩下了“二坊五巷”，“一坊二巷”永远消亡在建成的现代化的高楼大厦之中。

所以，政府应当加强和完善对市场的引导与监管职能，确保市场化过程中历史街区的保护与发展沿着正确的方向前行。在规划管理上，应通过政策上的支持和公共资金的投入，给予开发商引导和宏观调控；在维护市场环境上，应积极为开发商提供优质的服务，营建公平、公正、公开的市场环境，对于违反历史街区保护原则的开发项目要坚决制止，对已给历史街区造成破坏的行为应依法严惩。此外，历史街区的市场运作还离不开完善的法律法规。只有健全的法律法规体系，才能确保市场机制能够在历史街区的保护性利用中发挥“正能量”作用，规避市场的缺陷。

7.4 基于职能发挥的保护性利用

黄山屯溪，南京夫子庙，杭州清河坊，重庆磁器口、成都宽窄巷子等历史街区保护经验表明，利用市场经济机制，积极发挥历史街区的职能和作用，是历史街区保护的有效途径。然而，对于一个城市的大部分历史街区，特别是非中心地段的历史街区来说，采取单一的商业开发模式是不现实的。根据历史街区的区位和特点，探讨适宜的保护性利用方法，实现街区职能发挥与文化资源利用的结合，是当前历史街区保护的必由之路。

7.4.1 延续居住职能

在历史街区的众多职能中，居住职能是街区生命传续的根本。大部分历史街区是以聚居为基础逐渐形成和发展起来的，直到今天它们仍然是城市重要的居住与生活场所。与一般居住地段所不同的是，历史街区还承载着传统的社会生活，是城市传统文化和生活方式展示的重要舞台。因此，延续历史街区的居住职能，保留街区原住民，是保护城市传统居住文化的重要基础。由于历史街区的基础设施落后、居住环境衰退、居住人口拥挤、经济基础薄弱，只有通过改善居住条件、加强政府扶持以及发展街区经济来延续和增强其居住职能。

1. 改善居住条件

在物质文明快速发展的今天，几乎所有历史街区的居住环境都已不适应现代生活的要求。搬迁部分人口，降低居住密度，完善市政基础设施，整修民居建筑等是改善居住条件的重要措施。然而，与一般旧城区改造不同的是，在改善居住条件的同时，还必须保存街区的传统空间环境，延续街区生活的真实性。为此，在历史街区更新过程中一般采取小规模逐步整治的方式，以维护原有的街巷空间格局和空间尺度。同时，为了体现生活的真实性，应保持原住民在历史街区中占有一定比例，保证街区的社会生活结构和方式不被破坏（阮仪三和孙萌，2001）。

2. 加强政府扶持

完善道路系统，建设市政配套设施，更新民居建筑，搬迁和安置部分居民等改善历史街区居住环境的举措需要投入大量资金。而历史街区的更新不可能通过提高开发强度来实现“投入–产出”的平衡，资金缺口压力非常突出。为此，政府应发挥关键性作用，采取重点扶持的政策。对于需要搬迁的居民，给予必要的搬迁补偿和合理安置；对于保留的居民，通过补贴、减税等措施鼓励他们参与自有房屋的修缮；对于参与街区保护更新项目的开发企业，通过异地开发容积率补偿、发放低息贷款、资金补贴等优惠政策使其有合理的利润空间。

3. 发展街区产业经济

历史街区的居民通常是城市的弱势群体，失业率高，收入低，无法承受住宅维护修缮的相关费用。为了保留原住民，延续街区的居住职能，除政府重点扶持外，还必须发展相关的产业经济，增强街区的“造血”机能，为居民创造就业机会，增加居民收入，让他们留得下、居得安。例如，利用住宅底层开设传统商店，餐馆，书画馆和小型博物馆，在水乡城镇鼓励居民发展水上旅游项目等，既可满足游人的需要，又可给居民带来经济收益，提高居民的生活水平。

4. 案例分析——绍兴仓桥直街

仓桥直街位于绍兴城区的中心地段，全长 1.5km，由河道、民居和石板路三部分组成，主要为清末民国时期的遗存。由于基础设施落后，建筑老化，许多居民搬出老街，逐渐衰落。2001 年地方政府启动仓桥直街保护工程，将改善居住环境作为街区保护更新的重要目标，取得明显成效。

街区的发展定位为“体现传统人居文化内涵，集居住、商业、旅游等为一体的多功能街区”。在保护中遵循“生活延续”的原则，在对历史建筑“修旧如旧”的同时，强调对原住民及其生活的保留。为了降低居住密度，将五分之一的居民通过房屋置换或经济补助安置外迁，对其余的 858 户居民住房进行了精心设计与修复。将电力、电信、自来水等管线实施地埋式改造，着重改善卫生设施，彻底改造了排污管网。允许居民在室内进行现代化装修，以适应现代生活的需要。

政府与居民进行了充分沟通，制定了切实可行的优惠政策。对于产权房的维修，政府出资 55%，产权人出资 45%。在维系居住生活氛围的同时，沿街道两侧开设传统商店、餐馆以及越艺馆、黄酒馆、戏剧馆、书画馆等富有地方特色的商业文化设施，既给居民带了经济收益，也凸显了绍兴民间习俗风情①。

仓桥直街没有采用商业开发、旅游开发等历史街区惯常的保护开发模式，而是根据街区历史和现状，通过延续居住职能来带动旅游、商业的发展，为名城保护带来了良好的综合效益。该街区获得了“联合国亚太地区遗产保护奖”，并被称为“中国遗产活生生的展

① 绍兴：历史街区管理走规范化之路，http：//www.zj.xinhuanet.com/special/2005-04/27/content_4140198.htm。

图 7.19　绍兴仓桥直街临水居住环境

示地”（图 7.19）。

7.4.2　发挥商业职能

商业是大部分历史街区的传统职能。由于交通条件、区位条件以及城市空间结构的变化，有些历史街区的商业逐步衰退。实践表明，商业的传承和发展是实现街区经济复兴的重要手段。通过对历史街区原有商业空间的继承与利用，并积极拓展新的商业空间，不仅可以恢复街区活力，而且可以展示街区的传统风貌。当然，历史街区的商业发展不同于一般商业地区，应结合其文化特色确定商业发展定位、合理控制商业开发“度”，并鼓励社会力量的参与。

1. 结合文化特色的商业发展定位

历史街区的保护要求决定了街区商业的发展有其自身的特殊性。在历史街区商业空间中，不仅建筑、环境应具有历史风貌，其商业活动也应继承与发扬传统的商业文化，与街区的历史氛围相协调。然而，市场经济条件下对利润的追求决定了商户会选择经营回报率高的项目，个体的短视行为可能造成历史街区商业类别混杂，缺乏特色，最终影响到商业经营的效益。

为此，管理部门需要制定科学的商业发展规划，依据街区自身特色和区域条件，明确街区的商业定位，明确规定鼓励、限制和禁止的商业经营活动，引导街区的商业业态的发展。特别应贯彻以文化为核心的发展策略，借文化之“水”，载商业之“船”，使历史街区的文化与商业功能相互促进，实现保护与利用的契合。

2. 合理控制商业开发“度”

由于历史街区商业开发能带来直接和巨大的经济效益，政府和开发企业都热衷于此，通过恢复和扩大商业空间强化街区的商业职能。由于利益的驱动和缺乏科学的商业发展规划指导，历史街区盲目的过度商业开发屡见不鲜，导致许多历史街区传统文化氛围的丧失和破坏。

与一般商业地段开发不同的是，在确定历史街区商业发展的规模时，不能完全由市场来决定，应当以历史街区的保护为前提。为此，政府在制定街区商业发展规划时，应当确保经营项目符合街区传统文化的主导要求；同时，通过历史街区环境容量的分析，制定合理的商业开发时序和开发计划，明确街区的商业开发量，防止过度开发；另外，充分考虑历史街区商业功能与周边地区的关系，做到有效互补，引导经营者向鼓励的经营项目转型，使历史街区的商业开发得以持续有序地发展。

3. 鼓励社会参与

政府，企业和个人是社会发展的三种基本力量。在历史街区商业开发中，除政府引导外，企业和街区居民的参与能够在促进街区商业发展的过程中发挥积极作用。

地产和商业企业可以利用其经营经验，通过产品策划，促销，展示等活动，提高街区的商业知名度和影响力；通过深入挖掘地域商业文化的内涵并有机地加以整合利用，不断探索新的商业经营项目和商业产品。街区居民更加了解自己的历史和文化，特别是那些掌握着传统民间手工技艺和表演艺术的艺人正是历史街区的活化石。他们的参与可以极大地丰富街区商业活动内容，增添街区的传统文化气息。同时，居民参与商业经营活动也扩大了就业机会，有利于历史街区的和谐和可持续发展。

4. 案例分析——杭州清河坊

清河坊位于杭州市上城区，占地13.7hm^2，自元、宋以来一直是杭州的商业繁华地段和商贾云集之地。20世纪50年代后，随着杭州市中心的北移，清河坊逐渐衰败，商业、办公、居住混杂，卫生状况差，交通混乱。清河坊的保护过程中，在发挥商业职能上进行了成功的探索。

保护规划将清河坊定位为以传统商业、药业、餐饮、茶文化为内涵，集商业、旅游等功能为一体，体现清末民初城市风貌的历史街区。2000年保护工程开始实施，除了建筑环境保持了清末民初的格局和风貌外，着重在商贸活动的内容上体现历史文化的延续性。政府成立的管委会通过“返租”、“托招”等措施淘汰部分质量低劣、不符合街区商业定位的商家。除保留已存在的老字号，如王星记扇庄、胡庆余堂药店外，还积极引进一批杭州城及外地的老字号特色店铺，力求突出街区的传统特色。由于引导和控制有序，清河坊商业铺面租金持续上升，从2001年的平均1元/(m^2·d)上升到2007年的6元/(m^2·d)①。

市场化的运作给清河坊街区保护与开发提供了平台，商业的引导体现了以文化为核心的策略，商业职能的发展带动了街区经济的复兴。然而，清河坊过度的商业开发也带来负面效果，由于原有的居住空间消失殆尽，街巷空间环境遭到变异，传统的社会生活不复存在。纷杂的商业空间、潮涌的旅游购物人流削弱了传统的文化氛围。

7.4.3　发展旅游职能

历史街区可以满足人们在旅游体验过程中对于探古求知的文化需求，因此逐渐成为一项重要的文化旅游资源。旅游作为历史街区的新兴职能被普遍认为是街区保护与利用的完美结合。旅游的发展不仅能够带来直接的经济收益，带动街区及周边地区的经济发展，而且可以促使更多的人接受历史文化的熏陶，产生良好的社会效益。正因如此，发展旅游职能已经成为所有历史街区保护与利用的重要方式。当然，盲目的旅游业发展又会对历史街区的保护带来负面影响。在发展街区旅游职能的过程中，应该结合街区历史文化资源的保护、营造旅游“软环境”并将旅游业发展规模控制在街区环境承载力的范围内。

---

① “清河坊”催生扬州老城RBD构想，http：//www.hzsc.com.cn/col3238/article.html1。

1. 结合历史文化资源保护

历史街区中的物质和非物质历史文化资源，如街巷空间，古建筑，传统民居、牌坊、碑文、古树名木，以及口头传说、民间艺术、社会风俗、传统手工艺等，自身缺乏或没有实现其经济价值的条件，而旅游的发展为其经济价值的发挥提供了平台。只要对这些历史文化资源进行恰当的保护并组织到旅游体系中，就能够将其历史文化价值转化为经济价值，为它们的持续保护提供资金支持。

因此，历史街区旅游业发展必须建立在街区保护的基础上，通过挖掘街区的地域文化内涵，明确旅游发展的目标和方向；利用街区的历史文化资源，突出旅游文化个性；结合街区物质和非物质遗产的保护，探索开发特色旅游产品；通过市场营销手段，实现良好的旅游效益。

2. 营造旅游“软环境”

旅游“软环境”除旅游服务环境外，还包括存在于历史街区中的传统社会结构、生活观念、民风民俗等社会文化环境，具有独特性和差异性特征，是历史街区最重要的旅游吸引物之一。在街区旅游发展中，只有维护其“软环境”，才能增强街区的吸引力。

保护街区的社会文化环境，一方面应对社会生活、文学艺术、传统工艺、地方习俗等实施保护，形成旅游活动中“主客相容”的模式，以普通居民的生活来吸引旅游者，使街区居民与旅游活动相融合，使游客能切身体验古街人家的真实生活（沈苏彦等，2003）。另一方面，要挖掘和开发文化旅游产品，包括结合街区历史的民俗活动，节庆活动，民间工艺展示，传统戏剧汇演等，以弘扬历史街区的传统民俗文化，展现街区悠久的历史内涵，突显街区深厚的历史文化积淀。

3. 控制旅游发展规模

无疑，旅游业的发展在促进历史街区保护与发展的同时也会给街区“硬环境”，“软环境”带来负面影响。旅游者在历史街区内的踩踏、触摸，产生的生活垃圾，汽车有害气体的排放等都会对“硬环境”造成不同程度的破坏。旅游者所带来的喧嚣嘈杂在一定程度上影响了居民的日常生活，破坏了历史街区的整体风貌。另外，游客通过与街区居民的直接或间接接触，对当地居民的价值观、个人行为、生活方式、道德观念等方面也有一定影响。特别是作为文化旅游资源的淳朴民风民俗，将受到外来文化潜移默化的影响。

这就需要对旅游业发展规模进行控制，尽可能降低旅游开发对街区历史文化环境的破坏。在旅游开发中，可以建立街区旅游资源库，调查和研究各类资源的生存状态，通过科学系统的分析，研究旅游开发对它们的影响，从多组基本容量（生态，空间，设施，社会心理等）测定历史街区的环境承载力，将旅游开发量、旅游人数控制在街区环境承载力之内，确保旅游资源的可持续利用（鲍德-博拉和劳森，2004）。

4. 案例分析–苏州平江历史街区

平江历史街区位于苏州古城东北隅，占地116. 5hm^2，历史遗存和人文景观汇集，拥有世界遗产藕园、文物保护单位10处、控保建筑43处，还有众多的老建筑、古桥、古井、古树、古牌坊等。至今，街区路河并行的“双棋盘格局”保存完整，具有典型的水乡风貌特色。

在街区保护过程中，平江历史街区确立了以旅游发展带动街区保护的策略，取得了明显成效。除对现存空间格局、街道水系、传统建筑、历史环境等物质要素进行精心保护外，重点开展了社会生活、文学艺术、传统工艺、地方习俗等社会人文环境的恢复和保护，并将这些独特的物质和非物质要素作为旅游产品开发的基础。旅游发展定位为“生活的古城”，通过开设民居客栈、水上流动平弹、组织节庆活动等，使游客能够体验传统的姑苏生活方式；通过开展民俗民风巡游、民俗婚庆展示、传统小吃展销、民间手工艺展销等旅游活动，极大地促进了旅游业的发展。为了维护古城历史环境的真实性并控制环境容量，在引进社会资本参与街区的保护、整治以及旅游发展中，政府制定了基本原则，对于有违街区人文环境和历史风貌的项目予以排斥，有效控制了盲目地开发。

平江历史街区以旅游发展为核心的保护策略，不仅使古城格局得以全面保护，居民生活环境得到极大改善，而且带动了相关产业的逐步兴起，为街区带来了生机。

7.4.4　培育博览职能

历史街区作为城市重要的历史文化资源，是当地居民和旅游者感受城市历史文化的重要场所。与其他旅游地不同的是，历史街区还承载着传统的社会生活，是城市传统文化和生活方式的展示舞台。因此，依托历史街区丰富的历史遗存和文化内涵，培育和发展主题性和专题性博物馆是历史街区传统功能更新的又一重要手段。博物馆，陈列馆等展览设施可以使人们直接了解街区乃至整个城市的历史信息和文化特色。近年来，博览设施的建设越来越多地纳入到历史街区的更新与改造之中，并成为旅游线路中的重要景点。历史街区博览职能的发展应该充分利用历史建筑遗存、挖掘并显现街区历史文化、逐步探索博览设施的市场化发展道路。

1. 充分利用历史建筑遗存

充分利用一些有价值的历史建筑设立博物馆是博览设施建设的有效方式，不仅能够很好地保护建筑遗存，显现其历史文化价值，还可以充分发挥其经济价值。当然，在利用中必须严格遵循历史建筑的保护要求，并使展示内容和方式与历史建筑的性质、特征和文化内涵相吻合。例如，可以利用祠庙会馆等大型公共建筑展示地方建筑文化，宗教文化，宗祠文化；利用名人故居展示城市的人文历史；利用典型民居展示地方生活习俗；利用传统作坊展示地方传统手工艺技术等。

2. 挖掘和显现街区历史文化

明确博物馆及相关展览设施的展示主题对于街区博览职能的发挥至关重要。博览内容只有定位清晰，特色鲜明，才具有足够的吸引力。这就需要深入了解和挖掘街区的历史文化资源，对体现街区及本地区历史文化的元素进行广泛调查和收集，对具有展览价值的建筑遗存进行深入研究，在此基础上明确街区的博览文化主题以及各个博物馆和展览场所的具体陈列展示内容。丽江古城对纳西文化的展示，重庆磁器口历史街区对抗战文化的展示等，都是挖掘地方文化并以恰当的方式予以展示的成功案例。

3. 探索市场化发展道路

博览业在我国的发展尚不成熟。博览业在建筑建造，修缮，展览品收集，整理与研究等方面需投入大量资金，而我国相应的社会捐赠，扶持政策尚不完善，除重点博物馆外，大部分博览设施的运营十分困难。在培育历史街区博览职能的同时，如何达到经济上的平衡，实现历史街区博览业的可持续发展，就成为历史街区保护工作中的难点。

在市场经济条件下，可以依托市场手段发展历史街区的博览职能，在强化博览职能的文化效益时实现其经济价值。为此，政府可以制定优惠政策，鼓励社会捐赠和社会资金的投入；通过博览项目策划，鼓励企业，居民的参与，扩大资金来源；结合特定主题，地方节庆等组织特色鲜明的展览活动，扩大历史街区的影响力，引动市民和游客消费；还可以采取研究部门、艺术协会、民间艺人与企业合作的方式，探索历史街区非物质文化遗产的商品转换方式，开发文化商品。

4. 案例分析——佛山祖庙历史街区

佛山是中国粤剧的发源地，著名的武术、艺术、陶瓷、美食之乡。祖庙历史街区位于佛山老城中心，聚集有大量的文物古迹，其中全国重点文物保护单位祖庙最为重要，地位突出。祖庙历史街区的保护中，利用丰富的历史人文资源以及保存完好的历史遗存，着力培育和发展博览职能，取得了良好效果。

在保护过程中，首先对祖庙建筑群进行了精心修缮，作为佛山市博物馆，一方面展现岭南建筑艺术和宗祠文化；另一方面利用其建筑空间，设置黄飞鸿纪念馆、叶问堂，对佛山的武术文化、民间艺术进行了充分展示。同时，将街区中的兆祥黄公祠作为粤剧博物馆，在佛山民间艺术研究社布置传统工艺制作场。利用这些博览设施，经常举办佛山孔庙学童开笔礼、黄飞鸿醒狮表演、万福台粤剧表演、民间工艺制作、民俗文化展示、大型节庆等活动，不仅使民间文化得以展现和发展，而且吸引市民和游客，引动文化消费。

祖庙历史街区通过政府引导和民间艺术组织、企业的共同努力，培育和发展了街区的博览职能，不仅给文化的传承赋予了新的物质载体，而且为街区保护提供了经济支撑，促进了街区的复兴。

7.4.5 优化整合历史街区职能

功能性衰退是历史街区面临的主要问题之一，也是历史街区保护与利用中必须着力解决的关键问题。优化，调整和整合历史街区的职能，发挥其在当前城市社会，经济，文化发展中的价值和作用，是历史街区保护的重要基础。

上海新天地的保护利用模式，就是在保护街区传统风貌的前提下，将原有的里弄居住功能置换为商业功能，发展成为集餐饮、购物、游乐、休闲、展示等功能于一体的现代城市生活场所。虽然对它的保护利用方式还存在异议，但是不容置疑的是，新天地在上海的中心地段保存并展示了上海传统的里弄空间形态，对保护上海的历史文化具有重要意义。当然，历史街区都有各自的特点和区位条件，不同的历史街区应当找到适合其自身职能发挥的保护性利用方法，盲目的克隆与照搬是难以获得成功的。可以设想，将上海新天地的保护利用模式复制到苏州的历史街区中，将会带来多大的负面效应。

大部分历史街区不只承担一种城市职能，它可能同时扮演着城市的多种“角色”，而且各个职能之间是相互联系和促进的，如居住职能的发挥可以保存地方生活形态，是旅游业和博览业发展的重要基础；商业和旅游既可以相互促进，还可以提高街区居民收入，并带动博览业的发展；博览职能的强化可以增加街区旅游吸引力，促进商业的发展。因此，对历史街区的保护性利用可以基于多种职能的发挥。

同时，历史街区的保护性利用或许以一种职能的发展为主，或许是几种职能共同发展。这需要对历史街区在城市中的作用地位，历史文化特点以及保存现状进行系统分析，明确街区发展的主导职能，采取有效的引导措施，促进街区的功能调整，资源利用和整合，实现历史街区的全面复兴。

第8章　工业遗产的保护与再利用

产业更替和技术进步是城市发展的决定性力量之一。18世纪的工业革命加速了全球城市化进程，工业发展深刻影响着城市形态及其空间结构的演变。经过几百年的扩张，城市逐渐进入了“后工业时代”，进入了以信息技术为主导的21世纪，现代服务与物流产业逐渐取代了传统工业成为推动现代城市发展的统治力量（贝尔，1989）。在当前全球化背景下，我国城市纷纷面临转型，曾经为城市发展建立功勋的工业产业日渐衰退，城市发展进入“退二进三”阶段，老工业区更新变得迫在眉睫。工业企业搬迁后所留下的土地以及废弃的建筑、设备等如何处置也日益成为城市所必然面临的问题。因此，工业区的更新和工业遗产的保护与利用逐渐成为城市发展过程中的一个新课题。利用产业转型的契机，结合工业区更新和遗产保护，完善城市功能、空间、环境和文化建设，探索工业遗产保护与城市系统的共融，无疑对城市遗产保护和城市和谐健康发展都具有重要意义。

8.1　国外工业遗产保护研究与实践

西方发达国家产业更替发生在20世纪50年代，并率先进入后工业化阶段[①]。其城市化发展进入成熟期，传统产业开始衰落，城市经历了自工业革命以来最大的变革。大部分城市进行了产业重组和城市复兴的规划与实践，城市建设中的产业遗产保护问题也逐渐引起人们的重视。

8.1.1　工业遗产理论研究回顾

西方发达国家对工业遗产保护的研究兴起于后工业社会到来之后，从历史进程看大致可分为三个阶段。

1. 萌芽阶段（20世纪50年代~70年代）

西方工业遗产保护的萌芽期始于20世纪50年代，以1955年英国伯明翰大学米切尔·瑞克斯发表有关“工业考古学”（industrial archaeology）方面的文章为标志[②]。在该文中，瑞克斯呼吁英国社会各界应重视保存工业革命时期的机械和纪念物，并从“考古学”

---

① 美国早在20世纪50年代已显示出后工业社会的某些特征，其他西欧国家和日本于20世纪60年代进入后工业社会。

② 1955年，米切尔·瑞克斯（Michael Rix）在《业余爱好者史学》杂志发表文章，将研究英国产业革命遗物的学问定义为“产业考古学”。这一时期许多英国学者都在研究并提出了这一概念，考古学家R. A. 布坎南将其定义为：“一门对工业遗迹进行调查、测量、记录，有些情况下还要进行保护的研究学科。”

的角度强调产业空间即将面临的湮灭威胁与保存价值，引起了英国学术界和民间的高度重视，从而促使英国政府制定调查记录计划和相关保存政策，对工业遗产价值与意义的普及起到了巨大的推动作用，为之后工业遗产保护研究奠定了坚实的理论与实践基础。

至20世纪70年代，欧洲大陆以及其他西方学者和政府机构开始明确将工业遗产地认定为“历史地段”（heritage site），并把一部分20世纪初的城市工业区划定为历史遗产。1973年，英国产业考古学会（the Association for Industrial Archaeology）成立；同年，在世界最早的产业遗址区铁桥谷所在地英国铁桥峡谷博物馆（the Ironbridge Gorge Museums）举行的第一届产业纪念物保护国际会议开幕（图8.1），会上各国就产业遗产的保护与利用问题达成共识，成立了专门的国际工业遗产保护组织TICCIH（the International Committee for the Conservation of the Industrial Heritage；王建国和蒋楠，2006）。

图8.1　英国铁桥峡谷博物馆Enginuity Museum入口与铁桥

资料来源：http：//en.wikipedia.org

2. 探索阶段（20世纪70～90年代）

20世纪70～90年代，西方工业遗产的保护与利用研究进入了快速发展时期。这是由于随着众多城市老工业区与老工业基地的衰退，产生出大量废弃的工业用地，这一现实问题刺激了工业遗产的理论研究，使得该领域的研究与保护实践引起了世界范围的广泛关注。荷兰在1986年开始调查和整理该国1850～1945年的产业遗产基础资料；法国1986年开始制定搜集文献史料及建档的长期计划①；日本于1980年末期开始关心“文化财”中属于生产设施的工厂与建筑保存，并着手进行普查②。

在这一时期内，虽然“工业遗产”的概念与分类在世界上尚未完全明确界定，但是作为文化遗产的重要组成部分，这一术语已被普遍接受。在联合国世界自然与文化遗产保护中，工业遗产板块也开始受到越来越多的关注与重视。

---

① 法国把需要保护的文化遗产称为文化资产（culture resources），并于1983年在其负责文化资产研究和管理的政府机构——文化资产普查局中成立了一个专门的工业遗产小组，来进行工业遗产的大型全面普查以及国际宣传与合作工作。1986年，工业遗产小组开始制定搜集工业文献史料及建档的长期计划。

② 日本政府于1975年对其文物保护法进行修订，专门强调对因工业化而消失的传统工业方面有形及无形文化遗产的保护，主要保护内容即为传统工厂建筑和传统工艺。

3. 成熟阶段（20世纪90年代至今）

进入20世纪90年代后，随着诸如德国鲁尔区IBA计划（1989—1999）①，瑞士温特图尔苏尔泽工业区②（Swiss west tour Suárez industrial area）和苏黎世工业区（Zurich industrial zone）改造③、英国伦敦码头区（London docklands）的复兴（图8-2）④等工业遗产地改造项目的实践，人们对“工业遗产”的概念变得日益清晰。

图8.2　伦敦码头区改造鸟瞰

资料来源：http：//www. hudong. com

1996年国际建协（UIA）19届巴塞罗那大会上提出的城市遗产“模糊地段”（Terrain vague）的概念，明确包含了诸如工业、铁路、码头等城市中被废弃地段的保护、管理和再生问题，使人们再次重视产业类历史建筑及地段的意义。从此，工业时代的文明遗存——产业类历史建筑及地段成为建筑学术界广泛关注和研究的热点。

此后，在2003年俄罗斯举行的国际工业遗产保护委员会（TICCIH）全体代表大会上，各国一致通过世界第一部关于保护工业遗产的章程——《下塔吉尔宪章》（*Nizhny Tagil Charter for the Industrial Heritage*），并在宪章中明确定义了工业遗产的概念，对其保护与普查进行了详细的阐述，这标志着工业遗产的研究开始走向成熟。

2010年8月，国际工业遗产保护委员会（TICCIH）、国际技术史委员会（ICOHTEC）与国际联合劳动博物馆协会（WORKLAB）在芬兰城市坦佩雷（Tampere）联合主办了题为“工业遗产再利用”（*reusing the industrial Past*）的国际工业遗产联合会议。会议议题涵盖了工业遗产保护及更新的各种方式方法，同时还鼓励与会者从不同学科、不同角度对工业遗产

---

① 德国鲁尔区IBA计划即鲁尔区Emscher Park的国际建筑展International Building Exhibition计划。该计划是为解决鲁尔区经历的长期工业衰退与逆工业化过程而开启的区域综合整治计划，即通过大力开发工业遗产旅游，进而带动区域的统一开发。该计划引生了德国“工业遗产旅游之路”RI（Route Industriecultural）专题旅游策划的出现，从而将工业遗产旅游开发上升为大部分德国工业城市的城市发展战略。

② 温特图尔是瑞士著名的工业城镇，国际著名企业苏尔泽股份公司就诞生于此。20世纪80年代末，苏尔泽股份公司决定停止在温特图尔基地的机器制造，并将用地改做他用，主要为老城区提供足够空间安置诸如教育、娱乐和购物等需要大面积用地的城市功能，原有许多工业建筑及空间被保留和重新利用，成为城市视觉元素和景观的重要部分。

③ 苏黎世经历过一个相对粗放化的工业化发展阶段，建设了因地理区位和水陆交通条件而兴建的西部工业区（19世纪70年代）和因厄利孔火车站（1855年）建设发展起来的北部工业区。随着产业结构转型以及区位价值的改变而逐渐外迁或者衰退。针对产业结构的变化，苏黎世工业区采取了新旧融合的“针织地毯模式”取代全面拆除重建的改造模式，并且在实施过程中取得了良好的效果。

④ 伦敦码头区（London Docklands）自1802年建立以来一直是伦敦的工业中心，20世纪30年代为其鼎盛期。随着英国传统工业的衰退以及现代集装箱码头和航空港的发展，伦敦码头区从1960年开始走向衰落。1981年，政府组织成立了伦敦港区开发有限公司（LDDC），负责港区的开发与发展，在伦敦码头区再建了一个CBD，分解了中心城CBD的压力，也巩固了伦敦作为国际金融中心的地位。

进行研究（如社会文化、区域和环境问题等）。此次联合会议主题宽泛，从适应性的再利用到整体更新修复，都成为工业遗产再利用讨论的内容，同时会议也对工业遗产在世界遗产中的价值定位进行讨论，并提出了世界范围内各类工业遗产专项研究的建议（王晶和王辉，2010）。

随着人们对工业遗产这一遗产对象的逐渐重视，在世界遗产名录上其的登录的数量也逐渐增多。截至2009年底，列入《世界遗产名录》的工业遗产涉及29个国家，总计52项，占890处世界遗产总数的6.18%（图8.3）①。

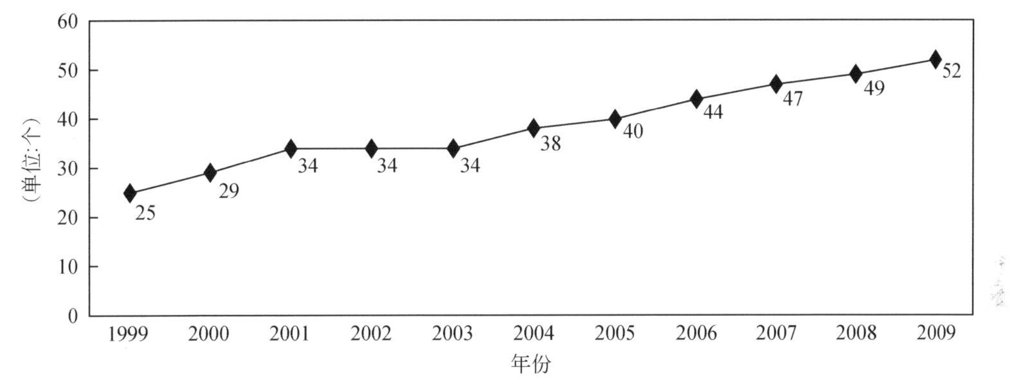

图8.3　1999～2009年《世界遗产名录》中工业遗产在世界遗产中登录数量变化情况

8.1.2　工业遗产保护实践历程

西方发达国家对旧工业区更新和工业遗产保护实践从19世纪50年代开始，并积累了丰富经验，比较典型的国家有英国、美国、德国等。

1. 保护实践的缘起

西方国家工业遗产保护实践是对自身从工业化到逆工业化的过程中产生的一系列经济、社会问题所做出的一种积极反应。虽然在理论上由“产业考古学”和“产业景观”等构成了工业遗产保护的牵引力，但工业遗产保护实质性的推动力却来自社会在解决实际问题的过程中产生的强大改革动力。

在20世纪60～70年代，西方老牌工业化国家普遍遭受逆工业化（De-industrialisation）的冲击，而这一过程的影响远远超出了工业和地方经济的范畴，导致城市衰败，造成大批劳动力失业。以位于德国中西部的北莱茵-威斯特法伦州（Nordrhein-Westfalen），覆盖4000多平方千米土地和500多万人口，有近200年工业发展历史的鲁尔

① ICOMOS- ICOMOS Documentation Centre：World Heritage Industrial Sites，September，2009. http：//www. international. icomos. org/。

工业区（Das Ruhrgebiet）① 为例。该区在经历了一百多年煤矿、钢铁产业的繁荣发展后，于20世纪50年代末到60年代开始出现经济衰退。至70年代，鲁尔区的逆工业化趋势已十分明显。80年代末期，鲁尔区面临着严重的失业问题，1987年达到15.1%的最高失业记录，大大超过8.1%的全国平均失业率（表8.1）。而曾经在50年代居德国人均国民生产总值首位的鲁尔区的埃姆舍（Emscher）地区，也沦为了德国西部问题最多、失业率最高的地区。由于大批劳动力的突然失业，导致了众多的社会问题，除了严重的就业问题，还包括年轻劳动力的外迁、区内人口下降、内城衰落、城市税收减少、城市的中心地位消失、区域形象恶化和吸引力下降、工业污染得不到治理等（Kommunalverband Ruhrgebiet，2001）。

表8.1　德国及鲁尔区逆工业化过程

年份	1957	1960	1965	1970	1975	1980	1985	1990	1995	2000
德国煤矿个数/个	153	133	101	69	46	39	33	27	19	12
鲁尔区的煤炭产量/百万吨	123.2	115.5	110.9	91.1	75.9	69.2	64	54.6	41.6	25.9

注：在2000年德国仅剩的12个煤矿中，鲁尔区的煤矿占到7个

来源：李蕾蕾．逆工业化与工业遗产旅游开发：德国鲁尔区的实践过程与开发模式

因此，如何对待资源枯竭后留下的废弃矿坑、工业衰退后闲置的大量工厂，如何处理数量庞大的空置工业建筑与工业设施，解决失业工人的就业问题以及各种综合社会问题，挽救衰落中的工业城镇，成为了西方这些率先遭遇逆工业化问题国家不可回避的重要问题。是将那些一度被视为经济衰退标志的肮脏、丑陋、笨重和庞大的废弃工业建筑与设备彻底毁灭，使其从城市的视野中消失，得到一些新的城市用地，发展和建设新设施与新产业；还是通过对一些仍然有利用价值的旧设备和空置厂房重新利用或是重新发现其历史价值，并与旅游发展、区域振兴等计划相结合，进行战略性开发与整治（图8.4）？英、美、德等西方

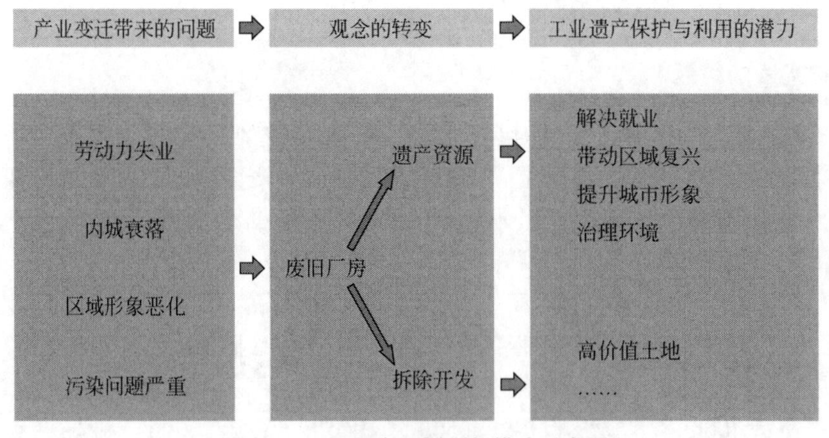

图8.4　工业遗产不同更新模式示意图

① 鲁尔区的埃森市（Essen）早在1811年，就有了著名的大型钢铁联合企业康采恩克虏伯公司。随后，蒂森公司、鲁尔煤矿公司等一批采矿和钢铁公司也在这一地区创建。19世纪上半叶开始的大规模煤矿开采和钢铁生产，逐渐使鲁尔区成为世界上最著名的重工业区和最大的工业区之一，并形成了多特蒙德（Dortmund）、埃森（Essen）、杜伊斯堡（Duisburg）等著名工业城市。

国家在处理这一问题上摆脱了传统观念对工业废弃地和废弃厂房与设施的保守价值观，采取了不同的措施，也显示出不同的特点。

2. 与历史研究相结合的英国工业遗产保护的文化战略

英国是最早关注工业遗产保护研究的国家，作为工业革命的发源地，曾是世界文明的中心。这个幅员仅 24.36 万平方千米的岛国，拥有数千处工业遗产（韩妤齐和张松，2004）。经历第二次世界大战之后，美国的国际霸主地位迅速确立，英国昔日光环不再，因此在 20 世纪 50 ~ 60 年代，全岛经历逆工业化的震动之时，为重新树立国民信心，也为重振经济，英国各界的研究者绞尽脑汁，充分发掘本民族各方面的历史文化。于是，一门新兴的学科——工业考古学（industrial archeology）在英国率先产生。与一般出土文物的考古所不同的是，英国的工业考古学强调对近 250 年以来工业革命与工业大发展时期物质性工业遗迹的记录和保护（Palmer and Neacerson，1998）。

今天，英国工业遗产保护的范围已经从对矿山、纺织厂及设备的保护扩展到更广泛的领域，包括能源动力产业中的水车、蒸汽机、核电站、采矿业周边的市场、露天矿坑和选矿厂，制造业中的加工工厂，以及化工、陶瓷等生产领域。此外，还包括谷物交易所等相关商业性建筑，甚至工人的住房、工厂主的办公建筑、工业码头乃至整体的工业区都成为了英国工业考古的对象和工业遗产保护的对象（表 8.2）。在工业考古学的推动下，人们对“工业遗产”的保护意识有了明显增强，使得英国以博物馆形式保护了大量的工业时代的文物，也促成了工业遗产旅游的发展。

表 8.2　英国各种类型工业遗产一览表

遗产类型	相关案例	案例图片
矿山	Poldark Mine in Cornwall 被作为博物馆保存	
工业厂房	古窑小镇作为旅游景点进行保护	

续表

遗产类型	相关案例	案例图片
车间及设备	利用有名的丝绸制造厂车间改建的 Derby Industrial Museum	
相关住宅、商业、办公建筑	利用原有工业办公建筑改造的 kelham Island Industrial Museum	
码头区	利物浦工业码头 Albert Dock 被改造成为有名的观光商业区	

在保护过程中，政府的介入和通过法律手段引导工业遗产的保护也是英国工业遗产保护的一大特点。20 世纪 60 ~ 70 年代在城市产业结构转变的过程中，伯明翰（Birmingham）、曼彻斯特（Manchester）等传统工业城市一度出现了不同程度的内城衰落。英国政府采用了优先教育区（excellence in cities action zones）①、城市计划和社区发展计划（community development projects）②的内城发展政策，以解决住房、教育和就业问题，从而带动这些地区的发展。代表性的案例是伦敦码头区（London docklands）的改造与复兴。具体措施包括：成立合作组织，设立工业改善区，建立企业区和组建城市开发公司（British urban development corporation）。1977 年颁布《内城政策》③（*British Inner City Policies*），1980 年颁

① 优先教育区计划是英国政府于 1996 年 3 月为提升内城以及一些其他城市区域的吸引力和影响力而采取的一项措施。

② 1969 年，英国内政部发起了“社区发展工程”，主要用以解决内城区综合问题（如贫穷、高犯罪率、高离婚率、公共服务匮乏以及种族冲突等）。至 20 世纪 80 年代，社区发展的理念逐渐在英国社会被广泛接受，到 90 年代中期，包括英国在内的欧盟各国政府都比较重视社区发展。

③ 《内城政策》旨在增加内城的经济实力，改善内城物质结构，提高环境的吸引力；缓和社会矛盾；保持内城与其他地区人口就业结构的平衡。该政策认为产生内城问题的根本原因是内城经济的衰退，并指出工业的驱动力和工业地方政策的改变对内城复兴有积极的影响。

布《地方政府规划与土地法》[①]（*Local Government Planning and Land Act*），强调了政府政策和建立开发公司引导市场投资的法规，国家通过政策和公共投资引导更多的私人投资加入到衰落区的改造中去（陈曦和汪军，2011）。

3. 采用市场运作的美国工业遗产综合开发和复兴

美国工业遗产保护与利用的特点在于通过市场配置资源，将工业遗产的保护与地区休闲、文化旅游服务业的发展相结合。通常在项目实施之前进行业态规划，充分利用工业遗产地的交通区位优势，发掘其内在文化价值，通过与之相适应的产业和项目设置和分期建设等方式，带动地区的综合复兴。此外，政府通过制定综合发展战略，防止开发商的随机建设行为，从而推动了城市经济复兴，创造就业机会，改善城市环境，也保护了城市的工业遗产。著名的实践案例有巴尔的摩内港（Baltimore Inner harbor）、纽约 Bettery 公园（Battery park, New York）、旧金山渔人码头（Fisherman's Wharf, San Francisco）、波士顿码头区（如 Long Wharf）等（图 8.5）。位于纽约曼哈顿的 SOHO 区由于艺术家的自发性入住演绎了 20 世纪下半叶著名的都市生活居住方式——LOFT 生活，把废弃的工业区变成了文化创意区。

图 8.5　波士顿 Long Wharf

4. 作为产业景观的德国工业遗产多样化利用方式

德国工业遗产再利用的最大特点，在于根据工业遗产资源自身所在的区位及其建筑、构筑物特点，采取因地制宜、因材而异的利用方式，使遗产资源保护与建筑改造、景观设计相结合，展现出丰富的多样性。传统工业类建筑和遗址作为城市的一种特殊景观——"产业景观"（industrial landscape）逐渐被各城市的市民所认可。

例如，在北杜伊斯堡景观公园（Duisburg North Landscape park）的个案中[②]，设计师将工业旧址和废弃的厂房等当做文化遗产并与旅游开发结合起来，通过景观设计与改造，使废弃工业区转变成为城市中最受欢迎、最为重要的游憩场所，成功地竖立了工业弃置地向城市公园转型的典范。

---

① 1980 年，针对私人集团在城区边缘的绿带区频繁无序的开发行为和政府公共机构大量闲置内城区土地的行为，英国政府颁布了《地方政府规划和土地法》，提出了加强对私人开发土地行为的控制政策，扩大地方政府对私人土地开发行为的控制的权限。

② 北杜伊斯堡景观公园位于杜伊斯堡城北的梅德里西（Meiderich）冶炼厂，该厂建于 1902 年，并于 20 世纪 80 年代中期冶炼高炉停止生产。1989 年作为埃姆舍公园规划项目重点之一，国际建筑展对北杜伊斯堡厂区的总体设计进行了国际竞标。在诸多设计单位中，彼得·拉茨（Peter Latz）景观设计事务所的方案脱颖而出。设计师对原有场地尽量减少大幅度改动，并加以适量补充，使改造后的公园所拥有的新结构和原有历史层面清晰明了，并用生态的手段处理这片破碎的区域，旨在使公园的建设成为治愈和理解过去的工业影响的途径。

图 8.6　德国弗尔克林根钢铁厂改造后的工业遗产博览区

资料来源：http：//www. flickr. com/photos/

而位于德、法边界德国萨尔州（Saarland）的弗尔克林根钢铁厂（Voelklingen）[①]在20世纪80年代末~90年代初的改建也别具匠心。设计师将沃克林根炼铁厂的工业厂房改建为工业博物馆（图8.6），将原来的模具房、矿石堆场、动力机房、高炉改造成地方大学的实验中心、摄影和图片艺术展厅和瞭望台。

在埃森（Essen）关税同盟煤矿工业区[②]的保护案例中，利用形式的多样化也备受瞩目。埃森曾是历史上最重要的煤炭-焦化厂，改造后主要功能为工业艺术现代设计中心（industry art modern design center），包括博物馆、学校、设计类公司、公园等。

8.1.3　工业遗产保护经验总结

西方发达国家工业遗产保护与利用理论研究及实践虽各有特点，但成功之处也不乏一些共同规律，其经验主要有以下三点。

1. 政府支持与社会参与

1）自上而下与自下而上。一方面，西方发达国家的工业遗产保护项目大都采取政府主导、规划先行、基础设施改善优先、投资者和开发商参与互动并协商配合的“自上而下”的模式。另一方面，由于全社会对文化遗产保护有“自下而上”比较一致的认识，即使一些产业建筑及地段的改造再利用项目的投入-产出不如新建建筑，仍然可以得以顺利实施，人们看重的是历史文化和环境可持续性的价值。

2）政府引导与市场合作。由于工业遗产地通常占地面积较大，虽然不存在旧城更新过程中拆迁难题，但产业建筑的舒适性标准及配套设施一般较低，常常还存在不同程度的损坏甚至环境污染，保护再利用的成本包含了一般开发商不愿承担的先期维修和环境治理投入。于是，保护利用前期的环境整治与设施改造投入便使得普通开发企业望而却步。因此，在保护利用过程中政府从运作和政策各方面，合理地引导工业遗产的开发与利用。

从开发程序来看，政府会在工业企业搬迁后购买其遗留下来的厂址，对基础设施和环

---

① 弗尔克林根钢铁厂位于德国萨尔州的沃克林根镇上，始建于1873年，于1986年停产。由于其悠久的历史，在1992年被作为工业遗址开始保护。1994年该钢铁厂被列入《世界文化遗产名录》，改造成为工业博物馆。

② 埃森是德国西部鲁尔区工业中心，19世纪初煤铁工业的建立使这个当年仅3000人的小城发展为大工业中心，矿业同盟是世界上最大的、最现代化的煤矿工业区。但随着后工业时代的到来，埃森煤矿工业区也经历了衰退，在1958~1964年，有53间煤矿厂关闭，将近35 000员工失去工作。在1975年以后，钢铁产业的危机也接踵而来。1986年，埃森的最后一家矿厂关闭。但北威州政府并没有拆除占地广阔的厂房和煤矿设备，而是买下了全部的工矿设备进行保护，2001年埃森煤矿成为世界文化遗产之一，矿区也成为具有重要意义的工业遗产历史中心，成为“鲁尔区最具吸引力的煤矿”。

境进行改造，然后再转卖给有意运营的开发商，由私人资本进行开发再利用。从运作模式来看，英国通常由环境部门统筹管理全国所有的城市开发公司，对区域性的遗产资源进行管理；美国通常会采取对整个区域整盘的出让，使得开发商能站在区域的角度进行规划和改造，也能有效利用社会资金投入到工业遗产改造的项目中。德国对于重点工业遗产由政府和资产机构进行永久性规划和发展，有利于保持区域遗产资源的整体风貌。

2. 多层次和多样化的更新措施

在西方工业遗产保护与利用的实践过程中，各国根据工业区实际情况分别采取多层次和多样化改造模式，针对大规模区域性的工矿企业联盟区、地段性的工业厂区和碎片式的单幢建筑等不同类型的工业遗产资源分别采取不同的更新策略和措施。

1）区域性工业遗产的保护。在区域性工业遗产保护过程中，将地区复兴和社会转型置于遗产地保护与发展的首位。大规模产业区的更新改造必然涉及大量的失业与再就业问题，如何利用原有工业遗产资源形成符合社会发展的新产业，促成区域新兴的经济增长，不仅关系到遗产资源的存留，也关系到社会的稳定，是区域性工业遗产保护利用的关键所在。因此，这类工业遗产资源的保护与利用一般都以详尽的社会调研与经济分析为基础，以科学的产业计划与空间规划为先导，明确不同工业片区、不同产业地段的类型及其适应性再利用的原则与目标，从宏观层面统筹协调区域遗产资源，使之能够相互促进、相互带动，促成社会经济的全面发展。

以德国的鲁尔工业区为例，其辖区面积4435km^2，占全德国国土面积的1.3%；区内人口及城市密集，人口达570万，占全国人口的9%；核心地区人口密度超过2700人/km^2；区内5万人口以上的城市24个，其中埃森、多特蒙德和杜伊斯堡人口均超过50万①。鲁尔区以采煤工业、钢铁工业等传统工业闻名，然而在20世纪70年代，煤炭、钢铁等传统老工业开始衰退，但鲁尔区通过实施IBA、RI等计划以及博物馆改造、公共游憩空间建设、购物旅游综合开发等模式使各工矿企业迅速实现产业转型，成为各国工业区应对后工业时代冲击的典范（图8.7）。

图 8.7 德国鲁尔工业区工业遗产保护

资料来源：http：//en. wikipedia. org/

2）地段性工业遗产的保护。地段性工业遗产与区域性工业遗产相比较，其规模相对较小，属于主要依托于特定资源和生产运输条件的产业建筑地段，如城市滨水工业仓储

① 参见维基百科“鲁尔区”词条，http：//zh. wikipedia. org/wiki/

区、水陆转运码头区、矿业基地等。伦敦码头区、鹿特丹港区以及苏黎世工业区都是此类遗产资源的代表。同时，由于位于城市交通、区位条件较佳的敏感地带，因此其重点主要在于地段价值的发挥。因此地段性工业遗产资源的保护与利用，通常以市场为导向、以建筑遗产再利用为核心、多采用多样灵活的城市更新模式。

例如，芬兰著名的坦佩雷（Tampere）工业遗产地曾经是欧洲的工业中心，如今从工业城市转型为以高新技术为主导的城市，数百年前的红砖工厂已改为商店、餐厅、电影院、酒店等。该地区的工业遗产保护方式基本上是以国际市场为导向，强调原有工业建筑的再利用，采取灵活的模式，不但有效保护了工业遗产，也实现了对经济衰落地区活力的重新注入（图 8.8）。

图 8.8　坦佩雷工业遗产风貌

资料来源：http：//blog. sina. com. cn/

3）碎片式工业遗产的保护。碎片式工业遗产主要是独栋的工业厂房或相关构筑物构成，易于与城市公共设施系统与绿地系统的建设相结合，采取空间重构、立面整治、生态节能技术处理等手段，将其改造成工业博物馆、城市公共设施与公园绿地中的景观构筑物等。

位于瑞士首都伯尔尼的 Tobler ① 巧克力工厂的老厂房被改造成伯尔尼大学图书馆（Unitobler）（图 8.9）。该工厂毗邻伯尔尼大学位于市区的老校园，1982 年伯尔尼大学已经在城市外围地区置地扩建，准备搬迁一些系科，且新校园规划设计工作已经基本完成，但经过校方一些有识之士的争取，最终放弃了原先的校园规划，而是将工厂改造成充满艺术氛围的大学新家（王建国和蒋楠，2006）。

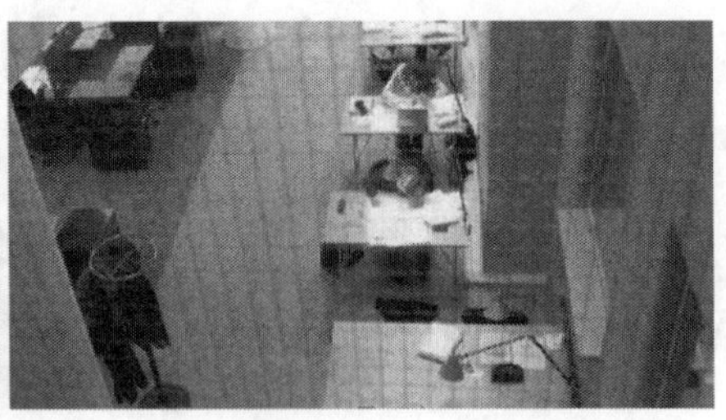

图 8.9　由 Tobler 巧克力工厂老厂房改建的伯尔尼大学图书馆

资料来源：王建国，蒋楠 . 2006. 后工业时代中国产业类历史建筑遗产保护性再利用 . 建筑学报，(8)

3. 遗产保护与解决环境、社会问题的结合

国外工业遗产保护利用实践中另一个重要特点即在遗产地产业转型后，利用第三产业

---

① Tobler 原是瑞士最著名的巧克力品牌之一。

的高附加值，提供更多的就业机会，以解决后工业化冲击下城市失业率上升的问题。前文所述的鲁尔区工业遗产旅游开发，实现了社区、政府和投资者的共赢，很好地解决了产业调整带来的失业等一系列社会问题。

废弃的工业园区通常环境污染严重，不利于人类活动，但其遗留下的工业建筑与构筑物又具备独特的工业美学特质。因此，如何在工业遗产保护过程中通过景观与生态再造，使其能迎合现代人的审美需要，同时又能够改善其生态环境，转化为适宜现代休闲生活的博览、游憩场所，也是工业遗产保护中值得关注的重点。

以德国为代表的西方国家，在保护利用工业遗产的过程中还注意对工业遗迹进行必要的景观再造①，既使工业的历史面貌得到延续，保证工业时代的历史信息得以准确地传承，同时又展示了旧时代的工业空间，并通过对场所生态系统的恢复达到现代人类活动的环境要求。

8.2 我国工业遗产保护困境与潜力

我国目前处于城市化的中级阶段，2000年城市化水平36.09%，2011年达到51.3%，工业化仍然是推动城市发展的主导力量，而后工业化时代的来临宣告了机器大生产主导经济增长模式的结束。所以，国内城市一方面在接受发达国家产业转移发展工业的同时也面临了信息化时代的挑战，大量城市老工业区面临更新，城市产业需要进行结构性调整。

8.2.1 工业遗产保护现状

20世纪90年代起，城市土地有偿使用制度建立、城区土地“退二进三”式功能置换、老工业基地转型等三个方面成为产业用地调整的主要推动力，也带来了人们对工业遗产问题的关注。

1. 理论探索

20世纪50年代初，当西方发达国家工业化已经进入后期时，中国仍然处于大力发展制造业的工业化初期。直到90年代中后期，随着以信息技术为特征的新型工业化的逐步兴起，对一些传统制造业逐步改造升级，我国对工业遗产的保护与利用相关问题的研究才逐步兴起。这一领域的研究主要包括城市政府所直接关注的城市滨水区改造开发研究、“退二进三”后传统产业建筑改造再利用问题研究以及工业遗产的调查、分析和价值评估等。但是，从地域上看，主要涉及一些发达地区的城市，如上海、北京、广州等；从研究领域看，主要局限于建筑学和城市规划学领域，文物管理部门则未将工业遗产保护问题纳

① 德国北杜伊斯堡景观公园的改造案例中，设计师彼得·拉茨对原有场地尽量减少大幅度改动，但在多个地方进行了适量的补充，使改造后的公园拥有的新的结构和原有历史层面清晰明了。他还用生态手段处理这片破碎的区域，对工厂中的构筑物全予以保留，部分构筑物都予以保留，部分构筑物被赋予新的使用功能，工厂中的植被均得以保护，荒草也任其自由生长。

入其视野。

直到近几年，受世界一些发达国家工业遗产保护与利用的影响和国内一些城市在此方面的成功尝试，工业遗产保护问题才日益受到各界的关注和重视。在吸收国际工业遗产保护委员会（TICCIH）、国际古迹遗址理事会（ICOMOS）等国际组织的研究成果，以及总结国内相关理论研究和实践探索的基础上，我国对“工业遗产”的概念及其保护利用的观念基本达成了共识。

2006 年 4 月 18 日“国际古迹遗址日”，国家文物局在江苏无锡市举办了“中国工业遗产保护论坛”，会议形成的《无锡建议——注重经济高速发展时期的工业遗产保护》确定了我国工业遗产的定义、价值及其保护的重要意义。5 月 12 日，国家文物局第一次发出“关于加强工业遗产保护的通知”，要求各地“充分认识国内工业遗产保护的意义”，“制订切实可行的工业遗产保护工作计划，有步骤地开展工业遗产的调查、评估、认定、保护与利用等各项工作”。

2006 年国务院公布了第六批 1080 处全国重点文物保护单位，其中黄崖洞兵工厂旧址、中东铁路建筑群、青岛啤酒厂早期建筑、汉冶萍煤铁厂矿旧址等 9 处近现代工业遗产新入选为国家级重点文物保护单位（图 8.10），加上之前列入的大庆第一口油井、青海第一个核武器研制基地旧址等，已有 11 处工业遗产成为全国重点文物保护单位。

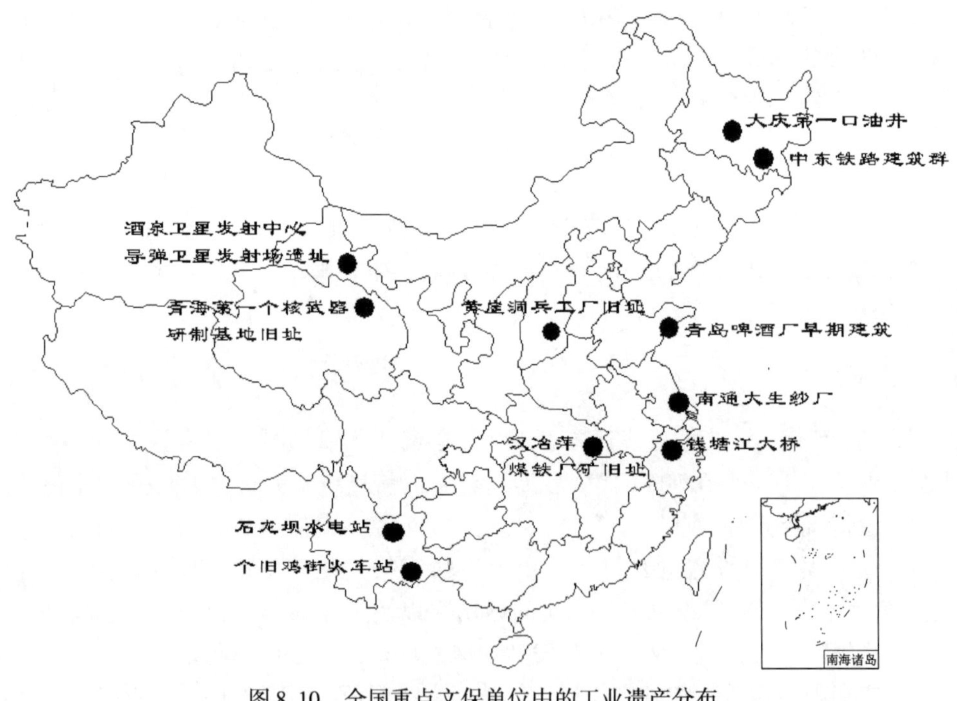

图 8.10　全国重点文保单位中的工业遗产分布

资料来源：国家文物局网站

2. 实践探索

目前在工业遗产保护与再利用实践方面进行探索的城市为数不多，代表性的有北京、上海、无锡、广州、南京等。这些城市社会经济相对较发达，文化意识和社会认知水平相对较高。

北京："798"艺术区是国内较早的工业遗产保护利用的典型，对其他城市产生了重要影响。某种程度上说，它是一种"自上而下"的政策适应了"自下而上"模式的成功典范。起初，由于低廉租金，"798"地区成为艺术家建立起来的创意产业聚集地，北京的城市文化又恰好能够维持这种创意产业的繁荣，使得文化产业与近现代工业遗产产生了联姻。另外，由于举办奥运会，城市中大量的工业区迫于环境保护的压力需要搬迁，留下了大量的工业遗产，这也引起了政府部门和学术界的广泛关注，开始在城市层面研究工业遗产的何去何从。

上海：上海的工业遗产极其丰富，特别是苏州河沿岸和黄浦江两岸，这些工业遗产是中国民族工商业和国家特定时期先进生产力的见证。苏州河沿岸的仓库和厂房大都借鉴国外的改造利用模式，改造成艺术中心和 LOFT 办公建筑，这类遗产改造项目大多以点状存在，在城市中相对分散。目前上海有十多处结合废弃工业区发展的创意产业园区，著名的有"8 号桥"（图 8.11）、"田字坊"等。世博会是对工业遗产保护与再利用很好的城市事件"催化剂"，世博园内大量的工业遗产得到了保护和改造性再利用，功能复合，模式多样，是工业遗产与城市事件结合的较好案例。

无锡：无锡是我国民族工商业的发源地，开展了大量抢救性保护工作，使大批优秀的近代建筑，特别是一批珍贵的民族工业遗产得以保存下来。无锡将工业遗产保护作为全面提升城市综合竞争力的重要举措，力求彰显百年工商业名城底蕴，塑造"文化无锡"的城市形象。在《无锡历史文化保护规划》中对工业遗产提出了具体的保护措施，并划定了一些重要遗产的保护范围与建设控制地带，根据无锡市区内各分区的功能定位进行了较详细再利用规划。通过改变工业遗产的使用功能，确定遗产中不可改变和可改变的内容，从而使得原有的工业遗产能够适应当今社会物质和精神的需要。其中，北仓门（图 8.12）、茂新面粉厂、蓉湖旧址分别改造成了崇安区文化创意产业园、无锡市工商业博物馆以及开放式公园，这三种形式也成为无锡工业遗产保护和利用中的三把"钥匙"。

图 8.11　上海 8 号桥创意产业园

图 8.12　无锡市"北仓门"仓库改造的崇安区文化创意产业园

8.2.2 工业遗产保护问题

我国城市处于工业化与信息化的双重挑战之下，加之城市化进程尚处于加速发展阶段，工业遗产保护与再利用尚处于探索之中，并存在以下问题。

1. 工业遗产丰富但流失严重

虽然我国工业化历史不长，但是从19世纪后期开始的洋务运动直至新中国“三线建设”留下了大量反映城市发展脉络和技术进步的工业遗存。在近年来随着国企改革、城市实施“退二进三”和“退城进郊”的策略[①]，以及企业本身的技术性改造过程中，在城市中产生了大量废弃的工业遗产地段。由于人们对工业遗产价值的认识尚不明晰，在未来得及采取相关保护措施时，许多工业遗产被当作落后生产力的象征被“消灭”或者“改造”掉了。

以重庆为例，重庆是我国著名工业城市和老工业基地，工业企业涉及制造、纺织、医药、印刷、食品加工、采掘、能源等行业；经历了洋务运动、民族工业、三线建设和改革开放等重要历史演变时期；积淀了大量的工业遗产，并且这些工业遗产数量大、类型多、范围广、年代久远（图8.13）。但近年来大批工厂搬迁，许多原有的厂房和构筑物被拆毁，如九龙坡区的重庆罐头食品厂的老工业设备全部被拍卖处置，具有历史价值的大门已被拆除。江北“三钢厂”、南岸“铜元局”、渝中区化龙桥片区等地段，由于用地性质发生了根本性变化，原有的建筑和老工业设备还未经过价值评估就已经荡然无存。

2. 地产开发对工业遗产地的压力

企业，作为市场运行的主体往往以经济利益最大化为目标准绳，而工业遗产地保护投资大、见效慢的事实与企业的效率法则背道而驰，所以企业对此缺乏热情，它们往往只看重遗产地的土地价值。另外，工业企业破产后，被全面纳入资本清算，其市场价值核算与工业遗产保护也存在较大矛盾。因此，大多数企业搬迁后，留下的用地都被用于经济价值较高的房地产开发。许多旧厂区出让给了房地产公司，而它们很少对有着历史文化价值的遗址和老厂房进行保护性利用。例如，武汉重型机械厂，在某地产公司介入后，对原有厂房、车间等遗产价值全然不顾及，推到重新建成了全新的居住楼盘。这种开发企业的市场价值观念势必严重影响工业遗产的保护（图8.14）。

3. 认识不足与社会意识薄弱

在我国，人们在遗产保护中普遍比较关注的还是那些正统的、象征权力和高尚艺术的历史遗产，重点主要集中在有突出价值的文物古迹、历史街区上。对年代较近的工业遗址、厂房、设备等工业遗产价值认识还不全面，没有形成保护工业遗产的共识和良好的社

---

① “退城进郊”是指我国为体现产业升级，对装备、技术各方面的升级改造，将城市内部的传统工厂（尤其是带有一定污染的）搬迁至城市郊区或边缘区集中布置。

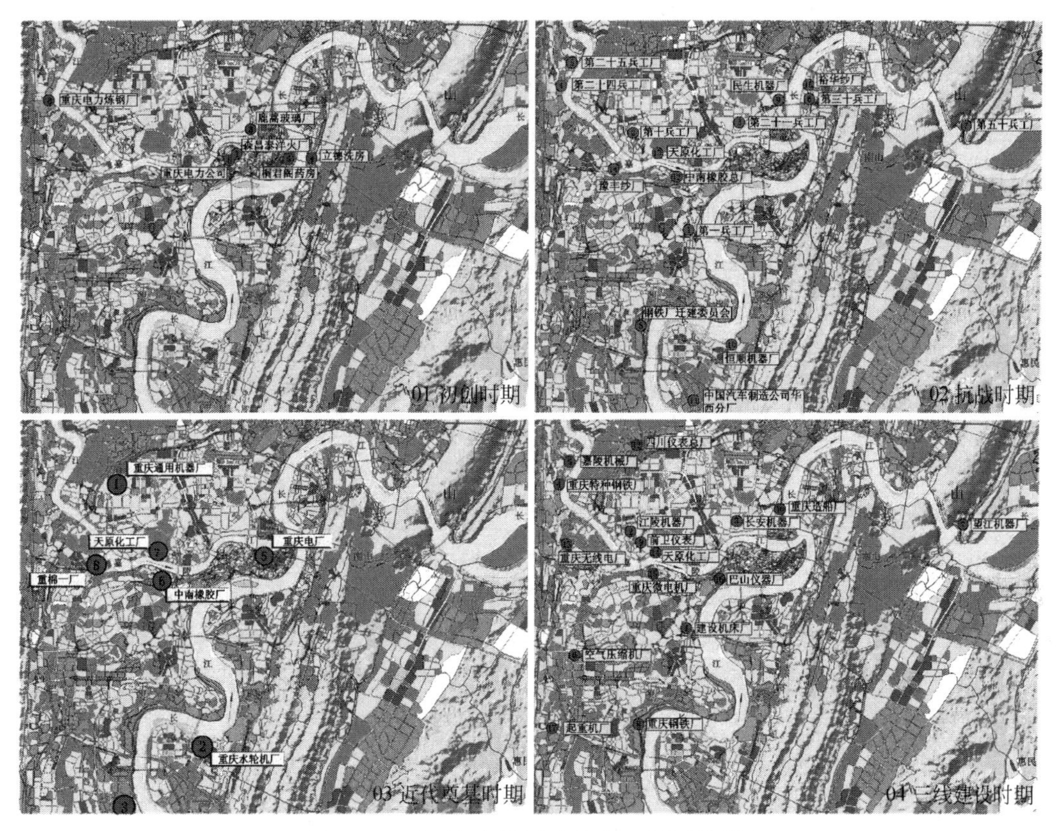

图 8.13　重庆市主城区近现代工业发展历程

近代工业初创时期 1891 ~ 1936 年，近代工业大发展时期 1937 ~ 1949 年，

现代工业奠基时期 1950 ~ 1963 年，现代工业发展时期 1964 ~ 1983 年

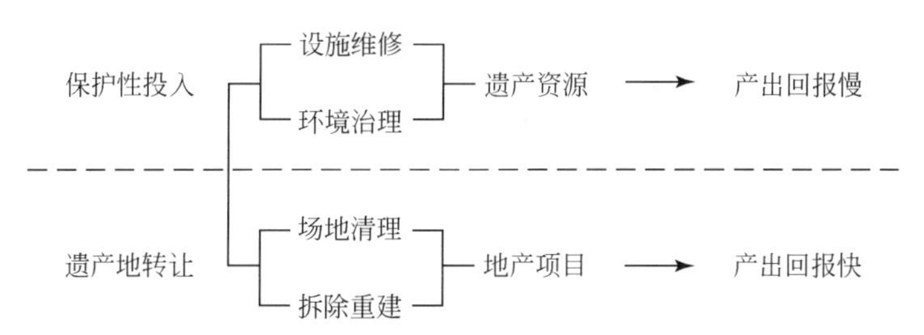

图 8.14　工业遗址保存与地产开发比较模式图

会氛围。目前实施的工业遗产保护项目大部分是少数艺术家、开发商的自发性行为为主要动力。如果不努力改变这种状况，再过若干年或许这些昔日为城市发展作出过巨大贡献的工业文化遗址将消失殆尽。

8.2.3　工业遗产保护困境

由于我国对工业遗产价值认识不深入，保护意识不强，工业遗产尚未正式纳入国家保护体系，因而其保护面临着以下困境。

1. 尴尬的价值定位

价值认同是遗产保护的前提。工业遗产的价值在公众观念中介于文物与一般历史遗存之间，这使得这些有文化价值的废弃的工业遗存未得到广泛的社会认同。工业社会和技术的表现曾一度被认为是文明，而不是文化，使得产业建筑在所有的历史遗产中属于比较弱势和边缘的一类。倒闭和废弃的厂房更是被人们看做是经济衰退的标志，常常成为城市更新改造中被首先考虑清除的对象。我国东北地区曾有着大量的“国字号”重型军工企业，曾被誉为中国经济的顶梁柱。但自改革开放以来，随着国家经济的转型，东北老工业基地的盛况已不复存在了。以2002年沈阳铁西区为例，该区有75万常住人口，其中下岗和失业人口分别达到15万和5万（莫邦富，2002）。与此同时，人们对原来的厂区也漠不关心，经常有蓄意破坏和偷卖钢铁的情况出现。

另外，快速城市化时期伴随着地产业的快速发展，使得工业遗产的历史价值难以与土地高涨的经济价值相抗衡。例如，重庆化龙桥片区是著名的旧工业区，有西南地区最老的橡胶工业基地中南橡胶厂，有重庆最老的微电机厂、开关厂及阀门厂。但由于其地处重庆市主城区中心地段，并毗邻嘉陵江，2.41km^2的老工业区被改造成一个崭新的现代办公和居住区。原有的工业要素在还未进行评估的情况下被彻底清除，4万多原厂区居民被要求整体搬迁，场所记忆荡然无存，守望着的是即将面目全非的繁华（图8.15、图8.16）。

图8.15　化龙桥历史照片鸟瞰

资料来源：bbs. city. tianya. cn

图8.16　化龙桥片区设计方案模型

资料来源：瑞安房地产有限公司主页

2. 模糊的保护与利用尺度

著名建筑理论家诺伯舒尔兹（Christian Norberg-Schulz）说：“改变和保护其实并不是相悖的，因为毫无保留的改变实际是破坏，而丝毫不允许改变的保存则是顽固。我们必须认清的是，所有的客体始终要面对新的情况，我们绝不可能再次面对完全相同的客体，我们所面对的，都是在新情况中的同一客体，以及不同的中介媒体”（Norberg-Schulz，1963）。对任何类型遗产的保护与利用而言，利用只是手段，保护才是最终的目的。工业遗产再利用的目的是为文化资源争取更多的保存空间和生存能力，并且结合建筑本质的再现。因此，工业遗产利用不能仅仅包上一层经济利益的外衣，而抹去了遗产背后所隐藏的意义和价值。但同时，原封不动的保存难以适应新的使用要求和审美需求，也难以获得其自身维护的经济支撑，这样的方式是难以长久和不切实际的。因此，保护与利用对于遗产而言就如同天平的两端，对于度的掌握就显得非常重要（图8.17）。

图8.17 模糊的保护与利用尺度

由于产业建筑不同于传统街区，并不是市民长久生活居住的场所，在实际操作中其改造利用的尺度往往较历史街区的保护模式有一定程度的突破，侧重于“利用”层面，但过度或极端化的利用将违背保护的初衷。例如，无锡利用原面粉厂区改建的工业遗址公园内，拆掉原有建筑，按照其原有造型，运用现代技术和材质新建体量相近的建筑，用于艺术教学和公园服务设施。新建筑物按原有厂房模式建造就是一种极端符号化的表面处理、变异与拼贴以及简单套用，难以掩盖内部的无力与虚幻，保护与再利用因此成为互不相干的两种途径，失去了遗产本身的文化内涵。

3. 短视的城市经济观

产业建筑的舒适性及配套设施的标准一般较低，而且常常还存在不同程度的损坏甚至环境污染，对其保护性再利用的成本包含了一般开发商不愿承担的先期维修和环境治理投入。以盈利为目的的企业难以介入这类投资大、见效慢的事业。另外，原有工业企业占地规模大，往往又位于城市中心地段，其土地具有极大的经济价值，加之目前我国正处于快速城市化阶段，房地产开发项目拥有庞大的市场支撑。同时，政绩考核的衡量标准也是检验改造了多少危旧房和老工业区，而忽略了城市遗产保护的隐形财富。因此，在短视的经济至上思维主导下，大多数工业企业搬迁后，其土地都被用于经济价值较高的急功近利式的房地产开发，而原有的工业建筑和遗址大都在这样的操作模式中被拆毁、清除。兼顾公益性质的城市更新由于有限的经济效益不足以满足企业市场运作的经济要求，成为当下工业遗产保护的主要问题。

4. 缺失的城市整体观

尽管国内许多城市已经进行了工业遗产保护与利用的大量实践，但不是所有尝试都是成功的，许多遗产地的开发与利用存在盲动性，缺乏城市层面的整体思考。

1）工业区更新与城市整体功能关系不协调。老工业区由于设施落后、环境污染、管理封闭、分散布局等缘由，环境恶劣、土地使用效率低，在一定程度上割裂了城市系统的整体性。而在市场主导下的自发性更新过程中，工业遗产地的开发与再利用由于没有与城市规划有机结合，采取就项目论项目的局部思维，只考虑地块本身的发展，没有利用更新改造的契机完善城市组团之间的协作性，因而难于完善城市的整体功能结构。

2）自发性的保护再利用缺乏与城市的互动。国内目前比较成功的工业遗产再利用大多是厂房被艺术家、设计师租用改造成工作室的案例，如北京的“798”艺术区、四川美院附近的坦克库艺术中心、上海苏州河沿岸等。这种实践本身一定程度上保护了工业遗产，但往往是基于艺术观、基于低廉租金进行的自发性利用，并没有考虑到与城市功能和环境相结合。这样的模式目前的发展势头虽然不错，但实际需求极其有限，因而很难长久地适应城市的发展，也无法解决快速产业转型过程中大量工业遗产的保护问题。

3）“孤点”式的保护利用难以凸显遗产的整体价值。“孤点”式的保护利用现象在我国城市比较普遍。政府针对个别价值较高、区位适当的工业建筑，一般会主观性地进行保护性再利用，使得这些工业遗产成为城市中的“孤点”；许多工厂也将单个厂房临时租借给小商铺、小公司、小作坊和外来务工人员加以利用。然而，城市中的工业遗产是具有系统性和完整性特征的整体，个别案例的保护实践虽然能保存历史的“片段”，却难以串联城市的整体记忆和文脉，无法反映城市完整的文化内涵。而且，那些片段式、临时性、个体性的利用方式往往容易忽略遗产的原真性保护，只是简单地留住其外形，对周边环境也进行了大量改建，使得遗产价值受到极大损失。

8.2.4 工业遗产保护潜力

目前我国城市“退二进三”引发的空间重组以及人口快速增长对建设用地的需求，使工业遗产保护再利用与国外的情况不尽相同，具备一些国外城市所没有的优势和潜力。

1. 区位优势

早期工业企业建设一般都位于城区边缘、滨江地带等用地平坦且交通便利的地区。随着城市的不断拓展，这些地区逐渐成为城市中用地条件最好、环境景观最美、土地价值最高的地区。以重庆市为例，大部分工业遗产都分布于中心城区范围内，其中主要的工业遗产地都沿长江、嘉陵江分布（图8.18）。这些厂区占据着大面积优质的城市建设用地，是高价值的城市资产。在市场经济条件下，政府可以利用这些工业遗产的区位优势，采取管理和政策手段调控用地开发，引导社会力量实施工业遗产的保护和再利用；也可以结合大型公共设施建设，有效再利用这些工业设施。

2. 时机优势

与欧美国家不同的是，我国城市正处于高速发展时期，总体城市化水平只有约50%。城市中心区产业的退化不会引起大量的土地闲置，相反可以为城市建设提供大量的建设用地，为城市结构调整和土地功能转换提供了较大可行性。“退二进三”后的土地成为政府经营城市的重要资源，用以解决不断膨胀的人口和居住问题、建设公共设施、优化城市交通、提供公共绿地和公共空间。广东省中山岐江船厂原为中山著名的粤中造船厂，是中山社会主义工业化发展的象征，在20世纪90年代后期停产，历经了新中国工业化进程艰辛而富有意义的历史沧桑。在保护和开发过程中，老船厂被改造成为城市中的开放公园，将原有船坞、骨骼水塔、铁轨、机器、龙门吊等标志性建构筑物进行保留，作为记录船厂曾经的辉煌和火红的记忆，用一种新的手法向人们讲述工业故事（图8.19）。

图8.18　重庆老工业（1983年前建）分布图

图8.19　广东中山岐江公园鸟瞰图

资料来源：http：//baike.baidu.com/image/

3. 文化优势

我国工业的发展历史悠久，且经历了洋务运动、民族工业发展、抗战工业基地建设、苏联援华156项工程和三线建设等不同历史时期，许多城市城区内都拥有大量的工业遗存，包括生产厂房、办公建筑、工艺设备、重要文献，这些历史资源见证了城市和民族的兴衰，记录了一个个时代的记忆，反映了各个城市工业化发展和工业文明的历程，具有重要的文化价值。对其保护与再利用，有利于发掘和保护地方文化，并可以结合城市文化设施、社区中心、康体设施、公共空间等文化项目的建设，以促进城市文化的发展，如北京铁路博物馆便是由正阳门东车站[①]改建而来的。该火车站始建于光绪二十九年（1903年），光绪三十二年建成并启用，是当时全国最大的火车站，是中国铁路早期车站建筑的代表作。车站在新中国成立以后仍被使用，直到1959年才停用，后作为铁道部科技馆、铁路职工俱乐部、铁路文化宫等功能使用。利用车站建设的博物馆见证了中国铁路运输事业的发展历程，承载了时代的记忆，具有丰富的文化内涵（图8.20）。

图8.20　车站改造的北京铁路博物馆

资料来源：http：//baike.baidu.com/image/

① 全称为京奉铁路正阳门东车站，俗称前门火车站。

8.3 工业遗产的界定与构成

作为一种新兴的遗产对象，工业遗产形成于近现代不同的历史时期，其构成内容和形式也多种多样，且空间分布范围广泛，有必要厘清其基本概念并分析其价值构成。

8.3.1 工业遗产概念的界定

1. 国际公约中的定义

2003年，国际工业遗产委员会（TICCIH）通过的《下塔吉尔宪章》（*The Nizhny Tagil Charter For the Industrial Heritage*）对“工业遗产”有了权威界定：具有历史价值、技术价值、社会价值、建筑或科研价值的工业文化遗存，包括建筑物和机械、车间、磨坊、工厂、矿山以及相关的加工提炼场地、仓库和店铺，生产、传输和使用能源的场所，交通基础设施，工业生产相关的社会活动场所（如住房、宗教、教育场所）[①]。工业考古是研究所有在工业生产过程中产生的，关于文字记录、人工产品、底层结构、聚落及自然和城市景观方面的物质和非物质材料。工业遗产的时段主要是18世纪后半期工业革命开始至今的时间范畴，也要探索早期前工业和原始工业的渊源。

2. 国内对于工业遗产的共识

在吸收TICCIH、ICOMOS等国际组织的研究成果，总结近年来相关领域在此方面探索的基础上，我国对“工业遗产”的概念也达成了初步共识。2006年4月“中国工业遗产保护论坛”形成的《无锡建议——注重经济高速发展时期的工业遗产保护》中，对我国工业遗产这一新兴的遗产对象达成了共识，形成了国内关于工业遗产的概念界定：具有历史学、社会学、建筑学和科技、审美价值的工业文化遗存，包括工厂车间、磨坊、仓库、店铺等工业建筑物，矿山、相关加工冶炼场地、能源生产和传输及使用场所、交通设施、工业生产相关的社会活动场所，相关工业设备，以及工艺流程、数据记录、企业档案等物质和非物质遗产。

因此，工业遗产包括三大类与工业发展相关的遗存：与工业生产活动直接相关的建筑和场地；反映并记录工业生产活动的设备和文献档案；反映工业化时期人们精神面貌的物质和非物质文化遗产[②]。

---

① 《下塔吉尔宪章》第1条：Definition and industrial heritage 。部分原文为：“Industrial heritage consists of the remains of industrial culture which are of historical, technological, social, architectural or scientific value. These remains consist of buildings and machinery, workshops, mills and factories, mines and sites for processing and refining, warehouses and stores, places where energy is generated, transmitted and used, transport and all its infrastructure, as well as places used for social activities related to industry such as housing, religious worship or education.”

② L. 伯格伦. 新型遗产：工业遗产. 世界遗产大会报告，1998-02。

8.3.2 工业遗产的类型构成

虽然目前学术界对工业遗产的概念已经有了共同的认识，但在保护实践中所面对的遗产对象是十分复杂的，进一步的类型构成分析有利于我们更加深入认识工业遗产。对工业遗产的类型划分可以从建设时间、分布位置、载体形式、保存现状等几个方面进行思考。

1. 按建设时间分类

我国近现代工业的历史可追溯到19世纪末、20世纪初的洋务运动，至今大致经历了洋务运动、民族工业建设①、抗战内陆工业建设、苏联援华156项工程②、三线建设③等几个代表性的时期，留下了具有各自时代印迹的工业遗产，反映了不同时期城市和国家的历史命运（表8.3）。因此，按建设时间分类，可将我国的工业遗产分为以上五类。在保护再利用过程中应根据其不同的时代背景，挖掘特有的文化内涵。

表8.3 我国近现代工业发展主要历史时期及代表案例

时期	起始年份	代表型案例简介	相关图片
洋务运动时期	1861～1894年	江南机器制造总局，简称江南制造局，是清朝洋务运动中成立的军事生产机构，是清政府洋务派开设的规模最大的近代军事企业，也是江南造船厂的前身	
民族工业大发展时期	1895～1936年	大生纱厂，厂址位于江南通州（今南通市），是清末由民族企业家张謇创办的私营棉纺织企业，该厂是近代民族工业及纺织工业发展的重要见证	

① 本书“民族工业建设时期”是指民族工业的大发展时期，即初步发展、鼎盛以及萎缩阶段，不包括19世纪60～70年代的萌芽和抗战时期遭到四大家族严重破坏阶段以及新中国成立后的复兴阶段。起止时间大致为1895～1936年。

② 1953～1967年中国实施第一个五年计划，在遭受全球资本主义国家封锁、禁运的环境下，通过等价交换的外贸方式，接受了苏联和东欧国家的资金、技术和设备援助（主要是苏联），建设了以“156项重点工程”为核心的近千个工业项目，奠定了新中国现代工业的基石。苏联援华项目相关工作从1950年开始，涉及采矿、冶炼、机械制造、动力、化工、制药、食品以及军工等企业，1960年7月中苏关系恶化，苏联撤回了所有援华专家，并终止了大部分合同。此后，中国“独立自主，自力更生”，自主完成了剩余项目的建设工作。到1969年“156项”实际实施的150项全部建成，历时19年。来源：http：//wenku. baidu. com/。

③ 三线建设，指的是自1964年开始，我国在中西部地区的13个省、自治区进行的一场以战备为指导思想的大规模国防、科技、工业和交通基本设施建设。三线建设是我国经济是上又一次大规模的工业迁移过程，成为我国中西部地区工业化的重要助推器。来源：http：//baike. baidu. com/view/798186. htm。

续表

时期	起始年份	代表型案例简介	相关图片
抗战时期	1937～1945年	重庆天原化工厂，是由中国化工创始人之一，著名爱国实业家吴蕴初先生于1939年将在上海的企业搬迁至重庆所创办，现企业已经搬迁至涪陵	
新中国成立初期苏联援华156项工程	1950～1969年	中国洛阳第一拖拉机厂，位于河南省洛阳市，1955～1958年建成。中国第一台拖拉机、第一台压路机和第一台军用越野汽车的诞生地	
三线建设时期	1964～1983年	中国第二重型机械集团公司，位于四川省德阳市，1971年建成投产，占地面积261.1万平方米	

2. 按分布位置分类

由于资源、交通条件的限制以及各种历史、政治因素，历史上我国各地工业企业的地理分布广泛，呈现出城区郊区交错、地上地下多维的分布格局，可以大体上将其分为城区和郊区两类（表8.4）。分布于郊区的工业遗产的保护与再利用的方式较为单一，多采取生态景观改造的方式再利用为郊野游憩场所或郊野公园，更多考虑的是与自然环境的融合；而分布于城区的工业遗产，根据其在城市中的具体区位可以分为中心区、滨水地段、一般地段三类，可根据其周边地段功能和环境情况采取多样化的再利用方式。位于城市中心区的工业遗产，应重点考虑其土地商业价值的实现，采取市场引导的手段，结合项目的开发带动地区复兴；位于滨水地段的工业遗产，处于城市的生态和景观敏感区域，应重点考虑其生态景观价值，在设计和改造中应强调生态环境的改造和景观功能、休闲功能；位于一般地段的工业遗产则应结合周边地段的用地情况，采取与区域功能相融合的更新与再利用方式。

表8.4　工业遗产按区位关系分类及代表案例

区位	再利用方式	案例	相关图片
城郊	郊野游憩场所或郊野公园	中山岐江公园①	

① 岐江公园位于中山市西区岐江河畔，是由粤中船厂的旧址上改建而成。西区以前是中山市的城郊，随着城市逐渐向外拓展，如今西区也成了中山市城市核心区域的重要组成部分。

续表

区位		再利用方式	案例	相关图片
	中心区	适应市场需求的商业开发	上海红坊[①]	
城区	滨水地段	滨水商务休闲和景观空间	广州信义国际会馆[②]	
	一般地段	片区功能融合	北京双安商场[③]	

3. 载体形式分类

根据《无锡建议》中对工业遗产的定义，我国工业遗产主要包括工业建筑、工业设备、厂史资料及相关记录文献等。按载体形式，这些遗产大体上可分为物质类遗产和非物质遗产两大类。非物质遗产又可细分为企业厂史、设计工艺图纸、历史人物文件和档案等，多以博物陈列的形式加以利用。物质类遗产包括工业建筑、工业构筑物和设备。在保护利用中，工业构筑物和设备多以景观元素和陈列展品的方式加以利用；工业建筑可分为厂区办公建筑和生产厂房、历史人物故居（如工程专家、著名实业家）等，在改造利用的过程中功能的调整与转换应考虑与其自身相应的结构特点和历史背景相结合（表 8.5）。

① 红坊位于淮海西路（570 ~ 588 号）核心地段，南邻淮海西路、徐家汇商业中心，西靠虹桥 CBD 商务区和新华路历史风貌保护区。改建于上钢十厂原轧钢厂厂房，总建筑面积 18 000m^2，利用老工业建筑的高大空间、框架结构等特点与现代建筑艺术相结合，打造成为了一个集会议、大型活动、艺术展览、多功能创意等综合文化中心。

② 广州信义国际会馆位于广州珠江边上，由 20 世纪 50 ~ 60 年代的水利水电大型机械制造厂改建而成，2005 年 11 月，对原工厂 12 栋车间中的 7 栋进行了重整，以 LOFT 生活区的姿态重现，并更名为信义国际会馆。

③ 北京双安商场的前身为北京手表二厂，位于北京市海淀区，于 1992 年由东安集团改建，是我国工业建筑再利用较早的实例。

表 8.5　工业遗产按载体形式分类示意（以重庆为例）

类别	载体形式	细分	示例
物质类遗产资源	工业设备		 机床厂第一台齿轮机
	特殊场所		 1942 年嘉陵厂顾汲澄厂长为修建山洞死难者建的纪念碑
	工业建筑	生产厂房	 重棉一厂老厂房
		办公建筑	 水轮机厂洪发利楼
		构筑物	 特钢厂吊车

类别	载体形式	示例
非物质类遗产资源	制作工艺	25 厂七九枪弹制作流程
	历史文档	何应钦的生产批文
	厂史文献	 嘉陵厂生产的兵器老照片

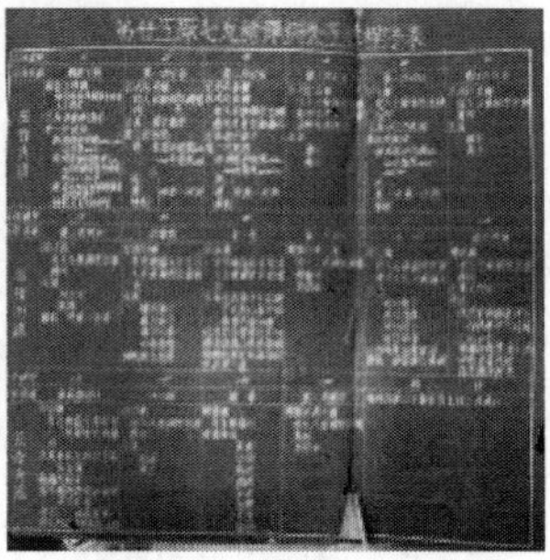

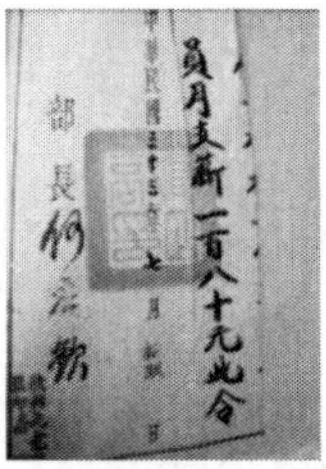

4. 按保存状况分类

近年来，在老工业区进行技术改造、倒闭以及搬迁的过程中，由于各地对工业遗产的认识不同，有的工业遗产被当落后生产力一同“消灭”掉了，有的被“改造”得面目全非，也有的幸运地保存下来。按保存现状，可以将工业遗产划分为以下三类。

第一，工业遗址保存完整。工厂搬迁后，原有的老厂房、仓库、办公楼、大门、围墙等较完整地保留下来。这类工业遗产建筑物、构筑物主体完整、景观元素丰富、历史资料齐全，适合整体保护和开发，根据其价值、区位、规模和城市规划的总体要求可以采用规划设计手法再利用为博览设施、主题公园、创意产业基地、商业设施等。

第二，老工业厂区已经消失，但部分历史建筑和厂房得以保存。此类工业遗产可以结合建筑自身的结构特点，侧重于从建筑设计的角度进行功能更新，对老工业建筑进行改造再利用。

第三，老工业厂区已经消失，但遗留下少量的工业遗址或遗迹。此类工业遗产可以结合城市规划的功能布局和场地的生态建设，采用景观设计手法将其改造再利用为城市绿地、生态景观公园、城市的景观元素等，融入城市功能和空间。

综上所述，工业遗产类型构成是十分丰富的，对其保护与再利用需要建立在详细的调查和分析基础之上，根据其不同类型和特点采取针对性的手段和措施，使其融入城市规划和建设，使保护工作有重点地进行（图8.21）。

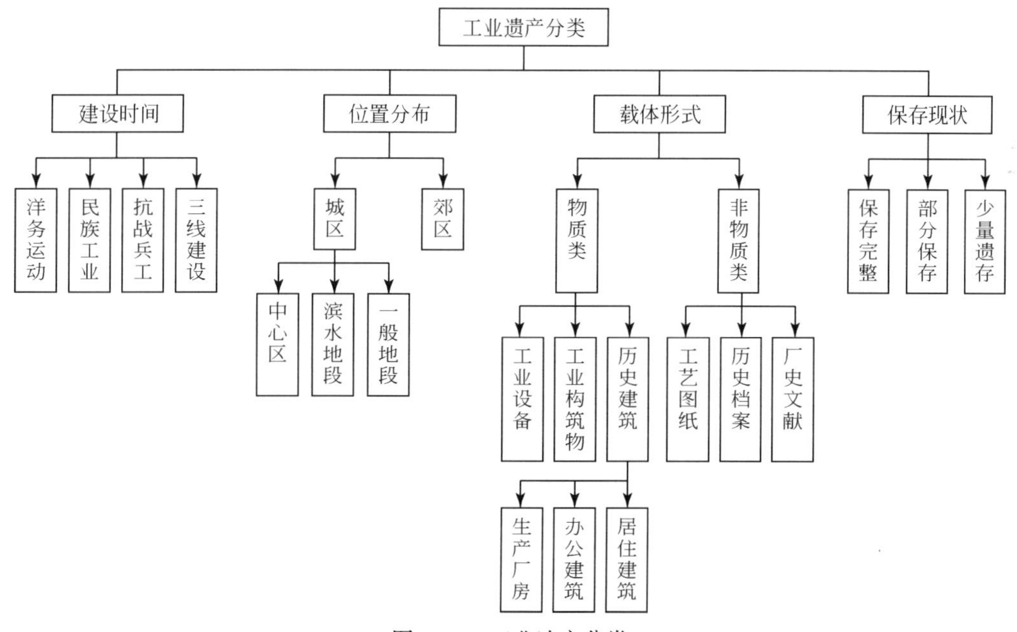

图8.21　工业遗产分类

8.3.3 工业遗产的价值构成

城市中不是所有工业资源都具有遗产价值，把与工业生产相关的所有要素都视为工业遗产、把废弃工业基地和工业遗产等同是“遗产泛化”的表现。工业遗产应是在一个时期一个领域领先发展、具有较高水平、富有特色和有重要意义的工业资源。决定工业遗存是否具备遗产价值，既要注重工业遗产的广泛性，避免因为认识不足而导致工业遗产在不经意中消失；又要注重工业遗产的代表性，避免由于界定过于宽泛而失去重点，刻意的保留反倒会阻碍城市的合理更新。城市发展中需要平衡文化性和经济性，这就需要一个有效的评价标准来确定哪些是属于遗产范畴的，这样才能明确我们应该保护什么、利用什么、改变什么。

根据《下塔吉尔宪章》和《无锡建议》对工业遗产价值的范畴描述，结合我国城市工业发展的典型特征，可以将工业遗产的价值划分为历史价值、社会价值、科学技术价值、经济价值、艺术价值、独特性价值和稀缺性价值（表8.6）。

表8.6 工业遗产价值构成一览表

价值类型	工业遗产价值构成的具体内容
历史价值	1. 能够突破时间和空间的界限，给历史以质感，并成为历史形象的载体 2. 厂区内发生过重要的历史事件或重要人物的活动，并真实地反映了这些事件和活动的历史环境 3. 体现了特定历史时期的生产、生活方式、思想观念、风俗习惯和社会风尚 4. 厂区由于某种重要的历史原因而建造，并且反映了这种历史实际
社会价值	1. 工业区发展在城市发展变化中占有重要地位 2. 企业发展对整个社会经济的影响和作用 3. 工业遗产具有的对社会发展阶段的认识作用，教育作用和公证作用 4. 场所对社会群体的精神意义和认同感
科学技术价值	1. 规划与设计，包括选址布局、生态保护、造型和结构设计等 2. 结构、材料和工艺，以及他们所代表的当时的科学技术水平，或科学技术发展过程中的重要环节 3. 本身是某种科学实验、生产或交通等的设施或场所，体现先进性和合理性 4. 其中记录着和保存着重要的科学技术资料
经济价值	1. 城区良好的区位优势，为产生经济效益创造了条件 2. 工业建筑的良好结构、大跨度、大空间特征为再利用节省资金和建设周期 3. 再利用的连续性为场所富于了文化内涵，提升了地区吸引力 4. 再利用减少了因拆迁重建带来的环境污染问题
艺术价值	1. 建筑艺术，包括空间构成、造型、风貌、装饰装修等反映特定时期风格 2. 景观艺术，包括工业构筑物，设施设备表现出来的艺术表现力和感染力 3. 年代、类型、题材、形式、工艺独特的不可移动的造型艺术品（如特殊设备等） 4. 其他各种艺术的构思和表现手法

续表

价值类型	工业遗产价值构成的具体内容
独特性价值	在选址、工厂布局，机械安装和特殊工艺流程以及工业景观、档案及留给人们的记忆和习惯等非物质遗产方面具有内在的独特性
稀缺性价值	1. 在现有的历史遗存中，年代和类型珍稀、独特，或在同一种类型中有代表性 2. 建筑、设备或者生产技术属国内罕见

8.4　工业遗产保护与再利用策略

与其他遗产对象相比，工业遗产的类型和价值构成具有多元性特点，这使得其保护和再利用的模式呈现出复杂性和多样性。全盘保护和推倒重建都是不切实际的，需要准确地评价工业遗产的价值，并根据其价值制定层次性的保护与再利用梯度，因地制宜地采用多样化的再利用模式，使工业遗产获得新生。

8.4.1　科学的价值评价方法

对于工业遗产的价值评价，国内外很多学者做了系统的研究，一般包含定性与定量两个层面（陈伯超，2006；刘伯英和李匡，2006，2008）。由于各个城市的发展历程不同，工业遗产的各类价值因子权重也应该不同，以下以重庆市为例分析工业遗产价值评价方法。更准确的权重分配需要在具体的案例中调整和修正，使之不断趋于符合不同城市不同类型工业遗产的特点。

1. 定性的权重分配

对重庆的发展历史而言，工业遗产代表了这座城市为国家建设和民族利益的贡献以及它坚忍不拔的实干精神。经专家学者及政府管理部门多次权衡，一致认为重庆工业遗产的价值比重应该以历史价值、社会价值和科学技术价值为首，其他价值为辅。具体的权重分配如下。

就重庆工业遗产的历史特征来看，工业发展与城市历史联系极为紧密，企业文化与城市精神和社区文化息息相关，所以工业遗产的历史价值和社会文化价值具有较大权重，分别确定为 20%。

由于特殊的历史环境，重庆大部分历史时期的工业都代表着当时科技发展的先进水平，许多行业的工艺技术具有开创性，在国内外具有相当的影响力，这些是重庆工业遗产地位的重要支撑，因此权重确定为 20%。

艺术价值和经济价值在不同时代有着不同的认识。与其他城市工业遗产相比，由于重庆历史上一直处于经济欠发达地区，历史遗存的艺术价值相对较低，工业遗产艺术性的重要程度也相对较低，其权重确定为 12%。相对于工业遗产的其他价值而言，其经济价值并不占主导地位，其权重值也定为 12%。

稀缺性和独特性主要是针对重庆工业中大量的军工企业是不同于国内其他城市的，这类工业元素鲜为人知，对于丰富城市文化和景观特色具有一定贡献，其权重值分别确定为8%。

2. 定量的评价指标

为比较准确地评价工业遗产价值，把各类价值指标细分，如按照重庆工业遗产发展的四个阶段评价历史价值；按照行业的开创性意义和工程技术水平评价其科学技术价值。

价值评价的定量评分只有通过大量翔实的调查研究才能比较准确地赋值，并通过实践不断修正，使其更加符合不同城市的工业遗产价值标准（表8.7）。根据评价指标，可以对重庆现状工业遗产分别进行评价。本书选取部分代表性的工业遗存进行评价，确定其综合评价值（选取的案例如图8.22，表8.8）。

表8.7 重庆工业遗产的价值评分表

一级指标	二级指标	分值			
历史价值（20）	①年代久远	1840～1936年（8—10）	1937～1949年（5—7）	1950～1963年（3—4）	1964～1983年（0—2）
	②历史事件、历史人物相关	特别突出（8—10）	比较突出（5—7）	一般（3—4）	较少（0—2）
科学技术价值（20）	①行业开创性	特别突出（8—10）	比较突出（5—7）	一般（3—4）	较少（0—2）
	②工程技术水平	特别突出（8—10）	比较突出（5—7）	一般（3—4）	较低（0—2）
社会文化价值（20）	①社会情感	特别突出（8—10）	比较突出（5—7）	一般（3—4）	较低（0—2）
	②企业文化	特别突出（8—10）	比较突出（5—7）	一般（3—4）	较少（0—2）
艺术价值（12）	①建筑工程美学	特别突出（6）	比较突出（4—5）	一般（2—3）	较低（0—1）
	②产业风貌特征	特别突出（6）	比较突出（4—5）	一般（2—3）	较低（0—1）
经济价值（12）	①结构利用	特别突出（5—6）	比较突出（4）	一般（2）	较低（0—1）
	②空间利用	特别突出（5—6）	比较突出（4）	一般（2）	较低（0—1）
独特性价值（8）	独特	特别突出（7—8）	比较突出（5—6）	一般（3—4）	较低（0—2）
稀缺性价值（8）	稀缺	特别突出（7—8）	比较突出（5—6）	一般（3—4）	较低（0—2）

图 8.22　选取的重庆工业遗产案例

表 8.8　重庆部分工业遗产价值评价

遗产名称		①水轮机厂厂房	②507 兵工厂库房	③重庆钢铁厂轧钢车间	④天府矿业电器维修车间	⑤罐头厂苏联专家招待所	⑥重棉一厂仓库
历史价值（20）	①年代久远	8	4	8	4	8	2
	②历史事件、历史人物相关	10	3	5	4	6	1
科学技术价值（20）	①行业开创性	6	3	6	6	3	3
	②工程技术	6	3	6	6	3	3
社会文化价值（20）	①社会情感	10	6	3	6	6	1
	②企业文化	10	6	3	7	6	1
艺术价值（12）	①建筑工程美学	6	2	2	4	6	1
	②产业风貌特征	6	2	2	5	6	2
经济价值（12）	①结构利用	6	6	4	6	4	4
	②空间利用	6	6	4	4	4	4
独特性（8）	独特	5	3	3	6	5	1
稀缺性（8）	稀缺	8	3	3	6	5	1
总体评分		86	47	49	64	62	24
级别认定		文物类	改造类	改造类	保护类	保护类	一般类

3. 保护等级的确定

根据评价指标，可以定量地得出各类工业遗产的综合评分。分数越高，工业遗产的价值越高，则保护的力度要求越大，反之亦然。根据工业遗产的价值特征，其保护的要素相对于其他文物建筑较少，利用的尺度相应大于其他文物建筑，如何确定保护与利用的尺度是工业遗产传承中的关键问题。通过价值评估，可以将各种类别的工业遗产分为四个等级：文物类工业遗产，综合评价分值85以上；保护性利用类工业遗产，综合评价分值介于60～85；改造性利用类工业遗产，综合评价分值在40～60；可以拆除的一般工业遗存，综合评价分值小于40。通过这种定性定量的评价方法，可以列出重庆目前工业遗产的大致分类（表8.9）。

表8.9 重庆部分工业遗产保护等级划分

类别	工业遗产名称
文物保护类	代表性机器设备，长安厂军品成列馆，水轮机厂厂房，天原化工厂绿川英子旧居，机床厂工人俱乐部，东风船舶厂办公楼等
保护性利用类	天府矿业股份有限公司电器维修车间、罐头厂苏联专家招待所，水轮机厂周桓顺办公楼，天原化工厂吴蕴初办公楼，川仪四厂办公楼，建设厂办公楼，民生机器厂厂长公馆等
改造性利用类	机床厂砖混厂房及档案馆，水轮机厂50年代车间，建设厂苏式车间，重棉三厂仓库和车间，重庆钢铁厂轧钢车间，507兵工厂库房，特钢厂老车间，嘉陵厂老车间等

根据工业遗存的保护等级，确定其具体的保护要素，在规划管理中制定严格的设计限制要求和引导条件，就能最大化地促进工业遗产的适应性更新，兼顾文化性与经济性，妥善地解决保护与利用的冲突。

8.4.2 层次性的保护利用梯度

城市工业遗产数量众多，区位分散，与当前城市建设的关系复杂。一视同仁的保护方式难以协调工业遗产与城市建设的矛盾，反而给真正需要保护的工业遗产带来毁灭性的灾难。只有通过工业遗产的价值评价，划分保护等级，采取分层次、灵活的保护利用方法，才能实现这些文化财富的有效保护。

1. 保护梯度的划分

通过价值评价和划分保护等级以后，可以相对准确地制定相应的保护和利用措施，对不同等级的工业遗产采取不同的保护与利用尺度。工业遗产具有不同于其他遗产的特有价值，在价值认知的前提下，一方面要保护好工业遗产所涵盖的历史文化信息，确保改造和再利用以保护为根本；另一方面，再利用工作需要因地制宜，合理确定利用方式，使工业遗产的生命得以延续（表8.10，图8.23）。

表8.10 不同等级的工业遗产保护与利用方式比较

等级	历史文化价值	保护策略	利用方式	改造后的功能用途
文物保护类工业遗产	工业技术的里程碑，具有典型性和代表性	保存	完全保存	原真性展示、博物馆模式

续表

等级	历史文化价值	保护策略	利用方式	改造后的功能用途
保护利用类工业遗产	具有一定的地方性和普遍性的历史文化价值	保护	整体上保护和适应性再利用	具有工业景观特征的文化、教育、休闲和娱乐活动场所
改造利用类工业遗产	较少工业技术价值及地方历史信息和集体记忆	复兴	大规模改造与再利用	场地历史符号和工业景观元素
可拆除工业遗存	无特别历史价值和代表性特征	选择性利用	视需要利用或废弃	景观要素再造

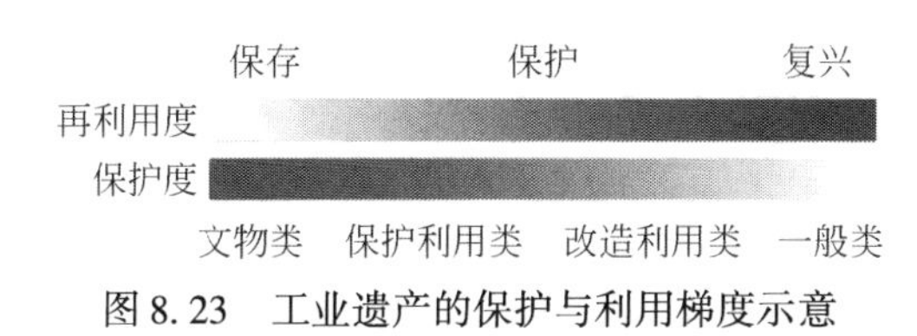

图8.23　工业遗产的保护与利用梯度示意

图8.24　无锡面粉厂博物馆内厂长办公室

2. 文物类工业遗产

对于价值较高的文物类工业遗产应尽快升级为文物保护单位或历史文化地段，按照《文物保护法》、《城乡规划法》等法律法规的规定实施管理，从法律、政策、资金方面加强保护的力度。一般采取原地保护的模式，坚持真实性和完整性原则，进行不改变原状的必要修缮。这类历史遗存与它所处的环境是一个不可分割的整体，保护中应确保历史信息的准确与完整。利用的主要方式包括开辟为博物馆（陈列馆）、按照原功能加以使用等。如无锡茂新面粉厂①的办公楼开辟为博物馆，恢复往日的繁忙“景象”，向人们展示当年工业生产的历史面貌（图8.24）。

对于具有重要价值的设备类的遗产应申报为各级文物，并移送博物馆保存．如重庆钢铁集团8000HP双缸卧式蒸汽机、长安厂1939年螺纹磨床等。

3. 保护性利用类工业遗产

保护性利用类工业遗产具有一定的历史文化价值，需要保留有价值的历史元素，一般采取保留建筑结构、形式和外观，进行必要的修缮和内部空间改造，根据城市建设新的需求置入新的功能，配置相应的基础设施，最大限度地发挥其社会价值和经济价值，并成为

① 中国民族工商业的领军人物，号称无锡“面粉大王”的荣宗敬、荣德生兄弟开办。

城市中具有历史感的新景观。

位于北京“798”艺术区的“798 剧场”，利用保存完整的原20世纪50年代建造的包豪斯风格的电子工业老厂房改造而成，将原有厂房进行了重新定义、设计和改造，不仅维持了建筑结构、形式和风格，还将内部的主要机器设备予以保留，使得历史文脉与新的功能、实用与审美之间展开了生动的对话，极富特色和吸引力，成为许多重要产品发布、会议、演出、展示的文化艺术场所（图8.25）。

图8.25　北京“798 剧场”

4. 改造性利用类工业遗产

改造性利用类工业遗产是历史文化价值不高，但再利用价值较大的工业遗存。这类工业遗产较为普遍，不具备特别的代表性，也是数量较多的一类。可以根据所处地段的城市功能，充分利用其空间特点，进行必要的空间、结构、形式改造，置换新的功能，使之携带历史信息融入到新的城市格局中去，采取“活化”的方式使其再生（图8.26）。

由于改造性利用的方式能够灵活适应工业遗产地更新后新的功能和空间要求，因而得到广泛应用，并取得良好的经济效益和环境效益，如首钢工业区的改造性利用（刘伯英，2007）、上海苏州河沿岸旧厂房的改造利用、南京金陵机器制造局厂房的改造利用等（图8.27），大部分工业建筑被改造为办公、创意产业、旅馆、专题陈列馆、展览馆、餐厅等，不仅保存了工业时代的记忆，也激发了地区活力。此外，工厂区遗留下来的一些运输轨道、传输管道、烟囱和桁架等构筑物、普通废弃设备等，可以就地融入新的城市环境中，改造成景观步道、公园游览轨道等，将是极富吸引力的再利用方式，中粤造船厂改造的歧江公园就是典型代表。

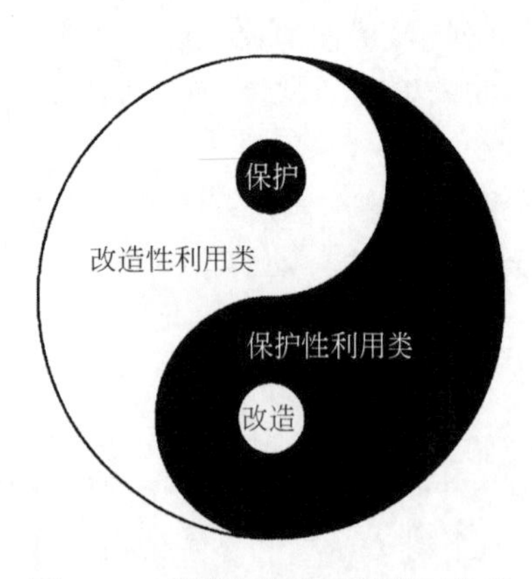

图8.26　保护与改造尺度辩证关系

图8.27　南京金陵机器制造局厂房改建的餐厅

5. 可拆除工业遗存

可拆除工业遗存是既没有重要的历史文化价值也没有独特的再利用优势的工业遗存，拆除后利用其土地价值赋予新的城市功能。可拆除工业遗存是城市中比例最大的工业遗产类型。在工业废弃地上重新建设不同于新开发用地建设，一方面需要检测原有土地和环境的腐蚀污染状况，进行必要的生态恢复；另一方面，许多工业企业规模和占地面积较大，企业文化已经成为该区域社区的主体文化，工业生产与居民生活日夜相伴，新开发用地需要继承原有的场所文脉，增强文化氛围和市民归属感。

8.4.3　多样化的保护利用模式

经过价值评估和等级判定之后，可以确定每一个工业厂区或每一单项工业遗产的保护利用尺度。然而，城市工业遗产并不是孤立的，其数量多、分布散，其再利用方式一方面与工业遗产的类型和空间特征相关，更重要的是与城市性质、城市社会经济文化发展水平，以及工业遗存的区位等有着特定的内在关联性。并不是所有的城市、任何工业遗产都适合于这些模式，而需要研究工业遗产再利用与城市发展的内在逻辑，吻合城市发展的客观需求，针对性地提出每一项工业遗产的保护利用方式。若简单地效仿其他城市、其他区域的工业遗产再利用模式，显然与城市发展的客观需求相悖，将最终导致工业遗产因不能发挥经济作用而遭遇被拆毁的命运。因此，需要拓宽再利用的思路，对各类工业遗产进行分类分批保护与管理。

1. 创意产业型

工业建筑再利用为创意产业（creative industry）①集中的场所，将厂房改造为艺术家、设计师们工作、生活、创作以及展示的空间。发展创意产业的废弃工业厂区一般有文化方面的区位优势，即周边有创意人群或利于创意人群聚集的交通条件；而且城市中有大量创意文化消费需求（表 8.11）。

表 8.11　国内几大城市将工业遗产改造为创意产业的部分成功案例

地点	成功的创意产业实例
北京	“798”艺术区、751 D·Park 北京时尚设计广场、尚 8 文化创意产业园、一号地国际艺术区、惠通时代广场等
上海	1933 老场坊、四行创意仓库、传媒文化园、春明创意产业园区、田子坊、空间 188、红坊、中图蓝桥、大柏树 930 创意园、智慧桥产业园、优族 173、卢比克魔方等

① 创意产业也称为文化创意产业，是指依靠创意人的智慧、技能和天赋，借助于高科技对文化资源进行创造与提升，通过知识产权的开发和运用，产生出高附加值产品，具有创造财富和就业潜力的产业。联合国教科文组织认为文化创意产业包含文化产品、文化服务与智能产权三项内容。与一般文化产业不同的是，首先，具有高知识性特征；其次，具有高附加值特征；最后，具有强融合性特征。

续表

地点	成功的创意产业实例
天津	6号院、C92创意工坊、意库创意园等
南京	世界之窗（创意东8区）、晨光1865、红山创意工厂等
广州	信义国际会馆、羊城创意产业园等

2. 历史展示型

将工业建筑改造为工业历史博物馆（陈列馆）。这类工业建筑一般在风格、样式、材料、结构或构造等方面具有较高的工业建筑学价值，或该建筑在工业发展史上具有重要意义，同时，建筑本身具备恰当的空间和结构，便于收藏、展览各种工业设备、文献、制造品。

3. 景观公园型

将工业废弃地改造成包含工业景观元素的城市公园绿地。这类工业遗产地一般具备丰富的产业景观元素，如矿渣堆、烟囱、水渠、铁轨、桥梁、鼓风炉、起重机等；还应具备大量的开放空间，以有利于环境景观的重构；另外，其区位和规模与城市总体规划和功能发展对绿地生态系统的需求基本吻合，如位于城郊或毗邻高密度商业开发区的工业遗产地。

4. 都市工业型

利用原有工业建筑、场地，直接从传统工业转化为现代都市工业，充分体现大都市信息密集、智力密集、人口集中等特点，以产品设计、技术开发、轻型加工制造和技术服务为主体的劳动密集型或技术密集型产业。这类工业遗产地主要位于中心城区，具有良好的建筑空间和形态并具有良好的生态环境。

5. 综合再利用

工业遗产一般以集聚的形式存在，面积大，构成复杂，在更新改造中往往不是某种或某几种模式所能涵盖的；另外，城市土地混合利用已经成为一种发展趋势。这就要求工业遗产改造利用的多样性和灵活性，不同保护等级的工业遗产采取适应性的保护利用方式，寻求与城市或地区发展相结合的机会。

例如，重庆钢铁厂是1890年张之洞创办的汉阳铁厂在抗战时期内迁重庆发展起来的，位于重庆大渡口区长江北岸，占地7000余亩。在城市发展“退二进三”进程中于2011年完成环保搬迁，遗留下大片完整的用地、厂房、设备。由于该片区新的功能是以商业、居住为主的城市综合组团，旧工业建筑的改造利用方式必须采取灵活的模式并与新的城市功能有机结合方可以实现。因此，规划中在经过价值评价的基础上结合地段和社区发展而采取了复合性利用方式，最有价值的轧钢车间改造为重庆市工业博物馆，部分厂房改造为社区公共服务设施（商业、文化娱乐等），有些构筑物（如储气塔、输气管、铁路线等）改造为景观设施，价值较低的厂房建筑予以拆除（图8.28）。

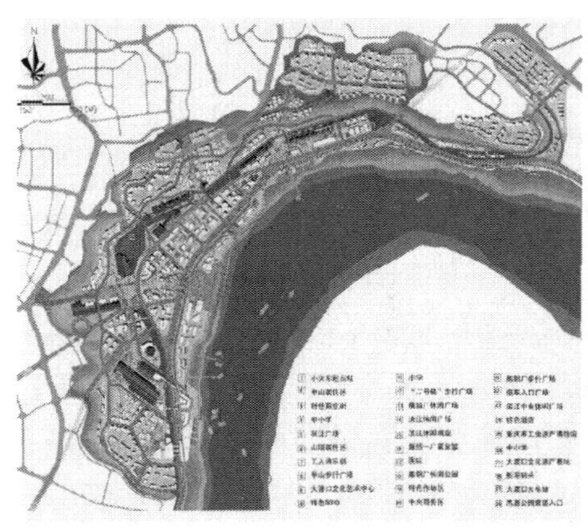

图 8. 28　重庆钢铁厂改造利用方案平面及鸟瞰图

8. 5　工业遗产保护与城市整体发展融合

工业遗产的保护与再利用不可能脱离外部城市环境，需要从区位条件、城市功能、城市结构的影响等方面综合考虑，其保护利用的成功与否，很大程度上取决于其功能与空间能否有效融入城市，取决于工厂搬迁后遗留的政治、经济、社会、生态问题能否得到最合理的解决。因此，工业用地的调整和工业遗产的保护与再利用必须结合到城市的整体功能、空间、文化、环境、旅游的综合发展中，与其他城市功能和空间相互渗透、交织，发生能量交换，实现与城市的有机整合，获得互动的活力（图 8. 29）。

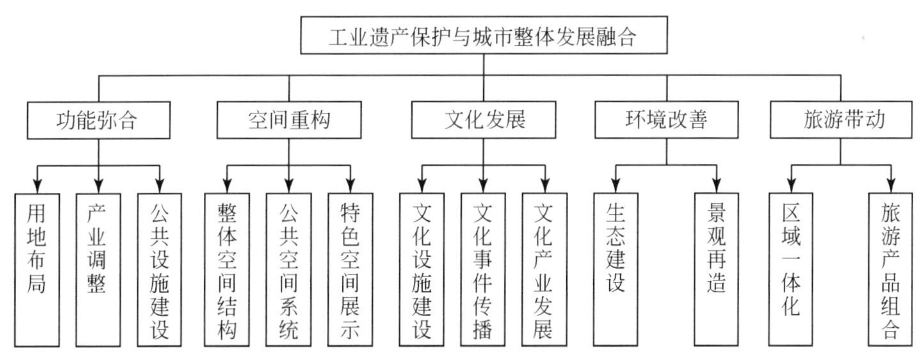

图 8. 29　工业遗产保护与城市整体发展融合

8. 5. 1　弥合城市功能布局

在城市工业发展的初期，工业区与其他城市功能区块具有较好地契合关系，城市的整体结构相对平衡和合理。但是随着城市不断扩张，人口不断增长以及经济结构转型，许多原有的老工业用地逐渐成为中心城区的组成部分，其土地的低效产出不符合极差地租规律，同时也给城市带来严重的生态和环境压力。要使这些老工业区重新融入新的城市生活和城市环境，需要从城市层面进行思考，由城市或地区的功能关系中推导，而不是既定的功能区在城市中的拼贴，将工业遗产的再利用与城市整体功能的完善、城市产业结构的调整、城市公共设施的建设统筹考虑。

1. 完善城市用地功能布局

随着城市的发展，原有的工业区逐渐与城中村、学校、居住、商业等其他用地相互嵌合、交错与混杂，造成城市工业用地构成的复杂化和利益主体的多元化状态。而且，我国计划经济条件下遗留下来的工业区一般占地面积大、封闭式管理、基础设施和服务设施各自为政，呈现出明显的“大院式”特征，这些无疑造成当前城市功能的混杂性和城市空间的破碎化。因此，在城市更新过程中应将老工业区的保护和再利用过程作为城市整体功能完善的机遇，结合其周边地块的城市功能，建立城市内部结构的有机关联，通过功能调整与置换使其符合新的城市规划和城市发展的需求，使这些改造后的功能区块成为城市中的再生细胞，“弥合”城市用地的功能布局，达到优化城市功能的效果（图 8. 30）。

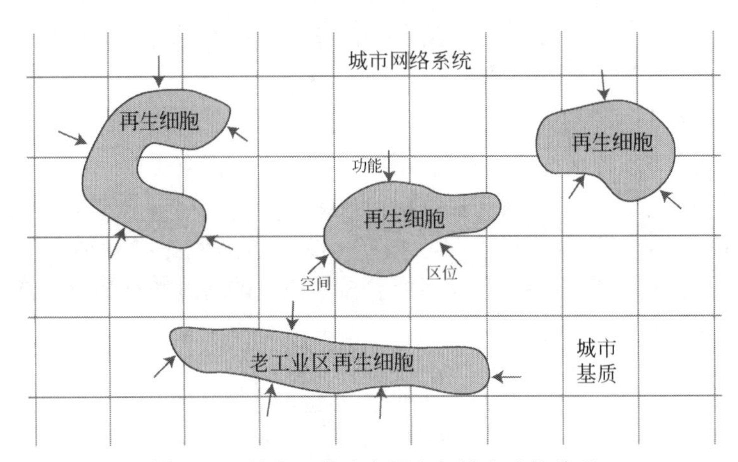

图 8. 30　城市工业遗产再生与城市功能关系

城市中各个片区都有其特定的城市职能，位于各个片区的工业遗产地更新需要结合各个片区所承担的城市职能及其发展需求，综合考虑经济、生态、社会等问题，科学定位，使得更新后的工业遗产地能够融入到新的城市格局中，为城市总体功能的发展做出贡献。只有服从于整体的局部才能准确地表达整体。城市是母体，工业曾经孕育、发展于其中，工业遗产的有机再生最终也必将回归到城市的功能与空间的组织结构之中。

例如，重庆市是多中心组团式结构，各城市组团的功能定位各不相同，渝中区是商业商务区、沙坪坝是文教区、大渡口和九龙坡主要是产业区、江北区主要是居住区等，位于不同组团的老工业区更新的功能定位就需要吻合其所在区域的功能发展要求（图 8. 31）。

2. 契合城市产业结构调整

我国目前仍处于工业化的中后期阶段，在工业化发展的同时也面临着信息时代的挑战，大部分城市的产业发展方向将是巩固第二产业与大力发展第三产业并举，而且第二产业已经并正面临改造升级，产业结构正在进行调整。随着城市规模不断扩大，原来处于边缘的第二产业用地逐渐被新的城市用地所包围并占据着城市中重要的区域和地段。与此同时，随着城市第三产业发展壮大，需要不断地在中心城区集聚，但是又难以找到发展空间。另外，现代服务业、高新技术产业和文化产业等都市产业与工业遗产的结合有着得天独厚的优势。

利用“退二进三”、“退城进郊”的发展契机，将工业遗产地的再利用与城市产业结构转型调整有机结合起来将给工业遗产资源带来广阔的生长空间。为此，根据新的城市产业发展战略和产业布局，在城市产业结构宏观调整的总体框架下，可以明确工业遗产地的产业发展目标，提出拟保留、升级改造和新引进产业的项目建议，通过产业功能的调整相应进行土地置换，使老工业区获得新的生机，创造更多的就业机会和经济附加值，同时也解决大量下岗职工生活和就业问题，达到社会、经济、文化的良好平衡。

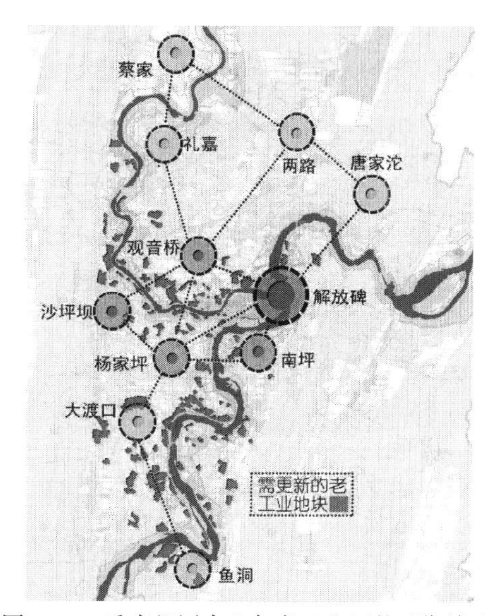

图 8. 31　重庆组团中心与老工业区的区位关系

3. 结合城市公共设施建设

我国尚处于城镇化加速发展时期，城市需要建设大量的公共基础设施，而城市中工厂内部的基础设施和服务设施相对完善，废弃厂区内的建筑、道路及水、电、气、暖等基础设施的寿命远没达到其设计寿命，便于安全可靠地进行改造利用。在工业区更新中，一概拆除废弃的做法无疑是极大的浪费，应结合城市公共设施建设选择性地利用工业遗产地的基础设施和服务设施。

1）老工业区内部市政设施再利用。大型工业企业内部除了有大量的历史遗产，还有大量道路、水电、气、暖等市政基础设施，它们的大部分质量较好、容量较大。企业搬迁或倒闭后，这些设施可以结合地段的新功能加以充分利用，发挥其潜力，减少城市市政建设的投入，缩短工期。在实际操作中，可以先对遗产地原有各类设施和管线走向、布置方式，设备管线的材料种类和破损情况，各类市政设施和管线的容量等加以评估和鉴定，并通过一定的技术升级和路线调整，重新融入到该用地新的功能和空间结构之中。

2）工业厂房改建为城市公共设施。由于工业厂房建筑质量较好，结构坚固，大型空间可塑性强，完全拆除将产生大量的建筑垃圾而且费用昂贵。在工业区更新过程中可结合地段新的功能需求进行适应性再利用，改造为办公、商业、文化、娱乐等城市公共设施，不仅充分体现土地价值的最大化，也可节约大量的城市建设资金。

位于德国奥伯豪森（Oberhausen）的中心购物区是该模式的典型代表。奥伯豪森是一个富含锌和金属矿的工业城市，1758 年这里就建立了整个鲁尔区第一家铁器铸造厂，20 世纪 60 年代中期逆工业化导致工厂倒闭和失业工人增加。在当地政府和民众的努力下，奥伯豪森成功地将购物、旅游与工业遗产保护结合起来，在工厂废弃地上新建了一个大型

图 8.32　德国奥伯豪森中心购物区的贮气罐

资料来源：http://www.vivicity.net/

购物中心，同时开辟了一个工业博物馆，就地保留了一个高 117m、直径 67m 的巨型储气罐①(图 8.32)。同时，结合原有的工业厂房和构筑物还配套建有咖啡馆、酒吧和美食文化街、儿童游乐园、网球和体育中心、多媒体和影视娱乐中心以及由废弃矿坑改造的人工湖，使该购物中心成为一个可以举办各种别开生面的展览活动的购物场所。由于拥有独特的地理位置以及优越便捷的交通设施，该购物中心还吸引了大批来自荷兰、比利时等地的购物、休闲和度假的周末游客，已成为整个鲁尔区购物文化的标志性区域，并可望发展成为奥伯豪森新的城市中心，甚至也是欧洲最大的购物旅游中心之一（李蕾蕾，2002）。

此类成功案例很多，如加拿大温哥华格兰威尔岛（Vancouver Granville Island）上的一些旧工业厂房改造成研究所和城市文化中心；在法国，原来的巧克力工厂被改造成了雀巢公司总部（Nestle）的办公楼；在美国，达拉斯西端市场广场（Dallas Western Market Centre）由工厂改为购物游乐中心，旧金山海湾（San Francisco Bay）与杰弗逊街（Jefferson St.）之间的罐头厂改成了商场，而渔人码头的大部分商业设施也是由工厂、仓库改造而成。同样的例子在国内也有很多。在北京，1992 年北京手表厂的厂房改造成为北京双安商场，至今仍是中关村地区重要的商业设施之一；在上海，上海照相机四厂的厂房改造成了上海环中商厦，上海第四漂染厂的厂房被改造成为星级宾馆。

3）与社区发展相结合。在我国人多地少的现状条件下，工业遗产地的更新大多以居住用地开发为主，最大量工业遗产必须结合到社区建设之中才能最大限度地活化利用。可以将工业遗产改造利用与社区配套公共服务设施（养老院、社区卫生服务中心、社区活动中心、社区商业设施、社区学校等）相结合；可以将工业厂房改造成住宅，发挥其得天独厚的空间优势；可以利用旧厂区的道路、绿化等规划建设和完善社区环境和市政设施。城市内部工矿企业本身就是集生产和生活于一体的大型社区，如重庆棉纺厂有 6000 多工人、嘉陵厂有上万工人，工业文化已经成为这些社区的文化主体，工业遗产利用与社区发展的结合将增强社区的识别性与归宿感，提高城市生活品质。

8.5.2　融入城市空间重构

城市的发展有其自身的客观规律，其空间格局的形成是长期漫长的过程。在这一过程中，自然环境条件起着决定性作用，而社会、文化、产业的变迁也会影响到城市的空间特征。老工业区的用地更新过程应与城市整体空间发展规划相结合，在保护和再利用工业遗产的同时完善城市的空间格局，丰富城市空间构成。

---

① 奥伯豪森贮气罐位于购物和体验中心森特罗地带，原本是 1929 年炼焦厂建造的贮气罐，现已是奥伯豪森城市的象征，成为整个欧洲最非同寻常的展览馆之一。

1. 改善城市整体空间结构

在城市规模不断扩大、产业结构不断调整、功能布局不断完善的同时，城市的空间结构和空间格局也在不断优化。在城市产业更新和用地调整的过程中，可以根据城市空间发展的要求，将工业遗产的用地空间进行适应性调整，吻合城市新的空间格局，优化城市空间结构和空间系统，为城市绿地、廊道、轴线、开敞空间等的发展做出贡献。在产业“退二进三”之后，空间上还应“退工还绿”。伦敦泰晤士河水闸公园[①]（London Thames Barrier park）是以生态艺术为先导的开发典范。基地原来是一个化学工厂，后被改造成为泰晤士河畔第一个城市公园—水闸公园。公园的建设充分改变了褐色用地的形态，重新找回失落的城市生活，成为周边地区一个重要的空间节点和城市更新的促进因素，带动了整个地区发展（图 8.33）（蒂耶斯德尔和希恩，2006）。

图 8.33　伦敦水闸公园内的绿色船坞与彩虹园将视线引向泰晤士河
资料来源：林菁. 2005. 泰晤士河水闸公园. 中国园林，(12)

2. 完善城市公共空间系统

城市公共空间是市民活动和感知城市的重要场所。目前我国大多数城市的旧城区，土地使用交错混杂，建设密度过高，严重缺乏公共空间。在工业遗产地的更新改造过程中，应充分利用老工业厂区分布于旧城中心区和滨水地带的特点，为城市尽可能地留出公共空间，提高城市的空间环境品质。

例如，美国纽约炮台公园（Battery park，New York）的规划设计中，利用原有工厂码头区优越的滨水区位条件，开辟了大量的滨水公共空间，并将西部下曼哈顿区（Manhattan avenue area）的所有街道都延伸到哈迪孙河（Hudson river），炮台公园区的滨水地带成为整个城市的广场，不仅成为纽约城市新的公共空间、休闲娱乐公园，同时也成为城市工作和居住生活的延续。部分原有的码头设施作为景观元素被用在公共空间的组织中，增加了公园的历史感。

3. 构建城市特色展示空间

对位于城市中心区、滨水区以及一些特殊景观敏感地段的工业遗产地，还可以结合城市空间环境的改善计划，开辟为具有功能、景观特色的城市形象空间，充分展示和传播城市的文化底蕴和自然、人文特色，使之成为城市中最具活力的场所。例如，美国巴尔的摩

① 伦敦泰晤士河水闸公园原基地为一个化学工厂，位于银镇湾内泰晤士河北岸，占地 9 公顷，也曾做过防洪闸建设的施工工地，后成为城市褐色废弃地。

内港、西雅图奥林匹克雕塑公园、旧金山渔人码头等，都是通过工业遗产地保护和再利用，将废弃、衰败的工业区、码头改造为展示城市形象的新舞台，成为城市文化、经济与活力的聚集点。

巴尔的摩内港开发是一个影响深远的成功案例。20 世纪初，巴尔的摩港口航运及工业渐渐衰落，成为了一个充满破旧码头、仓库的地区，失业率、犯罪率上升，物质环境和社会环境恶劣。1965 年内港的改造与更新目标定位为：利用位于城市中心的滨水条件，把中心区与内港连接为一体，建成 24 小时充满活力的城市商业、办公、娱乐等功能融为一体的城市生活中心。经过十余年的操作，逐步形成了世界贸易中心、国家水族馆、内港广场、体育娱乐设施、滨水步行道等主要功能区，以商业空间与绿地广场等休憩空间结合，突出消费场所的生态环境特点，成为马里兰州的标志区域。同时，在创造税收、吸引游客、提供就业岗位及带动市中心的开发方面，取得了巨大的效益。1965 年用 5500 万启动资金，创造了目前年均 700 万游客的吸引量以及 8 亿美元消费额，同时为社会提供了 3 万个就业岗位（图 8. 34、图 8. 35）。

图 8. 34　巴尔的摩内港总体规划

资料来源：巴尔的摩规划署，2012

图 8. 35　巴尔的摩内港滨水区

8. 5. 3　提升城市文化内涵

全球化在使世界文化趋同的同时，也促使每个城市重视和保持地方文化特色，并将城市文化作为提升城市竞争力的重要因素。工业文明是城市文化的重要组成部分，工业遗产是城市历史遗产的重要构成。在城市产业更替中发挥工业遗产的历史文化价值、功能使用价值，使其融入到新的城市文化建设之中并成为能够反映城市文化的场所，既是对历史的尊重也是提升城市文化内涵的有效方法。

1. 与公共文化设施建设结合

工业建筑遗产代表了特定时期的工业技术水平，见证了一座城市的兴衰变迁；企业文化也代表着城市精神并与城市生活密切关联；加之大跨度空间赋予了工业建筑遗产具备改造为文化设施的先决条件。因此，对具有较高历史文化价值或较强建筑艺术特征的工业建筑，可结合其空间结构特点改造为城市公共文化设施，如艺术馆、博物馆、社区文化中心等。虽然工业建筑改造后的用地性质和使用功能发生了变化，但由于建筑仍然保留了全部或部分工业时代的特征，记录了场所的历史，能够唤起人们的回忆，可以丰富城市的文化内涵并改善城市形象，带动地区更新。

法国拉维莱特音乐城（La Cite de la musique，La Villette）位于巴黎市中心东北 6～7km，20 世纪 70 年代初这里曾经是市屠宰场和肉食市场，随着拉维莱特公园的建设，原来的屠宰场和肉食市场被改建为一座科技博物馆和一座大会堂，两者共同组成了公园中最重要的一组文化建筑——音乐城（图 8.36）。西班牙马德里的凯沙（Caixa）基金会的现代艺术藏品博物馆、挪威奥斯陆的现代摄影博物馆（museum of contemporary photography in Oslo，Norway）等都是由废弃的工业建筑改造而成。

图 8.36　拉维莱特音乐城

图片来源：http：//projets-architecte-urbanisme. fr/

2. 与城市文化事件结合

城市事件是城市文化推广的助推器，举办大型文化活动可提高城市和地区影响力。因此，可以利用工业遗产地得天独厚的历史环境和设施条件，将工业遗产的改造更新与城市大型文化事件、大型文化活动相结合，不仅可以迅速改变城市面貌，促进旅游经济发展，还可以推动城市文化建设。

奥运会、世博会等大型活动的举办往往会成为一个城市工业区复兴的良好机遇。悉尼奥运会带动了霍姆布什湾（Homebush Bay）的复兴，巴塞罗那奥运村选址建设使原来被仓库和工厂占据的滨海地带恢复了活力（图 8.37）。上海抓住举办 2010 年世博会的契机实现了黄浦江沿岸众多工业遗产的复兴。规划建设中将园区内的工业遗产进行分类保护和改造，兼顾建筑自身特点和世博会与城市发展的双向需求，采取不同的保护改造模式（图 8.38），将具有重要价值的建筑作为各类主题展馆，将工业景观元素融入到世博园的环境景观构成中。世博会期间，园区的工业遗产是世博园的组成部分，世博会后则融入城市，成为城市的有机组成部分。

图 8.37　巴塞罗那海滨改造

资料来源：http：//city. sz. net. cn/city/

3. 与城市文化产业发展结合

文化产业是为社会公众提供文化娱乐产品和服务的活动，以及与这些活动有关联的活

图 8.38　上海世博园区工业遗产再利用

动的集合，是按照工业标准，生产、再生产、储存以及分配文化产品和服务的一系列活动[①②]。近年来文化产业对国民经济增长贡献率不断上升，2011 年我国文化产业总产值达到 3.9 万亿元，占 GDP 的比重突破 3%。文化产业特别是文化创意产业，如文化艺术（表演艺术、视觉艺术、音乐创作等）、创意设计（服装设计、广告设计、建筑设计等）、传媒产业（出版、电影及录像带、电视与广播等）、软件及计算机服务等，具有附加值高、资源消耗少、知识密集性的特点，其发展较少受土地与资源的限制，也能将技术、商业、创造和文化融为一体，使制造业得以延伸，拓展传统产业的发展空间。

而工业遗产为文化产业的发展提供了相应的物质和文化载体。第一，城市中大量的工业遗存需要改造再利用而获得"新生"；第二，旧厂房得天独厚的空间结构便于内部空间的划分组合和装饰，易于形成极富个性的工作室、办公室、展览空间等；第三，工业建筑遗产富有历史感和独特艺术气息的风格、样式等能够营造良好的文化氛围；第四，低廉的租金为大量文化产业的入驻提供了可能，也有助于在片区形成以文化创意产业为中心的配套性服务行业群（如酒吧、咖啡厅、书吧等），提升片区活力，创造精致的城市生活品质；第五，工业遗产地中的一些设备和工业构筑物也是富有特色的景观和文化元素，可以极大地丰富环境景观。

因此，城市文化产业的发展与工业遗产再利用的结合是一种产业发展、历史保护和文化发展的相互契合。国内外最初的一些工业遗产再利用实践主要是在这一方面。如在上海，1999 年留美回国的建筑师刘继东最先把自己的设计事务所开在了位于上海闸北区南部苏州河北岸的四行仓库[③]，该事务所工业味十足，同时也"机关重重"，比如电视投影、

---

① 联合国教科文组织在最新公布的《1994～2003 年文化商品和文化服务的国际流动》中，重新定义了文化产业，"对本质上无形并具有文化含量的创意内容进行创作、生产，并使之商业化的产业称为文化产业"。来源：http：//www. unesco. org/。

② 2004 年，国家统计局对"文化及相关产业"的界定，文化产业包括新闻服务；出版发行和版权服务；广播、电视、电影服务；文化艺术服务；网络文化服务；文化休闲娱乐服务；其他文化服务；文化用品、设备及相关文化产品的生产；文化用品、设备及相关文化产品的销售等。

③ 曾经的四行仓库是四间银行：金城、中南、大陆、盐业共同出资建设的仓库，所以称为"四行"，1937 年曾在此发生了著名的四行仓库保卫战，见证了"八・一三"淞沪会战。这座有 80 多年历史的仓库，如今也迎来了它的新生——创意仓库。

地面桌椅、逃生通道都隐蔽在墙面或地面上，充满设计感（图 8. 39）。深圳华侨城 LOFT 就位于深圳华侨城原东部沙河实业工业园区内，是深圳的重点创意文化项目，也是国内对于工业遗产集中式开发较早的案例之一。

图 8. 39　位于上海四行仓库充满设计感的刘继东工作室

8. 5. 4　改善城市环境景观

环境污染，包括空气、水、废弃物污染等是老工业企业搬迁的一个重要原因。搬迁后遗留下来的工业用地改造更新肩负着城市环境景观改善的重任。第一，老工业企业搬迁到城市外围或郊区，减少了工业生产带来的污染，有利于改善中心城区环境质量；第二，在对工业用地再利用的过程中，需要对土地进行生态测评并对污染的土地进行生态修复，而后才能赋予其新的用途；第三，城市用地性质变更，可以将斑块状的工业废弃地选择性地置换为城市绿地，调整和完善城市景观生态格局，达到改善城市环境景观的目的；第四，工业遗产的历史场所感和艺术价值是可资利用的环境空间要素，不同工业遗产地有着不同的景观特质，通过对现状景观构成进行分析，研究遗产地现状空间环境、建构筑物的景观特征，最大化其个性魅力，可以为城市或地段的景观塑造做出贡献。因而，工业遗产的再利用对于改善城市环境景观具有重要意义。

1. 工业废弃地的生态建设

老工业企业在过去生产过程中向外界排放大量的有害气体、烟尘、污水、废弃物等，长年累月地影响着场地及其周边环境，在再利用之前，需要对其进行生态恢复后才能置换成城市其他功能用地（图 8. 40），具体包括两个方面。

1）工业废料的处理。工业废料包括废置不用的工业材料、残砖瓦砾和不再使用的生产原料及工业废渣（王向荣和林箐，2002）。这些废料从某种意义上说也是一种资源，对环境没害的废料可以就地使用或加工；对有污染的材料进行技术处理后也可回收进行二次加工再利用，如废钢铁可以熔化后铸造其他设施、砖石瓦砾可以做混凝土的骨料和场地填充材料等。因此，工业遗产地生态改造的第一步就是对基地内的各种工业废料加以甄别，分类进行处理与再利用。处理废料的原则最好就地取材，就地消化，较早的实例有 1863 年建成的巴黎比特·绍蒙（Buttes Chaumont）公园，它将一座废弃的石灰石采石场和垃圾

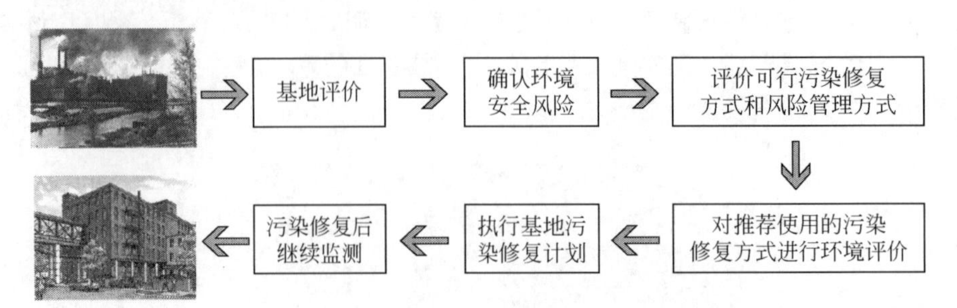

图 8.40　基于生态修复的工业用地开发思路

填埋场改造为风景式园林（图 8.41）。

2）工业污染场地处理。工业企业在生产过程中大都会发生污染物的渗漏，现有土地已经被严重腐蚀，场地的生态恢复是其再利用的前提。这类厂区的污染治理一般采用以生态学原理为支撑的软处理技术，强调土地的生态自我完善和恢复。而在污染严重的地带，则需要对污染源进行清理，污染物外运。生态恢复是一个漫长而复杂的过程，不能急功近利，但可利用其规律，通过人为的引导来促进恢复的进程。在西雅图煤气厂公园设计中，设计师哈格（Richard Haag）没有把污染的土壤全部换掉，而是在土壤中掺进了一些腐殖质和草籽来增加土壤肥力，通过培植一些微生物和植物来“吃掉”这些污染物质，从而在净化被污染土壤的同时也营造出绿色景观基底（图 8.42）。此外，这种生态处理也是一个动态发展的过程，通过时间和空间上的不断演进，遗产地的景观环境也在循序渐进地发生着微妙的变化。

图 8.41　巴黎比特·绍蒙公园
资料来源：http：//www. chavie. net/

图 8.42　西雅图煤气厂公园
资料来源：http：//tupian. hudong. com/

2. 工业遗产地的景观再造

工业遗产地在空间、文化上具有一定的景观建设优势。在工业遗产再利用过程中，还可以结合城市开放空间、公共绿地和景观建设的需求，选取一部分有特色的厂区，进行景观再造，将其改造成城市景观公园或游憩场地，作为城市的文化休闲场所。这类工业遗址主题公园一般称为后工业化景观公园（post-industrial landscape）。工业遗址公园一方面为城市提供了开放空间，改善了城市环境和景观，提升了土地价值；另一方面使得工业文脉最大限度地融入了城市生活，提升了城市的文化品位。

1）对工业建筑的保护与再利用。工业建筑除了改造成博物馆、展览馆外，还可以兼作城市休闲服务设施。根据价值评估并视实际情况采取建筑的整体保留、部分保留或者构件保留的方式，留下具有典型意义和代表工厂性格特征的工业景观，使人们能感知到以前的生产面貌，引起联想和记忆。在条件允许的情况下，将工业建筑改造为工业博物馆与遗址公园结合在一起，并与城市的景观系统有机结合，可以使得室内展览和室外环境景观相得益彰，提升场所属性。

位于伦敦泰晤士河南岸的泰特现代美术馆（The Tate Gallery of Modern Art）由Battersea发电厂改建而成，是瑞士两名年轻的建筑家Jacqes Herzog和Pierre de Meuron的设计作品。他们将巨大的涡轮车间改造成既可举行小型聚会、摆放艺术品，还为观众提供罗曼蒂克式咖啡座的城市公共设施。原本突出的棕色大空间和大烟囱加上主楼顶部加盖的两层高玻璃盒子，构成了泰晤士河沿岸的重要城市景观。另外，充分利用临河场地建设了具有艺术感的城市公园，与圣保罗大教堂隔岸相望，连接它们的是横跨泰晤士河的千禧大桥，共同构成了伦敦最重要的景观节点之一（图8.43）。

2）对工业构筑物及设备的景观处理。工业符号可以作为艺术创作的主题语言，设计中可以大胆地运用鲜明的色彩来强调工业景观使其突出醒目，并将破败的工业场地转换成绚丽的公共场所。在西雅图煤气场公园游乐宫内，设计人员就是在原有的压缩机与蒸气涡轮机等设备上，涂上绚丽缤纷的色彩，将整个游乐宫构成了一个由五金零件组成的童话世界。

另外，一些工业构件通过扭曲变形、碰撞、突变、断裂或历史场景的再现等戏剧性的处理，也可以形成新奇幽默的效果。在奥地利维也纳由煤气储罐改建的大型商业综合体设计中，设计者通过对煤气储罐进行加顶、镂空、附建筑物等改造方式，使其成为城市标志物之一（图8.44）。

图8.43　伦敦泰特现代美术馆

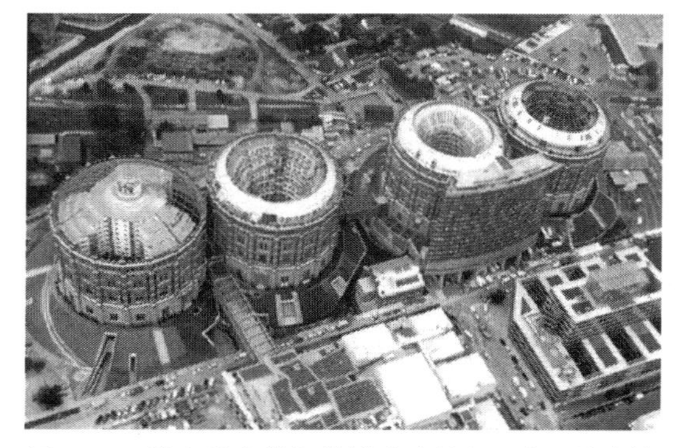

图8.44　维也纳由煤气储罐改建的大型商业综合体

资料来源：http：//www. culturalink. gov. cn/

再者，原有的轨道运输路线可以结合人工步道改造成公园的步行系统。炼钢用的烟囱水塔等特殊构筑物稍加处理改造成攀岩设施或景观构筑物，辅以灯光效果，可成为区域的标志性景观。室外大型设备可以做成工艺流程的展示装置，增强公园的参与性活动。例如，由Peter Latz设计的德国杜伊斯堡景观公园（land schaftspark Duisberg），最大限度地

图 8.45　杜伊斯堡景观公园

资料来源：http：//blog.163.com

保留了有百年历史的 A. G. Tyssen 钢铁厂的历史信息，庞大的建筑和货棚、矿渣堆、烟囱、鼓风炉、铁路、桥梁、沉淀池、水渠、起重机等都成为公园建造的基础。原工厂的旧排水渠改造成为水景公园；高炉可以让游人安全地攀爬和眺望；废弃的高架铁路改造为公园的游览步道；工厂中的一些铁架成为攀缘植物的支架；高高的混凝土墙体改造为攀岩训练场。人们可以爬到五、六米高的熔炉顶上游玩，脚下则是获得新生的生态园，矿渣顶上的金属构件描绘出以前工业生产的巨大尺度（图 8.45）。

8.5.5　带动城市旅游产业

21 世纪以来随着消费观念的转变，旅游业逐渐成为城市经济发展的重要推动力量。工业遗产旅游是在废弃的工业旧址上，通过保护和再利用原有的工业机器、生产设备、厂房建筑等，改造成为一种可以吸引现代人们了解工业文化和文明，同时具有独特的观光、休闲和旅游功能的新形式（刘会远和李蕾蕾，2007）。工业遗产旅游可以发挥经济拉动作用，恢复地区活力，增添地区和城市的文化内涵，提升城市形象和城市品位（刘伯英，2006）。因此，将工业遗产的保护与再利用与城市旅游产业结合起来成为各个城市带动旅游产业发展、增强城市竞争力的重要举措。

1. 作为城市旅游的重要资源

工业遗产旅游最早出现在 19 世纪的英国。作为先行者，英国早在 1964 年就有 69 家公司和企业开辟了各类工业博物馆（Blackaby，1979）。进入 20 世纪 80 年代后，工业旅游对城市形象宣传的推助作用又逐渐为政府部门所认识，英国政府旅游管理机构也发现工业旅游及工业遗产旅游的巨大潜力，并开始在全国范围内积极推动和呼吁这一产业的发展。至 1990 年英国旅游观光中 6% 的旅游点是工业旅游点，共有 850 万游客参观和浏览工厂和企业（iron bridge gorge museum trust Ltd.，2000）。

英国是最早的工业化国家，也最先遭遇资源型城市资源枯竭后衰退问题的国家。发现工业旅游的起源来自工业遗产的保护和再开发，同时也与其工业考古学的发展、自身产业结构调整战略、城市复兴计划等专业议题密切相关。

以著名的铁桥峡谷（Iron bridge Gorge）① 为例。此地从 16 世纪晚期开始，由于原煤开采而发迹，成为世界工业革命的一个重要发源地。但发展至 19 世纪末，其重要性已被其

① 这里原是塞文河上一处水流湍急的峡谷，1779 年在这里建起了世界上第一座铁拱桥，跨度达 30.5m。1795 年，塞文河洪水暴发，摧毁了河上其他所有桥梁，唯有这座铁桥毫无损伤，依然横波矗立。从此，铁桥声名大噪，桥北岸的小镇科尔布鲁克代尔因此获得大量铁结构订单，一度成为英国工业革命早期的中心之一。

他新兴工业城市所取代进而逐渐没落，至第二次世界大战末期几乎所有工厂濒临倒闭。20世纪60年代，随着英国“新城运动”（new town movement）的兴起，当地群众发起了一场自下而上的对铁桥峡谷及其周边工业遗址的产业考古与保护运动，20世纪70年代又对大桥进行了整修，建立了乔治铁桥博物馆，并以地域所有自然与人文遗产为基础，重建了19世纪90年代的科尔布鲁克代尔（Coalbrookdale）工业小镇。随后的20世纪80年代，地方政府为带动地区经济的发展，顺势调整该地区的产业结构，打造了一个占地面积达$10km^2$，由7个工业纪念地和博物馆、285个保护性工业建筑整合为一体的旅游目的地，引导工业遗产旅游，并向联合国教科文组织申报世界遗产。1986年11月该地被正式列入世界自然与文化遗产名录，从而成为世界上第一个因工业闻名的世界遗产。如今，铁桥峡谷工业遗产地年平均游客接待量达30万人次，为该地区经济的复苏作出了巨大贡献①。

由于铁桥峡谷工业遗产地旅游带来的可观经济效益，工业革命的发源地英国在随后的10年中，共申报登录了近千处工业遗产，至1998年被列入国家名册的工业遗产地就超过了600个。至2009年英国境内被《世界遗产名录》收录的工业遗产个数已达到8个②。而在英国工业遗产旅游开展得如火如荼的同时，欧洲、北美、日本的工业遗产地旅游也均有长足的发展。

可见，随着人们对发展旅游业的基础——旅游资源的认识不断拓展，不再仅仅局限于传统观念上的自然风光、文物古迹等资源类型，工业遗产正成为城市旅游产业发展的重要基础和资源。工业遗产地旧有的厂区环境，独特的历史建筑，传统工艺生产线、生产场景、生产工具，甚至产品、劳动体验以及企业的管理模式、企业文化、发展历史等均可被视为可开发和利用的文化旅游资源。这些资源为挖掘工业遗产旅游创造了良好条件。这些遗产资源帮助人们增长专业技术知识、开阔眼界、增加阅历，使人获得工业美学的体验，产生文化旅游的吸引力，也促成了相关工艺美术产品的购买和消费。

2. 区域旅游一体化

在国内外既有的工业遗产保护与旅游发展实践中，人们发现基于个别工业厂房、构筑物保护形成的点状工业遗产地往往吸引力较小，对城市旅游业发展的推动作用有限，而围绕一定主题形成的工业遗产线路或具有一定规模的工业遗址和旅游点却备受青睐。这说明工业遗产旅游理念的普及率还不高，孤立地打造旅游品牌存在较大风险。较为成功的实践都是将工业遗产旅游融入到整个区域或城市的旅游系统中，采用区域化的整体发展策略，与其他旅游资源相互联动，逐渐形成成熟的旅游产品。最著名的案例即前文提到的德国有近200年工业发展历史、面积达$4435km^2$的“莱茵-鲁尔”工业区（李蕾蕾，2002）。

鲁尔工业区从一个处处厂房空置的衰败工业区发展到今天工业专题博物馆林立的工业遗产旅游地，主要得益于其多目标的区域综合整治与振兴计划——国际建筑展览计划（international building exhibition，IBA计划）及其独特的区域一体化旅游发展理念和经营模

① 铁桥博物馆网站，http：//www. ironbridge. org. uk/。

② ICOMOS- ICOMOS Documentation Centre：World Heritage Industrial Sites，September，2009. 来源：http：//www. international. icomos. org/。

式。IBA 计划始于 1989 年，由鲁尔区的区域管理委员会（KVR）组织实施，耗时长达 10 年之久。该计划对鲁尔区工业结构转型、旧工业建筑和废弃地的改造和重新利用、当地自然和生态环境的恢复以及就业住房等社会经济问题都进行了通盘考虑，并制定了系统的综合规划。

鲁尔区工业遗产旅游开发一体化的特征，还体现在区域性的旅游路线、市场营销与推广、景点规划与组合等方面。KVR 从 1998 年开始，制定了一条区域性的工业遗产旅游路线，将全区内主要的工业遗产旅游景点整合为著名的 RI 之路——“工业遗产旅游之路”(route industriecultural)。该路线包含了 19 个工业遗产地旅游景点、6 个德国国家级的工业博物馆、12 个典型的工业聚落以及 9 个利用废弃的工业设施改造成的瞭望塔。此外，综合规划还设计了覆盖整个鲁尔区，包含 500 个遗产地点的 25 条专题游线（图 8.46）。此外，还通过逐步实现统一设计的旅游宣传册和建立 RI 的专门网站等方式通过各种媒介平台对这条“工业遗产旅游之路”进行宣传，提升其影响力与知名度。

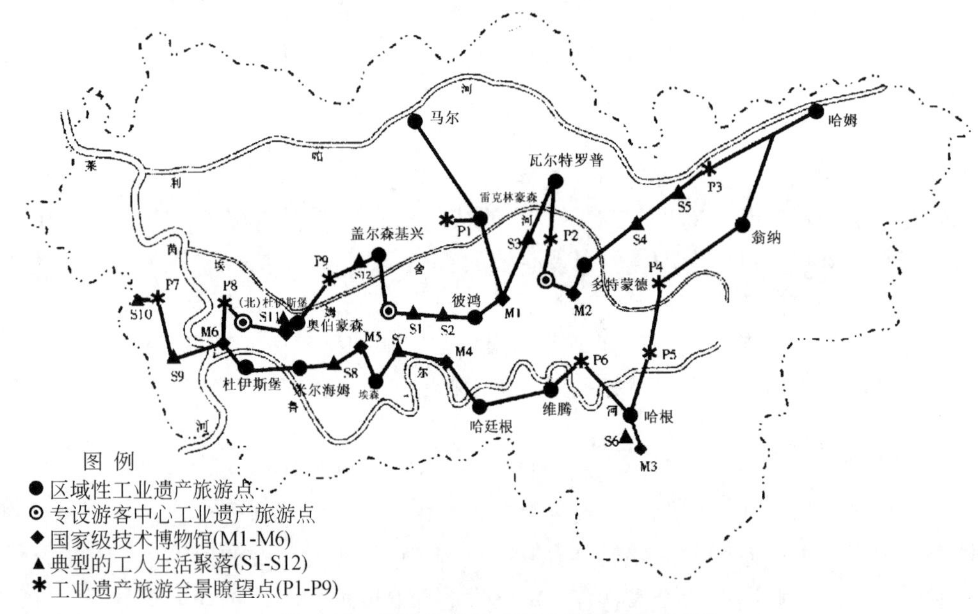

图 8.46　德国鲁尔区“工业遗产旅游之路”

资料来源：李蕾蕾．逆工业化与工业遗产旅游开发：德国鲁尔区的实践过程与开发模式

在德国政府的配合下，鲁尔工业区还通过治理环境污染，在整个区域内进行大规模的植树造林等环境治理工程，改善了该区域的环境景观质量，使昔日满目荒凉的废矿山披上了绿色的新装，塌陷的矿井变身为碧波荡漾的湖泊。实现了 20 世纪 60 年代提出的“恢复鲁尔河上空蔚蓝色的天空”的目标，为区域工业遗产旅游提供了有力支撑。

可见，工业遗产旅游区域一体化的整体策略有助于将零星分布于区域内的点状遗产形成体系，并从整体上对工业遗产旅游起到推动作用。在我国的一些老工业基地，也可参照鲁尔区的做法，依托工业遗产资源种类多、分布广和工业遗产地的良好区位优势和交通优势，融入城市现有的旅游游憩系统，制定连接整个都市区的工业遗产景点的区域性旅游路

线。以重庆为例，可以以长江、嘉陵江两条能够彰显城市形象特色的水系为骨架，将滨江地带的特钢厂、重庆钢铁厂、长安汽车厂、坦克库等多处反映了地方工业发展历史及山地建筑文化的重要工业基地连同“两江四岸”沿线的历史街区、自然景区进行串联，并结合城市各组团的需求打造一条综合的遗产旅游线路（图 8.47、图 8.48）。在这条线路上，既串接了重庆工业发展史上的各个历史时期的历史片段，又能使各类产业景观相互辉映。同时，通过旅游线路的系统规划，还可以促进城市第三产业的发展，提供就业岗位，丰富城市旅游层次，提升城市整体文化内涵。

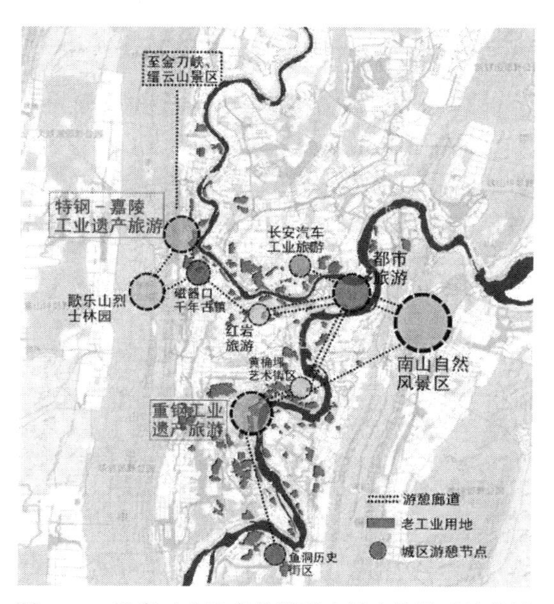

图 8.47　重庆工业遗产旅游融入城市旅游系统构思

图 8.48　重庆工业遗产旅游线路上的部分遗址现状

3. 组合开发旅游产品

作为旅游资源的工业遗产以其独特的历史沧桑感，给人以不同的享受，它所具有的历史性、怀旧性、神秘性、科技性，对于终日被现代前沿元素包裹的 21 世纪的游客来说，无疑具有极大的吸引力，特别是在“体验经济”背景下，可以成为“体验经济”最直接和具体的实现形式。

但是，工业遗产作为单一的旅游项目尚处于起步阶段，还不能产生远距离、大规模的吸引力，社会认可的程度还很有限。因此，工业遗产旅游必须寻求和创立一些文化含量高、具有不可替代地域特征的标志性景观和具有吸引力的旅游线路。其发展需要借助其他旅游产品进行互补联合开发，将工业遗产旅游资源与周边其他工业遗产旅游资源或非工业遗产旅游资源有效组合形成特色主题旅游线路，拓宽市场空间和资源空间，降低开发成本，提高整体竞争力。

例如，德国的工业遗产旅游目前已经开发了以诸如葡萄酒、啤酒酿制，宝石采掘与加工，玻璃、玩具制造等老厂区遗产资源为主题的 120 条旅游线路和极其丰富的旅游产品，成就了以鲁尔区为代表的、辐射世界范围的工业遗产旅游目的地。

我国工业发展的历史虽不如早期工业化国家长，但百年来的工业发展历程见证了国家命运的变迁和工业化的艰辛进程，几代人的创业历程也沉淀为坐享现代文明的人们弥足珍贵的教育素材。因此，对于城市中的工业遗产，我们应该持有尊重的态度，怀着一份崇敬和珍惜，通过保护、改造、更新和再利用，将其改造为主题公园、体验式购物中心、游憩商业中心、艺术展览地等，使之与时尚、怀旧等要素结合，填补和丰富都市人的文化生活。

第9章　文化景观的构成与保护

1992年世界遗产委员会第16届大会正式提出“文化景观”（Cultural Landscape）的概念[①]，一种结合人文与自然，侧重于地域景观、历史空间、文化场所等多种范畴的遗产对象进一步丰富了人们对历史遗产的认识。

作为一种新兴的遗产类型，文化景观不仅是历史遗产的重要组成部分，更是人类对遗产概念的拓展和人与自然、历史关系的重新认识。这种新的认识正深刻地改变着现代社会对自然、科技与文化间关系的理解。在市场经济条件下，如何发掘与利用“文化景观”这一重要的历史文化资源在物质世界与观念（精神）世界中的价值并引导城市健康发展，是历史遗产保护的重要发展方向。

9.1　文化景观概念的提出

文化景观是“由特定文化族群在自然景观中创建的样式”（Sauer，1925），在景观生态学、文化地理学、人类生态学等学科中已有悠久的研究历史。

20世纪以来，随着人类对历史遗产保护观念的不断深化和完善，从单个的文物古迹到整体城市环境，从有形实体遗产到无形文化遗产，基于文化多样性的认识，遗产保护的对象范畴逐渐拓展到空间、景观等多个领域。于是，文化景观逐渐作为一个新兴概念，在世界遗产保护体系中被正式确定，它代表着一种内涵更加丰富、维度更为宽广的遗产范畴。正如Feilden所言，“今天，文化遗产的概念有着更广泛的意涵”（Feilden and Jokilehto，1993）

9.1.1　东西方“文化景观”概念的萌芽[②]

尽管到20世纪后期现代文明才意识到自身“增长的极限（limits to growth）”[③]，如梦初醒般地明确提出“可持续发展”的概念，但实质上这种尊重自然、珍稀历史的观念在人类历史长河中早已形成，其思想的萌芽可追溯到远古时代。

我国文化传统中对风景胜地的保护和西方文化传统中对宗教圣地的保护观念，说明了中西方文化中自古以来就有天人合一、敬天法地，以地域为基础，以场所、地点、环境而

---

① 参见世界遗产委员会官方网站，http：//whc. unesco. org。

② 此节参考了蔡晴（2006）论文中的有关内容。

③ 《增长的极限》为罗马俱乐部于1972年所发表的对世界人口快速增长的模型分析结果。全书由丹尼斯·米都斯主笔，书中用World3模型对地球和人类系统的互动作用进行仿真，反映了马尔萨斯在1798年发表的《人口学原理》中表达的观点。

不仅仅是单个古迹为目标的对待文明遗迹的观念。这种思想，在今天看来即“文化景观”概念的萌芽。

1. 衍生于山岳崇拜的东方文化景观保护思想

在中华文化中，自古以来人们对名山大川便有一种莫可名状的敬畏与崇拜的情节。在《说文解字》对“山”字的解释中，山被描述为万物生衍的源头①。这是由于在人工力量相对弱小的古代社会，很多山岳对于渺小的个人而言，显得高大雄伟、神秘深幽、难以接近②。于是，山岳给人的这种神秘印象则逐渐被人类社会转化为一种自然信仰。而大山也常会被古人看作具有神力或神灵的居所抑或是与天沟通的路径而受到崇拜。但凡谈及山岳，华夏先祖必先提及“三山五岳”。“三山”名曰蓬莱、方丈、瀛洲，为上古传说中神仙居住之地③。而“五岳”则为中华大地五座名山的总称，即东岳泰山、西岳华山、北岳恒山、中岳嵩山、南岳衡山，自古有“五岳归来不看山”之说。使其超卓的声望名扬海内的，除引人入胜的自然风光外，这些山岳对于古代社会的重要意义在于其承载了丰厚的历史文化内涵。

图 9.1　象征山岳崇拜的古代封禅仪式

资料来源：http://bbs.3608.com/showtopic.asp

对于封建王朝而言，五岳是国家疆域的象征。封建帝王在山峰上举行受命于天、拥有天下象征的封禅仪式便可使其江山永固，如历朝、历代常在泰山、嵩山、华山等山岳举行封禅仪式（图 9.1）④。

此外，除古代封建帝王借山岳封禅巩固帝位统治外，在中华古代文明中，佛教、道教以及儒家的先哲也偏爱山岳自然风光与人文内涵相得益彰的特质，纷纷在山中选择理想之地兴建道场，由此产生大批佛寺、道观、书院、文庙等代表儒、释、道信仰的历史建筑与石刻艺术，如代表佛教文化的峨眉山、五台山、普陀山以及云冈、龙门、大足石窟建筑群；代表道教文化的青城山、武当山；代表儒家文化的岳麓书院、嵩阳书院等古代历史建筑皆遍布于群山之中，进一步使得山岳成为中国先民膜拜的对象，从而孕育演绎出中华文明中宗教、政治因素与名山大川胜迹审美等意识相结合的“天人合一”的宇宙观。形成我国众

① “山，宣也。谓能宣散气、生万物也，有石而高。”见《说文解字》卷9。

② 如现代著名的世界遗产黄山，在明代徐霞客游历之前，几乎鲜有人迹。

③ 见《史记·秦始皇本纪》：“齐人徐福等上书，言海中有三神山，名曰蓬莱、方丈、瀛洲”。

④ 据《礼记·王制》记载，上古舜帝时天子已经有对山岳进行祭祀的传统：“天子五年一巡守。岁二月，东巡守，至于岱宗。柴而望，祀山川。……五月南巡守，至于南岳，如东巡守之礼。八月西巡守，至于西岳，如南巡守之礼。十有一月北巡守，至于北岳，如西巡守之礼。”而据考古资料显示，殷人卜辞中已经出现了华山、嵩山的记载。而西汉宣帝时期的帝诏也显示五岳常为皇家封禅的场所，诏曰：“东岳泰山于博，中岳泰室于嵩高，南岳潜山于用灊，西岳华山于华阴，北岳常山于上曲阳，皆使者持节侍祠”。

多历史聚落和风景胜地自然与人文兼容并蓄的基本文化特质。数千年来，这些地方一直是人们传颂游赏、保护传承之地，也促成了我国古代文化景观保护的萌芽意识。

2. 脱胎于圣迹传承的西方文化景观保护思想

在西方文明中，文化景观保护思想的源头则可追溯到远古人类对宗教圣迹的崇拜与保护，这些圣迹大致可分为三种，第一种为宗教传说中提及的天神居住的自然山岳如西奈山（Mount Moses）、奥林匹斯山（Olympus）等；第二种为经典中各种重大宗教历史事件发生或神迹显现的城市与建筑，如圣城耶路撒冷（Jerusalem）、所罗门圣殿（The temple of Solomon）、诺亚方舟（Noah's Ark）、巴别塔（Tower of Babel）等；第三种则为中世纪及其之后，供奉有圣杯、圣血等各种宗教圣物或教宗所在的各类教堂，如罗马教宗所在的圣彼得大教堂（Basilica di San Pietro in Vaticano）等。

图9.2　象征通天路径的巴别塔
资料来源：http：//www.haohao.com

在西方文明的两部源头经典中，《圣经》与古希腊、罗马神话都描述了关于与天界神灵联系的“圣山”在现实世界的所在。在这些宗教经典中神与人并非完全隔离，在特定情况下，人、神之间会有往来、沟通，而实现这一交流的通道则在于“天梯”，即人类可以通过天梯攀援而上，直达众神的居所（图9.2）。由此产生了关于西奈山与奥林匹斯山的信仰崇拜，也直接引发了之后人们希望构筑巴别塔通天的传说。

除对与神灵沟通场所的崇拜之外，对宗教经典中重要人物出现或历史事件发生的有意义的场所的纪念与保护也是西方宗教文明的一大传统。例如，《圣经·旧约》中对所罗门王神殿的重建的记述，便是西方文化圣迹传承的一个重要主题。这种通过给场所命名或建立一座纪念碑或宫殿、庙宇来标记一处场所；使其神性能够为后代所感知，使某一历史人物、事件与传说能够代代相传的方式在西方文明发展史中屡见不鲜。由于基督教的广泛传播，圣经中的城市一直是西方文明发展过程中重要的历史遗迹保护对象，巴比伦（Babylon）、雅典（Athens）、希伯伦（Hebron）、伯利恒（Bethlehem）、大马士革（Damascus）、以弗所（Ephesus）、尼尼微（Nineveh）（图9.3）、塞浦路斯（Kittim）、杰里科（Jericho）、凯撒里、提尔（Tyre）、雅法（Joppa）、耶路撒冷（Jerusalem）、迦百农（Capernaum）等众多圣经中提到的古城先后成为西方世界重要的遗产地。相关研究也表明，城市是圣经的一大主题。作为一种乌托邦幻象，这些城市表现了一种非物质的精神价值，从而一种远离现实

图9.3　尼尼微古城想象复原图
资料来源：http：//jiasizhang.bokee.com

城市的精神和宗教象征（陈晓兰，2006）。

在对宗教圣迹场所施行保护、传承的过程中，人们逐渐领悟了对历史文化遗存保护的意义，即“我们不仅要保护其结构方式，还要保护其中联系着人、上帝和教堂建筑的特殊的观念”（Geertz and Clifford，1993）。

综上所述，东西方对风景胜地与宗教圣迹的保护对于现代文化景观保护、尤其是关于孕育文明思想的场所保护的观念有着重要的影响，即将历史遗存及其赖以存在的思想价值与物质环境共同保护，这便是文化景观遗产保护思想的萌芽。

9.1.2 文化景观概念的形成

虽然在古代文明中已有萌芽，但“文化景观”（cultural landscapes）这一概念是随着20世纪60年代西方发达国家对文化遗产认识不断深化的过程中逐渐形成的。

1. 各国相关法律、制度中遗产对象的拓展

一些国家在遗产保护的实践过程中，根据遇到的现实问题制定了相应的解决方案，并伴随产生了相关的保护法典和文件，从中形成了一些革新的观念，如法国在1962年制定的《马尔罗法》中确立了保护历史街区的概念；日本在1966年制定的《古都保存法》中将遗产保护的目标扩大到京都、奈良、镰仓等古都的历史风貌，进一步扩大了遗产保护的范围，并在1975年修订《文物保存法》中增加了保护“传统建筑群”的内容；英国在1974年修正的《城市文明法》中将历史街区的保护纳入城市规划的控制之下；法国于1983年设立“风景、城市、建筑遗产保护区”，将保护范围扩大到文化遗产与自然景观相关的地区。

2. 国际会议、宪章中文化景观概念的明晰

以上法律文件在遗产保护对象的拓展、保护实践中历史保护与城市规划的结合，以及对自然风景与历史遗产关联性的进一步认识等，对后来的遗产保护理论产生了深远的影响。由此，国际遗产保护组织逐步形成了遗产保护领域一些具有划时代意义的国际文件，“文化景观”的概念也在这一过程中逐渐明晰。

1）1968年“白宫会议”：提出自然与文化遗产结合保护的观念。

国际上开始形成自然和文化相结合的保护观念的标志是1968年在美国召开的“世界遗产保护”白宫会议。会议呼吁保护世界的自然风景区和文化遗产地，这是官方公开发表的关于文化和自然遗产合二为一的最早声音之一（李伟和俞孔坚，2005）。这一观念的提出，实际上是基于人们在自然和文化遗产保护的理论研究与实践中，尤其是以区域为基础的保护实践中，发现在许多情况下这两种类型的保护区具有相互融合、交错，无法分别界定与管理的特征。

2）1977年《马丘比丘宪章》：提出将文化遗产与文化传统共同传承的观念。

1977年12月国际建筑师协会在秘鲁著名的文化景观遗址地马丘比丘签署了《马丘比丘宪章》（*Charter of Machupicchu*）。宪章指出：“城市的个性和特性取决于城市的体型结构

和社会特征。因此不仅要保存和维护好城市的历史遗址和古迹，而且还要继承一般的文化传统。”该宪章写道：“古代秘鲁的农业梯田受到全世界的赞赏，是由于它的尺度和宏伟，也由于它明显地表现出对自然环境的尊重。它那外表的和精神的表现形式是一座对生活的不可磨灭的纪念碑，在同样的思想鼓舞下，我们纯朴的提出这份宪章。”

3）1979 年《巴拉宪章》：提升了对历史环境的认识。

1979 年国际古迹遗址理事会（ICOMOS）澳大利亚国家委员会提出的《保护具有文化特征的场所的巴拉宪章》中，从另一个角度阐述了对历史环境的认识，这就是“场所”。这个宪章提出了三个新的保护对象“场所”（place）、“文化意义”（cultural significance）、“结构”（fabric），用以代替以前的保护对象——“古迹遗址”。场所和文化意义都是对一个环境的描述，而“结构意味着场所所有的物质材料”。这表明了遗产保护超越了单个的具体实物，保护的对象就是环境本身。

4）1984 年世界遗产委员会第 8 届大会：提出与自然遗产和文化遗产两者相关的优异景观类别及其登录标准的提案。

1984 年世界遗产委员会第 8 届大会上，委员们认为：在现代社会中，完全未受人类影响、纯粹的自然区域是极其稀少的，而在人类与土地共存的前提下，有突出的普遍价值的自然地域却大量存在。因此，应将“文化”与“自然”同等看待，力求避免遗产保护的两级化。同时，《世界遗产公约》制定的目的不是“选定”景观，而是在一个动态的和演变的框架中保护遗产地的和谐与稳定，更深层次的含义就是使人们逐步意识到文化与自然之间相互依赖的关系。于是，世界遗产的评估机构国际自然保护联盟（IUCN）和国际古迹遗址理事会（ICOMOS）经过商议，以严密的协议为基础，提出了与自然遗产和文化遗产两者相关的优异景观类别及其登录标准的提案。

之后，1987 年颁布的《华盛顿宪章》也指出历史城镇或城区“除了它们的历史文献作用之外，这些地区体现着传统的城市文化的价值”。

5）1992 年世界遗产委员会第 16 届大会：正式提出文化景观的概念。

1992 年世界遗产委员会第 16 届大会，正式将“文化景观”列入遗产范畴。这类遗产地由 IUCN 和 ICOMOS 两个国际机构共同审议（张松，2001）。同年，联合国教科文组织也正式提出了“文化景观”（cultural landscapes）的概念。至此，文化景观的概念正式形成，它代表《保护世界文化和自然遗产公约》（*Convention Concerning the Protection of the World Cultural and Natural Heritage*）第一条所表述的“自然与人类的共同作品，它表现出人化的自然所显示出来的一种文化性，也指人类为某种实践的需要有意识地用自然所创造的景象”。

在《实施世界遗产公约操作指南》的附录中，世界遗产委员会进一步点出了保护文化景观遗产的意义：“文化景观是人类长期的生产、生活与大自然所达成的一种和谐与平衡，与以往的单纯层面的遗产相比，它更强调人与环境共荣共存、可持续发展的理念”。

9.1.3　“文化景观”概念解析

在文化景观视角下，对遗产对象的认识、保护与研究，重点在于对地域自然和人文关系的探索、遗产价值理念的激活、建立人与环境的交流机制，以及认知和传承遗产物质形式中所蕴含的文明信息。因此，文化景观的概念是以文化线索的解读为基础的。

1. “文化景观”的概念界定

由于历史遗产是一个庞杂的概念，而且具有显著的地域特性，因此各国对于历史遗产的分类不尽相同。但总的来看，世界范围内对遗产构成的认识基本上可以分为自然遗产和文化遗产两大类，而文化遗产又分为有形文化遗产和无形文化遗产。随着对历史遗产认识的深入，人们逐渐意识到一些遗产类型既难以完全泾渭分明地归入到“文化”和“自然”这两大范畴中，同时又兼具“有形”与“无形”的特征（如聚落景观）。因此，自20世纪80年代以后“文化景观”的概念应运而生。它作为一种特殊的遗产类型，不再沿用“自然–文化”、“有形–无形”二元对立的分类方式，是对既有历史遗产构成体系的补充和完善。

作为一种“在自然景观背景上的人类活动和信念的有形证据”（Melnick，1984），文化景观突破了传统的自然与人文、有形与无形遗产二元对立的思维局限，“引发了人们对遗产真实性与完整性问题的重新理解，成为对既有文化遗产保护学科的一次重大发展”（单霁翔，2010）。

1992年世界遗产委员会对“文化景观”的定义为：“自然与人类的共同作品，它表现出人化的自然所显示出来的一种文化性，也指人类为某种实践的需要有意识地用自然所创造的景象。”其后，美国国家公园管理局（NPS）也对“文化景观”这一概念进行了界定，指出它是代表“一个联系着历史事件、人物、活动或显示了传统的美学和文化价值，包含着文化和自然资源的地段或区域”①。学者Catherine Howett进一步对此解释道：“受保护的历史文化景观不是一件仅供观赏的艺术品，它像当代的环境一样具有一定的功能，我们能够自由的进入并与之融合”（Howett，1987）。

作为一种人与自然互动过程的产物，文化景观包涵了“土地持续利用的观念”与“自然人文完美结合的特征”。因此，对文化景观的保护有助于在现代技术中强化可持续发展观念和维护生态价值在城镇发展中的意义（UWHC，1994），它改变了遗产保护面向过去的传统思维，成为一种指向未来的全新思路。

2. 文化景观保护的意义

从字面意义理解，“文化”（culture）表达的是人类的价值观和实践，而“景观（landscape）对于懂得读它的人来说是历史的记录”（Hoskins，1955）。“文化景观”（culture landscape）则是一种融合自然和人文关系的遗产类型，它是“有着丰富时间层次的人类历史，凝聚着传递场所真谛的人类价值”（Sauer C，1925），“它反映了人类与所处环境之间的关系，而这种关系则是人类智力和文化的基础”（Taylor K，2006）。

① National Park Service. The Secretary of the Interior's Standards for the Treatment of Historic Properties, with Guidelines for the Treatment of Cultural Landscapes. Washington D. C.: National Park Service, Heritage Preservation Services, Historic Landscape Initiative. 1996: 4。

由此可见，作为一种人与自然相互作用、体现在人类的生存空间与日常活动各环节中并持续演进的对象，文化景观既是一种活态的遗产，同时也是一种文明、思想的记录。它是对传统的遗产类型之间一些无法界定的模糊区域的界定和对以前遗产保护工作中未充分认识到的领域的拓展，它强调了一种人与自然之间、人与生存环境之间，持续的、无法割舍的精神联系。因此，作为遗产对象的文化景观冲破了“自然-人文”、“有形-无形”分立的类型藩篱，而作为理念视角的文化景观则超越了“保护-发展”对抗的观念局限。它反映了不同地域的文化特征和不同地域文化中共同的可持续发展观念。因此，保护文化景观就是要保护人类文化的多样性和可持续发展的理念。这也正是联合国教科文组织《世界遗产公约》中文化景观保护的核心目标——“文化景观的保护有助于在现代技术中强化可持续发展观念和维护自然的价值在景观中的作用”①。

3. 文化景观在遗产保护体系中的位置

(1)“文化景观”与世界遗产体系

联合国教科文组织（UNSCO）将世界遗产定义为“具有突出意义和普遍价值的人类文化艺术成就和自然景观”，并根据不同遗产类型的特点，不同时期提出了五种遗产类型：文化遗产、自然遗产、自然和文化双遗产、文化景观、人类口头遗产和非物质遗产代表作。②

在五大遗产中，文化遗产、自然遗产、自然和文化双遗产共属同一体系。1972 年，联合国教科文组织在巴黎举行第十七届会议上通过的《世界文化和自然遗产保护公约》中分别明确了文化遗产与自然遗产的概念，其后世界遗产委员会于 1978 年确定了首批 12 处世界遗产。10 年之后，随着新申报遗产类型的丰富，世界遗产委员会将一些兼具自然与人文风貌的遗产类型定义为文化与自然双遗产，即“作为文化与自然遗产结合的双重遗产是人与自然协调的杰作”。而作为世界遗产的另外两种类型——文化景观、人类口头遗产和非物质遗产代表作，分别在 1992 年和 1997 年被增补为新的遗产类型，各自拥有独立的一套评价、登录标准。

但“文化景观”所登录的遗产对象却又与文化遗产和双遗产这一体系呈现出交集关系。截至 2012 年，全球登录的世界遗产共 962 处，其中文化遗产 745 处，自然遗产 188 处，自然-文化双遗产 29 处。962 处世界文化遗产中有 86 处列为文化景观名录（图 9. 4），主要分布于欧洲。而在我国的 43 处世界遗产中，庐山风景名胜区、五台山与杭州西湖景区均被登录为“文化景观”。③与此同时，人类口头和非物质文化遗产则属于完全独立的遗

---

① 《世界遗产公约》中原文为：Protection of cultural landscapes can contribute to modern techniques of sustainable land-use and can maintain or enhance natural values in the landscape。

② 联合国教科文组织和世界遗产委员会对于世界遗产的定义是在不断变化和完善的。不同时期，或新的世界遗产分类产生，也都是各自拥有独立的一套评价、登录标准。最新 2012 年颁布的《操作指南》中，将世界遗产定义为 Cultural and Natural Heritage、Mixed Cultural and Natural Heritage、Cultural landscapes、Movable Heritage、Outstanding Universal Value。本书的分类是根据联合国教科文组织 1972 年、1978 年、1997 年的相关文献来进行分类的。笔者认为这一分类有利于对当前世界遗产的理解。

③ 世界遗产委员会官方网站，http：//whc. unesco. org。

产体系，与以物质为载体的世界遗产没有任何交集。

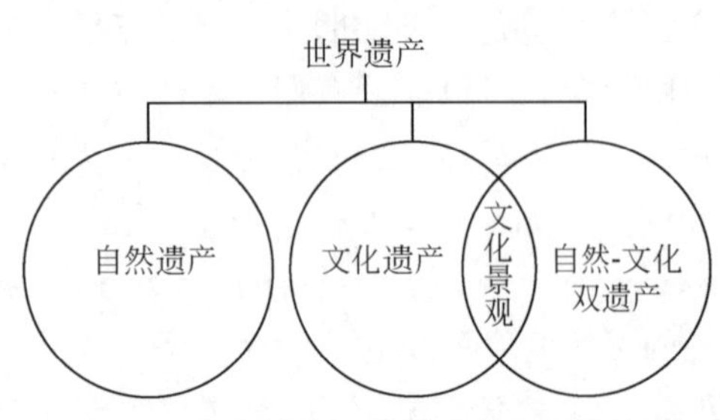

图 9.4　文化景观与世界遗产名录的关系

由此可见，“文化景观”在世界遗产体系中，扮演的并非是一个新生儿的角色或一种遗产的全新分支；它更多的是一种对传统遗产概念的发展与重新认识，是以传统的遗产概念为依托、对既有遗产重新理解的产物。

（2）“文化景观”与我国遗产保护体系

新中国成立至今，我国在遗产保护领域逐渐建立了文物保护单位、历史文化街区、历史文化名城的三级保护体系，文物古迹、历史街区、历史文化名城是我国最基本的文化遗产类型。1985 年 1 月中国加入《保护世界文化和自然遗产公约》，文化遗产保护工作开始与国际接轨。20 世纪 80 年代，历史文化村镇[①]、城市传统风貌、地方特色和自然景观[②]逐步纳入保护的对象和范畴。本世纪以来，区域遗产（大遗址、文化线路）、非物质遗产的保护工作逐步得到重视和开展。

而“文化景观”在我国并未正式作为一种明确的遗产类型，但其可以起到三级保护体系之外的遗产的补充，以及物质遗产与非物质遗产间的模糊地带的补充。此外，在区域遗产的界定和保护上，文化景观比大遗址、文化线路更为明确，也更利于与世界接轨。因此，我国文化景观的保护研究具有重要价值和特别意义。

9.2　文化景观的概念与类型划分

对遗产保护界而言，文化景观概念的确是一种全新的思维与视野。但到目前为止，对于文化景观的对象类型划分尚未达成普遍的共识。世界遗产委员会（World Heritage Committee）、美国国家公园管理局（National Park Service）[③]等组织机构都分别开展了系统的研究工作，提出了自己的观点。

9.2.1　世界遗产委员会的类型划分方式

世界遗产委员会（UWHC）在《实施世界遗产保护的操作导则》[④]中将文化景观遗产分为设计的景观（designed landscape）、进化形成景观（organically evolving）以及关联性景观（associative landscape）三大主要类别。

---

① 1986 年“国务院批转建设部、文化部关于申请公布第二批国家历史文化名城名单报告的通知”。

② 1989 年 12 月《城市规划法》。

③ 美国国家公园管理局（National Park Service）于 1916 年 8 月 25 日根据美国国会的相关法案成立，隶属于美国内政部，主要负责美国境内的国家公园、国家历史遗迹、历史公园等自然及历史保护遗产。

④《实施世界遗产保护的操作导则》（*Operational Guidelines for the Implementation of the World Heritage Convention*，1994）。

1. 设计的景观

由人类设计和创造的景观，包括出于审美原因建造的花园和园林景观，它们常常与宗教或其他纪念性建筑和建筑群相联系。葡萄牙的上杜罗产酒区（Alto Douro Wine Region）就是此类文化景观的典型代表。

西方有许多关于葡萄酒的记录，在《圣经》中多达521处，耶稣在最后的晚餐上说："面包是我的肉，葡萄酒是我的血。"可见葡萄酒在西方文化中有着重要地位。上杜罗产酒区是一处有着2000多年悠久酿造历史和优美人工建筑群的葡萄酒产酒胜地，于2001被世界遗产委员会批准登录为"文化景观"。

公元前219年，罗马帝国的军队进入北部杜罗河谷（Porto and Douro Vally），并大面积种植葡萄，酿成葡萄酒作为军需品鼓舞军队士气。由此，葡萄酒的酿造技术在杜罗河地区迅速普及，逐渐形成了当地的葡萄酒文化。在之后漫长的年代中，人们将杜罗河谷两侧狭窄陡峭的页岩也改造为梯田种植葡萄，并因人口聚集逐渐形成村庄、城镇（图9.5）。至18世纪，上杜罗产酒区因其波特酒的品质闻名世界，开始规模化生产。酒庄园主通过统一规划和设计在在葡萄园周边结合地形逐步修建了台地园、礼拜堂、林荫大道等一系列规模宏大又富于细部的景观、建筑（图9.6）。因所有后期的建设与最初劳动者对地形的改造一样，尊重自然，依山就势，使得上杜罗产酒区的葡萄园、自然风光与村庄、建筑浑然一体。遗产委员会如是评价："长期的葡萄种植传统以及建筑技术使得当地具有了独特的文化景致，展示着上杜罗的技术、社会及经济进步和发展。"所有人工活动过程中对自然的尊重和对土地的合理利用成为上杜罗产酒区登录为世界"文化景观"的决定性条件。

图9.5　上杜罗产酒区平面图
资料来源：Google Earth

图9.6　上杜罗产酒区林荫大道
资料来源：http：//whc. unesco. org/

2. 进化而形成的景观

起源于一项社会、经济、管理或宗教要求的历史景观，在不断调整回应自然、社会环境的过程中逐渐发展起来，成为现在的形态。具体又可分为两个子类别：

（1）连续景观（landscape-continuous）

它既担任当代社会的积极角色，也与传统生活方式紧密联系，其进化过程仍在发展之中。紧邻伊特鲁里亚海（Etruscan），位于意大利那不勒斯以南的阿马尔菲海岸地带（Costiera Amalfitana），是此类文化景观的典型代表。

阿马尔菲海岸地带（图 9.7）由沿岸的波西塔诺（Positano）、萨莱诺（Salerno）、阿马尔菲（Amalfi）、苏莲托（Sorrento）、普莱伊亚诺（Praiano）等城镇和村落组成。早在旧石器时代，该地区就有人类活动的遗迹；古罗马帝国统治期间，成为帝国领土的一部分，于公元四世纪建城；罗马帝国分裂后，又成为天主教教廷所在地，于公元 596 年修建防御工事；850 年成为意大利第一个海上共和国，借由君士坦丁堡这一通往东方的门户，成为东西方贸易的重镇、海上商业活动中心（特纳，2007），直至大航海时代新航路的开辟才逐渐衰落下来；18 世纪之后，当地人利用海岸地带丰富的历史资源与气候、自然条件，以旅游、制陶、造纸与柠檬种植为主要产业，使衰落的商都又成为近现代的旅游胜地。

图 9.7　阿马尔菲海岸鸟瞰

在阿马尔菲镇上有最早于 12 世纪依山而建的阿马尔菲大教堂与修道院（图 9.8）；沿阿马尔菲海岸至阿马尔菲镇的海岸悬崖上有很多始建于中世纪时期、历经数代不断翻新的民居建筑……错落有致的露台、作为蜿蜒山路对景的教堂的尖顶、在盛放的鲜花和果树的簇拥之中的级级台阶以及建于不同年代，不同风格、颜色各异的建筑与当地人结合地形改造形成的柠檬园、橄榄林共同构成了一道文明与自然结合的美丽景观。联合国教科文组织如是评价：“这些建筑记录了早至中世纪人类社区迁移的历史，显示了人类善于利用不同地形构建建筑，构成了与自然田园风光结合的壮丽的图景。”阿马尔菲海岸地带不但是典型中世纪民居博物馆，还体现了建筑与环境完美的融合，体现了生命的连续性与进化的特征，是一处复杂地形与独特历史孕育的文化景观。

（2）*残留（或称化石）景观*（landscape-fossil）

其进化过程在过去某一时刻终止了，或是突然的、或是经历了一段时期的，然而其重要的独特外貌仍可从物态形式中看出，如老挝的瓦普古代聚落群及占巴塞文化风景区（Vat Phou and associated ancient settlements within the Champasak cultural Landscape）（图 9.9）。

2001 被登录为文化景观的占巴塞文化景观，以山顶至河岸为轴心，在方圆 10km 的地方，有规划地整齐建造了一系列庙宇、神殿和水利设施，完美表达了古代印度文明中天人关系的文化理念。此外，占巴塞文化景观还包括湄公河两岸的两处聚落和普高山，体现了公元 5 ~ 15 世纪以高棉帝国（Khmer）为代表的老挝文化发展概况。世界遗产委员会认为：“占巴塞文化景观，包括瓦普神庙建筑群，是一处完好保留了 1000 多年的人类文化杰作。”

图 9.8　阿马尔菲大教堂

图 9.9　占巴塞文化风景区复原想象图
资料来源：http：//www.guwh.com/

瓦普神庙（vatphou temple）（图 9.10）是老挝著名的佛教古刹，规模宏大，建筑群从山腰向下伸展，长达数百米，全部用雕有各种图案的石块砌成，在东南亚曾与柬埔寨吴哥窟齐名。但由于建造时工程未全部竣工且年久失修，现除一座佛殿较为完整外其余皆为断壁残垣，仅存遗迹。佛殿建在被称为“圣屋之顶”的一块巨石下的两个石洞之间的平坡上，内外石壁均雕有美丽图像，内容有根据民间神话而描绘的哈努曼奋战群妖等故事的片断，雕刻精致瑰丽，造像细腻生动。佛殿内供奉佛像数尊，其中一尊颇为高大。在佛殿的第 3 层石级上，有一尊石像，为瓦普庙建造者占巴塞披耶卡马塔王像。

图 9.10　瓦普庙内景
资料来源：http：//tvavel.woto100.com/

虽然建筑早已残缺不全，但为纪念披耶卡马塔王的功德，每年 1 月下旬至 2 月上旬，当地人都要在瓦普庙内举行盛大的庙会，人称“瓦普节（Wat Phu festival）”，形成了独特的与文化景观相伴生的非物质文化遗产。

图 9.11　五台山
资料来源：http：//image.baidu.com

3. 关联性景观（associative landscape）

关联性景观也称为复合景观，此类景观的文化意义取决于自然要素与人类宗教、艺术或历史文化的关联性，多为经人工护养的自然胜境。我国的五台山（Mount Wutai）（图 9.11）即此类文化景观的典型代表。

五台山位于我国山西省东北部，与四川峨眉山、安徽九华山、浙江普陀山共称“中国佛教四大名山”。五台山是地球上最早露出水面的升迁陆地之一，且如今形成的地层完整丰富。五台山由一系列大山和群峰组成，其中五座高峰山势雄伟，连绵环抱，奇峰灵崖随处皆是。五台山是中国最早的佛教寺庙建造地之一，自东汉永平（58～75）年间起，历代修造的寺庙鳞次栉比，佛塔摩天，殿宇巍峨，融汇了中国古代建筑、雕塑、石刻、壁画、书法艺术的精华。唐代全盛时期，五台山共有寺庙360余座。目前台内外尚有寺庙47座，其中佛光寺和南禅寺是中国现存最早的两座木结构建筑。此外，五台山相传曾是大智文殊师利菩萨讲经弘法的场所。历史上，印度、尼泊尔、朝鲜、日本、斯里兰卡等国的佛教信徒来此朝圣求法的甚多。至清代，随着喇嘛教传入五台山，出现了各具特色的青、黄二庙。因此，五台山还是当今我国境内唯一兼有汉地佛教和藏传佛教的佛教道场。

2009年第33届世界遗产大会上被联合国教科文组织批准登录为“文化景观”。五台山作为世界遗产的项目内容包括从公元4～19世纪（中国北魏、唐、宋、元、明、清）的佛教建筑及独特的圣山环境景观。世界遗产委员会认为这些景观“反映了各个时期建筑艺术和技术的杰出成就和特点，悠久的佛教文化传统，以及人与自然的和谐统一”。并认为“五台山在中华以及世界文明历史上，在历史生活事件和宗教传统、思想、信仰、艺术和文学作品中的突出的体现方面，具有普遍的价值和意义”。五台山观作为东方宗教文明建筑设计、建筑技术和人文景观综合性集大成的一处圣迹，其自然景观与历史、宗教、艺术等要素联系紧密，具备典型的关联性景观特征。

从上述划分可以看出：遗产委员会的标准旨在引导人们从艺术设计、社会文化与精神理念三大层面去理解这一新兴的遗产概念；与其将之解读为一种分类方式，倒不如视作一种登录准则，或者更直接地说，这就是一种基于文化景观理念的遗产内涵重新释义①。

但就遗产对象自身的特点而言，上述三种人文相度应是融为一体的：艺术设计的灵感源自精神世界的火花，而人类思想的根源却又来自社会生活的实践。因此，世界遗产委员会的划分标准只是阐明了其所应具有的文明维度，但在具体的地域文化背景中容易使人产生逻辑混淆，不具备实践的可操作性。

9.2.2 美国国家公园管理局的类型划分方式

针对遗产委员会分类标准的上述问题，美国国家公园管理局（NPS）②于1995年，根据美国文化的特点，在《内政部历史遗产保护管理标准》③中将美国文化景观遗产划分为文化人类学景观（ethnographic landscape）、历史设计景观（historic designed landscape）、历史乡土景观（historic vernacular landscape）、历史场所（historic site）四种类型（Feilden and Jokilehto，1993）。

---

① 世界遗产委员会意在通过文化景观分类标准中的具体描述，进一步阐释世界遗产的价值内涵。

② 即National Park Service，成立于1916年8月25日，隶属于美国内政部，主要负责美国境内的国家公园、国家历史遗迹、历史公园等自然及历史遗产的保护与运营。

③《内政部历史遗产保护管理措施标准》（*The Secretary of the Interior's Standards for the Treatment of Historic Properties*，1995）。

1. 文化人类学景观

人类与其生存的自然和文化资源共同构成的景观结构，如宗教圣地、遗产廊道等。例如，代表美国内湖航运文化的伊利运河（The Erie Canal），工程始于1817年，竣工于1825年。它是一条影响美国历史的航道，经由哈德逊河在奥尔巴尼将五大湖与纽约连为一体。运河总长度达363英里①，缩短了原来绕过阿巴拉契亚山脉的莫霍克河的航程，而且是第一条将美国西部水域同大西洋相连的水道。运河的修建成功地将纽约推向了地区和国际商业中心。

2. 历史设计景观

由历史上的建筑师、工程师等有意识地按照当时的设计法则建造，能够反映传统形式的人工景观，如历史园林。

美国南卡罗来纳州查尔斯顿的米德尔顿（Middleton）种植园（图9.12）由米德尔顿家族于1741年建成，位于阿什利河岸，占地6500英亩②，是美国最古老的自然种植园之一。种植园核心的部分占地110英亩，由历史老宅、坚固的院落和花园组成，迄今已经历两个半世纪。该种植园代表了历史时期的园艺设计技术与风格，符合NPS关于历史设计景观的标准，因此作为文化景观保护起来。目前在米德尔顿故居开辟了历史博物馆，收藏了1741～1880年米德尔顿家族的家具、绘画、图书、文档等资料。

图9.12 美国南卡州查尔斯顿Middleton种植园

3. 历史乡土景观

被场所的使用者通过他们的行为塑造而成的景观，它反映了所属社区的文化和社会特征，功能在这种景观中扮演了重要角色，如历史村落。

美国宾夕法尼亚州兰卡斯特郡的Amish聚居地就是一处典型的历史乡土景观。阿米什人（Amish）是德国移民的后裔，在如今美国这样一个物质文明高度发达的社会里仍一直按照其古老的传统习俗生活。阿米什人是基督教徒，历史上阿米什派源于再洗礼派运动，作为激进分子受到新教和天主教官员的迫害。1720年接受了宾夕法尼亚州的开拓者威廉·潘恩（William Penn）的邀请开始移民宾夕法尼亚安居，目前约有20万人。阿米什人相信神召唤他们过有信仰、有献身精神和谦逊的生活，强烈、深刻的宗教信仰形成了一个排斥

① 1英里=1.609 344km。
② 1英亩=0.404 856hm^2。

电器、电视机以及汽车的世界。他们通过马车和手推两轮车的运输方式、特有的服装风格和强烈的社区和家庭观念来表达他们的宗教价值观，在自己的小农场里劳作，男耕女织，过着自给自足的简单生活（图9.13）。

图9.13　美国宾州兰卡斯特Amish民族聚居地

图9.14　马丁·路德·金夫妇合葬墓

资料来源：http：//sohu. com/forum/

4. 历史场所

联系着历史事件、人物、活动的遗存环境，如历史街区、历史遗址等。

马丁·路德·金国家历史遗址保护区（Martin Luther King National Historic Site）是较有代表性的历史场所，设立于1980年。它位于其故乡佐治亚州亚特兰大市内，面积约35英亩，包括马丁·路德·金故居、墓地、埃比尼泽浸信会教堂、展览中心等人文景观（图9.14）。1929年1月15日，马丁·路德·金就出生在这座城市的奥本大街（Auburn avenue）501号，日后成为了美国非洲裔居民人权运动的领导人。经过参观后，人们可以了解美国当时那段特殊的历史时期，以及马丁·路德·金为非洲裔美国人的人权所做出的努力，他理所当然地应该成为人类历史上的一个符号、一个里程碑。

上述分类方式凸显了美国文化的实用主义①特征：按照上述四种方式划分的遗产对象分别可用作美国文明进程的佐证②、艺术研究的史料③以及社区凝聚的触媒和历史事件的纪念等对其现代文明具有实用价值的文化资源。因此，NPS的标准可看做一种本着分类发展、利用的思路所制定的实用主义划分方式。它将文化景观所体现的文化内涵作为分类的依据和标准，以景观表达的文化内容为线索，便于人们对文化景观内涵的理解。同时，其对文化景观的分类管理，填补了原有遗产保护领域的缺失，将印第安人保留地、少数民族聚居地、南方种植园景观、中西部大牧场景观等具有历史文化意义但在过去的遗产体系中没有相应位置的遗产类型纳入到了保护体系中，取得了显著成效。

① 实用主义（Pragmatism）为产生于19世纪70年代的现代哲学派别，在著名哲学家、教育家约翰·杜威（John Dewey，1859—1952）等创始人的大力推广下，逐渐成为20世纪美国的主流意识，对该国法律、政治、教育、社会、宗教和艺术领域均产生了较大影响。

② 用以支撑其文明存在的合理性。

③ 或作为现代设计的灵感来源。

9.2.3 我国文化景观的类型分析

世界遗产委员会的分类方式以动态发展的眼光看待文化景观对象，考虑了景观遗产地的未来发展，即文化景观随时光流逝而产生的变化，故而产生了“有机进化之残遗物（或化石）景观”和“有机进化之持续性景观”这样的分类。同时，也考虑到了蕴藏于文化景观中主观理念因素，提出了“历史的设计景观”这样的文化景观类型。但由于历史遗产本身就具有多重文化属性，世界遗产委员会的分类标准不适合一些中型文化景观的界定。例如，历史城镇和聚落空间按照上述的分类标准既可算作“有机进化之持续性景观”又可算作“历史的设计景观”。

美国国家公园管理局的分类方式将文化景观所体现的文化内涵作为分类的依据和标准（National Park Service，1996），以景观表达的文化内容为线索，便于其结合本国文明发展的历程对景观文化内涵进行理解与保护。但文化景观是一种与地域文化传统不可分割的遗产类型，不同地区的文化景观有着不同的类型构成，以上的分类方式是基于美国人对文化景观遗产特征的认识所划定的。所谓“历史乡土景观”指代的很大部分就是北美南方种植园景观（plantation）和中西部大牧场景观（grassland），对于其他地域文化背景下的历史景观没有借鉴意义。

综上所述，“文化景观”这一概念在世界各地遗产保护实践中的推广与应用，应结合不同地域文化的传统。因此，2006年国际文化景观科学委员会（ICOMOS-IFLA）决定开放文化景观的定义，广泛征集各地的意见，以确立文化景观的地方含义①。作为四大古文明发源地之一的中国，拥有众多可向世界贡献精神动力的文化景观，甚至西方学者也不吝惜用“伟大”及“神奇”等溢美之词来形容这些人类智慧的结晶。但与此同时，华夏文明多元的价值构成也使学者们困惑于如何用同一张清查卡来调查北京的颐和园与四川都江堰等研究对象的具体细节。因此，对基于西方理念的文化景观分类体系②在东方文明土壤的保护实践中产生的适应性障碍，我们需要以一种新的思路去应对：中国文化景观遗产分类标准的制定，必须基于中华文明自身的特点。结合历史文化的地域特性，我国的文化景观可分为以下几种类型。

1. 设计景观

由历史上的匠人或设计师按照其所处时代的价值观念和审美原则规划设计的景观作品，代表了特定历史时期不同地区的艺术风格及成就。这类景观包括古代园林、陵寝以及与周边环境整体设计的建筑群，如苏州园林、明十三陵、清东陵、晋祠等（图9.15）。

2. 遗址景观

曾见证了重要历史事件或记录了相关的历史信息，如今已废弃或失去原有功能的建筑

---

① 该委员会甚至认为：“为体现地域文化的多样性，甚至‘文化景观’这一名词也可以有所改变。”（韩峰，2007）。

② 即世界遗产委员会（UWHC）与美国国家公园局（NPS）的文化景观类型划分标准。

遗址或地段遗址。作为历史见证，其社会文化意义更重于其艺术成就和功能价值，如北京的圆明园遗址、重庆合川的钓鱼城遗址等。

图 9.15　清东陵

3. 场所景观

被使用者行为塑造出的空间景观，显示出时间在空间中的沉积，人的行为活动赋予了这类景观以文化的意义。这类景观包括历史城镇中进行相关文化活动和仪式的广场空间，以及具有特殊用途和职能的场所区域，如南京夫子庙庙前广场、重庆磁器口古镇码头、安徽棠樾村牌坊群等（图 9.16）。

4. 聚落景观

由一组历史建筑、构筑物和周边环境共同组成，自发生长形成的建筑群落景观。聚落景观延续着相应的社会职能，展示了历史的演变和发展，包括历史村落、街区等，如安徽的西递、宏村、湖南凤凰古镇。

图 9.16　安徽棠樾村牌坊群场所景观

5. 区域景观

区域文化景观是一种大尺度的概念，超越了单个的文化景观，强调相关历史遗产之间的文化联系。按照其文化资源组织的线索和构成形式又可分为风景名胜区（scenic area）、文化路线（cultural routes）和遗产区域（heritage area）。

图 9.17　茶马古道

资料来源：http://www.china.com.cn/

1）风景名胜区是人类在天然形成的自然胜境中进行相关文化活动留下的人文印记与该自然环境共同构成的景观。这类景观以自然环境为背景，但又具有强烈的宗教、艺术和文化氛围，是我国特殊的文化景观类型，包括各种文化遗产与自然景观有机结合的景观区域，如五台山、青城山等佛教和道教圣地、登封天地之中历史建筑群等。

2）文化路线又称遗产廊道（heritage corridor）（李伟和俞孔坚，2005），是一种跨区域、以某一文化事件为线索的呈线性分布的系列文化景观，如茶马古道、长征遗址等（图 9.17）。

3）遗产区域是一种将呈破碎状态的地域文化斑块以山体、湿地、河流和其他生态要素以历史和地理分布为线索连接、整合形成的区域文化景观，包括以某一自然或人工交通系统为纽带联系着的具有相同文化特点的同质区域，如楠溪江流域的古村落群以及位于今皖、浙、赣三省交界处的古代徽州聚落群等。

以上是借鉴世界遗产委员与美国国家公园管理局的类型划分标准，结合我国文化景观的地域文化特性，对我国文化景观的类型进行的分析。值得强调的是，我国的遗产保护体系是在借鉴国际经验的基础上逐步建立和完善的，在以“自然-文化”、“有形-无形”为依据的遗产类型划分中也存在一些难以明确界定的对象和范畴。因而，文化景观也应成为我国遗产构成体系的必要补充。由于文化景观是一种与地域文化传统不可分割的遗产类型，不同的地区有着不同的构成特点，因此，其分类必须基于我们对自身历史文化的理解，可以借鉴但不能照搬国外的经验。正如学者肯·泰勒所言“要理解人们的行为模式、信仰、象征符号等社会文化因素，需要把它们置入地方文脉中加以考察”①。

9.3 文化景观的构成分析

文化景观是“特定的文化族群在自然中创建的样式，文化是动因，自然是载体，文化景观则是呈现的结果”（Sauer，1925）。因此，文化景观既是一种实体对象，又具有相应的人文内涵。对于文化景观的研究既可从文化学涉及的诸多方面，如“生活方式、生产关系、宗教信仰、历史政治、艺术审美”等方面进行分类研究（汤茂林，2000）。也可根据其载体形式将其分为建筑、空间、环境、结构等要素。在此，根据文化景观的特点，本书通过演绎的方法从其所呈现出的物质形式和表达的文化内涵两个方面进行分析，将其构成要素划分为“物质”和“价值”两个系统。各种类型的文化景观皆可看做由这两大系统所构成。

9.3.1 物质系统构成要素

文化景观的意涵是以物质载体为媒介在人类社会历史中传承的，即使相同的文化内容也会有不同的表现形式，就如同同一思想内涵可通过文学、音乐、建筑、绘画、电影等不同的媒介传达一样。文化景观物质系统的构成要素按照特点和空间规模可具体分为四种类型。

1. 建、构筑物（buildings & structures）

历史遗留下来的建筑物、构筑物以及相关实体的遗址、遗迹，它们反映着地域的建筑文化、社会职能或与特殊的历史事件和人物相关，是文化景观的重要载体形式。作为一种实体对象，它们能够通过富有地域特色的形式、比例、色彩以及各种装饰细部，来展现历史环境的人文精神内涵，是塑造地域文化景观最基本的元素之一。

---

① 引自 Taylor K. 2006. The Cultural Landscape Conception Asia：The Challenge for Conservation //ICOMOS Thailand 2006 Annual Meeting. Thailand：Udon Thani Province。

2. 空间（space）

文化景观的空间要素即由山体、水体、植被等自然要素或建筑、构筑物等人工要素所围合和限定的物质空间。在单体建筑中，空间体现为与建、构筑物等实体对象相对的虚空间，即老子提及的“埏埴以为器，当其无，有器之用”，如建筑中的天井、建筑内供人使用之空间等。在建筑群体中，空间可体现为街巷、节点，而在城市中又可以广场、公园的形式出现。值得一提的是，空间本无材质、形状与质感，但因围合其的实体对象的相应特征，进而给人以开敞明快或压抑幽暗等感觉。因此，空间虽无形，但却并不是一种抽象的精神元素，它在现实世界中易于为人所感知，是关于环境特征的一个具体表达。

3. 环境（environment）

文化景观中的山川、农田、果园、植被等自然环境要素，是文化景观生成和发展的背景和基础，并且融入到景观的整体构成之中，这便是所谓的环境。在单个建筑中，环境可表现为园林等设计类景观；在建筑群体和城市中，环境则表现为一种融于整体的绿化空间；而在区域尺度下，环境以城市周边的山水或田园景观呈现。环境的特征表达了一种选择的相度，中华文明自古以来注重人与自然间的交流与和谐，这一源远流长的理念在环境景观中体现得尤为明显。各地农桑池鱼井井有条的和谐聚落、人文胜景荟萃的名山大川都是这一理念灌注到古代物质文明中的极佳例证。

4. 结构（composition）

聚落、街巷、建筑群、山体、水系等自然和人工要素构成的整体格局和秩序，不仅反映了文化景观空间布局的基本思想，更印刻着一定地理、历史条件下人们的心理、行为与自然环境互动、融合的痕迹（图 9.18）[①]。这就是人们在描述建筑群体与城市时常常提及的“结构”。

图 9.18　苗族村寨

结构可以通过建筑与空间的图底关系来分析和表达，也就是凯文·林奇所说的纹理。“聚落的纹理（grain）是其结构的一个基本特征”（林奇，2001）。结合航拍影像或历史地籍图，我们可以发现，在历史城镇或历史建筑群中街区与路径、建筑与绿地呈现出一种簇群式、骨肉相连的特征，这便是文明缓慢进化所形成的丰富而致密的肌理，也正是通过这些肌理，地域文化精神的内涵得以表现出来。

从以上分析可以看到，文化景观的物质系统可分为四个部分，其一为人工要素，即实

① 苗族村寨文化景观植根于农业生产方式和当地的自然环境，是苗族人民在利用自然中做出合理选择的结果，记录着人类合理利用自然环境的智慧，体现了生态多样性环境下的文化多样性。

体的建、构筑物；其二为虚质的空间；其三为自然要素，即具有自然特征的环境；其四为人工要素和自然要素相互关联而形成的结构。这些物质要素是特定文化族群在长期文明进程中利用和改造自然的结果，体现了相应的文化观念和社会关系，因而包涵了丰富的人文内涵。

9.3.2　价值系统构成要素

除可见的物质形式之外，文化景观还包括物质载体中蕴含的无形文化内涵，可以将这部分内容称为文化景观的价值系统。按照所反映出的不同人地文化关系，价值系统可分为人居文化、产业文化、历史文化和价值信仰四大要素。

1. 人居文化（residential culture）

人居文化指受山川地理、气候条件影响而形成的人居理念和生活文化，在文化景观中的地方习俗、乡土建筑、聚落空间等物质要素中得以体现。我国各地具有地方特色的民居、生活习俗等，就反映了人们因自然地理条件、人文历史禀赋差异所形成的不同生活理念。人与环境的和谐共生是人居文化的核心理念之一（图9.19）。

2. 历史文化（history）

文化景观在其形成和发展过程中都与一些重要的历史事件或历史人物相关联，并赋予其历史内涵。名人故居、历史遗址、牌坊等纪念性建构筑物，以及为纪念历史事件和人物而产生的民俗活动都是文化景观历史内涵的重要体现形式。

图9.19　四川上里古镇田园环境①

3. 产业文化（industrial culture）

产业文化是与文化景观职能相关的要素，集中反映了文化景观的区位条件和资源禀赋。聚落景观中的传统工艺、职能建筑（会馆、商铺等）及遗址、与产业职能相关的环境资源，以及区域景观中与古代商业贸易相关的文化遗址，都反映了文化景观的产业特征（图9.20）。

4. 价值信仰（religions & believes）

山川地理、气候条件、区域位置、资源禀赋以及历史上发生的事件和诞生的著名人物都会对地域的思想文化产生重要影响，形成各地不同的文化观念、审美情趣与价值信仰。

① 四川上里古镇田园环绕的整体格局和古镇内部建筑群落的布局形式充分反映了传统居住方式的人地和谐观。

图 9.20　芒康盐井盐田①

人们可以从民俗行为、祭祀仪式等非物质文化遗产对象，也可以从宗祠神庙、书院学堂等文化建筑以及城镇、聚落的风水格局等文化景观元素中去理解和体验这种精神内涵。

综上所述，文化景观由物质与价值两大系统构成。需要指出的是，文化景观本是精神与物质合一的有机整体，其物质系统与价值系统二者相互间有着内在的联系，犹如一个生命的躯壳与灵魂，不可将其机械地拆解，否则将如同盲人摸象般永远无法窥见它的全貌。

9.3.3　文化景观类型与构成要素的关系

凯文·林奇在研究城市空间形态时注意到："社会文化和空间现象是相互关联的……两者之间的相互影响是通过人这个变因而产生的，两者都有复杂的内在逻辑"（林奇，2001）。文化景观作为特殊的遗产类型，既具有社会文化属性，同时也具有物质空间属性，而且，不同类型的文化景观，其物质系统与价值系统的构成也有所不同（表 9.1）。

表 9.1　文化景观类型与构成要素分析表

类型	主要构成要素	
	物质系统	价值系统
设计景观	建筑：历史建筑、构筑物 空间：空间构成、空间形态 环境：山水环境、田园风光、绿化植被 结构：空间结构、景观结构	人居文化：生活理念 历史文化：地方建筑传统 价值信仰：审美情趣、艺术风格、文化观念
遗址景观	建筑：建筑遗址、遗迹 环境：自然环境	历史文化：历史沿革、历史事件、历史人物 产业文化：产业历史、产业发展、产业特征 价值信仰：文化观念、宗教信仰

① 西藏芒康盐井盐田以其独有的原始晒盐方式和当地特殊的自然环境，形成了世界上罕见的自然与人文相融合的文化景观遗产，展示出古代先民们在"世界屋脊"青藏高原上创造的灿烂文化，还是世界上海拔最高、自然环境相对恶劣条件下盐业生产的杰出范例，为研究 2000 多年茶马古道上各民族的经济与文化交流提供了珍贵的历史见证。

续表

类型	主要构成要素	
	物质系统	价值系统
场所景观	空间：空间形态 环境：自然环境	人居文化：生活理念、生活文化 历史文化：历史人物、历史事件 价值信仰：文化观念、宗教信仰
聚落景观	建筑：历史建筑、乡土建筑 空间：空间构成、空间形态 环境：山水环境、田园风光、绿化植被 结构：空间结构、景观结构	人居文化：地方习俗、生活理念、生活文化 历史文化：历史事件、历史人物 产业文化：产业历史、产业发展、产业特征 价值信仰：文化观念、审美情趣、宗教信仰
区域景观	建筑：历史古迹、建筑遗址遗迹 环境：山水环境、区域环境、绿化植被 结构：区域布局、景观结构	历史文化：历史背景、历史事件 产业文化：产业发展、产业特征 价值信仰：文化观念、审美情趣、宗教信仰

9.4　文化景观的保护方法

回顾遗产保护的历程，理论与方法的发展总是在技术与艺术、科学与人文的钟摆过程中前行。而从文化景观的构成要素来看，物质系统是其呈现的形式，对它的保护主要应从工程技术层面着手，重点在于“保存”（preservation）；价值系统是其表达的内容，对它的保护应从人文艺术层面出发，强调的是“传承”（continuation）。如此，既有的遗产保护观念在文化景观的保护中就能够找到一个理想的平衡点。

因此，对于不同类型文化景观的保护，应根据其各自的物质要素与价值要素构成，以物质系统为保护的线索，以物质形态的保存和维护为基础；以价值系统为保护的目标，以文化意涵的表达和显现为手段，制定相应的保护措施与方法，以凸显文化景观内在的人文精神，使其意涵层面的价值能够渗入大众的观念世界中。

9.4.1　文化景观物质系统的保存

思想的提炼必须基于物质载体的存续，而理念的推广则需落脚于具体的演进机体。从文化景观遗产物质对象保存与发展的角度考虑，应首先构建一套基于物质系统分类的保护实践方法，以便于区分不同物理状态的文化景观对象以及针对文化景观特定的物质状态采取相应保护措施。结合前文对物质系统的梳理，本书提出四类文化景观物质对象的具体保护措施。

1. 历史建筑的保护

作为文化景观的重要载体形式，历史建筑的完整性和真实性是保护的重点。因此，应按照《威尼斯宪章》的基本原则和方法，包括真实性（authenticity）、可识别性

(identifiability)、连续性（continuity）和整体性（integrity）。经过几十年的理论研究和实践探索，历史建筑的修复和保护已形成一套完整的技术，在《历史保护：建成环境的监管》(Marston，1982) 一书中将历史建成环境的保护方法总结为以下七种。

保存（preservation)：维持它现在的物理状况和工艺特征，对它的艺术特征一点也不加一点也不减。

转换（conversion)：使建筑适应新的功能和使用要求。

恢复（restoration)：回到它原来的物理状况的过程，这其中它的物理形态有所发展。

修整（refurbishment，保护和加固)：对建筑肌理的物理干涉，确保它的结构和肌理的持续性。

重构（reconstitution)：一块一块砖地重建建筑，在原地或在新的地点。

复制（replication)：对现存建筑建造一个拷贝。

重建（reconstruction)：在它的原始场地重建已消失的建筑。

与此同时，考虑到文化的多样性和遗产的多样性，对我国文化景观中的历史建筑来说，应遵循《奈良真实性文件》的原则和观点，“对文化遗产的所有形式与历史时期加以保护是遗产价值的根本”；“取决于文化遗产的性质、文化语境、时间演进，真实性评判可能会与很多信息来源的价值有关。这些来源可包括很多方面，譬如形式与设计、材料与物质、用途与功能、传统与技术、地点与背景、精神与感情以及其他内在或外在因素。使用这些来源可对文化遗产的特定艺术、历史、社会和科学维度加以详尽考察”。

2. 空间氛围的保护

空间既是自然要素和人工要素围合和限定的物质空间，也赋有环境特征，具有场所(place）意义。除了保护空间的物质构成要素外，空间肌理和场所特征是保护的重点。

阿尔多·罗西（Aldo Rossi）说：“每一处历史场所的保护都开始于识别场所的原型样本——来自于空间场所经历数世纪发展形成的肌理。”对场所肌理的保护是空间保护的基础，这包括体现空间地域特色的生活、产业和文化信息。

空间环境特征的保护就是保护和延续场所的文化意义（culture significant)，也就是“对过去、现在和将来世代的人具有美学、历史、科学、社会或者精神方面的价值”[①]。空间保护的方法和程度取决于对“场所”的文化意义的评估，评估的结论明确，施于“构件”(fabric) ——实物的手段也就明确了。也就是说，周围空间的建筑多样性是允许的，只是当新的建筑插入老建筑的街区中时，需要做到维持传统的街区尺度、视觉上的持续性和原有的环境风貌。正如《巴拉宪章》指出，“传统技术和材料应当优先用于保护有意义的构件。在某些情况下，能够带来实质性保护裨益的现代技术和材料也可适当利用”[②]。

例如，在乌镇西栅桥头空间的保护设计中，设计者通过对场地的解读，利用建筑、街道小品、环境绿化突出场所的意义。对两侧民居进行整饬，通过粉墙黛瓦的风貌修复在历史维度上与古桥形成呼应；在古桥桥头设置古典风格的观景亭，突出桥头空间；在市河两

① 澳大利亚《巴拉宪章》1.2条。
② 澳大利亚《巴拉宪章》4.2条。

侧垂直式护堤外运用卵石堆砌，塑造自然的河岸形式；沿河岸两侧种植柳树，在自然风貌上与古桥形成呼应。塑造出一处以古桥为灵魂，整体气韵相得益彰的桥头空间场所（图9.21）。①

图9.21　乌镇西栅桥头空间的设计断面
资料来源：杭州市规划院．浙江省桐乡市乌镇保护规划设计

3. 自然环境的保护

自然环境是文化景观生成和发展的背景和基础。《威尼斯宪章》中已经将“一种独特的文明、一种富有意义的发展或一个历史事件的城市或乡村环境”作为保护的范畴，并指出，“保护一座文物建筑，意味着要适当地保护一个环境。任何地方，凡传统的环境还存在，就必须保护”。因此，对文化景观周边相关的农田、果园、植被以及山体、水体等自然环境要素，应划定保护范围，从生态保护和日常养护两个方面加以保护。

《佛罗伦萨宪章》指出“历史园林必须保存在适当的环境之中，任何危及生态平衡的实体环境变化必须加以禁止”，并且强调这一要求“适用于园林基础设施的任何方面，包括内部和外部设施”。文化景观的自然环境不是独立的世外桃源，而是大的环境综合体的有机组成部分，在工业化和城市化进程中，自然资源以及脆弱的生态系统循环与再生功能很容易被干扰破坏。因此，维护地形地貌、保护山体、净化河流水体、控制污水的排放，建设区域内的基础设施等都是保护工作的组成部分。

自然环境还是“活”的景观，其自身就是一个生态系统，而且随着四季轮转和自然的变迁，植被、水体等都呈现出时代、季相的变化。因此应在时间坐标中关照自然环境的整合状态，进行一种动态平衡的精心守护。这意味着自然环境的保护应是一个宏观的、长期的协调和监控过程，以保证资源的永续利用和景观的完整性不受破坏。《佛罗伦萨宪章》指出，“在对历史园林或其中任何一部分的维护、保护、修复和重建工作中，必须同步兼顾其所有的构成特征，把各种因素孤立开来处理将会破坏其整体的协调”，而且“对历史园林不断进行维护至为重要。既然其基本素材是植物，保存园林形态不变既要根据需要及

① 乌镇西栅采取的是“露天博物馆”式的保护，历史建筑和场所空间恢复和再现了典型的“小桥、流水”江南古镇环境景观，但是却没有“人家”。因此，目前对此种保护方式褒贬不一。

时予以替换，也要有一个长远的定期更换计划”。

4. 整体结构的保护

结构是文化景观物质载体的整体格局和秩序，对于聚落景观来说尤为突出和重要，主要表现在街道格局、建筑与绿地和开阔空间的关系、聚落与其周边自然和人文环境的关系等①。因此，对于聚落结构的保护，主要是维护和延续自然要素和人工要素的构成关系。首先，需要研究文化景观的历史演变过程和现状，分析和判断景观的基本结构和格局，并对重要的结构要素进行价值评价；其次，对历史发展过程中重要的结构要素，如典型建筑、重要空间、山体、河流、边界等予以重点保护，延续文化景观的整体风貌和结构关系。

与空间的保护方法一样，结构保护中也不排斥改造和新建，“如果必须建造新建筑或改建现有建筑，必须尊重现存的空间布局，特别是空间规模。与周边环境协调的现代因素的引入不应受到排斥，因为这会丰富区域的特征”②。

9.4.2 文化景观价值系统的传承

文化景观是一种特殊的遗产类型，既包括客观的物质对象，又包含与人关系密切的价值内涵。物质系统的保护重在对物质对象和历史信息的保存，是一种以技术性、科学性为导向的静态保护方式。价值系统是文化景观的核心，是人类在加工自然、塑造自我的过程中形成的规范的、精神的、人格的、主观的文化精髓，是文化景观产生、存在和发展的推动因素和积极力量。索尔（Carl O. Sauer）在定义文化景观时认为非物质的“文化”是文化景观产生发展的原动力，它对自然载体产生作用从而形成了文化景观（Sauer，1925）。因此，价值系统的保护就是传承文化景观的文化思想和价值观念，是一种以人文性、艺术性、社会性为导向的动态保护方式。

文化景观的非物质文化要素有的是以物质对象为传承载体，有的是以人为活态的传承载体，而还有的不一定都能找到活态载体，因此需要创新性借鉴非物质文化遗产保护的理念和方法。

1. 人居观念的延续

1992 年《实施世界遗产公约操作指南》附录中认为文化景观的意义是“人类长期的生产、生活与大自然所达成的一种和谐与平衡，与以往的单纯层面的遗产相比，它更强调人与环境共荣共存、可持续发展的理念”③。

东西方文明中都表现出人类与自然和谐相处的价值观和生活方式。1977 年《马丘比丘宪章》（*Charter of Machupicchu*）写道：“古代秘鲁的农业梯田受到全世界的赞赏，是由

---

① ICOMOS《华盛顿宪章》（1987），原则和目标。

② ICOMOS《华盛顿宪章》（1987），方法及手段。

③ 世界遗产委员会官方网站资料，http：//whc. unesco. org/archive/opguide92. pdf。

于它的尺度和宏伟，也由于它明显地表现出对自然环境的尊重。它那外表的和精神的表现形式是一座对生活的不可磨灭的纪念碑，在同样的思想鼓舞下，我们纯朴的提出这份宪章。”我国自古即有“天人合一”的哲学思想，崇尚人类与自然的和谐共处，城镇、聚落、宅邸的选址、规划、建设都与地形、地质、气象、水文资源等自然环境相生相息，许多名山大川更是人文胜景荟萃之处，形成了我国文化遗产与自然遗产相互交融的重要特性。费勒教授（Fowler P. J.）在 2003 年递交给 WHC 的《世界遗产文化景观（1992—2002）》报告中对中国的文化景观价值给予了很高评价，他认为文化景观的概念最早在中国“天人合一”的哲学思想中得以体现（Fowler，2003）。

人居文化的发展就是将人与环境和谐相处的哲学理念加以挖掘、解读、总结并将其贯彻于文化景观的持续发展之中。例如，四川雅安上里古镇的选址和建设与当地的自然地理环境有着密切的关系，在农耕社会中有更深层次的意义：山水环绕，使场镇居民可樵、可汲；南面沃壤，又使人们可耕、可灌，满足了居住生产与生活的各种必要条件。其山水田园的格局充分反映了先民“四灵守中”[①]的风水观念，承载了独特的文化信息。因此，这一聚落文化景观的保护和发展，需要通过古代典籍文献的研究、实地勘测、居民访谈、绘图分析等方式对聚落风水文化进行解读与释意，并将之贯穿于古镇的发展建设之中。文化景观是一个动态的发展过程，聚落的用地不断拓展、人口不断增加，但是生活还要继续，探索并保持人居文化的核心理念，方能维系人居环境的和谐与持续发展。

2. 历史事件的记录

文化景观在长期的发生和发展过程中所积淀的知识、信仰、艺术、伦理道德、法律、风俗等历史文化，是人类为使自己适应其环境和改善其生活方式的努力的成果。有些历史文化反映在具体的物质形态上，显现地体现出文化的价值观和意义，如建筑物、构筑物、装饰、工具、器皿等，有些历史文化是以人为活态载体，影响一个地方人的思维方式、生活方式、行为方式等。而历史上一些重要的事件和人物对文化景观遗产地往往产生非常重要的影响，是历史文化的重要组成部分。

以物质形态存在和反映的历史文化，可以遵照《威尼斯宪章》的原则，通过对物质载体的妥善保存加以保护，使其历史文化信息得以完整地、真实地流传下去，并融入到文化景观新的物质文明发展之中。

人为活态载体的历史文化，可根据联合国教科文组织 2003 年《保护非物质文化遗产公约》的原则，“确保非物质文化遗产生命力的各种措施，包括这种遗产各个方面的确认、立档、研究、保存、保护、宣传、弘扬、传承（特别是通过正规和非正规教育）和振兴”。文化景观遗产地尤其是原住民、各群体，有时是个人，在非物质文化遗产的生产、保护、延续和再创造方面发挥着重要作用。

---

① 所谓四灵指龙凤龟麟，来自于古代的星神崇拜。古人依照四象八卦，用四灵（朱雀、玄武、青龙、白虎）镇守四方，分别代表五行中的金、木、水、火；而麒麟是土德之身，厚土载德，因此麒麟居中，位于四灵之上。如明代《阳宅十书》在关于家宅选址中论及“凡宅左有流水谓之青龙，右有长道谓之白虎，前有汙池谓之朱雀，后有丘陵谓之玄武，为最贵地。”佛教典籍《藏经》和明代《灵城精义》在分析城市和村落选址时描述的理想风水宝地通常为基址背后有祖山、少祖山，前面有朝山、案山，左右有浅阜长冈，叫龙砂、虎砂，称之为左辅右弼。

有影响力的历史事件或历史人物，往往能够彰显遗产地的历史文化，可以通过保护名人故居、修建纪念性建构筑物，以及组织和传承与历史事件和历史人物相关的民俗活动来保护、传播其历史文化。

老挝占巴塞文化景观，除了拥有与山水环境完美结合的规模宏大的庙宇、水利设施，“完美表达了古代印度文明中天人关系的文化理念，体现了公元 5 ~ 15 世纪以高棉帝国为代表的老挝文化发展概况”①外，最重要的瓦普庙的建造历史还包含了公元 1235 年老挝与泰国之间的战争插曲，是一处承载着历史记忆的建筑。②占巴塞披耶卡马塔王对占巴塞王国社会文化的发展和瓦普庙的建造作出了重要贡献。为此，老挝人民有一个传统的节日叫“瓦普节”（Wat Phu Festival）。瓦普节活动带有浓厚的佛教色彩，于每年的佛历三月中旬举行，活动要持续五六天，目的是祈求风调雨顺、五谷丰登。节日期间，老挝各地特别是南部六省的官员、僧侣和人民群众都纷纷前往瓦普寺过节，烧香礼佛。此外，还有斗鸡、斗牛、赛象、各种技艺表演等众多的民间娱乐活动，夜间，人们唱歌跳舞，尽情娱乐。为了完整地保护占巴塞文化景观，这一民俗活动得到政府的大力扶持和民间的广泛参与，成为展现老挝历史文化的重要形式。

3. 产业传统的再现

文化景观遗产地的产业历史、产业发展、产业特征反映了其区位条件和资源禀赋，并深刻地体现在其物质文明（交通工具、服饰、日常用品等）以及生活制度、经济制度、社会制度等方面，对文化景观的形成和发展具有重要影响。对于聚落景观和区域景观来说，产业文化具体表现为有形景观面貌、产业功能及无形的土地利用方式与生活传统等的存续中；对于遗址景观来说，产业文化具体表现为建筑遗址、场所遗址、设施遗址等产业特征中。

产业类遗址景观的保护，除了保护好承载产业文化的物质载体，如生产建筑、贸易建筑、资源场所等的真实性和完整性外，还应调查、收集、研究产业文化产生、发展、终止的历史过程和相关实物资料，并采用适当方式加以陈列、展示、宣传，以凸显产业文化的价值和作用。

以产业文化为突出特征的聚落景观和区域景观，一方面需要按照遗产地真实性和完整性的保护原则和保护方法予以保护；另一方面更重要的是将传统产业发展与遗产地社会、经济、文化的发展紧密结合起来，使传统产业适应现代社会而进行技术革新或产业升级，继续维系人们生产生活的可持续资源利用方式和地方适宜技术，延续文化景观的产业文化

① 2001 年世界遗产委员会批准登录占巴塞文化景观的评价。

② 公元 1235 年，老挝的军队突破了泰国的重重防线，包围了泰国的要塞南市。不料泰国的南市要塞易守难攻固若金汤，老挝的军队久攻不下。经过几十天的抗衡，交战双方伤亡惨重，都付出了沉重的代价。老挝的占巴塞披耶卡马塔王和泰国的那空伯罗女王看到胜负难决，于是举行和谈。最后决定双方各建一座佛塔，谁先完成，谁就是这场战争的胜利者。这个方案居然获得双方的一致同意。比赛的结果是泰国女王所建的塔于当年 7 月中旬完成，从而成为这场奇妙战争的胜利者。老挝的军队履约，立刻退出泰国的领土，战争就在这和平中结束了。但占巴塞披耶卡马塔王却不久去世了，老挝人为纪念占巴塞披耶卡马塔王的爱国精神决定把这未完成的塔建完，一年后这座老挝著名的佛教古刹终于建成，这就是瓦普庙。

特征。

葡萄牙的上杜罗产酒区（Alto Douro Wine Region）是一处有着2000多年悠久酿造历史和优美人工建筑群的葡萄酒产酒胜地。上杜罗上游山区地势起伏很大，有许多葡萄园是从悬崖峭壁上开垦出来的，一层层狭窄的梯田上只能种植两三行葡萄树。酒厂就在山顶的一块块平地上。它们连同村落的宅舍、小礼拜堂和乡间道路网，构成了一道表现传统的欧洲葡萄酒产地的文化景致。此外，各种类型和形式的葡萄压榨工具、葡萄酒发酵和储存器皿，以及建筑和场地的酒文化装饰等，也呈现出独特的文化氛围。在对上杜罗产酒区土地利用方式和生态环境进行严格保护的同时，葡萄牙政府对产酒技术及产酒文化予以特别重视，专门出台法律对杜罗河上游山区酿制波特酒（Pon）的工艺过程有详细的明文规定，在酿制中至今仍有一些地方采用古老的脚踩法进行榨汁，以保持葡萄核的完整无损，保证了波特酒的品质，酿酒产业仍然是上杜罗的经济支柱（图9.22）。

图9.22　上杜罗产酒区

资料来源：http：//whc.unesco.org/

4. 信仰价值的表达

在一定的环境条件下，人类在社会意识活动中孕育出来的价值观念、审美情趣、思维方式、精神信仰等才是文化的核心，它们虽然没有具体物质或活体载体的呈现，但是却无形地反映在文化景观的环境构成之中。

文化景观并非静态，而是不断生长变化的生命体，自然规律会改变其物质载体的外在形态。因此保护文化景观的目的并不是要保护其现有的状态，而更多的是要以一种负责任与可持续的方式来识别、了解和管理形成这些文化景观的动态演变过程①，在可以接受的改变中保护和展示文化景观形成过程中的价值信仰才是文化景观保护的核心所在。2005年ICOMOS《西安宣言》中也认为，遗产不能被孤立、物质地看待，必须纳入包括社会、政治、经济、文化等一系列整体的非物质环境中来加以定位和解读。这就需要挖掘和分析文化景观中所蕴含的精神文化内涵及其在物质空间中的表达方式，以发展的眼光采用现在的恰当的对策、途径和方法予以延续和传承。

北京天坛是帝王祭天的场所，有两重垣墙，形成内外坛，无论在整体布局还是单一建筑上，都反映出天地之间的关系，而这一关系在中国古代宇宙观中占据着核心位置。天坛建筑的主要设计思想就是要突出天空的辽阔高远，以表现“天”的至高无上。在布局方面，内坛位于外坛的南北中轴线以东，而圜丘坛和祈年殿又位于内坛中轴线的东面，这些都是为了增加西侧的空旷程度，使人们从西边的正门进入天坛后，就能获得开阔的视野，以感受到上天的伟大和自身的渺小。就单体建筑来说，祈年殿和皇穹宇都使用了圆形攒尖

① 联合国教科文组织亚洲遗产地保护与管理研讨会文件，越南·会安，2001年。

顶，它们外部的台基和屋檐层层收缩上举，也体现出一种与天接近的感觉（图9.23）。

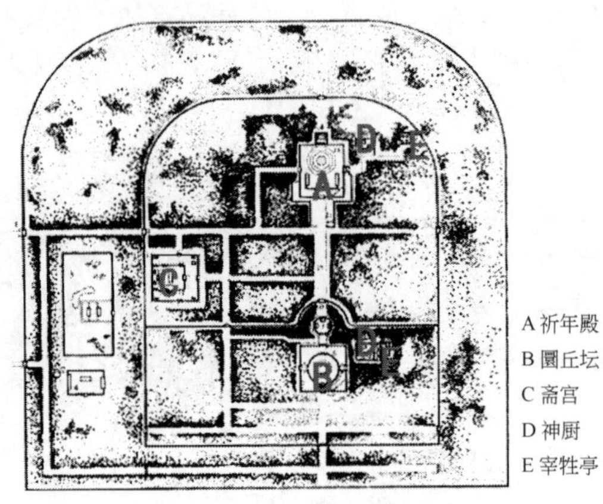

图9.23　天坛平面图

资料来源：乌东潘.2011. 议文化景观遗产及其景观文化的保护. 中国园林，(4)：1-3

外坛是天坛世界遗产完整性不可分割的组成部分，也是天坛作为文化景观的重要载体。但由于历史原因和城市化的发展，外坛用地不断被蚕食，目前约有一半的用地被近现代建筑所占用，完全没有了史料记载的那种烘托内坛的郊野风貌和氛围。从物质环境的原真性保护和恢复来看，虽然可以将占地单位外迁，并代之以植被，但是植被是会改变的活的景观，没有可靠的考古证据。设计者认识到天坛保护的核心是彰显古人敬天的精神文化，为了保存和展示遗产的完整性，并没有陷入对外坛原有植物品种或位置的无解探求中，而是重点关注历史上外坛及其植被在天坛精神文化中所起的作用，重构并展示其精神文化内涵（邬东璠，2011）。

第10章　非物质文化遗产的保护

历史遗产的构成要素包括自然要素、人工要素和人文要素。自然要素和人工要素的结合形成了人类日常生活中最易被感知的遗产形式——物质形态的文化遗产，这包括了人类建造活动的历史遗存及其产生和发展的自然环境条件。而人文要素除部分融入物质遗产之中之外，还构成了人类非物质形态的文化遗产形式，如语言、宗教传统、口传历史、神话传说、手工艺、民间传统、文学传统、道德规范、民俗活动等。它们反映了人类精神领域的创造性活动，是社会文化具有生命力的组成部分，它们与物质遗产相互依存和烘托，共同反映着历史文化积淀，形成了历史环境的不同特色和价值。

经过一个多世纪的探索和实践，历史遗迹、历史地段、历史城镇等历史环境的保护逐步走向科学化和系统化，并形成了一些社会公认并为世界各国共同遵守的原则和方法。文化景观、工业遗产等新兴的遗产类型也普遍受到社会关注。然而总体来看，世界遗产保护体系仍比较强调人工环境、自然环境等物质形态文化遗产的保护。直至近年，非物质形态文化遗产保护才引起人们的重视，成为历史遗产保护的重要内容。

10.1　国内外非物质文化遗产保护历程

自从联合国教科文组织2001年公布首批“人类口头和非物质遗产代表作”（UNESCO’s masterpieces of the oral and intangible heritage of humanity）以来，“非物质”文化遗产作为一种独特的遗产类型逐渐成为遗产保护界关注的焦点之一。其概念从1989年《保护民间创作建议案》（*Recommendation on the Safeguarding of Traditional Culture and Folklore*）中的“民间传说和传统文化”（traditional culture and folklore）；到1998年《宣布人类口头和非物质遗产代表作条例》（*The Judging and Examining Procedure and Criteria of the Representative Wok of Human Oral and Non-material Cultural Heritage*）中的“人类口头和非物质遗产”（human oral and non-material cultural heritage）；再到2003年，联合国教科文组织第32届大会通过《保护非物质文化遗产公约》（*Convention for the Safeguarding of the Intangible Cultural Heritage*），“口头和非物质遗产”作为对一种独特文化遗产的国际性的法律性认定与表述，正式定名为“非物质文化遗产”（intangible cultural heritage），历经无数波折与变更，说明了其对象范畴难以界定以及其保护历程的艰辛。

10.1.1　国外保护观念的形成和发展

1. 非物质文化遗产概念的提出

“非物质文化遗产”保护的概念最早源自西方发达国家。作为世界遗产保护运动的引领者，西方发达国家在20世纪中期就开始了非物质文化遗产的保护工作。

日本早在1950年颁布的《文化财保护法》中率先明确地将本国的文化遗产划分为："有形文化遗产"（有形文化财）、"无形文化遗产"（無形文化財）、"史迹名胜天然纪念物"（史跡名勝天然記念物）[1]三类，从而形成了"非物质文化遗产"概念的雏形[2]。

之后的1954年5月，在柳田国男[3]、折口信夫[4]、涉泽敬三[5]等民俗学家的努力与推动下，日本文部省又公布了《文化遗产保护法部分修正案》（法律132号），把文化遗产分成了"有形文化遗产"、"无形文化遗产"、"民俗资料"、"纪念物"四类，把"民俗资料"从"有形文化遗产"的类属中分列出来。其定义是"衣食住、生产、信仰、岁时节令等风俗习惯以及相应的服装、器具、住宅等对理解我国国民生活的变迁不可或缺的事项"（王晓葵，2008）。从这个定义来看，"民俗资料"包括了有形的和无形两部分。因此，在日本的遗产保护实践中"无形文化遗产"与"无形民俗文化遗产"的概念结合起来，共同奠定了现代非物质文化遗产的概念范畴。

在世界范围内，受日本对无形文化遗产保护和实践影响，韩国在1961年颁布了"无形文化财"的保护法；之后非物质文化遗产保护的概念又逐渐得到菲律宾、泰国、美国和法国的响应。

2. 国际组织的推动

1972年联合国教科文组织通过了保护世界文化遗产与自然遗产的《世界遗产公约》，在讨论世界自然与文化遗产名录的过程中，人们对无形文化遗产也给予了相应的关注。

1982年联合国教科文组织与世界知识产权组织（WIPO）颁布《保护民间文学艺术的表达、禁止不正当利用和其他破坏性行为的国家法律示范条款》（简称《示范条款》），民间文学艺术代表着一个国家现有的文化遗产的重要组成部分，应该由该国内的社区或者反映那些社区的期望的个人来发展和保持。

---

① 引自 http：//www. houko. com/00/01/S25/214. HTM。

② 当时日本无形文化遗产的范畴包括演剧、音乐、工艺技术以及其他在历史以及艺术上价值高的无形的文化事项，与现代非物质遗产的概念接近。在此法颁布之前，日本文化遗产的保护只限于传统建筑、美术工艺品、名胜古迹及天然纪念物四个方面。《文化财保护法》在上述基础上拓展了保护范围，将无形文化财、地下文物一并列入文化遗产的保护范围，在全世界文化遗产保护的法律上开了先河。该法共有七章112条，附则18条，共计130条。

③ 柳田国男是日本从事民俗学田野调查的开创者，他认为妖怪故事的传承和民众的心理和信仰有着密切的关系，将妖怪研究视为理解日本历史和民族性格的方法之一。早期的作品《远野物语》详述天狗、河童、座敷童子、山男，使这些妖怪声名大噪，蔚为主流。他一生思想与思考方法尽在《妖怪谈义》这本书中。他在大学期间并没有学习过民俗学，是一边工作一边从事民俗学的开拓和研究，之后成为大学教师，并且在第二次世界大战后将民俗学从"在野的"学问，变成大学正式的研究科目，被尊称为日本民俗学之父。来源：维基百科 http：//zh. wikipedia. org/wiki/。

④ 折口信夫是一名日本人种学者、语言学家、民俗学研究者、小说家和诗人。折口的民俗学学说对后人的影响很大，可以说在日本民俗学发展史上，迄今为止除柳田国男外，他是最有影响的民俗学家。由于他的学说体系具有自己的特色，因此现在的日本民俗学界往往将他的研究与柳田国男的"柳田民俗学"区分开来，称为"折口民俗学"。折口民俗学把研究重点主要放在信仰和道德观等"心意民俗"（我国民俗学界称"精神民俗"）以及与之相关的民俗事象方面。因此，折口信夫的学说在日本民俗学史上的影响，主要也表现在"心意民俗"方面。

⑤ 涉泽敬三的常民概念：国民的基础是一般常民；避开庶民等语感，除了贵族、武家、侣阶级之外的普通大众。构成民众文化基底的是除去支配层菁英的常识。

1989 年在巴黎召开的联合国教科文组织第 25 届大会上，通过了《保护民间创作建议案》，这里的民间创作也可表述为“民间和传统文化”。

随后，1998 年联合国教科文组织执委会在第 155 次会议上通过了《宣布人类口头和非物质遗产代表作条例》，号召各国政府、非政府组织和地方社区采取行动对那些被认为是民间集体保管和记忆的口头及非物质遗产进行鉴别、保护和利用。从而形成了一种强调对特定文化氛围的空间内自发传承的生活知识、艺能与技能，以及社区共享的文化传统的关注与保护的观念。

2001 年 5 月联合国教科文组织公布了首批人类口头和非物质遗产代表作，标志着保护世界非物质文化遗产工作进入实质性阶段。同年 11 月联合国教科文组织还发布了《世界文化多样性宣言》（*Universal Declaration on Cultural Diversity*），从文化多样性的角度，重视文化生态的保护，重申应把文化视为某个社区或某个社会群体特有的精神与物质、智力与情感方面不同特点的总和。认为“除了文学艺术外，文化还包括生活方式、共处的方式、价值观的体系、传说和信仰”①。确认相互信仰、在理解的氛围下尊重文化的多样性、宽容、对话及合作是国际和平的最佳保障之一。

3. 保护观念的确立

在此基础上，2003 年 10 月联合国教科文组织第 32 届大会通过了《保护非物质文化遗产公约》（*Conwention for the Safeguarding of the Intangible Cultural Heritage*），对非物质文化遗产重新定义，这一定义与 1998 年的定义相比在非物质文化遗产的界定上更为明确：“各社区、群体，有时为个人视为其文化遗产的各种实践、呈现、表达、知识和技能，以及与之相关的工具、实物、手工制品和文化空间。”②公约还认为，各社区、群体“为适应它们所处的环境，为应对它们与自然和历史的互动，不断使这种代代相传的非物质文化遗产得到创新，同时也为它们自己提供了一种认同感和历史感，由此促进了文化多样性和人类的创造力”。

从以上非物质文化遗产保护的发展历程可以看出，西方发达国家对这一遗产对象的关注已有半个多世纪，尤其日本在此领域的实践对世界各国非物质文化遗产保护有着重要的借鉴意义。虽然其“无形文化遗产”和“无形民俗资料”两大类型非物质遗产的划分③在 2004 年 10 月日本奈良召开的“有形文化遗产与无形文化遗产保护——迈向综合保护的目标”（tangible cultural heritage and intangible cultural heritage protection- towards a comprehensive protection objectives）国际会议上没有得到理解和认同，但基本奠定了学术界非物质遗产保护对象研究的范畴（图 10.1）。

---

① 引自联合国教科文组织官方网站．《世界文化多样性宣言》，http：//unesco. org/。

② 引自联合国教科文组织官方网站．《保护非物质文化遗产公约》，http：//unesco. org/。

③ 在日本的遗产保护体系中，“无形文化遗产”指：“在历史上和艺术上具有较高价值的戏剧表演、音乐、工艺技术等无形的文化事项”。其重点在于人的“技巧、技能”方面，是由掌握这些技巧、技能的个人或集体体现出来的。而“无形民俗资料”则侧重于其起源、内容等体现了民众基础生活的特色，具有典型意义的事项，如服饰习俗、饮食习俗、居住习俗、民俗艺能、年节礼仪等。

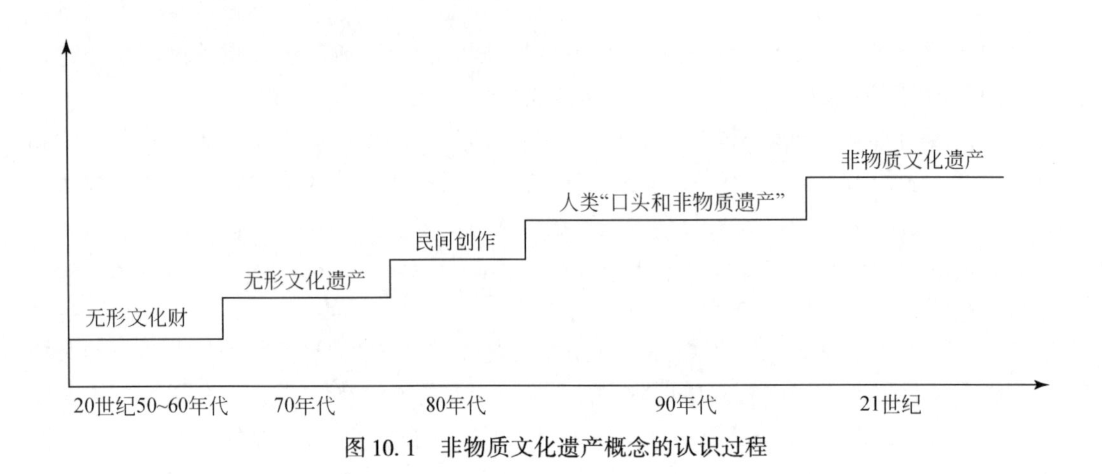

图 10.1　非物质文化遗产概念的认识过程

10.1.2　我国保护观念的形成和发展

随着 20 世纪初“营造学社”等带有遗产保护性质的组织成立，到文保单位、历史街区、历史名城三级遗产保护制度的基本建立，我国遗产保护经历了百年的漫长历史。近 30 年来，伴随遗产保护观念的深化，我国也逐渐形成了遗产保护从“物质”层面向“非物质”层面的拓展，其进程大致可分为三个阶段。

1. 非物质文化遗产概念的提出

改革开放初期，随着保护历程的实践与社会科学的复兴，我国学界对遗产保护工作的性质与意义的认识不断改变，遗产保护对象的范畴也随之不断拓展。在 1982 年施行的新中国第一部《中华人民共和国文物保护法》中，我国遗产保护的对象还只局限于“具有历史、艺术、科学价值的文物”；而在 1984 年施行的《中华人民共和国民族区域自治法》中提到“文物以及其他重要历史文化遗产”统一纳入保护对象。①法律条文中遗产概念定义的变化，说明了随着遗产保护观念的变化，国家正逐渐有意识地拓展遗产保护对象的范畴。

2. 非物质文化遗产保护观念的发展

虽然《中华人民共和国民族区域自治法》中将“其他重要历史文化遗产”作为保护对象，延展了我国遗产保护的领域，但条例中并未明确提出非物质文化遗产的概念和相应的范畴。随着 20 世纪 80 ~ 90 年代非物质文化遗产概念在世界范围内的提出，我国遗产保护界也逐渐认识到非物质文化遗产在文化遗产中的地位及其传承和保护的特殊性。于是，在 2000 年施行的《云南省民族民间传统文化保护条例》中，地方法规率先明确了对“民族民间传统文化”保护的观念②。之后，在 2003 年施行的《贵州省民族民间文化保护条例》中，还提出“保存比较完整的民族民间文化生态区域”的概念③。该两部地方性法

① 引自《中华人民共和国民族区域自治法》第三章第 38 条。
② 引自《云南省民族民间传统文化保护条例》，第一章第二条对保护对象和内容进行了详细说明。
③ 引自《贵州省民族民间文化保护条例》第一章第二条（六）。

规标志着我国文化遗产保护逐渐从传统的物质文化遗产扩大到了非物质领域。

云南、贵州两省的这两部地方性法规确立了各自非物质遗产保护的范畴、保护原则、保护方法等，具有重要的示范意义。但地方性法规由于其效力只限于本地区，因而其影响力较低。

3. 非物质文化遗产保护全面升温

我国1985年加入《保护世界文化和自然遗产公约》，1999年成为世界遗产保护委员会成员国，文化遗产保护工作逐步与国际接轨。2003年接受《保护非物质文化遗产公约》后，明确了国际公约所确定的非物质文化遗产这一遗产类型，从而将非物质文化遗产保护工作上升到了国家层面的行为。

根据《保护非物质文化遗产公约》，2005年3月国务院办公厅印发了《关于加强我国非物质文化遗产保护工作的意见》[①]，确立了非物质文化遗产保护指导方针和工作原则，成为我国第一个全面的、系统的界定指导保护非物质文化遗产的全局性政策法规文件。2006年12月，国务院下发了《关于加强文化遗产保护的通知》，将非物质文化遗产的保护纳入文化遗产、自然遗产保护的整体框架之中，并作了专章阐述[②]。同年5月，国务院发出《国务院关于公布第一批国家级非物质文化遗产名录的通知》，公布了518项首批非物质文化遗产保护名录[③]。2008年6月，国务院再次公布国家级非物质文化遗产第二批名录510项和第一批名录的扩展项目147项。此外，2007年6月、2008年1月，文化部也先后公布第一批、第二批国家级非物质文化遗产项目代表性传承人名单，共计777人[④]。这一系列的举措使“非物质文化遗产”概念在全国迅速升温。各地方政府也积极响应国家非物质文化遗产保护倡议，纷纷通过了地方性法规保护本地区的非物质文化遗产，全国上下形成了全面整理、申请、开发利用非物质化遗产的局面。

2011年2月全国人大通过了《中华人民共和国非物质文化遗产法》[⑤]，从国家法律层面进一步确定了非物质文化遗产保护的对象、原则、方法及政府责任，为非物质文化遗产保护工作提供了有力保障。

10.2　非物质文化遗产保护的对象与意义

10.2.1　非物质文化遗产保护的对象

1. 文化、文化结构与文化遗产

文化是一个非常广泛而复杂的概念。根据文化人类学的观点，人类为求生存发展，结

---

① 国办发【2005】18号。

② 《关于加强文化遗产保护的通知》第四章：积极推进非物质文化遗产保护。

③ 《国务院关于公布第一批国家级非物质文化遗产名录的通知》包括苗族古歌、白蛇传传说、梁祝传说、孟姜女传说、董永传说、西施传说等518项，http：//www. gov. cn/。

④ 引自文化部关于公布第二批国家级非物质文化遗产项目代表性传承人的通知，文社图发〔2008〕1号。包括辛里生、吕桂英、额日格吉德玛等777人，http：//www. ihchina. cn/。

⑤ 《中华人民共和国非物质文化遗产法》由中华人民共和国第十一届全国人民代表大会常务委员会第十九次会议于2011年2月25日通过，自2011年6月1日起施行。

成一定社会关系，进行种种有社会意义的创造活动，这些活动方式、活动过程及其成果的整合，就是文化。文化系统中，同人与自然、社会、自己的三个关系相对应或相联系地存在着物质生活、社会生活和精神生活方面的文化。据此，可以将文化的结构分为四个层面，即物质文化、制度文化、行为文化与精神文化（刘守华，1992）。物质文化，如衣、食、住、工具及一切器物等；制度文化，如政治、经济、文化、教育、军事、法律、婚姻等制度；行为文化，如风俗习惯、打猎、农耕、匠作等；精神文化，如价值观念、思维方式、道德情操、审美趣味、宗教感情等。

从文化的结构上分析，物质文化处于文化结构的表层，制度文化、行为文化居于文化结构的中层，精神文化潜沉于文化结构的里层。处于表层的文化是显露于外容易把握的，而处于里层的文化是隐秘而难于把握的。文化具有系统性和整体性，它是一个由多种要素、按照一定的方式或结构组成的有机整体。文化的各层次之间，既有联系又有区别，诸层次在发展、变化过程中，由外层到中层再到内核，呈逐步深入的趋向；同时又相互依存、相互渗透、相互制约、相互推动。

虽然我们可以将文化划分为物质文化和非物质文化（制度文化、行为文化、精神文化），但是，物质文化中又积淀凝聚着观念形态的文化；而制度文化、行为文化、精神文化都要受物质文化的决定和制约，许多非物质文化要素要以物质文化为载体。另外，制度文化中也积淀凝聚着观念形态的文化，是精神文化的物化形式；行为文化深受人们各种传统观念（道德观念、价值观念、审美观念等）的影响，又要受到社会制度的规范和制约；精神文化尤其是社会意识形态也要受到制度文化的制约。正如在 2010 年 11 月中国艺术人类学学术会议上英国人类学家罗伯特·莱顿（Robert Layton）在会议发言中所言，非物质文化与物质文化遗产是密切相关的，它们可以被看做是“一枚硬币的两面”[①]。

因此，我们研究的每一个文化要素（或文化现象、文化形态），不能完全孤立地将其划分为某一种文化，而是多种文化相互融合的结果和表现形式。

任何时代的文化都是在前代文化的基础上形成和发展的，这使得人类文化变得日益丰富和进步，因此我们必须尊重自己的历史。人类文化遗产的保护就是对人类传统文化或文化传统的保护[②]。遗产所具有的历史、科学、艺术、人类学等价值，就是文化价值或文化意义，保护的目的就是“使它传之永久”[③]，“为丰富文化多样性和人类的创造性作出贡献”[④]。

2. 文化遗产保护的对象范畴

从历史遗产保护的角度看，“保护”（preservation）是对具有特殊价值的历史环境的保存、修复和发展，作为保护对象的文化要素与人类生活及其持续发展密切相关。1964 年

---

① 引自麻国庆. 2011. 非物质文化遗产：文化的表达与文化的文法. 学术研究，(5)：35-41。

② 传统文化与文化传统所指对象都是世代累积、具有传统意义的人类文化，它们的区别只是就同一对象的不同侧面而言。传统文化相对于现代文化而言，指历史上创造完成遗留下来的文化财富、文化事项；文化传统则指文化累积中影响深远、贯通古今，其影响及于现在以至未来的那些具有根本性的内隐和外显的要素。参考刘守华. 1992. 文化学通论. 北京：高等教育出版社。

③ 1964 年 ICOMS《威尼斯宪章》。

④ 2003 年联合国教科文组织《保护非物质文化遗产公约》。

《威尼斯宪章》指出“为子孙后代而妥善地保护它们是我们共同的责任”；1972年《保护世界文化和自然遗产公约》要求各缔约国“通过一项旨在使文化和自然遗产在社会生活中起一定作用并把遗产保护纳入全面规划计划的总政策”；1987年《华盛顿宪章》指出，历史城镇城区的保护是“寻求这一地区私人生活和社会生活的协调方法”，保护它们意味着“保护和修复及其发展并和谐地适应现代生活所需的各种步骤”；2001年《世界文化多样性宣言》指出，“各种形式的文化遗产都应当作为人类的经历和期望的见证得到保护、开发利用和代代相传”；2003年《保护非物质文化遗产公约》提出保护的对象是“各社区、群体和个人之间相互尊重的需要和顺应可持续发展的非物质文化遗产”。

因此，历史遗产保护所研究的保护对象，并不是所有的文化要素或文化现象，而是与人类社会生活密切相关的范畴，保护它们的目的是为现代社会发掘可持续发展的文化资源与精神动力。这些文化要素有一个共同特征，即都依托于某种传承载体。文化遗产的保护就是通过对文化内涵及其载体的保护，使之传之永久，促进社会生活的和谐与持续发展。

按照目前文化遗产保护体系，我们可根据所依托的载体类型将保护对象划分为三大范畴。①以实体物质对象为载体的文化遗产，具体包括历史建筑、历史遗址、历史街区、历史城镇及其环境等；②以场所空间为载体的文化遗产，此类遗产主要包括本书第9章中所研究的各类文化景观；③以人为活态传承载体的文化遗产，即各类非物质文化遗产。

根据前文对文化结构及其特征的分析可以看出，这三大范畴的文化遗产并不能独立地界定为物质文化、制度文化、行为文化或精神文化，而是不同文化的综合反映（表10.1）。

表10.1　文化遗产保护对象范畴及其载体特征

文化遗产类型	保护对象范畴	载体特征	相关国际保护文献
物质文化遗产	历史建筑、历史遗址、历史街区、历史城镇及其环境等	物质实体	1964年《威尼斯宪章》 1987年《华盛顿宪章》 1994年《奈良原真性宣言》
文化景观	设计景观、遗址景观、场所景观、聚落景观、区域景观等	场所空间	2008年《实施世界遗产保护的操作导则》
非物质文化遗产	口头传统和表现形式；表演艺术；社会实践、仪式、节庆活动；传统手工艺等	活态的人	2001年《世界文化多样性宣言》 2003年《保护非物质文化遗产公约》

3. 非物质文化遗产保护的对象

目前关于“非物质文化遗产”的概念在学术界尚未统一，仍然存在诸多不明朗之处（张春丽和李星明，2007）。2003年《保护非物质文化遗产公约》定义“非物质文化遗产”为“被各社区、群体，有时是个人，视为其文化遗产组成部分的各种社会实践、观念表述、表现形式、知识、技能以及相关的工具、实物、手工艺品和文化场所”。2011年我国《非物质文化遗产保护法》也定义“非物质文化遗产”为“各族人民世代相传并视为其文化遗产组成部分的各种传统文化表现形式，以及与传统文化表现形式相关的实物和场所”。从这些权威性文件的表述中可以看出：非物质文化遗产保护的是以人为活态载体的各种具体文化活动与文化形式。因此，与文化活动与文化形式相关的社会群体或个人是此类遗产对象保护与传承的关键因素。

《保护非物质文化遗产公约》将非物质文化遗产保护的对象界定为：①口头传统和表现形式，包括作为非物质文化遗产媒介的语言；②表演艺术；③社会实践、仪式、节庆活动；④有关自然界和宇宙的知识和实践；⑤传统手工艺，以及相关的工具、实物、手工艺品和文化场所。而我国《非物质文化遗产保护法》基本上与教科文组织确定的保护对象一致，并根据我国传统文化的特点将保护对象界定为：①传统口头文学以及作为其载体的语言；②传统美术、书法、音乐、舞蹈、戏剧、曲艺和杂技；③传统技艺、医药和历法；④传统礼仪、节庆等民俗；⑤传统体育和游艺；⑥其他非物质文化遗产。

可以看出，非物质文化遗产保护所涉及的对象广泛而多样。由于不同学科所关注的视角和研究目标导向各不相同，且非物质文化遗产的概念界定也存在一些难以清晰划分的模糊地带，因此对于对象的分类与研究应结合各学科的知识体系和具体特点。就历史城市或历史环境保护来说，与社会文化生活和各种城市空间密切相关的非物质文化遗产主要集中于能够反映城市或地区（地段）相关历史信息，反映地方产业、文明特征，体现地域文化传统的表演艺术、仪式节庆活动、传统知识和实践、传统手工艺等遗产类型。因此，结合城市历史保护，我们可以将非物质文化遗产保护对象划分为以下四种。

(1) 表演艺术类遗产

表演艺术类遗产分别属于《保护非物质文化遗产公约》分类中的第二大项和我国《非物质文化遗产保护法》分类中的第二大项。它们蕴含了地域文化特有的思维方式、艺术想象力与精神价值，主要以民间音乐、传统舞蹈、传统戏剧和传统曲艺、传统杂技等形式呈现世人。例如，被收入世界非物质文化遗产名录的我国新疆维吾尔“木卡姆”、昆曲、古琴艺术、贵州侗族大歌、广东粤剧等表演艺术皆属于此类遗产对象的代表。截至我国公布的第三批非物质文化遗产名录，我国表演艺术类遗产总数达469个，非物质文化遗产总数达1028个，从这些数据中可以看出，在已入选的非物质文化遗产名录中，表演艺术类占很大的比重（梁章萍，2011）。

(2) 民俗节庆类遗产

民俗节庆类遗产分别属于《保护非物质文化遗产公约》分类中的第三大项与我国《非物质文化遗产保护法》分类中的第四大项。它们与历史城市物质空间环境与地域历史文化背景关系尤为紧密。例如，与都江堰水利工程护养相关的都江堰放水节、与西藏地区藏传佛教文化密切相关的雪顿节、为表达中华民族寻根意识的黄帝陵祭典、反应我国东南沿海地域文化信仰的妈祖祭典以及反应少数民族文化特色的傣族泼水节等都属于典型的民俗节庆类非物质文化遗产。

(3) 传统工艺类遗产

传统工艺类遗产分别属于《保护非物质文化遗产公约》分类中的第五大项与我国《非物质文化遗产保护法》分类中的第三大项。它们主要由地方传统工艺、生产技术所构成，如制陶、染织、刺绣、雕塑、编织、制漆工艺、金属工艺等，反映了一个地区、一个城市在历史上的生产力及产业文化发展的水平，也蕴含了地方审美情趣和艺术想象力。较有代表性的有入选我国第一批非物质文化遗产名录的宜兴紫砂陶制作技艺、景德镇手工制瓷技艺、平遥推光漆器髹饰技艺、徽墨制作技艺、贵州茅台镇茅台酒酿制技艺等。

(4) 科技知识类遗产

科技知识类非物质文化遗产属于《保护非物质文化遗产公约》分类中的第四大项。按照《公约》中“有关自然界和宇宙的知识和实践”的这一原初定义，我国的中医、风水堪舆术皆可纳入这一遗产范畴。但在我国《非物质文化遗产保护法》中，医药知识类遗产被归入第三大类，与传统技艺和历法归入同一范畴，而风水学说则未有专门的表述，应属于第六大类（其他非物质文化遗产）。

10.2.2　非物质文化遗产保护的意义

从文化学、人类文化学的角度来看，非物质文化遗产是“一个地区、国家历史文化的重要表达方式与组成部分”（曹诗图和鲁莉，2009），因此“保护非物质文化遗产有利于保护文化的多样性，有利于强化文化在人类社会发展中的地位和作用，有利于促进、推动各地文化的合作与交流……是国家文化发展战略的重要内容和重要途径”（王文章和陈飞龙，2007）。

对于城市与社会而言，非物质文化遗产的保护还具有更多现实意义。保护非物质文化遗产不仅能完善城市历史环境的整体性保护，也可以在经济层面促进城市文化旅游的发展，更是从文化心理上重构着城市的社会精神。

1. 丰富城市历史保护的内涵

随着社会发展和人们认识水平的提高，为了更真实、更完整地为当今和子孙后代保留人类发展的见证，被列入保护的对象和内容无论在广度上还是深度上都不断拓展，整体性的历史保护观已成为当前城市历史环境保护的重要共识。城市历史环境保护已逐渐从单一的人工环境保护走向人工环境保护与自然环境保护、历史人文环境保护的结合。

整体性（integrity）保护是指历史环境保护应考虑其文化意义的各个方面，而不是只强调一个方面而忽视其他方面。具体而言，就是要将体现文化意义的各构件（fabric）或要素全部地保存下来。《马丘比丘宪章》指出：“城市的个性和特性取决于城市的体型结构和社会特征。因此不仅要保存和维护好城市的历史遗址和古迹，而且还要继承一般的文化传统”；《华盛顿宪章》认为：“应该予以保护的价值是城市的历史特色以及形象地表现着那个特色的物质的和精神因素的总体。”可见，在文化遗产保护历程中，人们越来越认识到人类历史上创造的精神财富也是珍贵的文化遗产，保护富有地方特色的历史文化传统，对保护人类文化的多样性具有重要意义。

2. 促进城市文化旅游发展

随着人类物质财富的日益丰富，人们对精神文化的需求越来越大，这使得旅游越来越成为社会发展的一支主要经济力量。历史遗产是最具潜力的旅游文化资源，以它为基础的文化旅游是当今世界旅游发展的一个重要领域。

目前世界旅游业经营方式和产品结构正在发生结构性和阶段性变化，旅游产品正由传统的陈列型、观赏型上升到表演型和参与型（提高型和发展型产品），以全方位适应现代旅游消费（马勇和舒伯阳，1999）。

为了提高旅游产品的层次和水平，城市除保护好现有的实体历史遗存外，还必须充分利用各地区的无形文化资源，从历史事件与过程、文学艺术、传统手工艺、民情风俗等方面挖掘具有旅游价值的内容，并通过策划和设计将其转化为旅游产品，结合到文化旅游地的开发之中。通过非物质遗产的利用和开发所形成的高层次文化旅游产品往往以各类“活动”项目的形式表现出来，如观赏性活动、可参与式活动、互动性活动等，它能为旅游者提供生动而真切的文化体验，并使旅游者在旅游活动的参与中感受到文化的享受和审美的愉悦，从而具有巨大的旅游吸引力。

图 10.2　美国夏威夷土著人竞技表演

泉州的“戏曲文化”（高甲戏、梨园戏、提线木偶、布袋戏、打城戏、南音等）作为一项重要的旅游开发产品，取得了良好的社会效益和经济效益。而在美国著名的旅游胜地夏威夷，除阳光、沙滩、大海等自然景观和珍珠港、夏威夷皇宫等人文景观外，可参与式的土著人歌舞表演、竞技表演也是极富吸引力的旅游项目（图 10.2）。

3. 重构城市社会精神

瑞士著名心理学分析家荣格（Carl G. Jung）认为，特定文化群体对于早期文化的集体记忆以及由此而形成的心理原型能在社会情感上构成一种认同心理，由此形成代表这一族群精神特征的文化形式（荣格，1989）。由荣格的“集体表象”（collective representation）理论来看，非物质文化遗产对于现代人之所以有着“永恒的魅力”，是由于这些跨越时代和社会物质条件的文化形式所特有的集体记忆，在地域精神中能够形成强烈的文化认同感。有了这一心理学上的解释，我们不难想象当各种传统民俗活动与手工技艺在现代城市空间中得以开展，并融入到现代人的生活之中时，其意义远非丰富了城乡居民文化生活，而在于使人在想象和情感的表现中从现实生活抽离出来，回归到那个地域集体记忆中淳朴、清晰的世界。从方言、肢体动作与各种具有地域风格的表达方式中，这些文化形式产生出社会个体相互认同和交流的文化符号，重构了城市社会精神，这正是非物质文化遗产的核心特质。

图 10.3　成都市杜甫草堂一年一度的“人日诵诗”活动

资料来源：http：//blog. luohuedu. net/

另外，从《保护非物质文化遗产公约》的内容来看，非物质遗产保护的意义也并非仅仅局限在对认定的遗产对象“原生态”的保存和延续上，其“活态性质”（the living condition properties）更重要地体现在从这些文化形式中提取能够在新的文化环境中发展和生成的元素，并借助这些元素促进相关文化群体的社会认同感和历史感以及城市文化的多样性（图 10.3）。

10.2.3　非物质文化遗产保护的困境

社会科学界的研究者普遍认为，目前我国非物质文化遗产所面临的最大困境在于传统文化在快速的社会现代化过程中的断裂。一些学者甚至认为“我们的文化断裂已经达到相当严重的程度：古老的历史文化传统不断被否定、被消解，而新的文化传统、新的文化精神还没有建立起来”（刘魁立，2005）。

现代社会对文化传统的遗忘的确是我国非物质文化遗产保护和传承所面临的主要问题，但从城市历史遗产整体保护的角度来看，物质空间载体的缺乏和社会经济文化背景的消亡同样也是影响非物质文化遗产传承的重要原因。此外，市场经济条件下，非物质文化遗产的商业化发展也给遗产对象遗留下了“曲真仿伪”的重大隐患。

1. 物质空间载体的破坏

传承人（群体或个人）和文化场所是非物质文化遗产的两个关键要素。表演艺术、民俗节庆、传统工艺等非物质文化遗产一方面是以人为活态载体的，另一方面还需要一定的物质空间环境去承载：山歌放唱需要山水田园的自然环境、祭祀活动需要宗祠庙堂的礼仪空间……如果没有原生的物质空间载体，非物质文化遗产很可能蜕变为非古非今、不伦不类的没有生命力的标本。然而，在快速城市化浪潮中，随着历史街区、历史地段及各种历史环境的破坏，许多与传统文化活动相生相应的物质空间载体已不复存在。虽然各种地域文化仍在历史文献中留有记载、各种民间技艺仍在文化机构与专业院校中予以研究传承、各种民俗艺术形式仍在剧院舞台上演，但严格意义上讲，当代文化环境与这些传统文化活动之间形成的相互联系越来越弱，非物质文化遗产生长的文化场所正在逐渐消逝。

2. 社会经济文化背景的消亡

马克思曾在《政治经济学批判》的导言中提到：“成为希腊人的幻想的基础，从而成为希腊（神话）的基础的那种对自然的观点和对社会关系的观点，能够同自动纺机、铁道、机车和电报并存吗？……阿基里斯能同火药和弹丸并存吗？或者，《伊利亚特》能够同活字盘甚至印刷机并存吗？”“任何神话都是用想象和借助想象以征服自然力，支配自然力，把自然力加以形象化；因而，随着这些自然力之实际上被支配，神话也就消失了；随着印刷机的出现，歌谣，传说和诗神缪斯岂不是必然要绝迹”（恩格斯和马克思，1972）。

可见，一定的文化形态是在一定的社会经济背景下产生的。当社会经济环境发生改变之后，其孕育的文化形态及其各种表现形式便失去了与之相适应的生长空间，难以存续。在我国，许多非物质文化遗产从其文化内涵上看仍属于农耕时期的乡土文明，如山歌、祭祀、民间歌舞等都与自然聚居方式、地域宗族关系等文化生态环境不可分割。此外，古代城市庙会活动中“对句”与“猜灯谜”这两项重要的内容，在如今提倡白话文与简体字的语言环境下也难复当年之雅趣。在以城市文明主导的工业化和后工业化时代的社会经济环境中，上述非物质文化形式显得位置尴尬，很难找到生存的空间。

因此，在快速城市化进程中，社会经济背景环境的巨大改变所造成的传统文化土壤的流失，正是我国现阶段非物质文化遗产保护所面临的困境之一。

3. 遗产对象“曲真仿伪”的隐患

在“文革”破“四旧”运动中，扫除封建迷信的决心几乎让民间传统文化在中国彻底绝迹。然而，改革开放后市场经济的发展以及近年来来非物质文化遗产概念的提出和推广，短短几年光景许多地方冒出了形形色色的民俗文化活动：企业在对非物质遗产文化内涵的理解尚未完全明晰的情况下，就以发展和合理利用的名义对其进行商业化开发和作为产品宣传的噱头；地方政府更是抱着“文化搭台，经济唱戏”的思路，以非物质文化遗产保护为名，招商引资为实，进行民俗旅游项目的开发，作为政府政绩的重要表现，把早已消失多年的民俗活动重新操办起来。但这些新出现的民俗活动有许多却并非出自文化发展的本意。

文化繁荣也许并不是什么坏事，但如果对文化的理解与在这种肤浅理解下进行的文化复兴活动始终停留在懵懂与虚热的状态中，便会给非物质文化遗产保护工作带来巨大隐患。正如相关学者（高小康，2009）所言：“从假古迹破坏真遗产到仿民俗替代真民俗，商业开发对文化遗产的破坏已成为一种典型的文化生态公害。”

10.3 非物质文化遗产分类保护方法

自从非物质文化遗产概念提出以来，国内外学者对其保护方法和策略已进行了多学科和多视角的探索，但主要集中于遗产对象本体保护和政策管理层面，对现实社会因素影响下的非物质文化遗产保护，尤其在当前我国市场经济条件下的非物质文化遗产保护和利用尚需要进一步研究和探讨。因此，本章以历史城市整体性保护为目标，主要研究市场导向下的非物质文化遗产保护与利用方法。

10.3.1 表演艺术类遗产保护

在我国已入选的非物质文化遗产名录中，表演艺术所占比重最大。因此，此类遗产对象的保护在整个非物质文化遗产保护中显得尤为重要。现有的表演艺术类非物质文化遗产保护研究中，通常聚焦于表演艺术的承袭主体，即我们常说的民间艺术传人的保护。具体的保护方法侧重于遗产对象的普查、遗产资源库的建立以及后继人才培养体制的建立等（梁章萍，2011）。但是除了本体保护之外，在现实的复杂社会环境中，表演艺术本身的活化、发展及其与对现代商业文明的适应同样十分重要。当然，在借助市场之力使表演艺术获得新生命力的同时，我们也应注重艺术内涵的传承，避免商业化后的流俗“伪艺术”。

1. 适应社会生活的变化

就其原始初衷和表现形式来看，表演艺术的呈现方式是一种娱乐形式。无论歌舞、戏曲、杂技，唯有使其能够继续发挥娱乐性，得到观众的接受与喜爱，才能在现实环境中实现可持续发展。因此，表演艺术类非物质文化遗产的保护与传承，应充分与社会生活相结合，通过市场行为带来观众和市场，使表演者重新回到观众面前，以活化遗产对象。这一方面可解决传承人的经济收入问题；另一方面，市场的认可、观众的喜爱与推崇又可不断扩大传承人队伍，为此类艺术注入新的生命力。

在我国，一些著名的文化遗产旅游目的地已通过市场桥梁，将当地具有代表性的表演艺术与实体物质遗产和文化景观结合起来，形成亮丽的风景线。例如，丽江古城的纳西古乐表演，苏州园林中的昆曲表演，黔东南地区的侗歌、苗舞表演等，都是对表演艺术遗产的活化行为。

此外，随着社会的不断发展，一成不变的传统表演方式已经很难满足和适应现代社会文化发展的需要。因此，对表演艺术的活化，还应结合时代发展，对艺术内容与形式进行演绎和改良，在保留其文化精髓的同时不断创新。

2. 传承历史文化内涵

在“活化保护”非物质文化遗产的同时，还应注意表演艺术真实性的保护，避免商业化后的流俗“伪艺术”。任何表演艺术形式都蕴含有丰富的文化背景和历史渊源的滋养，在保护过程中须注重其文化意涵和原生文化环境的保护，保护其所依托的社区、群体与其生存环境和历史文脉的联系。

湖南土家族地区的桑植县地处武陵山脉腹地，山高水秀的自然地理环境激发了人们放声的欲望，使人有一种想对自然大声呼喊的冲动。由此孕育了桑植先民习惯于以歌代语，以歌传情，形成了桑植民歌的表演艺术形式①。随着近年城镇化的推进，自然环境逐渐被人工建设所侵蚀，青山秀水、广袤无垠田园风光逐渐受到破坏。当天然的舞台渐渐收窄时，歌唱的情绪和兴致便随之降低，使过去丰沛的民间文化养池加速干涸。

此外，在市场行为的影响下，为了立竿见影地收到成效，许多地方政府和开发商采取“圈养”的保护方式，以人为的培训和集中的表演来传承此类表演艺术，使其脱离了其艺术形式原生的自然和文化环境。单纯的室内或人工舞台表演，使表演者缺乏情绪的抒发，更谈不上创新，观演者难以深刻理解艺术的精髓，受不到文化的感染。从某种意义上看，这颇有涸泽而渔的做法，使得这些原生态的艺术形式失去了其最为宝贵的东西——人与自然、人与人对话的机制，堵塞了其生命力的源头，割断了它们与大自然的脐带。

因此，对于表演艺术类非物质文化遗产的保护，在利用市场机制进行活化的同时，要特别加强原生环境的保护和涵养，既要保护艺术的源头——生存的土壤，同时也应在此基础上加以提炼、创造以适应时代发展。

10.3.2　民俗节庆类遗产保护

民俗节庆类非物质文化遗产因其表达方式多样、参与面宽泛、活动规模宏大，在记录和传承地域历史文化方面拥有得天独厚的优势；又因其较强的叙事性和表现力，最易与旅游项目相结合，成为受到广泛关注和着力利用的非物质文化遗产对象。与表演艺术类非物质文化遗产一样，历史城镇中风俗、仪式、节庆活动也有其特殊的形成机制，传承至今的

① 湖南桑植民歌因《马桑树儿搭灯台》一曲被改编为交响乐而蜚声海外，在音乐界和文化界都享有盛誉。

表现形式主要源于地域环境、生活习惯和相关历史渊源。因此，此类非物质文化遗产保护与利用过程中，除了商业开发、旅游项目策划等内容外，还必须挖掘和尊重其文化意义的源头，不能只汲取了形式本身而忽略了其生成的背景。

1. 挖掘文化生成背景

不同地区的城镇居民在漫长的历史进程中会因为各种原因形成一些本地特有的风俗、仪式和节庆。正是这些融入本土居民生活中的民俗活动，构成了地方独特的风情线，成为历史城镇中一种基本文化构成要素与文化资源。民俗活动的保护和传承，除了具体的活动形式外，探索其形成机制并加以展示和显现才能延续这些民俗活动的生命力。

图 10.4　周庄划灯活动

例如，某些地方的民俗活动是由特殊历史事件所引发。此类民俗活动的保护，便应在活动传承过程中体现与展示与历史事件相关的文化内涵。江南水乡古镇的“划灯”，就源于历史上一段与帝王有关的典故。清初康熙帝寻访江南时，苏州郡守为了取悦皇帝，广泛征集民间绝技。周庄镇郊白家浜村村民擅长制作彩灯，他们以竹篾为架，裹上彩绢，点燃蜡烛；并在灯船上架飞檐翘角，四周蒙上轻纱，描绘山水花卉，飞禽走兽；船架周围有几十支灯钩，挑起透亮的彩灯；透过轻纱，可以看到船中旋转着的戏文灯盘荡漾河中，令人赏心悦目。这种别出心裁的娱乐活动，使康熙皇帝大悦，称为上上贡品，从此，白家浜村的“划灯”风俗，便在江南地区历时百年不衰。如今，周庄等水乡古镇在挖掘、继承传统的基础上，将“划灯”作为旅游特色表演项目，再现历史场景，以展示地方文化并吸引游客（图 10.4）。

2. 匹配地域文化特征

风俗、仪式、庆典活动等皆与独特的地方生活习惯和地理环境相关，其保护与传承还应注意活动本身与地方传统和地理特征的匹配，否则将失去活动的真实性和意义。例如，陕西韩城党家村地区“祈晴”习俗就与其气候特征紧密相关。韩城地处渭北高原东北端，东临黄河，在春秋时节阴雨连绵，时遇涝灾，严重影响农业生产、房屋建造、居住安全，给居民生活带来很大的不便。于是，当地居民便以“立棒槌”①和“贴和尚”②的方式祈求能禳除连绵阴雨，由此产生了“祈晴”的祭典仪式。但若“祈晴”仪式置于长期干旱、需要祈雨的地区或季节则会显得十分不合时宜，给人一种虚假的印象。

一些源于地方传统生活的民俗活动，衍生于历史上的某种传统生活习惯的影响，其保

① 当地居民认为“棒槌”是洗衣时击打衣裳用来清除污垢和水分的器具，具有驱水作用；同时，槌把朝下竖立，即将棒头朝上，也有向老天示威的用意。

② “贴和尚”是求和尚帮忙，因当地居民认为佛教旨在普度众生，和尚也就应有驱除淫雨的能力。他们先用黄纸折叠剪铰成十六个和尚形态，每个和尚手执一把笤帚，排成一队，领头的和尚前面竖起一架云梯，用意是让和尚上天清除雨云。剪铰好的和尚和云梯，就贴在自家院中的檐墙上。

护和传承还应置入地方传统生活习惯中，并根据现代生活需求加以适应性改变，如四川隆昌云顶寨人极富特色的赶“鬼市”的习俗①。其由来是因历史上寨中大户郭氏家族的内室们时常打牌娱乐，直至深夜，久而久之，镇上一些为赚钱营生的居民便在夜间出来为他们提供一些小食消夜，并顺便兜售一些自制的民间玩意儿。长此以往，整个镇上以及附近的村民都逐渐习惯于夜间赶场，形成了“鬼市”习俗。如今，“鬼市”习俗依然在传承，但由于当地居民生活作息已逐渐发生转变，“鬼市”因而日益冷清。这一习俗需要进行一定的适应性改变，方可持续传承和发展。

综上所述，民俗节庆是与特定人群的文化传统、文化信仰、地理环境紧密相连的，不同的民俗活动类型有其不同的历史渊源与形成机制，保护传统风俗、仪式、庆典除了保护其形式本身外，关键是要保护这些活动所依托的文化群体的生存环境及其与历史渊源之间的联系。

10. 3. 3　传统工艺类遗产保护

传统工艺在我国非物质文化遗产中也占有较大比重，成为遗产保护界较为关注的遗产类型。目前国际上对此类遗产的保护，主要是对传统的匠人（工艺传承人）实行终身养护式的保护，使其无须担心生计。一方面，由于这种保护方式需要政府投入大量资金和资源，对于地大物博、传统工艺十分丰富的我国来说，将带来巨大的财政负担，会造成由于资金不足而保护乏力。另一方面，富有鲜明文化特征和个性之美的传统工艺及其产品，在机械化生产的现代社会中也并非绝对无立足之地。因此，应拓展传统工艺类遗产的保护思路，因时、因地制宜。有的可采取市场机制进行调解引导，有的可依靠政府立项的方式予以保护传承，为传统工艺的传承打开方便之门。

1. 探索市场商机

所谓一方水土养一方技艺，传统工艺受地方文化传统和资源条件等因素的影响很大。例如，在沿海地区的历史城镇中，居民善于利用贝类雕刻制作工艺品；而在重庆大足，受世界遗产大足石刻艺术的长期浸染，当地多产手艺精湛的石雕匠人。在商品经济时代，若通过合理引导，将传统工艺与现代市场需求相结合，既能使这些工艺得到有效保护和传承，还能创造一定的经济效益。以歙县为代表的“徽墨”产品的成功转型就是其中的一个典型案例。

徽墨制作有着悠久的历史②，自古以来由于徽墨使用广泛，成为中国文化的象征。制墨也成了徽州的传统支柱产业，徽人家传户习，从事制墨的墨工众多，墨店林立，墨品繁

① 赶集与赶场活动在国内并不罕见，但云顶寨赶场的时间却在夜间，每逢农历三六九赶场期，凌晨三四点钟远山近岭灯笼火把接踵而至，场上街檐也灯火齐明，别开生面。交易活动至天亮，早上约六七点钟便人走场空、烟消云散。如此集市交易似鬼魅夜半活动，故被称作“鬼市”。

② 中国是世界上最早生产炭黑的国家，南唐开始以炭黑来制墨。徽墨的创始人李廷硅，原姓奚，名廷硅。我国古代治墨大师，为徽墨制墨技艺的宗师。据《徽州府志》记载，奚廷硅曾用黄山松松烟为原料，制作出“丰肌腻理、光辉如漆”，经久不褪，香味浓郁的佳墨；遂得南唐后主李煜厚爱，赐国姓，改名李廷硅。

图 10.5　徽墨制作过程

资料来源：http：//www. jixichina. com/

多。历史上徽墨的主要用途是用作日常信札的书写，但随着现代科技的发展，各种硬笔替代了毛笔，电脑输入代替了手写，墨的实用功能逐渐减少。但另一方面，绘画，书法仍旧是中国的传统艺术形式，高档徽墨的收藏价值日趋提升。因此，现今制墨者们面对的客户主要是一些收藏家、知名人士和书画家。随着市场需求的转变，徽墨制作也进行了适应性改变，着力开发工艺性的礼品墨。同时，在国内市场尚不成熟的条件下积极开拓海外市场，如歙县老胡开文墨厂在国人尚不热衷收藏工艺墨品时，早年主要将工艺墨销往日本，近年来才逐渐开拓国内市场。随着市场需求的增加，其产量从 1979 年 10 万吨到如今的 50 万吨，并结合一些特殊的历史事件制作纪念墨品。

在适应市场进行产品转型的过程中，徽州地区所有的制墨作坊和工厂始终按照传统的配料、做墨、修墨、晾墨、描金等 11 道制墨程序进行制作（图 10.5），使得这门传统技艺得到了有效的保护和传承。

2. 列入政府保护项目

除“徽墨”这类可结合市场需求进行开发的传统工艺外，我国还有许多传统工艺及其产品尚未得到市场的认可，因此无法利用市场调节的方式予以保护。为此，国家和地方政府就必须承担起保护的责任，作为公益性项目进行立项保护。广东新会对“葵艺”的保护就属于此种类型。

广东新会是古老的葵艺之乡，葵扇生产迄今已有 1600 多年历史，明代新会葵扇曾是朝廷贡品。在葵艺最兴盛的时候，新会有 300 多家厂商，500 多个花色品种。当时由于市场需求量大，几乎家家户户都以此营生。但随着生活的现代化，人们开始使用风扇和空调，作为普通生活日用品的葵扇迅速淡出了市场；而且，葵艺制品难以向高档、精致、雅典的装饰品转型。因此，生产葵艺制品的作坊和工厂在这里几乎绝迹。在原材料的供给上，由于土地资源的迅速升值，许多种植葵树的土地被转让，曾经在新会的田野上随处可见的数百亩、甚至数千亩连片的葵林如今只剩下南坑的一片，葵艺逐渐走向没落。在这种情况下，国家和地方政府通过直接立项，将新会葵艺列入非物质文化遗产名录进行保护①，划拨专项经费、组成专门机构加以研究、整理和传承。

① 新会葵艺于 2007 年 5 月，被广东省政府列入第二批省级非物质文化遗产名录；2008 年 1 月 29 日，被文化部列入“第二批国家级非物质文化遗产名录推荐项目名单”。

3. 激励消费群体参与

政府立项式的保护仍存在隐忧。任何文化形态都应当生存于一定的社会经济关系中，非物质文化遗产也不例外。非物质文化遗产保护若一味依靠政府的资助和扶持，便使得这种文化形态从自然经济关系的“活态”中被抽离出来，成为文化标本，不仅长期成为地方政府的负担，也将使遗产本身丧失生命力。

然而，当前实用主义的消费观造成传统工艺品的需求停滞和市场萎缩，是传统工艺保护所面临的最根本和普遍性的问题。政府立项保护只能作为濒危遗产的临时保护方法，并非长久之计。若要从根本上恢复传统工艺的生命力，需要从重建传统文化消费需要入手，注重引导公众消费观念的转变，培养消费群体的参与，重新唤起社会对手工劳动产品的兴趣及手工技能的尊重。保护工作不应当只限于传承认的保护和工艺产品销售上，而应当着力培养社会对传统工艺劳动过程的关注与理解，把传统手工艺技能的传承从师传徒授转向对社会公众的展演和参与性活动中，成为人们日常文化消费的一个有机部分，并因此而逐渐培养和复苏人们对传统技艺的尊崇、欣赏与鉴别力（图 10.6）。有了这种以真切感受和了解为基础的大众体验，才会发育出接受、热衷传统工艺的消费市场，传统工艺的保护才有可能具有活力和发展空间。

图 10.6　各种工艺展示活动

10.3.4　科技知识类遗产保护

相较于传统工艺类非物质文化遗产，科技知识类遗产的价值更在于活动与形式背后的系统理论知识。若以中华传统的“道术”之说来界定此二类遗产，则传统工艺类遗产侧重于“术”；而科技知识类遗产除了包括知识层面的“术”以外，更包含了某种本源哲学思想和价值观念的“道”。因此，科技知识类遗产保护的关键在于对相关科技知识与实践内涵价值在现代人观念中的传播和普及，传承其对现代文明的启示意义。

1. 培养传承人才

非物质文化遗产的载体是活态的人，因此科技知识类遗产保护和传承的根本途径在于传承人的实践活动。对于传统的科技知识，我们必须系统地培养传承这些知识的人才，并为他们提供具体的实践土壤，使这些传统的科技知识能够在现代社会中得到应用，对现代文明产生影响。

例如，中医大夫对病人询问、观色、诊脉进行断症，结合医理、药理知识为病患开方配药；风水师通过相地、堪舆、罗盘测量之法对基地进行分析，提出住宅、村落、墓地的选址、座向、建设方法及布置原则；文物鉴定专家通过对文物对象色泽、质地、造型、提款的精微观察，结合历史、人文、艺术知识的学习，推断、分析文物对象的年代、价值，最终对其做出准确的鉴定……上述行为皆属于掌握知识的个体的实践活动，既有助于传统科技知识的传承，也能够使之更好地为现代社会服务。

2. 加强展示传播

与其他非物质文化遗产对象不同的是，科技知识类遗产对象的传承人由于其实践活动的专业特性，本身并不具有较强的信息传播能力。为使传统科技知识对现代文明起到更为积极的作用，可通过相关文化展示的媒介进行辅助传播。例如，在广播电视开辟传统知识讲座加以普及，结合地方特有传统科技知识建设的专题博物馆加以展示等。

以阆中市风水博物馆为例。阆中位于四川盆地东北部，嘉陵江中游。古城山环四面，水绕三方，融山、水、城于一体，至今保持着唐宋格局，明清风貌，被专家誉为“中国民间建筑的实物宝库”。鉴于其得天独厚的城市风水格局以及历史悠久的风水文化传统，地方政府在古城内修建了目前国内唯一一座以建筑风水为主题的文化博物馆，展览馆分四个展室，以沙盘、文字、图片、实物等展示中国传统的风水文化。

10.4 与物质环境保护的融合与发展

《威尼斯宪章》等遗产保护的相关权威性文件中，曾多次提及对遗产对象的整体性（Integrity）保护，这一理念对世界遗产保护运动产生了深远影响。对于大多数延续至今的遗产对象而言，整体性绝不仅只局限于建筑与环境的物质空间层面，而且包含各种有形、无形遗产的整体和谐。正如《华盛顿宪章》对《威尼斯宪章》做出的重要补充：“历史城镇和城区所要保存的特性应包括其整体的空间特征以及表明这种特征的一切物质与精神组成部分”。[①] 因此，对遗产对象整体性保护的理解，不仅在于遗产保护的时空整体观，而且体现于保护对象物质性与非物质性的结合，即有形遗产对象与无形遗产对象的相互支撑、相互烘托。因此，对城市历史保护而言，非物质文化遗产的保护与发展应纳入城市历史遗产的整体保护体系，与城市物质环境的保护有机融合、相互协调，推动非物质文化遗产的持续保护和发展。

10.4.1 结合文化场所的保护

所有的文化现象，包括物质文化、制度文化、行为文化与精神文化，都需要通过一定

---

① 《华盛顿宪章》“原则和目标”部分第2条。

的载体予以表达。非物质文化的载体除活态的人，服装、工具、器皿之外，其被承载的物质空间也传达着相关的历史和文化信息，《保护非物质文化遗产公约》中将其界定为“文化场所”。文化场所的构成、形式、特征能够辅助非物质文化遗产传达一定的精神文化内涵，让人们直接地、全面地了解它的价值和意义。因此，非物质文化遗产与城市中特定的文化场所是相互依存的，文化场所使非物质文化形态更加完整地展现出来：表演艺术以相应的物质空间作为舞台或背景（图10.7），民俗仪式庆典在特殊的空间场所举行，手工技艺于专门的作坊中操作……

图10.7　黔东南地区侗歌表演

资料来源：http：//www.nipic.com/

所以，对于非物质文化遗产而言，所谓的整体性保护，就是要保护其自身的无形文化形式及其所依托的文化场所，因为两者本是同源共生、休戚与共的整体。

另外，非物质文化遗产在体现地域物质环境景观特色方面同样也发挥着重要作用。例如，丰富多彩的地方民俗节庆活动构成寓意深刻的独特文化表达方式，能够通过一种形象直观的方式表现和展示出城市、民族古老而丰厚的文化传统，使其更加鲜活而生动地得以复活重现，反映出物质空间所难以表达的地方社会历史与文化变迁的轨迹。正因如此，国内外许多城镇都有意识地支持和引导传统节庆活动、传统行为习俗的开展，如德国的啤酒节、大理的“三月街”节以及许多历史城镇恢复传统的马车、人力车、非机动船等交通方式为旅游观光服务，以打造城市亮丽的风景，增强物质空间场所的文化表现力（图10.8）。

图10.8　加拿大国家历史城镇（Niagara on the Lake）中的“马车”旅游活动

10.4.2　利用物质载体展现

文化的一个重要属性是它的象征性，“所谓象征性，就是外显的部分往往具有一种象征意义，是为了说明，表达某种内在的意义的，而反之文化的内隐部分也一定要通过某些外在的形式表达说明出来”（张文勋，1998）。非物质形态文化遗产中所包含的隐性的历史文化内容一般是通过“显性”的形式予以展现和传承的。这些“显性”形式是以人为活态载体，以服装、器皿、工具等为辅助，以口头、肢体、活动等方式呈现出来的。相关的工具、实物、手工艺品等物质载体承载了非物质文化的“隐性”内涵。因此，通过收集、研究、整理有关非物质文化遗产的物质载体（包括历史文物、历史研究文献等）并加以陈列和展示就成为非物质形态文化遗产保护的一种重要方式。

在历史城市保护层次，可采取建设综合性或专题性博物馆来陈列和展示城市的历史文化；在历史街区或历史地段保护层次，可利用历史建筑建立专类博物馆（陈列馆），收集、整理、陈列本地区相关非物质历史文化。在展现非物质文化遗产过程中，还可以利用形象的图文形式，标示和说明非物质文化的历史、特征及其价值，可以简单明了地传达历史文化的信息；也可以将与非物质文化有关的历史事件、历史人物、传统生活场景采用雕塑、绘画等艺术形式象征性地表现出来，可以生动形象地再现非物质文化。建立博物馆或陈列馆在国内外历史环境保护中已得到广泛运用，不仅成为历史文化保护的重要方式，而且为文化旅游的发展创造了条件。

10.4.3 融入文化旅游发展

文化旅游是市场经济条件下历史城市保护和发展的重要途径之一。文化旅游的深度开发需要利用各地区的无形文化资源，同样，无形文化遗产保护也只有与文化旅游发展紧密结合才具有生命力并得以持久。为此，应结合各城市历史文化特点，紧紧围绕特色文化的挖掘、提炼和表现，提高旅游开发的深度和广度，积极开拓高层次的旅游产品，发展多元化的文化旅游项目，适应当前旅游业的发展要求。非物质文化遗产保护可以在三个层次上与城市文化旅游发展相结合。

（1）*基础层次旅游产品*

其特征是陈列式观光游览，属于最基本的旅游形式，是旅游规模与特色的基础。在历史环境保护中，可以结合历史遗迹的保护，充分利用非物质文化资源，建立博物馆或陈列馆，并采用表示与说明、形象化表达等形式，充分展现历史环境的文化价值和意义，并将此作为观光游览的重要对象。

（2）*提高层次旅游产品*

其特征是表演式展示，属于提高层次的旅游产品，可以满足游客由“静”到“动”的多样化心理需求。在历史环境保护中，可以通过传统戏剧（音乐）表演、民族歌舞表演、神话传说、故事讲演、重大历史事件表演、民俗活动表演、传统工艺表演等形式将城市非物质文化遗产融入旅游活动的内容，提高旅游吸引力。如西安市常年举办的“盛唐歌舞表演”、欧洲君主立宪制国家的皇宫每天举行的隆重“卫兵换岗仪式”等都属于此类旅游产品（图10.9）。

（3）*发展层次旅游产品*

其特征是参与式娱乐及相关活动，可以满足游客的自主择项、投身其中的个性需求，

图10.9　英国温莎城堡换岗仪式

是形成旅游品牌特色与提高旅游地吸引力的重要方面。在城市历史环境保护中，可以结合非物质文化传统，广泛开展参与式活动（如历史事件体验、民俗活动参与、传统工艺制作等），定期开展有意义的节庆活动（如庙会、旅游文化节、传统美食节、民族文化节等），着力让游客亲身体验历史文化氛围，提高地方文化的影响力，并将观光、娱乐、购物等旅游需求有机地结合起来。如重庆磁器口历史街区从2000年开始恢复春节期间的传统庙会，将购物、传统饮食、娱乐、宗教祭祀等活动起来，产生了良好的社会效应，每年春节庙会期间（十五天）接待游客100万余人次以上，旅游综合收入达500余万元，① 显示出高层次文化旅游产品开发的巨大潜力（图10.10）。

图10.10　重庆磁器口春节庙会

① 数据来源：重庆市磁器口古镇管委会。

参考文献

阿瑟·奥沙利.2003. 城市经济学. 北京：中信出版社

埃德蒙·威尔逊.2006. 阿克瑟尔的城堡. 黄念欣译. 南京：江苏教育出版社

白仲尧.2002. 历史文化名城的经济作用. 现代经济探讨，(1)：9-12

保继刚，楚义芳.1999. 旅游地理学. 北京：高等教育出版社

边兰春，井忠杰.2005. 历史街区保护规划的探索和思考. 城市规划，29（9）：44-48，59

蔡晴.2006. 基于地域的文化景观保护. 南京：东南大学博士学位论文

曹诗图，鲁莉.2009. 试论非物质文化遗产的保护. 世界地理研究，18（4）：151-156

常青，沈黎，张鹏，等.2006. 杭州来氏聚落再生设计. 时代建筑，(2)：106-109

陈伯超.2006. 沈阳工业建筑遗产的历史源头及其双重价值. 建筑创作，(09)：80-91

陈方全.2007. 倡导性规划理论及其启示. 学习月刊，(12)：35-36

陈峰云，范玉仙，朱文晶，等.2007. 世界文化遗产旅游开发与保护研究. 华中师范大学学报.（3）：157-160

陈庆云.2006. 公共政策分析. 北京：北京大学出版社

陈曦，汪军.2011. 英国城市政策变迁及其评述. 转型与重构——2011 中国城市规划年会论文集. 南京：东南大学出版社

陈晓兰.2006. 圣经中的城市. 中国比较文学，(4)：83

大卫·哈维.2003. 后现代状况. 阎嘉译. 北京：商务印书馆

大卫·马门.1995. 规划与公众参与. 国外城市规划，(1)：41-50

丹尼尔·贝尔. 1989. 资本主义文化矛盾. 赵一凡，蒲隆，任晓晋等译. 北京：三联书店出版社

蒂耶斯德尔·史蒂文，希恩·蒂姆. 2006. 城市历史街区的复兴. 张玖英，董卫译. 北京：中国建筑工业出版社

董光器.2006. 古都北京五十年演变录. 南京：东南大学出版社

恩格斯，卡尔·马克思.1972. 政治经济学批判. 中共中央马克思恩格斯列宁斯大林著作编译局. 马克思恩格斯选集（第 2 卷）. 北京：人民出版社

方可.2000. 当代北京旧城更新 调查 研究 探索. 北京：中国建筑工业出版社

高小康.2009. 非物质文化遗产的保护与公共文化服务. 文化遗产，(1)：2-8，157

龚益.2001. 公众参与在可持续发展中的表现形式. 数量经济技术经济研究，(4)：19-23

国家文物局.2007. 国际文化遗产保护文件选编. 北京：文物出版社

韩峰.2007. 世界遗产文化景观及其国际新动向. 中国园林，(11)：18-21，20

韩妤齐，张松.2004. 东方的塞纳左岸——苏州河沿岸的艺术仓库. 上海：上海古籍出版社

何洪，孙秀丽，文言，等.2000-10-11. 历史文化名城保护条例缘何千呼万唤不出来. 中国文物报

何一民，李小波，王舟云.2006. 历史文化名城保护与开发的新理念. 四川省情，(8)：13-14

和良辉.2005. 从“丽江现象”到“丽江模式”. 理论前沿，(3)：46

和自兴.2009-12-23. 对丽江旅游业发展战略的再思考. 新华网

洪明.2002. “西方民主”还是源于西方的民主. 战略与管理，(6)：64-79

胡伟.2001. 纽约市社区规划的现状述评. 城市规划，(2)：52-54，63

黄婧.2007. 城市历史文化遗产保护的经济价值——以上海“新天地”开发为例. 山东省农业管理干部学院学报，23（3）：140-141

贾鸿雁.2007. 中国历史文化名城通论. 南京：东南大学出版社

焦怡雪.2002. 英国历史文化遗产保护中的民间团体. 规划师，(5)：79-82

焦怡雪 . 2003. 美国历史环境保护中的非政府组织 . 国外城市规划，(1)：59-63
杰克・特纳 . 2007. 香料传奇 . 周子平译 . 北京：三联书店
金伟忻，耿联 . 2006-6-9. 苏州鼓励民资参与抢救百余处古建筑 . 新华日报
凯文・林奇 . 2001. 城市形态 . 林庆怡，陈朝辉，邓华译 . 北京：华夏出版社
李东泉，韩光辉 . 2005. 我国城市规划公众参与缺失的历史原因 . 规划师，(11)：12-15
李建平 . 2003. “经营城市”与北京历史文化名城的保护、利用 . 北京联合大学学报，(3)：41-44
李蕾蕾 . 2002. 逆工业化与工业遗产旅游开发：德国鲁尔区的实践过程与开发模式 . 世界地理研究，(9)：57-65
李树 . 2006. 浅谈财政创新视野下的社会保障资金筹集 . 经济问题，(8)：24-25
李伟，俞孔坚 . 2005. 世界文化遗产保护的新动向——文化线路 . 城市问题，(4)：7-12
李映青，Angelia. 2009-8-31. 收取丽江古城维护费 细心呵护世界文化遗产 . 中国日报网站，http：//www. chinadaily. com. cn/zgzx/2009-08/31/content_ 8636825. htm
梁鹤年 . 1999. 公众（市民）参与：北美的经验与教训 . 城市规划，(5)：49-53
梁思成 . 2001. 梁思成全集（第四卷）. 北京：中国建筑工业出版社
梁思成，陈占祥，等 . 王瑞智编 . 2005. 梁陈方案与北京 . 沈阳：辽宁教育出版社
梁章萍 . 2011. 表演艺术类非物质文化遗产旅游开发的活化研究 . 中国商贸，(20)：165-166
林洙 . 2008. 中国营造学社史略 . 天津：百花文艺出版社
刘伯英 . 2006. 城市工业地段更新的实施类型 . 建筑学报，(8)：21-23
刘伯英，李匡 . 2006. 工业遗产的构成与价值评价方法，建筑创作，(9)：24-30
刘伯英，李匡 . 2007. 工业遗产资源保护与再利用——以首钢工业区为例 . 北京规划建设，(2)：28–31
刘伯英，李匡 . 2008. 北京工业遗产评价办法初探，建筑学报，(12)：10-13
刘会远，李蕾蕾 . 2007. 德国工业旅游与工业遗产保护 . 北京：商务印书馆
刘魁立 . 2005. 非物质文化保护的悖论 . 瞭望，(34)：57
刘立峰 . 2002. 国债政策的可持续性和财政风险研究 . 北京：中国计划出版社
刘守华 . 1992. 文化学通论 . 北京：高等教育出版社
刘武君 . 1995. 英国街区保护制度的建立与发展 . 国外城市规划，(1)：22-26
刘志华 . 2008. 推动文化产业的大发展大繁荣 . 山东经济，(1)：20-21
龙藏 . 2004-1-19. 资本运营——创新古镇旅游开发模式 . 中国旅游报
陆林 . 2005. 旅游规划原理 . 北京：高等教育出版社
罗哲文 . 1997. 中国的世界遗产 . 北京：中国建工出版社
马文军 . 2005. 城市开发策划 . 北京：中国建筑工业出版社
马彦琳，刘建平 . 2003. 现代城市管理学 . 北京：科学出版社
马勇，李玺 . 2002. 旅游规划与开发 . 北京：高等教育出版社
马勇，舒伯阳 . 1999. 区域旅游规划——理论・方法・案例. 天津：南开大学出版社
曼纽尔・鲍德-博拉，弗雷德・劳森 . 2004. 旅游与游憩规划设计手册 . 唐子颖，吴必虎等校译 . 北京：中国建筑工业出版社
莫邦富 . 2002-5-21. 中国地域经济扫描（4）：东北三省——重工业基地的没落 . 世界周报（日本）
倪鹏飞 . 2002. 中国：城市竞争力与文化观念 . 开放导报，(9)：13-17
逄锦聚，吴树青，等 . 2003. 政治经济学（第二版）. 北京：高等教育出版社
钱宗灏，等 . 2005. 百年回望：上海外滩建筑与景观的历史变迁 . 上海：上海科学技术出版社
仇保兴 . 2002. 复兴城市历史文化特色的基本策略 . 规划师，(6)：5-8
群山 . 2007-2-28. 从“乌镇二期”看古村镇保护 . 福建日报

任思蕴 . 2007. 建立有效的文化遗产保护资金保障机制 . 文物世界，(3)：65-73
荣格 C G. 1989. 心理类型学 . 吴康，丁传林，赵善华译 . 西安：华岳文艺出版社
阮仪三 . 1995. 中国历史文化名城保护与发展 . 上海：同济大学出版社
阮仪三 . 2000. 历史环境保护的理论与实践 . 上海：上海科学技术出版社
阮仪三 . 2001. 护城踪录：阮仪三作品集 . 上海：上海同济大学出版社
阮仪三，孙萌 . 2001. 我国历史街区保护与规划的若干问题研究 . 城市规划，(10)：25-32
阮仪三，吴承照 . 2001. 历史城镇可持续发展机制和对策——以平遥古城为例 . 城市发展研究，(3)：15-17，57
阮仪三，张艳华 . 2005. 上海城市遗产保护观念的发展及对中国名城保护的思考 . 城市规划学刊，(1)：68-71
阮仪三，王景慧，王林 . 1999. 历史文化名城保护理论与规划 . 上海：同济大学出版社
单霁翔 . 2010. 从“文化景观”到“文化景观遗产”（上）. 东南文化，214（2）：9
单霁翔，吴良镛 . 2009. 城市文化遗产保护与文化城市建设 . 北京：中国建筑工业出版社
沈海虹 . 2006a. “集体选择”视野下的城市遗产保护研究 . 上海：同济大学博士学位论文
沈海虹 . 2006b. 美国文化遗产保护领域中的税费激励政策 . 建筑学报，(6)：17-20.
沈海虹 . 2006c. 美国文化遗产保护领域中的地役权制度 . 中外建筑，(2)：17-20
沈苏彦，沙润，魏向东，等 . 2003. 历史街区旅游开发初探 . 资源开发与市场，(4)：266-270
石亚军，施正文 . 2008. 探索推行大部制改革的几点思考 . 中国行政管理，(2)：9-11
史蒂文・乔・B. 1992. 集体选择经济学 . 杨晓维等译 . 上海：上海人民出版社
孙大江 . 2007-12-03. “千城一面”“千楼一面”背后 . 沈阳日报
谭昆智 . 2004. 营销城市 . 广州：中山大学出版社
汤茂林 . 2000. 文化景观的内涵及其研究进展 . 地理科学进展，19（1）：70-78
陶伟，岑倩华 . 2006. 历史城镇旅游发展模式比较研究 . 城市规划，(5)：76-82
涂文涛，方行明 . 2005. 城市经营学 . 成都：西南财经大学出版社
汪长根，蒋忠友 . 2005. 苏州文化与文化苏州 . 苏州：古吴轩出版社
王国霞，鲁奇 . 2007. 中国近期农村人口迁移态势研究 . 地理科学，(5)：630-635
王建国，蒋楠 . 2006. 后工业时代中国产业类历史建筑遗产保护性再利用 . 建筑学报，(8)：8-11
王晶，王辉 . 2010. 工业遗产坦佩雷——2010 国际工业遗产联合会议及坦佩雷城市工业遗产简述 . 建筑学报，(12)：21-24
王景慧 . 2004. 城市历史文化遗产保护的政策与规划 . 城市规划，(10)：68-73
王军 . 2008. 采访本上的城市 . 北京：生活・读书・新知三联书店
王凯 . 2006. 旅游景区市场化运作对目的地社区的影响评析 . 热带地理，(2)：71-72
王林 . 2000. 中外历史文化遗产保护制度比较 . 城市规划，(8)：49-51，61
王瑞珠 . 1993. 国外历史环境保护与规划 . 台湾：淑馨出版社
王文章，陈飞龙 . 2007. 非物质文化遗产保护与国家文化发展战略 . 求是，(17)：46-47
王向荣，林箐 . 2002. 西方景观设计的理论与实践 . 北京：中国建筑工业出版社
王小润，白锋哲 . 2002-07-15. 景区经营权——不得不说的话题 . 光明日报
王晓葵 . 2008. 日本非物质文化遗产保护法规的演变及相关问题 . 文化遗产，(02)：135-139
韦廉 . 1997. 行政法 . 徐炳等译 . 北京：中国大百科全书出版社
邬东璠 . 2011. 议文化景观遗产及其景观文化的保护 . 中国园林，(4)：1-3
吴良镛 . 1994. 北京旧城与菊儿胡同 . 北京：中国建筑工业出版社
吴宜进 . 2005. 旅游地理学 . 北京：科学出版社

西村幸夫 . 2007. 再造魅力故乡——日本传统街区重生故事 . 王惠君译 . 北京：清华大学出版社
西村幸夫，张松 . 2000. 亚洲历史环境保护的动向——以日本为例 . 时代建筑，(3)：17-19
奚雪松，俞孔坚，李海龙 . 2009. 美国国家遗产区域管理规划评述 . 国际城市规划，(4)：91-98
谢文蕙，邓卫 . 2002. 城市经济学 . 北京：清华大学出版社
雄正益 . 2007. 丽江模式调查与解读 . 社会主义论坛，(4)：22，27-28
徐建成 . 2008. 宁波文化遗产保护与现代城市建设和谐互动 . 宁波通讯，(12)：34-36
徐琴 . 2002. 历史文化名城的城市更新及其文化资源经营 . 南京社会科学，(10)：49-52
阳建强，吴明伟 . 1999. 现代城市更新 . 南京：东南大学出版社
杨贵庆 . 2002. 试析当今美国城市规划的公众参与 . 国外城市规划，(2)：2-5，33
杨永生 . 2005. 建筑五宗师 . 天津：百花文艺出版社
叶锋 . 2011-01-10. 2010 年国内土地市场出让金 2.7 万亿 引发三大疑问 . 中国经济网，http：//finance. ce. cn/rolling/201101/10/t20110110_ 16492255. shtml
袁本芳，邓宏乾 . 2005. 经营城市的渊源与理论基础 . 现代城市研究，(8)：22-25
张春丽，李星明 . 2007. 非物质文化遗产概念研究述论 . 中华文化论坛，(2)：137-140
张复合 . 2001. 中国近代建筑研究与保护（二）. 北京：清华大学出版社
张进福 . 2004. 经营权出让中的景区类型与经营主体分析 . 旅游学刊，(1)：11-15
张钦哲 . 1984. 英国古建筑及古城特色保护述略 . 建筑师，(12)：55-56
张松 . 2000. 日本历史环境保护的理论与实践 . 清华大学学报，(S1)：44-48
张松 . 2001. 历史城市保护学导论 . 上海：上海科学技术出版社
张松 . 2009. 中国文化遗产保护法制建设史回眸 . 中国名城，(3)：27-33
张蔚文，徐建春 . 2002. 对国外城市经营理念的考察与借鉴 . 城市规划，(11)：33-37
张文勋，施惟达，张胜冰，等 . 1998. 民族文化学. 北京：中国社会科学出版社
赵燕菁 . 2002. 从城市管理走向城市经营 . 城市规划，(11)：7-15
赵燕菁 . 2004. 宏观调控与制度创新 . 城市规划，(9)：11-21
郑易生 . 2002-08-21. 风景名胜资源：转让经营权需慎之又慎 . 经济参考报 .
中共中央马克思恩格斯列宁斯大林著作编译局 . 1972. 政治经济学批判序言 . 马克思恩格斯选集（第 2 卷）. 北京：人民出版社
周峰，陈静 . 2006. 福利国家视角下的公共服务型政府 . 湖北广播电视大学学报，(6)：109-110
周俭，张恺 . 2003. 在城市上建造城市——法国城市历史遗产保护实践 . 北京：中国建筑工业出版社
周江评，孙明洁 . 2005. 城市规划和发展决策中的公众参与——西方有关文献及启示 . 国外城市规划，(4)：42-48
周岚，等 . 2004. 快速现代化进程中南京老城保护与更新 . 南京：东南大学出版社
周玲强，朱海伦 . 2004. 江南水乡古镇旅游开发经营模式与案例研究 . 浙江统计，(5)：28-29
周文水 . 2004-7-5 “申遗” 热背后的经济动机 . 经济参考报 .
朱珊，刘艳 . 2004. 关于我国城市化进程中城市发展定位一般性研究 . 生产力研究，(7)：70-72
庄文石，范国强 . 2007-04-24. 风筝会为潍坊市每年带来 160 万旅游人次 . 齐鲁晚报
Blackaby F . 1979. De-industrealization. London：Heinemann
Coaldrake，Howard W . 1996. Architecture and Authority in Japan. London，New York：Routledge
Coenen F H J M . 2002. LA21 过程对于公众参与规划改革的潜在作用 . 国外城市规划，(2)：6-10，19
Curtis，William. 1996. Modern Architecture since 1900. London：Phaidon
Dilsaver Lary M. 1994. America's National Park System：The Critical Documents. Lanham，MD：Rowman & Littlefield

Feilden B M, Jokilehto J . 1993. Management Guidelines for World Culture Heritage Sites . Rome: ICCROM
Fischer F . 1900. Technocracy and the Politics of Expertise. London : Sage Publications,
Fowler P J. 2003. World Heritage Cultural Landscapes 1992-2002. Paris: UNESCO
Friedmann J . 1987. Planning in the Public Domain: From Knowledge to Action, Princeton. NJ: Princeton University Press
Geertz, Clifford. 1993. The Interpretation of Cultures : Selected Essays. London: Fontana Press
Glass J J . 1979. Citizen Participation in Planning: The Relationship Between objectives and Techniques. Journal of APA, April, 180-189
Great Britain Urban Task Force. 1999. Towards an Urban Renaissance. London: Dept. of the Environment, Transport and the Regions
Hoskins W G. 1985. The Making of the English Landscape. London: Penguin
Howett C. 1987. Second Thoughts. Landscape Architecture, (77): 52-55
ICOMOS-ICOMOS Documentation Center. World Heritage Industrial Sites, 2009. http: //www. international. icomos. org/
Karolin F , Patricia P . 2002. Historic Preservation in the USA. New York: Springer
Kommunalverband Ruhrgebiet. 2001. The Ruhrgebiet : facts and figures. Essen : Woeste Druck , Essen - Keittwig
Larkham P J . 1996. Conservation and the City. New York : Routledge
Lindsay John V, Mayor. 1973. SOHO- CAST Iron Historic District Designation Report. New York City Landmarks Preservation Commission
Marston F J . 1982. Historic Preservation: Curatorial Management of the Built World. London : McGraw-Hill
Melnick R Z. 1984. Cultural landscapes: rural historic districts in the National Park System. Washington D. C: U. S. Department of the Interior, National Parks Service
Moatti C. 1998. 罗马考古——永恒之城重现 . 郑克鲁译 . 上海: 上海书店出版社
Murtagh W J . 1997. Keeping Time: The History and Theory of Preservation in America. New York : John Wiley & Sons. Inc
Mynors, Charles. 2006. Listed Buildings. Conservation Areas and Monuments. London: Sweet & Maxwell
National Park Service. 1996. The Secretary of the Interior's Standards for the Treatment of Historic Properties, with Guidelines for the Treatment of Cultural Landscapes. Washington D. C. : National Park Service, Heritage Preservation Services. Historic Landscape Initiative
National Park Service. 2009- 12- 1. Archeological and Historic Preservation Act of 1974 & Executive Order No. 13287 Preserve America, 2003 [R/OL] . http: //www. nps. gov/history/laws. htm
Norberg-Schulz C. 1963. Intentions in Architecture. London: Allen and Unwin
NPS (National Park Service) . 1991. Held in Turst: Persevring American's Hisotric Places
Palmer M, Neacerson P. 1998. Industrial Archeology: Principles and Practice. NewYork: Routledge
Pindyck R S , Rubinfeld D L. 2009. 微观经济学 . 高远, 朱海洋译 . 北京: 中国人民大学出版社
Robertson, Ellen J . 2005. A Companion to the Anthropology of Japan. Blackwell Companions to Social and Cultural Anthropology. Oxford: Wiley-Blackwell
Sauer C. 1925. The Morphology of Landscape. University of California Publications in Geography, 2 (2): 19-54
Sherry Arnstein. 1969. A Ladder of Citizen Participation. Richard T. Le Gates & Frederic Stout (Ed.) . 2000. The City Reader (second edition) . New York: Routledge Press
Skinner G W . 1985. The Structure of Chinese History. Journal of Asian Studies, (2): 271-292
Stipe R E . 2003. A Richer Heritage: Historic Preservation in the Twenty-first Century. Chapel Hill: The University

of North Carolina Press

Taylor K. 2006. The Cultural Landscape Conception Asia: The Challenge for Conservation //ICOMOS Thailand 2006 Annual Meeting. Udon Thani Province, Thailand

The Iron Bridge Gorge Museum Trust Ltd. 2000. The Iron Bridge and Town. Great Britain: Jarrold publishing

Tyler N. 1999. Historic Preservation: An Introduction to its History, Principles, and Practice. New York: W. W. Norton & Company Ltd

UWHC (World Hericage Commitee of UNSCO. 1994. Operational Guidelines for the Implementatim of the World Heritage Convention. Paris: UNSCO

William M. 1997. Keeping Time: The History and Theory of Preservation in America. London: John Wiley & Sons. Inc.

Worsley, Giles. 2002. England's lost Houses. London: Aurum Press

Zabriskie G . 1966. Window to the Past: With Heritage So Rich. New York: Random House

后　　记

本书是国家自然科学基金委员会的资助项目“市场导向的城市历史文化资源保护与利用”（50578165）的部分研究成果。衷心感谢国家自然科学基金委员会的资助，使项目组在资料收集、调研、规划实践等环节都得到了有力支撑，也使整个研究与实践反馈过程始终拥有足够的人力、物力支持，从而顺利完成了研究工作。参与本项目研究是重庆大学历史遗产保护研究团队的老师（郭璇副教授、龙灏教授、徐煜辉副教授等）和研究生们（陈科、刘婧、王耀兴、吴朝宇、马菁、张毅等），他们都为本项目研究提供了很多有价值的观点与成功实例。陈科、刘婧、王耀兴、吴朝宇、马菁、张毅等参与了本书的撰写工作，曹珂、章征涛、薛威、蒋文、陈亮、刘鑫垚、杨欣然、余廷墨、辛金、李金龙等帮助整理完善相关研究材料，并为本书绘制了部分插图，他们对该书最终的完成作出了重要贡献，在此要特别感谢他们！

本项目研究得到了重庆大学建筑城规学院、重庆市规划局、重庆市城市规划学会的大力支持，感谢赵万民教授（重庆大学建筑城规学院院长）、张兴国教授（重庆大学建筑城规学院前院长）、扈万泰教授（重庆市规划局前局长、重庆市城市规划学会理事长）、何智亚教授（重庆市城市规划学会常务副理事长）等为本项目研究提供了丰富的实践和实证机会。本研究的最大收获来自于人们对遗产资源概念及其保护行动的理解，使遗产保护工作者取得与社会各行业人士的相互尊重、合作，感谢他们以最实质的行动对本研究的支持！

在本项目研究过程中，我们有机会与国内外城市历史文化资源保护方面的专家与学者分享我们的理念。同时在相互交流的过程中，我们也了解到研究领域内的最新动态与各地保护实践行动。在此，由衷地感谢他们与我们的热情交流！

最后，感谢科学出版社对本书出版的大力支持！

李和平

2013年10月